普通高等教育“十一五”国家级规划教材

国家级一流本科专业建设成果教材

南开大学“十四五”规划核心课程精品教材

环境生态学（第三版）

李洪远　单春艳　主　编

李亚宁　孟伟庆　副主编

鞠美庭　主　审

化学工业出版社

·北京·

内容简介

《环境生态学》（第三版）针对环境科学类专业本科生的知识结构与特点，系统介绍了环境生态学的基础理论和应用方法。全书共分为 15 章，第 1 章对环境生态学做了引导性介绍，第 2 ~ 8 章介绍了普通生态学的基础知识，第 9 ~ 11 章介绍了景观生态学原理与应用、生态系统健康与管理及生物多样性与保育，第 12 ~ 14 章介绍了退化生态系统恢复、受损生态系统修复与人工生态系统重建，第 15 章介绍了全球生态系统危机与治理策略。本书内容新颖、结构合理，增加了个体、种群、群落、生态系统、景观等不同层次的生态学应用案例，突出了新版教材理论结合实践的特点。各章均配套有拓展知识、课后复习、课后练习及推荐阅读文献等数字化教学资源，通过扫描书中二维码均可获取。

本书适合作为高等院校环境类专业及非生态学专业本科生的教材，也可供从事生态环境保护研究和实践工作的技术人员参考。

图书在版编目（CIP）数据

环境生态学 / 李洪远，单春艳主编. -- 3 版.
北京：化学工业出版社，2025. 7. --（普通高等教育“十一五”国家级规划教材）（国家级一流本科专业建设成果教材）. -- ISBN 978-7-122-48291-4

Ⅰ. X171

中国国家版本馆 CIP 数据核字第 2025NW2110 号

责任编辑：满悦芝　　文字编辑：贾羽茜　杨振美
责任校对：边　涛　　装帧设计：张　辉

出版发行：化学工业出版社
（北京市东城区青年湖南街 13 号　邮政编码 100011）
印　　装：大厂回族自治县聚鑫印刷有限责任公司
787mm × 1092mm　1/16　印张 17¼　字数 397 千字
2025 年 11 月北京第 3 版第 1 次印刷

购书咨询：010-64518888　　售后服务：010-64518899
网　　址：http://www.cip.com.cn
凡购买本书，如有缺损质量问题，本社销售中心负责调换。

定　　价：59.80 元

本书编写人员名单

主　　编　李洪远　单春艳

副 主 编　李亚宁　孟伟庆

参编人员　李洪远　单春艳　李亚宁（南开大学滨海学院）
孟伟庆（天津师范大学）　宋少洁　朱济友
康濒月　李龙沁　张菁椏　石子琳　宁园力
李佳旭　刘文琦　赵婉婷　常永兴　徐文斌
郝婧（曲阜师范大学）

主　　审　鞠美庭

（以上人员单位，除特别标注外，均为南开大学）

第三版前言

PREFACE

环境生态学是伴随着环境问题的出现而产生和发展起来的新兴综合性学科，是一门运用生态学理论研究人为干扰下生态系统内在的变化机制、规律和对人类的反馈效应，寻求受损生态系统恢复和重建与保护对策的科学。党的十八大以来将生态文明建设纳入中国特色社会主义建设“五位一体”的总体布局，提出了“建设美丽中国”的宏伟战略目标。党的二十大又提出必须牢固树立和践行绿水青山就是金山银山的理念，站在人与自然和谐共生的高度谋划发展，进一步为新时代我国环境生态学的发展指明了方向。

环境生态学作为高校环境科学与工程、生态学等学科的一门必修课程，内容上涵盖基础理论和应用实践，具有多学科交叉、知识更新快等特点，因此教材建设一直是专业建设和发展的重中之重。南开大学是我国综合性大学中最早设置环境科学专业的高校之一，也是在环境科学专业最早开设生态学基础课程的高校，至今开设已有 40 年的历史。作为环境类专业本科生的一门必修专业基础课，生态学基础课程的配套教材建设，在培养体系和教学体系中有着举足轻重的作用。教材是教师传授知识的重要载体，贯穿整个教学过程，与教学质量有着密切的关系。因此，与时俱进地建设充分体现专业特点和课程特色的教材，对提高教学水平和培养新时代创新型人才十分必要。1995 年，我校陈天乙教授在 1983 年以来编写并逐年补充更新的讲义教材基础上，编著出版了环境科学专业使用的第一本教材《生态学基础教程》。2006 年，笔者主编出版了面向环境类专业本科生的教材《生态学基础（环境类专业适用）》，并被教育部列为“普通高等教育‘十一五’国家级规划教材”。 2011 年，笔者主持修编 2006 年版《生态学基础（环境类专业适用）》教材并将其更名为《环境生态学》（第二版）。 2011 年生态学升格为一级学科后，环境类专业的生态学课程体系特色建设越来越重要，为此有必要再次修订教材。

第三版教材具有如下特色：第一，把课程思政放在首位，不仅把“山水林田湖草沙生命共同体”纳入全球性生态系统治理策略，各章主体内容或二维码扩展内容也都重点介绍了我国生态保护与建设的成果；第二，内容设置上，充分考虑到环境类专业培养体系和学生知识结构特点，第 2 ~ 8 章系统介绍生物与环境、种群生态学、群落生态学、生态系统生态学等经典生态学的内容，没有沿袭约定俗成的框架，而是按照知识点重新划分章节；第三，进一步突出环境生态学的研究范畴和对象特点，第 9 ~ 14 章介绍了景观生态学原理与应用、生态系统健康与管理、生物多样性与保育、退化生态系统恢复、受损生态系统修复、人工生态系统重建等生态与环境密切相关的内容；第四，增加了全球生态环境问题与生态系统危机有关内容，为避免与环境学基础等教材和课程交叉重叠，将重点放在全球气候变化对生态系统的影响和治理策略上；第五，在介绍生态学基本原理的基础上，增加了个体水平、种群水平、群落和植被水平、生态系统水平、景观水平等不同层次的生态学应用案例，突出了新版教材理论结合实践的特点。

本书已列入“南开大学‘十四五’规划核心课程精品教材建设工程”。南开大学李洪远、单春艳在第二版基础上主持修编，负责制订教材修编大纲和内容框架，李亚宁、孟伟庆担任副主编。编写分工如下：第 1 章（李洪远、李龙沁），第 2 章（李亚宁、康濒月），第 3 章、第 4 章和第 7 章（单春艳、常永兴），第 5 章（李洪远、石子琳、郝婧），第 6 章（李洪远、宁园力），第 8 章（朱济友、郝婧），第 9 章（孟伟庆、徐文斌），第 10 章（宋少洁、刘文琦、赵婉婷），第 11 章（孟伟庆、朱济友、徐文斌），第 12 章（李洪远、张菁桠），第 13 章（李亚宁、李龙沁），第 14 章（李洪远、李佳旭、康濒月），第 15 章（宋少洁、康濒月、赵婉婷、刘文琦）。全书由李洪远、单春艳统稿，鞠美庭教授担任主审。

本书在编写过程中参考了国内外生态学领域的大量著作、教材及论文成果，在此向有关作者致以诚挚的谢意。

由于环境生态学涉及内容宽泛，尽管我们在修订过程中力求高质量和完美，但书中不足之处在所难免，恳请使用本书的广大读者批评指正。

李洪远

2025 年 7 月于南开大学津南校区

第一版前言

PREFACE

生态学既是一门发展成熟的综合性学科，又是目前发展最快的学科之一。伴随着全球环境问题的不断出现，传统意义上的生态学知识已不能满足日益出现的环境问题的解决。很多新的生态学分支应运而生，这些新型生态学分支的特点之一即是生态学与其他学科的交叉。

目前，我国各地的高等院校除了生物学科一直将生态学课程作为专业基础课程之外，环境科学、林学、农学、水利、城市规划、景观设计等专业也纷纷开设了生态学课程。由于专业的差别，不同专业所涉及到的生态学内容有所区别，各个专业关注点也不一样，不可能有一本通用教材可以适应任何专业的需求。

对于日益发展与健全的环境科学学科来说，生态学课程已成为不可或缺的基础理论与应用课程。由于各个学校环境科学类专业组建专业的学科基础不同，有的以化学学科为基础、有的以地理学科为基础、有的以林业学科为基础、有的以生态学科为基础、有的以建筑学科为基础。所采用的教材千差万别，大多是采用生物类专业教材，尚无一本适宜环境科学类专业的生态学基础教材。在实际教学中，我们发现由于环境科学类专业学生没有很深的生物学相关基础知识背景，在对生态学课程所学内容的理解和掌握上存在一定的难度。况且，环境科学类专业学生在有些内容上没有必要要求和生物科学类专业学生掌握同等的程度。因此，生物科学类专业的生态学教材在某种程度上就存在适用性和针对性的问题。尽管目前有些学校取消了“基础生态学”而开设了“环境生态学”，但就目前环境生态学作为应用生态学的一个新分支来看，发展尚不成熟，没有统一的学科结构。我们认为，本科生应当在掌握生态学基础理论的基础上适当了解与环境科学领域相关的应用生态学知识。

本书旨在为环境科学类专业学生提供一本形式新颖、内容实用、通俗易懂、图文并茂，能突出生态科学与环境科学密切关系的教材。教材具有以下特色：

1. 本书考虑环境科学类学生专业特点，教材重点放在：基本概念、基本原理、结合实践，使学生掌握生态学基本原理在实践中的应用方法。每章内容设置前面是基础理论，后面是理论的实践应用。

2. 考虑到环境科学类学生将来工作涉及的领域较广，增加了生物多样性保护、自然保护区规划设计、生态系统管理、景观生态规划、退化生态系统恢复、污染生态效应、生态影响评价、城市生态与城市环境等内容，这些内容在教学计划内的其它课程中接触不到。

3. 书中各章节穿插了许多“背景知识专栏”，变化的形式既增添了学生的学习兴趣，又充实了教材的内容。

本书由李洪远主持编写，文科军、鞠美庭担任副主编，参与编写工作的有李洪远、孟伟庆、何迎（第一章、第五章、第七章），文科军、吴丽萍、孟伟庆（第三章、第四章、第八章），鞠美庭、权佳、苏锋（第二章、第九章），祝玉敏、张银太、郑巧（第六章）。全书由李洪远、孟伟庆统稿，最后由李洪远定稿。

朱琳教授审阅了书稿并提出许多宝贵意见，在此表示谢忱。

由衷地感谢化学工业出版社教材出版中心满悦芝编辑，是她积极策划并推动了本书的编写和出版工作。

本书参考了国内外很多生态学领域前辈学者的著作、教材、图表资料以及相关领域的科研成果，在此表示诚挚的谢意。

尽管编者多年来从事生态学的教学与研究工作，但编写环境科学类专业生态学基础教材尚属首次，限于水平和时间，在教材结构、内容安排等方面疏漏在所难免，敬请读者批评指正。

编　者

2005 年 8 月于南开园

第二版前言
PREFACE

环境生态学作为环境科学与生态学相互交叉、相互融合而逐步形成的一门新兴学科，其产生的背景是由于人类赖以生存的地球环境的不断恶化，全球气候变化、酸沉降、生物多样性丧失、生态系统退化、环境污染等生态环境问题越来越严重地威胁到整个地球生命系统。环境生态学以研究人为干扰的环境条件下生物与环境之间相互关系为主要任务，以受损和退化生态系统作为研究对象，通过对环境变化所导致的生态系统结构和功能变化机制和规律的研究，探索人类干扰活动对环境的影响效应，以寻求解决环境问题的生态学途径。

由于环境生态学理论基础之一的环境科学本身也是一门新兴学科，与其它新兴生态学分支学科相比，环境生态学在学科体系和内容框架上仍然不成熟，需要继续探索和逐步完善。目前，国内外与《环境生态学》相关的专著和教科书越来越多，尤其是国内环境类专业普遍开设了环境生态学课程，新的教材不断涌现，客观上推动了环境生态学学科的发展。但教材普遍存在三个问题：其一，与其它生态学分支学科内容上交叉重叠过多；其二，环境科学的内容纳入过多，生态学基础知识过少；其三，教材体系和内容编排上各式各样。究其原因，是由于编著者所在院校的环境学科形成背景和课程体系设置的差异所致。环境学科基础深厚、课程体系健全的院校，与环境生态学相关的课程设置完善，故有些章节的内容会简化很多；而没有设置这些相关课程的院校，则会在课程和教材中比较系统、全面地加以介绍。这些内容包括“污染生态学”“生态监测”“生态影响评价”“城市生态学”等。不少《环境生态学》教材中这些内容所占篇幅过大，而相对弱化了基础生态学的内容。如果是在环境学科发展比较完善的院校使用，由于以上内容都设有相关的课程，学生们就会感到重复的知识太多，而真正希望了解的生态学知识又不足；如果是在环境学科尚处于发展初期的院校使用，又会因为相关课程设置不够完善，很多内容会集中在这门课程里讲授，学生们同样会因为缺乏生态学的背景知识而对有些内容感到茫然。

基于以上问题的思考，在确定编写本教材之初，编写组反复讨论并几次修改大纲，最后教材形成以下特色：

1. 环境生态学毫无疑问是环境科学与生态学交叉的产物，但归根结底是生态学的一门分支学科。因此，本教材在内容的设置上，考虑到环境类专业学生生物学相关基础知识缺乏的特点，仍然把基础生态学的内容作了较为系统的介绍，重点放在生物与环境、种群、群落和生态系统等有关基本概念和基本原理，没有弱化经典生态学的这部分内容。

2. 环境生态学的研究重点是人类干扰下受损生态系统的变化机制以及恢复和保护策略。在内容框架设置上，除了经典生态学的基础知识不可或缺之外，重点考虑了景观生态系统、退化生态系统、生物多样性与保育、生态系统服务、生态系统健康管理、生态监测与评价等生态与环境密切相关的内容。

3. 增设了“生态系统可持续发展途径”一章，编者认为：与生物多样性保育、生态系统健康管理、退化生态系统恢复以及生态监测与评价等生态系统管理手段相比，生态规划、生态城市建设与生态工程则是人类更为积极主动地依据生态学原理，实现社会、经济和环境协调发展的有效途径。

本书由李洪远（南开大学）主持编写，并负责制订教材的编写大纲和内容框架，孟伟庆（天津师范大学）、单春艳、鞠美庭（南开大学）担任副主编。参加编写人员：李洪远（第 1、 2、 4、 8、 9 章），孟伟庆（第 6、 7、 13、 14 章），单春艳（第 3、 5、 7、 10、 11、 12 章），鞠美庭（第 5、 10、 11 章），莫训强（第 8、 9 章），闫维（第 7、 12 章），李姝娟（第 2、 12 章），王秀明（第 1、 14 章），吴璇（第 14 章），郝翠（第 6 章），程晨（部分图表处理）。由孟伟庆负责对全书统一编排、图表处理。最后由李洪远统稿并定稿。

本书在编写过程中参考并引用了很多国内外生态学领域的著作、教材和科研成果，在此向作者表示诚挚的敬意和感谢。

环境生态学尚处于不断充实和完善的阶段，尽管编者在教材内容和体系框架上都力求有所突破，但不足之处在所难免，恳请读者批评指正。

李洪远

2010 年 11 月于南开园

目 录
CONTENTS

8 地球上的主要生态系统类型

9 景观生态学原理与应用 146

10 生态系统健康与管理 163

二维码目录

1 绪论

引言

随着可持续发展理念深入人心，人们越来越关注自己赖以生存的环境，环境已经成为21世纪的关键词之一。环境生态学是在环境生态问题日益严重的过程中产生和发展起来的一门综合性学科，其内容和体系也在不断地发展。环境生态学为我们提供了有关如何保护和恢复自然资源、生态系统和生物多样性的科学方法和指导原则。环境生态学的研究与实践将有助于我们更好地实现为子孙后代守护好地球这个美丽的家园这一目标。

2022年10月，党的二十大报告强调了生态文明建设的重要性，指出我们必须“深入推进环境污染防治。持续深入打好蓝天、碧水、净土保卫战。”大力推进生态文明建设，为人民群众提供更好的生态环境。在这一伟大历史背景下，我们不得不思考人类与自然的关系，探讨环境生态学的重要性。环境生态学是生物学的一个重要分支，它研究生物与环境之间的相互作用，以及这些相互作用如何影响地球上的生态系统。党的二十大报告明确了绿水青山就是金山银山的发展理念，这不仅是经济的需要，更是生态环境的需要。二十大报告也为环境生态学提供了更广阔的发展空间，它提醒我们要坚守初心，积极应对全球气候变化、生态破坏等严峻挑战，推动经济社会的可持续发展。环境生态学将成为我们探索可持续发展的有力工具，为构建绿色、低碳、可持续的生态文明提供理论支持和实践指导。

学习意义

为什么要学习环境生态学?

环境生态学不仅帮助我们理解自然界中的生态系统，了解它们是如何组织、运作和相互作用的，还提供了解决许多环境问题的基础，如气候变化、生物多样性丧失、土地退化和水资源管理。通过学习本章，能够充分了解环境生态学的发展历程、学科范畴以及理论基础，有助于理解生态系统中各种生物和非生物因素之间的复杂关系，可以更好地应对这些环境问题并制订可持续的解决方案。学习环境生态学对于维护生态平衡、保护自然环境和确保可持续发展至关重要。

学习目标

◇ 掌握环境生态学、生态学的概念。
◇ 了解环境生态学与生态学产生的背景和发展过程。
◇ 熟悉环境生态学的研究内容和研究方法。
◇ 理解环境生态学与其他关联学科的关系。

1.1 环境生态学的产生与发展

环境生态学是依据生态学理论，按照生态学的学术视野研究和解决环境问题的新兴学科，是环境科学与生态学之间的交叉学科，是生态学的重要应用学科之一。

1.1.1 环境生态学的概念

环境生态学（environmental ecology）是生态学的一个新分支，是伴随着环境问题的出现而产生和发展，以生态学的基本原理为理论基础，结合物理学、化学、环境科学等学科的理论与应用技术，研究生物与受人为干预的环境之间的相互关系及其规律的一门综合性学科。环境生态学是研究在人为干扰的环境条件下，生态系统结构内在的变化机制和规律、生态系统功能的响应，寻求因人类活动影响而受损的生态系统的恢复、重建、保护的生态学对策，即运用生态学理论，阐明人与环境之间的相互作用及解决环境问题的生态途径的科学（盛连喜，2002；李元，2009；谢作明，2015）。

环境生态学既不同于以研究生物与其生存环境之间相互关系的经典生态学，也不同于研究污染物在生态系统中的行为规律和危害的污染生态学。它是从整体和系统角度出发，研究人类活动所导致的环境污染和生态破坏这两类环境问题的解决途径的学科。

1.1.2 环境生态学的产生

二维码 1-1
全球环境问题

在科学发展史中，一门学科的诞生通常源自人类为了解决某一类实际问题的需要。环境生态学也不例外，自 20 世纪 50 年代开始，全球环境问题日益严重，人类面临新的生态问题，环境生态学就是在人类及生物生存受到越来越严重威胁的历史背景下产生的。

环境生态学的产生始于 20 世纪 60 年代初。1962 年，美国海洋生物学家 R. Carson 的名著《寂静的春天》的出版对环境生态学的发展起到了极大的推动作用。该书描述了使用杀虫剂造成的严重污染，阐明了污染物在环境中的迁移转化，初步揭示了污染对生态系统的影响机制，阐述了人类同大气、海洋、河流、土壤及生物之间的密切关系。这些论述有力地促进了生态系统研究与现代环境科学的结合。这一时期，人们关于人类活动对环境影响的认识也更加深入，如《人类与环境》（Arvilla，1967）、《我们生态危机的历史根源》（White，1967）、《人口炸弹》（Ehrlich，1968）等论述有关人类活动对环境影响的专著相继出版，使人们认识到人类活动是如何影响地球表面大气圈、水圈、土壤-岩石圈和生物圈的自然过程的。

20 世纪 70～80 年代是环境生态学的迅速发展时期。1972 年，罗马俱乐部发表了著名的研究报告——《增长的极限》，这是环境生态学发展初期的主要象征。W. Barbara 等在 1972

年出版的《只有一个地球》中，从整个地球的发展前景出发，从社会、经济和政治的不同角度，论述了经济发展和环境污染对不同国家产生的影响，指出人类所面临的环境问题，呼吁各国重视维护人类赖以生存的地球。该书的出版对环境生态学的发展起到了重要的作用。同年，联合国在瑞典首都斯德哥尔摩召开人类环境会议，通过了《联合国人类环境会议宣言》。这是人类第一次将环境问题纳入世界各国政府和国际政治的事务议程。这一时期，国际上出版了一系列有影响的环境生态学方面的专著，如《人口、资源、环境——人类生态学的课题》（Ehrlich，1972）、《应用生态学原理》（Remade，1974）、《环境、资源、污染和社会》（Murdock，1975）、《环境生态学：生物圈、生态系统和人》（Anderson，1980）、《受害生态系统的恢复过程》（Carins，1980）等。20 世纪 70 年代之后，我国在区域生态环境破坏的历史分析，区域生态环境质量的评价，生态系统稳定性的维护和受害生态系统的恢复、重建等领域也开展了大量的工作，并取得了非常可喜的成果。尤其是我国著名生态学家马世骏教授于 1979 年提出的“生态工程”理论，对于我国乃至世界环境生态学的发展均有着重要的指导作用。1980 年 3 月 5 日，世界自然保护联盟公布了《世界自然资源保护大纲》。这些会议和活动表明环境问题已成为当代世界上一个重大的社会、经济、技术问题。特别是随着社会、经济的发展，环境污染正以一种新的形态在发展。人类开始认识到地球的环境是脆弱的，资源被过度利用以后是很难恢复的，必须依靠生态学原理和方法，维护人类赖以生存的环境和可持续利用各种自然资源，这就是环境生态学产生的基础。

20 世纪 80 年代后，环境生态学的学科框架基本形成。1987 年，福尔德曼（Bill Freedman）出版了第一部详细的综合教科书《环境生态学》，标志着环境生态学的学科框架基本形成。迄今，国内以环境生态学命名的教材和专著并不多见，金岚（1992）、盛连喜（2002）、卢升高（2010）、李洪远（2011）等曾出版《环境生态学》教材。2012 年，党的十八大提出的“五位一体”战略总布局把生态文明建设放在了突出地位，将生态文明建设纳入中国特色社会主义事业总体布局，这对环境生态学在我国的发展起到了积极的推动作用。

1.2 环境生态学的范畴

1.2.1 环境生态学的主要研究内容

（1）人为干扰下受损生态系统内在变化机制和规律　环境生态学研究的对象是受人类干扰的生态系统，主要包括各种污染物在各类生态系统中的行为、变化规律和危害方式，人为干扰的方式和强度与生态效应的关系等问题。在这一过程中有哪些内在规律，干扰效应在系统内不同组分间是如何相互作用的，出现了哪些生态效应以及如何影响到人类等都是环境生态学研究的内容。

（2）各类生态系统功能及其保护措施和技术研究　各类生态系统在生物圈中执行着不同的功能，它们是人类生存的基础，被破坏后所产生的生态后果也各不相同，如水土流失、土地沙漠化和盐碱化等。环境生态学要研究各类生态系统的结构和功能、保护与管理和合理利用的途径与对策，研究森林、草原、湿地、荒漠、淡水、城市等主要生态系统的功能，探索不同生态系统的演变规律和调控技术，为防治人类活动对自然生态系统的干扰、有效地保护自然资源、合理利用资源提供科学依据。

（3）退化生态系统的机理以及恢复与重建技术　在人类干扰和自然干扰的影响下，很多生态系统处于退化状态，退化生态系统的恢复与重建是将环境生态学理论应用于生态环境建设的一个重要方面。应该重点研究人类活动与自然干扰造成各类生态系统退化的机理及其恢复途径、人类活动对生态系统干扰效应的生态监测技术、防止人类活动造成环境失调的措施、发展生态农业的途径、自然资源综合利用以及污染物的处理技术。另外，还要探讨在遵循自然规律的基础上，通过人类的作用，根据技术上可行、经济上合理、社会能够接受的原则，恢复与重建自然生态系统的途径和技术方法，使受损或退化的生态系统重新获得有益于人类生存与发展的功能。

（4）生态系统受损程度及危害性的判断　生态系统受损程度的判断是环境生态学研究的重要任务之一。生态监测是必要的基础和手段，是分析生态系统中环境干扰效应的程度和范围的技术途径。受损后的生态系统在结构和功能上的变化规律、退化特征的生态学效应及危害性等问题都需要做出准确和量化的评价。物理、化学、生态学和系统理论的方法是环境质量评价和预测所常用的四个最基本手段，科学的评价应该是几种方法的结合，而生态学判断所需的大量信息就是来自生态监测。实际上，生态监测就是利用生态系统各生命层次对干扰的响应来分析变化的效应、程度和范围，包括人为干扰下生物的个体生理反应、种群动态变化、群落演替过程和风险预测评估等。

（5）解决环境问题的生态学对策与技术途径　单纯依靠工程技术解决人类面临的环境问题已被实践证明是行不通的，而采用生态学方法治理环境问题的前景十分广阔。环境污染防治主要是采取各种措施解决从污染发生、发展直至消除的全过程中存在的有关问题，其最终目的是保护和改善人类赖以生存发展的生态环境。根据生态学的理论，结合环境问题的特点，采取适当的生态学对策并辅以其他方法或工程技术来改善和恢复受损的环境，是环境生态学的研究内容之一。如研究治理水体、土壤、大气污染的生态技术，各种废物处理和资源化的生态技术；研究生态工程技术，探索自然资源利用的新途径；研究生态系统科学管理的原理和方法等。

（6）生态规划手段与区域生态环境建设模式　生态规划主要是以生态学原理为理论依据，对某地区的社会、经济、技术和生态环境进行全面综合规划，调控区域社会、经济与自然生态系统及其各组分的生态关系，以便充分有效、科学地利用各种资源条件，促进生态系统的良性循环，使社会、经济持续稳定地发展。生态规划是区域生态环境建设的重要基础和实施依据。区域生态环境建设是基于生态规划，解决人类当前面临的生态环境问题，建设更适合人类生存和发展的生态环境的过程。

（7）不同尺度上生物多样性保护与管理方法　生物多样性是维持基本生态过程和生命系统的物质基础，生物多样性的监测与管理是环境生态学需要关注和研究的方向之一，包括种群和物种水平上的保护、群落和生态系统水平上的保护以及景观尺度上的保护。随着人口的剧增和工农业的快速发展，人类对生态环境的干扰，不只限于地表环境，而且在加速影响着地壳浅层地质环境和地下水环境。因此，环境生态学不仅要关注地质生态环境问题，还需关注不同尺度、不同维度下所有生物及其周围环境的变化。生态安全是指生物个体或生态系统不受侵害和破坏的状态。生态安全取决于人与生物之间、不同生物之间的平衡状况。生物多样性是生态安全的重要组成，生物多样性的丧失，特别是基因和物种多样性的丧失，对生态安全的破坏将是致命和无法挽回的，其潜在的经济损失是无法计算的。

（8）全球性生态环境问题监测与应对策略　全球性生态环境问题严重威胁着人类的生存和发展，产生的根本原因是人类对大自然的不合理开发和破坏。解决全球环境问题需要全球协作和跨国合作，以减少温室气体排放、保护生物多样性、减少污染、可持续管理资源、推动可持续土地使用、减少塑料使用及加强教育和宣传。国际协议如《巴黎协定》和《生物多样性公约》是解决这些问题的重要工具，但也需要各国政府、企业和个人的积极参与和努力。因此，要在监测全球生态系统变化的基础上，研究全球变化对生物多样性和生态系统的影响、生存环境历史演变的规律、敏感地带和生态系统对环境变化的反应、全球环境变化及其与生态系统的相互作用；建立适应全球变化的生态系统发展模型；提出减缓全球变化中自然资源合理利用和环境污染控制的对策和措施。只有通过实施综合性的方法并建立长期的协作机制，全球社会才能有效应对和解决这些紧迫的全球环境问题，从而平衡人类的发展与地球生态系统的保护。

1.2.2 环境生态学的研究方法

环境生态学以现代生态学为理论基础，以解决因人为干扰而出现的环境问题为主要研究目的。因此，环境生态学研究应以解决实际问题的生态学研究方法为主，结合环境科学的研究手段，形成一套极具学科特色的研究方法。

(1) 野外调查　对受损生态系统的修复、重建和保护，都需要直观、清晰且完整的本底调查资料，而这些第一手资料都来自实地观测。野外调查是原地观测研究的主要方法之一，它是指在自然界原生境对生物与环境的关系进行调查分析，考察研究区域内特定种群或群落与自然地理环境的空间分异的关系。首先要划定生境边界，然后在确定的种群或群落生存活动空间范围内，进行种群行为或群落结构与生境各种条件相互作用的观察记录。野外考察种群或群落的特征，测量、评估生境的环境条件，要采取适合各类生物的规范化抽样调查方法，如动物种群调查中的样方法、标记重捕法、去除取样法等，植物种群和群落调查中的样方法、无样地取样法、相邻格子样方法等。样地或样本的大小、数量和空间配置，都要符合统计学原理，保证得到的数据能反映总体特征。

(2) 定位观测　定位观测是考察某个体、种群、群落或生态系统的结构和功能与其环境的关系在时间上的变化。定位观测先要设立一块可供长期观测的固定样地，样地必须能反映所研究的种群或群落及其生境的整体特征。定位观测时间取决于研究对象和目的。若是观测微生物种群，只需要几天的时间即可；若观测群落演替，则需要几年、十几年、几十年甚至上百年的时间。

(3) 原地示范试验　原地示范试验是指在野外现场观察濒危生物物种数量变化、污染区域生物数量变化、草地荒漠化发展趋势、矿物资源现存量变化等环境问题后，分析导致环境问题的原因的变化规律。依据观察所得的本底资料，在调查现场划定一个具有代表性的区域，开展研究区示范性试验研究，以探寻环境问题的最佳解决方案。如在野外森林、草地群落中，人为去除或引进某个种群，观测该种群对群落和生境的影响；在自然保护区，人为地对森林进行疏伐，以观测某些阳生濒危植物种群的生长情况。

(4) 室内受控实验　受控实验是在模拟自然生态系统的受控实验系统中，研究单项因子的作用或多项因子的相互作用及对种群或群落的影响的方法技术。如“微宇宙”（microcosm）模拟系统是在人工气候室或人工水族箱中，建立自然的生态系统模拟系统，即在光照、温室、风力、土质、营养元素等环境因子的数量与质量都完全可控制的条件下，通过改变其中某一因素或多个因素，来研究实验生物的个体、种群以及小型生物群落系统的结构、功能、生活史动态过程及其变化的动因和机理。

（5）系统分析　系统分析是一种进行科学研究的策略，通过系统分析可以建立一系列反映事物发展规律的系统模型，对系统进行模拟和预测，寻找出生态系统内各组分之间的关系、各组分内不同的影响力。系统分析中应用最多的方法有多元统计学、多元分析方法、动态方程、多维几何、模糊数学理论、综合评判方法、神经网络理论等一系列相关的数学、物理研究方法。目前，应用比较广泛的系统分析模型有微分方程模型（动力模型）、矩阵模型、突变率模型及对策论模型等。

（6）数学模型　数学模型是一个系统的基本要素及其关系的数学表达，模型能使一个十分复杂的系统简化，使研究者容易了解并预测其未来的发展趋势。生物种群或群落系统行为的时空变化的数学概括，统称生态数学模型。生态数学模型仅仅是实现生态过程的抽象，每个模型都有一定的局限性和有效范围，如描述种群增长的指数方程和 Logistic（逻辑斯谛）方程等就是用来分析表达种群动态的理论模型。模型也能更好地揭示关键性的生态过程，如湖泊、河流、海湾生态模型，草原、森林、农田管理模型以及全球生态模型等。

（7）新技术的应用　环境生态学的进展在很大程度上依赖于多种新技术、新方法的应用，包括机器学习、卫星遥感、地理信息系统、同位素、分子生物学技术、自动测试技术及其他分析测试技术等。计算机技术在生态系统资料、数据处理中有极其重要的作用，生态系统的复杂规律必须在现代计算机技术手段下才能得以充分的揭示。环境治理、资源合理利用、全球环境变化等复杂问题，也只有利用计算机模拟才能解决，如预测系统行为及提出最佳方案等问题。遥感、航测和地理信息系统则频繁地用于资源探测、环境污染监测，如用近红外和可见光谱的遥测数据计算出来的归一化植被指数（NDVI）预测生态系统的初级生产量。生态模拟技术则是另一类受到重视的新技术，美国、日本等国均已开展了许多生态模拟试验。如 1991 年美国在亚利桑那州沙漠中建成的“生物圈Ⅱ号”（Biosphere 2）全封闭式人工模拟生态系统。现代环境生态问题的研究需要范围更大、分辨率更高的遥感技术，获取大数据的计算机技术，更精准的数学预测模型，更精密的化学分析技术，稳定性同位素和分子生物学技术的应用。

1.3　环境生态学的理论基础

环境生态学是生态学学科的一个组成部分，是依据生态理论和方法研究环境问题而产生的新兴分支学科。在诸多的相关学科中，环境生态学与生态学的联系最为密切，生态学是环境生态学的理论基础。环境生态学是环境科学的分支学科之一。在环境科学的研究中，对生态学理论的应用促使了环境生态学的产生。因此，环境科学和生态学为环境生态学奠定了理论基础。

1.3.1　生态学

1.3.1.1　生态学的概念

生态学（ecology）一词源于希腊文，由词根“oikos”（表示住所、房子）和“logia”（表示研究、学问）演化而来，从字义上讲，生态学是研究生物栖息场所的科学。

生态学是研究有机体与其周围环境相互关系的科学（Haeckel，1866）。环境包括非生物和生物环境，前者如温度、可利用水、风，而后者包括同种或异种其他有机体。这个定义强调的是有机体与非生物环境的相互作用，以及有机体之间的相互作用。有机体之间的相互作用又可以分为同种生物之间和异种生物之间的相互作用，即种内相互作用和种间相互作用。前者如种内竞争，后者如种间竞争、捕食、寄生或互利共生。

Haeckel 赋予生态学的定义很宽泛，由此引起了许多学者的争论。国际上许多著名生态学家也对生态学下过定义。如美国生态学家 E. P. Odum（1958）提出的定义是：生态学是研究生态系统结构和功能的科学。我国著名生态学家马世骏（1980）认为生态学是研究生命系统和环境系统相互关系的科学，他同时提出了社会-经济-自然复合生态系统的概念。

1.3.1.2 生态学的研究对象

由于生态学研究对象的复杂性，它已发展成一个庞大的学科体系。根据其研究对象的组织水平、类群、生境以及研究性质等可将其划分如下：①根据研究对象的组织水平划分，将生态学分为分子生态学、进化生态学、个体生态学或生理生态学、种群生态学、群落生态学、生态系统生态学、景观生态学与全球生态学；②根据研究对象的分类学类群划分，可分为植物生态学、动物生态学、微生物生态学、陆生植物生态学、哺乳动物生态学、昆虫生态学、地衣生态学，以及各个主要物种的生态学；③根据研究对象的生境类别划分，有陆地生态学、海洋生态学、淡水生态学、岛屿生态学等；④根据研究性质划分，有理论生态学与应用生态学。理论生态学涉及生态学进程、生态关系的数学推理及生态学建模。应用生态学则是将生态学原理应用于有关部门。例如，应用于各类农业资源的管理，产生了农业生态学、森林生态学、草地生态学等；应用于城市建设则形成了城市生态学；用于环境保护与受损资源的恢复则形成了保育生态学、恢复生态学、生态工程学；应用于人类社会，则产生了人类生态学、生态伦理学等。

1.3.1.3 环境生态学与生态学的关系

二维码 1-2
生态学的
形成及发展

环境生态学是生态学的一个分支。生态学是以生物为中心，研究生物与环境的关系的学科。传统生态学侧重于研究生物与自然因素之间的关系。随着科学技术的进步和大规模生产活动的展开，人类对生物与环境的干扰，不论从规模还是速度上都远远超过自然过程。现代生态学重视研究人类活动影响下的生物与环境的关系，以求避免环境对人类生产和生活造成不利的影响，并使其向着有利于人类的方向发展变化。环境生态学则注重从整体和系统的角度，研究在人为干扰下，生态系统结构和功能的变化规律，以及因此对人类产生的影响，并寻求因人类活动影响而受损的生态系统恢复、重建和保护的生态学对策。它的重点任务在于运用生态学的原理，阐明人类活动对环境的影响，寻求解决环境问题的生态学途径，保护、恢复和重建各类生态系统，以满足人类生存与发展需要。生态学的基本原理同样可以应用于环境生态学，并作为环境生态学的基本理论来研究人类生存、发展与环境的相互关系。

1.3.2 环境科学

1.3.2.1 环境科学的定义

环境科学（environmental science）是研究和指导人类在认识、利用和改造自然的过程中，正确协调人与环境相互关系，寻求人类社会可持续发展途径与方法的科学，是由众多分支学科组成的学科体系的总称。从广义上说，它是研究人类周围大气、土地、水、能源、矿物资源、生物和辐射等各种环境要素及其与人类的关系，以及人类活动对这些环境要素的影响的科学。从狭义上讲，它是研究由人类活动引起的环境质量变化，以及保护和改进环境质量的科学。环境科学的研究对象是“人类和环境”这对矛盾之间的关系，其目的是要通过人类的社会行为，保护、发展和建设环境，从而使环境永远为人类社会持续、协调、稳定的发展提供良好的支持和保障。

环境科学是为了解决人类面临的环境问题，为了创造更适宜、更美好的环境而逐渐发展起来的一门年轻而具有活力的学科，是自然科学、社会科学和技术科学的交叉边缘科学，是由多学科到跨学科组成的庞大科学体系，国际上高等院校环境科学的学科体系呈现理工和人文社会科学相互渗透的趋势。环境科学的兴起和发展，标志着人类对环境的认识、利用和改造进入了一个新的阶段。

1.3.2.2　环境科学的主要研究内容

（1）探索全球范围内环境系统演化的规律　环境总是在不断地变化，环境变异也随时随地发生。人类在改造自然的过程中，为了使环境向有利于人类的方向发展，就必须了解环境系统的变化规律，这是环境科学的基础。环境科学的研究内容之一就是环境系统在人类干扰影响下的变化规律，探讨人类社会持续发展对环境的影响及环境质量的变化规律，了解全球环境变化的历史、演化机理、环境结构及基本特性等，从而为改善环境和创造新环境提供科学依据。

（2）揭示人类活动同环境的关系　揭示人类活动同自然环境之间的关系，探索环境变化对人类生存和地球环境安全的影响。环境科学需要研究人类社会经济行为引起的环境污染和生态破坏，确定当前环境恶化的程度及其与人类社会经济活动的关系。环境为人类提供生存和发展的物质条件，人类在生产和消费过程中又不断影响环境。人类生产和消费系统中物质和能量的迁移、转化过程虽然十分复杂，但必须使物质和能量的输入和输出之间保持相对平衡。

（3）探索环境变化对人类生存的影响　研究污染物在环境中的物理、化学变化过程，在生态系统中迁移转化的机理，以及进入人体发生的各种作用。研究环境退化同物质循环之间的关系，为保护人类生存环境提供依据，帮助人类树立正确的社会发展观。

（4）研究人类活动在不同范围和尺度上对环境的影响　人类活动造成的环境问题有不同的范围和尺度，如温室效应、臭氧层破坏等属于全球性环境问题，而酸雨的污染则具有区域性。不同范围和尺度的环境问题有其各自的成因和制约因素，因此需从不同范围的特点出发，系统、全面地加以研究，对不同时空尺度下环境问题的解决途径进行系统优化，推进可持续发展战略的实施。

（5）探索区域环境综合治理的技术和管理手段　引起环境问题的因素很多，需要综合运用多种技术措施和管理手段，从区域环境的整体出发，利用现代科学理论、技术和方法寻求解决环境问题的最优方案，寻求人类社会经济与环境协调持续发展的途径和方法，从而实现人与自然和谐共生。

二维码 1-3
环境科学的形成及发展

1.3.2.3　环境生态学与环境科学的关系

环境科学在研究人类环境质量、保护自然环境和改善受损环境的过程中，都是以生态学为基础的，并以生态系统平衡为原则和目标。环境生态学将丰富和发展环境科学。环境科学研究的是人与环境，生态学研究的是生物与环境。而环境生态学包含了二者的研究范畴，研究人、生物与整个自然界之间的关系。环境生态学采纳了生态学、环境科学的理论和技术。因此，环境学家把环境生态学当作环境科学的一个分支学科，它隶属于基础环境学。环境生态学不但关注环境背景下生态系统自身发生、演化和发展的动态变化以及受扰后生态系统的治理与修复，而且致力于自然-社会-经济复合生态系统的规划、管理与调控研究。在环境科学体系中，环境生态学同环境监测与评价、环境工程、环境治理与修复以及环境规划与管理的关系尤为密切。

1.4 环境生态学与其他相关学科

1.4.1 环境生态学与景观生态学

景观生态学（landscape ecology）是以整个景观为对象，通过分析物质流、能量流、信息流与价值流在地球表层的传输和交换过程，探讨生物与非生物以及与人类之间的相互作用与转化机制，运用生态系统原理和系统方法，研究景观结构和功能、景观动态变化以及相互作用机理，研究景观的美化格局、优化结构、合理利用和保护的学科。因此，景观生态学的研究内容可以概括为景观结构、景观生态过程、景观动态、景观生态学与资源管理等四个方面。

景观生态学和环境生态学都是以人类干扰下，自然生态系统被开发利用后的复合系统为研究对象的。在研究内容上，景观生态学侧重景观格局的类型及空间配置的生态学过程及其生态效应，而环境生态学则关注这种格局和配置对生态系统产生的效应、生态过程所发生的变化、变化的机制和规律、变化效应对人类社会是否构成危害，以及削减危害的对策。

1.4.2 环境生态学与城市生态学

城市生态学（urban ecology）是研究城市人类活动与城市环境之间关系的一门学科。它将城市视为一个以人为中心的人工生态系统，在理论上着重研究其发生和发展的动因，组合和分布的规律，结构和功能的关系，调节和控制的机制；在应用上旨在运用生态学原理规划、建设和管理城市，提高资源利用率，改善城市系统关系，提高城市活力。其研究内容主要是城市生态系统的组成形态与功能、城市人口、生态环境、城市灾害及防范、城市景观生态、城市与区域可持续发展和城市生态学原理的社会应用等。

1.4.3 环境生态学与恢复生态学

二维码 1-4 世界各地生态建设实践案例

恢复生态学（restoration ecology）是研究生态系统退化原因、退化生态系统恢复与重建技术和方法、退化的生态学过程与机制的科学。很显然，恢复生态学的研究内容与环境生态学有交叉，但又不是完全相同的学科重复。首先，在学科性质上，恢复生态学更侧重于恢复与重建技术的研究，应属于技术科学的范畴，而环境生态学更加侧重于基本理论的探讨，属于基础研究学科。其次，在研究内容上，在受损生态系统恢复这一重叠领域，环境生态学注重研究受损后生态系统变化过程的机制和产生的生态效应，关注的是“逆向演替”的动态规律；恢复生态学则注重研究生态恢复的可能与方法，更关注恢复与重建后生态系统“正向演替”的动态变化，以及如何加快这种演替。

1.4.4 环境生态学与保育生态学

保育生态学（conservation ecology）包含生态系统的“保护”与“复育”两个内涵，即针对濒危生物的育种和繁殖、栖息地的监测保护与对受破坏生态系统的恢复、改良和重建。保育生态学基于生态学的原理，监测人类与生态系统间的相互影响，并协调人类与生物圈的相互关系，以达到保护地球上单一生物物种以及不同生物群落所依存的栖息地的目的，并维系自然资源的可持续利用。由于生态保育关系到人类对于生物行为、食物链乃至整个栖息地环境的了解，也关系到人类在环境经营上的模式与对自然资源的利用和保护，因此生态保育需要多学科的协作。

1.4.5 环境生态学与环境生物学

环境生物学（environmental biology）研究生物与受人类干预的环境之间的相互作用机制和规律。环境生物学以研究生态系统为核心，向两个方向发展：从宏观上研究环境中污染物在生态系统中的迁移、转化、富集和归宿，以及对生态系统结构和功能的影响；从微观上研究污染物对生物的毒理作用以及对遗传变异影响的机制和规律。其研究的主要内容是环境污染引起的生态效应，生物或生态系统对污染的净化功能，利用生物对环境进行监测、评价的原理和方法以及自然保护等。其目的在于为人类合理地利用自然和自然资源，保护和改善人类的生存环境提供理论基础，促进环境和生物朝有利于人类的方向发展。

1.4.6 环境生态学与污染生态学

污染生态学（pollution ecology）是一门研究生物系统与被污染环境系统之间的相互作用规律及采用生态学原理和方法对被污染环境进行控制和修复的科学。它有两个基本的内涵：①生态系统中污染物的输入及其对生物系统的作用过程和对污染物的反应及适应性，即污染生态过程；②人类有意识地对污染生态系统进行控制、改造和修复的过程，即污染控制与污染修复生态过程。污染生态学把生态系统作为一个整体进行系统分析，进行生态模拟和建立生态系统模型，以便阐明污染物进入生态系统后引起的生态效应以及生态系统对污染物的净化功能。

1.4.7 环境生态学与生态经济学

生态经济学（ecological economics）以生态-经济复合系统为研究对象，研究整个系统的运行机制和系统各要素间相互作用的规律，是一门跨自然经济学和社会科学的交叉学科。生态经济学根据生物物理学的理论，依据物理学中的能量学定律，采用“能值”作为基准，把不同种类、不可比较的能量转换成同一标准的能值进行分析，在研究方法上，突破了生态系统各种服务功能价值评价中无法统一比较标准的限制，这对环境生态学的研究无疑是非常重要的。环境生态学的研究需要界定生态系统受到损害的程度，评价其功能和结构的变化。从本质上看这属于生态资源及其价值的评价问题，是生态系统各种服务功能的维护与管理问题，也是生态经济学研究的主要范畴。

课后复习

概念和术语：环境生态学、野外调查、定位观测、受控实验、生态学、环境科学、城市生态学、保育生态学、环境生物学、污染生态学、生态经济学

课后练习

1. 环境生态学研究的主要环境问题有哪些?
2. 阐述环境生态学的形成与发展。
3. 环境生态学的主要研究内容是什么?

在线习题及课后练习答案

二维码 1-5 在线习题及
课后练习答案

参考文献

[1] 谢作明.环境生态学[M].武汉：中国地质大学出版社，2015.
[2] 李永峰，唐利，刘鸣达.环境生态学[M].北京：中国林业出版社，2012.
[3] 卢升高，吕军.环境生态学[M].杭州：浙江大学出版社，2010.
[4] 李元.环境生态学导论[M].北京：科学出版社，2009.
[5] 盛连喜.环境生态学导论[M].2版.北京：高等教育出版社，2009.
[6] 唐文浩，唐树海.环境生态学[M].北京：中国林业出版社，2006.
[7] 金岚.环境生态学[M].北京：高等教育出版社，1992.

2

生物与环境

引言

江豚成群再现！近年来，在长江宜昌城区江段，开始成群出现江豚，这片水域也成为爱豚人士的“网红打卡点”。2020～2022两年间，武汉城区江段出现长江江豚超20次，近210头次。在长江支流汉江潜江段，近30年来也首次发现了江豚的身影。长江江豚，被称作“长江的微笑”。2017年的数据显示，长江江豚总数量约为1012头，精确到个位数表明这个可爱的种群的极度濒危。也因此，它们的再次成群出现令人惊喜。从2016年开始，习近平总书记亲自主持召开三次座谈会，提出要“共抓大保护，不搞大开发”，为长江经济带的发展谋篇布局、指明方向。从此，保护长江流域生态环境，被放在守护好中华文明摇篮必然要求的位置加以重视和强调。在常抓不懈的努力下，长江生态环境发生了转折性变化。2020年，长江流域优良断面比例提升至96.3%，首次实现劣Ⅴ类水体消除，两岸绿色生态廊道逐步形成。

环境与生物是相互作用的。环境是生物生存的基础，会对生物产生多方面的影响，既会影响生物的生长、发育、繁殖和行为，又会影响生物的生育力和死亡率，导致生物种群的数量变化。当环境条件恶劣时，会导致生物的生长发育受阻甚至死亡。因此，要想保护生物，使生物种群数量上升，首先要改善生物生存的环境。同时，生物也会对环境产生影响与适应，如江豚会清理水体中的垃圾，改善水质，保护水生态环境。总之，生物与环境之间是相互依存、协同进化的关系。

学习意义

为什么要了解生物与环境的关系以及生态因子的作用与生物的适应？

生物与环境的关系是生态学研究的核心基础问题，环境对生物的作用是多方面的，可以影响生物的生长、发育、繁殖和行为；影响生物的生育力和死亡率，导致生物种群的数量变化；某些生态因子能够限制生物的分布区域。同时，生物也不是消极地对待环境的作用，它们可以从自身的形态、生理、行为等多方面进行调整，在不同的环境中产生不同的适应性变异，以适应环境的变化。而生态因子是指环境中对生物生长、发育、繁殖、行为和分布有直接或间接影响的环境要素。因此，了解生物与环境及二者间的相互作用与生物的适应就成了生态学学习的最基础要求。

学习目标

◇ 理解生物与环境之间的相互作用规律。

◇ 掌握生态因子的概念、特征、类型和生态因子研究的一般原理。

◇ 熟悉主要生态因子（温度、光照、水分、土壤、大气、地形、风、火）对生物的生态作用以及生物的适应机制。

◇ 了解个体水平上的生态学应用案例。

2.1 生态因子的概念和特征

2.1.1 生态因子的概念

生态因子（ecological factor）是指环境中对生物生长、发育、繁殖、行为和分布有直接或间接影响的环境要素，如光照、温度、湿度、氧气、二氧化碳、食物和其他相关生物等。所有生态因子构成生物的生态环境（ecological environment），特定生物个体或群体栖息地的生态环境称为生境（habitat）。

2.1.2 生态因子的分类

生态因子的数量很多，依其特征可以简单地分为非生物因子和生物因子。通常根据生态因子的性质归纳为并列的五类：

① 气候因子，包括各种主要的气候参数，如温度、湿度、光、降水、风、气压和雷电等。

② 土壤因子，主要指土壤的各种特性，包括土壤结构、土壤有机物和无机成分的理化性质及土壤生物等。

③ 地形因子，指各种对植物的生长和分布有明显影响的地表特征，如地面的起伏、海拔、坡度和坡向等。

④ 生物因子，指生物之间的各种相互关系，如捕食、寄生、竞争和互利共生等。

⑤ 人为因子，把人为因子从生物因子中分离出来是为了强调人类作用的特殊性和重要性。人类活动对自然界和其他生物的影响已越来越大和愈发具有全球性，分布在地球各地的生物都直接或间接受到人类活动的巨大影响。

Smith（1935）根据生态因子对生物种群数量变动的作用，也将其分为密度制约因子（density dependent factor）和非密度制约因子（density independent factor）。前者如食物、天敌等生物因子，对生物的影响随着种群密度变化而变化，对种群数量有调节作用；后者如温度、降水等气候因子，对生物的影响不随种群密度变化而变化。

2.1.3 生态因子作用的一般特征

（1）综合作用　环境中的各种生态因子不是孤立存在的，每一个生态因子都在与其他因子的相互影响、相互制约中起作用，任何一个单因子的变化，都会在不同程度上引起其他因子的变化，从而对生物产生综合作用。例如光强度的变化必然会引起大气与土壤温度、湿度的改变，而这些因素共同对生物产生影响，这就是生态因子的综合作用。

（2）主导因子作用　对生物起作用的诸多因子是非等价的，其中有一种或一种以上对生物生长发育起决定性作用的生态因子，称为主导因子。主导因子的改变常会引起许多其他生态因子发生明显变化或使生物的生长发育发生明显变化。例如，对于光合作用，光照强度是主导因子，温度和 CO_2 为次要因子；对于春化作用，温度为主导因子，湿度和通气条件是次要因子。

（3）直接作用和间接作用　区分生态因子的直接作用和间接作用对认识生物的生长、发育、繁殖及分布都很重要。环境中的地形因子，如起伏程度、坡向、坡度、海拔及经纬度等对生物的作用不是直接的，但它们能影响光照、温度、雨水等因子的分布，因而对生物产生间接作用；光照、温度、水分、二氧化碳、氧等则对生物类型、生长和分布起直接作用。

（4）阶段性作用　生物在生长发育的不同阶段往往需要不同的生态因子或生态因子的不同强度，某一生态因子的有益作用常常只限于生物生长发育的某一特定阶段。因此，生态因子对生物的作用具有阶段性。例如，光照长短在植物的春化阶段并不起作用，但在光周期阶段则很重要；低温在植物的春化阶段必不可少，但在其后的生长阶段则不重要，甚至有害。

（5）不可代替性和补偿作用　环境中的各种生态因子虽非等价，但各有其重要性，一个因子的缺失不能由另一个因子来替代，尤其是具有主导作用的因子，因而总体上说生态因子是不可代替的。但某一因子的数量不足，可以依靠相近因子的加强而得到补偿。例如，光照强度减弱所引起的光合作用下降，可以依靠二氧化碳浓度的增加得到补偿。但生态因子的补偿作用只能在一定范围内进行部分补偿，且因子之间的补偿作用也不是经常存在的。

2.2　生物与环境关系的一般原理

2.2.1　利比希最小因子定律

1840 年，德国农业化学家 J. Liebig 研究土壤与植物关系时，发现作物的产量并非经常受到大量需要的营养物质（如 CO_2、水）的限制，而是受到土壤中一些微量元素（如硼、镁、铁等）的限制。因此，他提出“植物生长取决于处在最少量状况下的营养物的量”，其基本内容是：低于某种生物需要的最小量的任何特定因子，是决定该种生物生存和分布的根本元素。进一步研究表明，这个理论也适用于其他生物种类或生态因子。这个论点被后人称为利比希最小因子定律（Liebig’s law of the minimum）。

Liebig 之后，有不少学者对此定律进行了补充。E. P. Odum（1973）建议对此定律作两点补充：①这一定律只适用于稳定状态，即能量和物质的流入和流出处于平稳的情况下才适用，不稳定状态下，各种营养物的存在量和需求量会发生变化，很难确定最小因子；②要考虑生态因子之间的替代作用，如光照强度不足时，CO_2 浓度的提高可起到部分补偿作用，使光合作用强度有所提高。因而最小因子并不是绝对的。

2.2.2　谢尔福德耐受性定律

1913 年，美国生态学家 V. Shelford 进一步发展了利比希最小因子定律，在此基础上提出了耐受性定律（Shelford's law of tolerance），即任何一个生态因子在数量或质量上不足或过多，达到或超过某种生物的耐受限度时，就会导致该种生物衰退或不能生存。

许多学者在 Shelford 研究的基础上对耐受性定律作了补充和发展，概括如下：

① 生物对各种生态因子的耐受性幅度有较大差异，生物可能对一种因子的耐受性很广，而对另一种因子的耐受性很窄。

② 自然界中，生物并不都一定在最适环境因子范围内生活，对所有因子耐受范围都很广的生物，分布也广。

③ 当一个物种的某个生态因子不是处在最适度状况时，该物种对另一些生态因子的耐受性限度将会下降。如土壤含氮量下降时，草的抗旱能力也下降。

④ 自然界中生物之所以不在某一个特定因子的最适范围内生活，其原因是种群的相互作用（如竞争、天敌等）和其他因素妨碍生物利用最适宜的环境。

⑤ 繁殖期通常是一个临界期，此期间环境因子最可能起限制作用。繁殖期的个体、胚胎、幼体的耐受限度要窄得多。

2.2.3 生态幅

Shelford 耐受性定律中把最低量因子和最高量因子相提并论，即每一种生物对任何一种生态因子都有一个耐受范围，这个耐受范围就称作该种生物的生态幅（ecological amplitude）(图 2.1)。由于长期自然选择的结果，自然界的每个物种都有其特定的生态幅，这主要取决于物种的遗传特性。

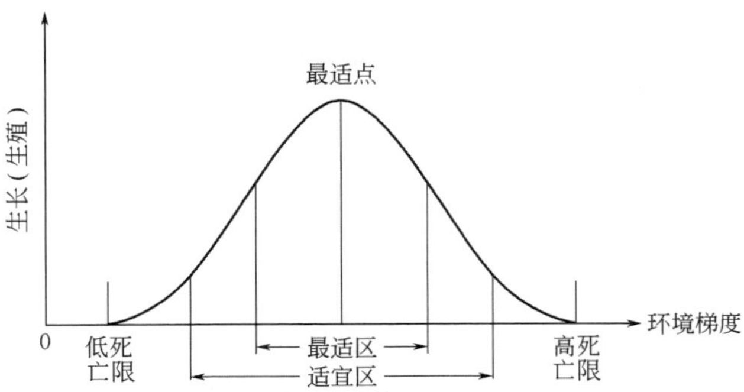

图 2.1　生物对生态因子的耐受曲线（Putman 等，1984）

生态学中常常使用一系列名词表示生态幅的相对宽度（图 2.2）。英文前缀“steno-”为狭窄之意，而“eury-”为广的意思。上述前缀与不同因子配合，就表示某物种对某一生态因子的适应范围。例如，窄食性（stenophagic）、窄温性（stenothermal）、窄水性（stenohydric）、窄盐性（stenohaline）、窄栖性（stenoecious）等；广食性（euryphagic）、广温性（eurythermal）、广水性（euryhydric）、广盐性（euryhaline）、广栖性（euryoecious）等。

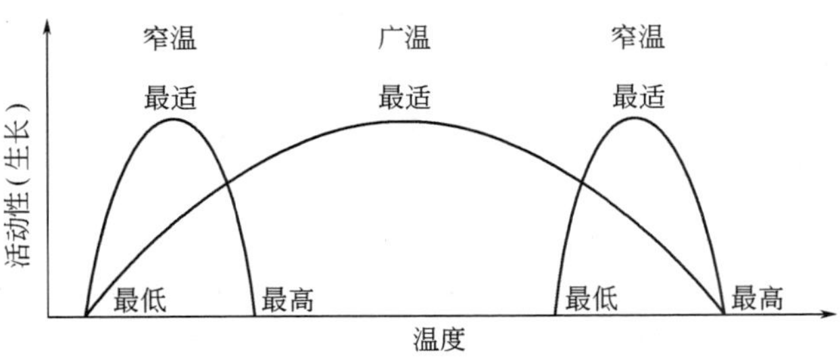

图 2.2　广温性与窄温性生物的耐性幅度比较（Odum，2005）

当生物对某一生态因子的适应范围较宽，而对另一因子的适应范围很窄时，生态幅常常为后一生态因子所限制。在生物的不同发育时期，它对某些生态因子的耐受性是不同的，物种的生态幅往往取决于它临界期的耐受限度。在自然界，物种往往并不分布于其最适生境范围内，主要是因为生物间的相互作用妨碍它们去利用最适宜的环境条件，因此生理最适点与生态最适点常常是不一致的。

2.2.4 限制因子

目前，生态学家将最小因子定律和耐受性定律结合起来，提出了限制因子（limiting factor）的概念，即当生态因子（一个或相关的几个）接近或超过某种生物的耐受性极限而阻止其生存、生长、繁殖、扩散或分布时，这些因子就称为限制因子。

限制因子的概念非常有价值，它成为生态学家研究复杂生态系统的敲门砖，指明了生物的生存与繁衍取决于环境中各种生态因子的综合，也就是说，在自然界中，生物不仅受制于最小量需要物质的供给，而且受制于其他临界生态因子。生物的环境关系非常复杂，在特定的环境条件下或对特定的生物体来说，并非所有的因子都同样重要。如果一种生物对某个生态因子的耐受范围很广，而这种因子又非常稳定、数量适中，这个因子不可能是限制因子。相反，如果某种生物对某个因子的耐受限度很窄，而这种因子在自然界中又容易变化，这个因子就很可能是限制因子。比如在陆地环境中，氧气丰富而稳定，对陆生生物来说就不会成为限制因子。而氧气在水体中含量较少，且经常发生波动，因此对水生生物来说就是一个重要的限制因子。

2.2.5 生物内稳态及耐受限度的调整

内稳态（homeostasis）即生物控制自身的体内环境使其保持相对稳定，是进化发展过程中形成的一种更进步的机制，它或多或少能够减少生物对外界条件的依赖性。具有内稳态机制的生物借助内环境的稳定相对独立于外界条件，从而可以大大拓宽对生态因子的耐受范围。

生物的内稳态是以其生理和行为为基础的。例如，哺乳类动物都具有多种温度调节机制以维持体温的恒定，当环境温度在20～40℃的范围内变化时，它们能维持体温在37℃左右，表现出一定程度的恒温性（homeothermy），因此哺乳类动物能在很大的温度范围内生活。恒温动物主要是靠控制体内产热的生理过程；而变温动物主要靠减少热量散失或利用环境热源使身体增温，这类动物主要是靠行为来调节自己的体温，如沙漠蜥蜴依靠晒太阳等行为方式来间接改变体温，耐受范围较恒温动物要窄很多。除调节自身体温的机制以外，生物还可以借助渗透压调节机制来调节体内的盐浓度，或调节体内的其他各种状态。

虽然维持体内环境的稳定性是生物扩大环境耐受限度的一种重要机制，但是内稳态机制只能使生物扩大耐受范围，使自身成为一个广适应性物种（eurytopic species），却不能完全摆脱环境所施加的限制，因为扩大耐受范围不可能是无限的。Putman（1984）根据生物体内状态对外界环境变化的反应，把生物分为内稳态生物（homeostatic organisms）与非内稳态生物（non-homeostatic organisms）。它们之间的基本区别是其控制耐性限度的机制不同，非内稳态生物的耐性限度仅取决于体内酶系统在什么生态因子范围内起作用；而对内稳态生物而言，其耐性范围除取决于体内酶系统的性质外，还有赖于内稳态机制发挥作用的大小（图2.3）。

生物对于生态因子的耐受范围并不是固定不变的，通过自然驯化或人工驯化可在一定程度上改变生物的耐受范围，使其适宜生存的范围扩大，形成新的最适度，去适应环境的变化。这种耐受性的变化是通过酶系统的调整来实现的，因为酶只能在特定的环境范围内起作用，并决定生物的代谢速率与耐性限度，所以驯化过程是生物体内酶系统改变的过程。例如把同一种金鱼长期饲养在两种不同温度下，它们对温度的耐性限度与生态幅就会发生明显不同的变化。

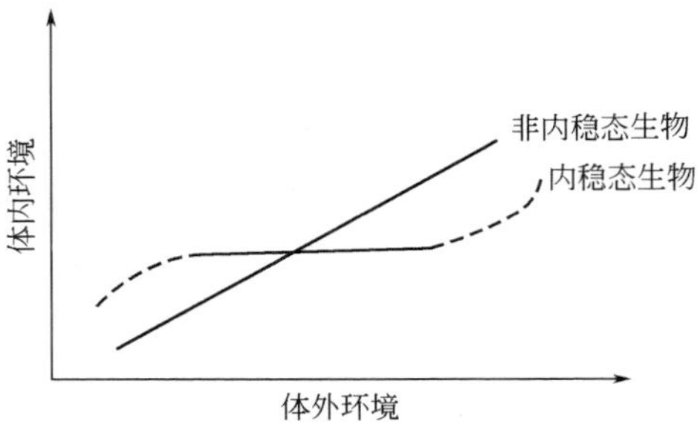

图 2.3　环境条件变化对内稳态生物和非内稳态生物体内环境的影响（Putman 等，1984）

2.3　生态因子的作用与生物的适应

2.3.1　光因子的生态作用与生物的适应

2.3.1.1　光因子的生态作用

光是太阳辐射能以电磁波的形式投射到地球表面的辐射线，是所有生物得以生存和繁衍的最基本能量源泉，地球上的生物生活所必需的全部能量都直接或间接源于太阳光。光本身也是一个复杂的环境因子，太阳辐射的强度、性质及其周期性变化对生物的生长发育和地理分布都产生了深刻的影响，而生物本身对这些变化的光因子也有着极其多样的反应。

2.3.1.2　光质的生态作用与生物的适应

光质随空间发生变化的一般规律是短波光随纬度增加而减少，随海拔升高而增加。在时间变化上，冬季长波光增加，夏季短波光增加；一天之内中午短波光较多，早晚长波光较多。不同光质对生物的作用是不同的，生物对光质也产生了选择性适应。

当太阳辐射穿透森林生态系统时，大部分能量被树冠层截留，到达下木层的太阳辐射不仅强度大大减弱，而且红光和蓝光也所剩不多，所以生活在那里的植物必须对低辐射能环境有较好的适应。

光以同样的强度照射到水体表面和陆地表面。在水体中，水对光有很强的吸收和散射作用，这种情况限制了海洋透光带的深度。在纯海水中，10m 深处的光强度只有海洋表面光强度的 50%，而在 100m 深处，光强度则衰减到只及海洋表面光强度的 7%（均指可见光部分）。不同波长的光被海水吸收的程度也不一样，红外光仅在几米深处就会被完全吸收，紫色光和蓝色光等短波光则很容易被水分子散射，也不能射入很深的海水中，结果在较深的水中只有绿色光占较大优势（图 2.4）。植物的光合作用色素对光谱的这种变化具有明显的适应性。分布在海水表层的植物，如绿藻石莼（俗称海白菜）所含有的色素与陆生植物很相似，主要吸收蓝、红光，而分布在深水中的红藻紫菜，则通过另一些色素有效地利用绿光。

高山上的短波光较多，植物的茎叶富含花青素，这是植物避免紫外线损伤的一种保护性适应。由于紫外光抑制了植物茎的伸长，很多高山植物具有特殊的莲座状叶丛。强烈的紫外线辐射不利于植物克服高山障碍进行散布，因此是决定很多植物垂直分布上限的因素之一。

2.3.1.3 光照强度的生态作用与生物的适应

（1）光照强度与水生植物　光的穿透性限制着植物在海洋中的分布，只有在海洋表层的透光带（euphotic zone）内，植物的光合作用量才能大于呼吸量。在透光带的下部，植物的光合作用量刚好与植物的呼吸消耗相平衡之处，就是所谓的补偿点（compensation point）。如果海洋中的浮游藻类沉降到补偿点以下或者被洋流携带到补偿点以下而又不能很快回升到表层，这些藻类便会死亡。在清澈的海水和湖水中（特别是在热带海洋），补偿点可以深达几百米。在浮游植物密度很大或含有大量泥沙颗粒的水体中，透光带可能只限于水面下 1m 处，而在一些受到污染的河流中，水面下几厘米处就很难有光线透入了。

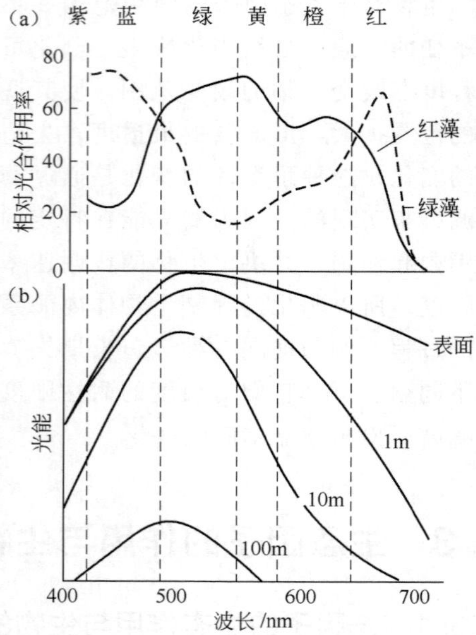

图 2.4　(a) 绿藻和红藻对不同光色的相对光合作用率；(b) 不同波长的光，其相对能值随海水（纯）深度而变化（Ricklefs，1979）

由于植物需要阳光，所以，扎根海底的巨型藻类通常只能出现在大陆沿岸附近，这里的海水深度一般不会超过 100m。生活在开阔大洋和沿岸透光带中的植物主要是单细胞的浮游植物。

（2）光照强度与陆生植物　接受一定量的光照是植物获得净生产量的必要条件，因为植物必须生产足够的糖类以弥补呼吸消耗。当影响植物光合作用和呼吸作用的其他生态因子都保持恒定时，生产和呼吸这两个过程之间的平衡就主要取决于光照强度（图 2.5）。从图中可以看出，光合作用随着光照强度的增加而增加，直至达到最大值。图中的光合作用率（实线）和呼吸作用率（虚线）两条线的交叉点就是光补偿点（CP），此处的光照强度是植物开始生长和进行净生产所需要的最小光照强度。

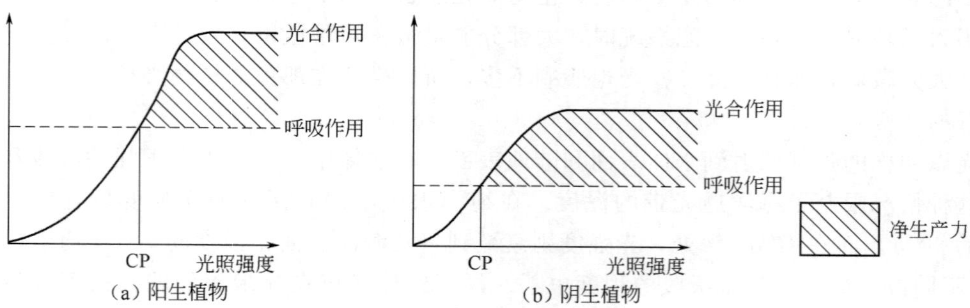

图 2.5　阳生植物和阴生植物的光补偿点位置示意图（Emberlin，1983）

光照强度在光补偿点以下，植物的呼吸消耗大于光合作用生产，因此不能积累干物质；在光补偿点处，光合作用固定的有机物质刚好与呼吸消耗相等；在光补偿点以上，随着光照强度的增加，光合作用强度逐渐提高并超过呼吸强度，于是在植物体内开始积累干物质，但光照强度达到一定水平后，光合产物也就不再增加或增加得很少，该处的光照强度就是光饱和点（saturation point）。各种植物的光饱和点也不相同，阴生植物比阳生植物能更好地利用弱光，它们在极低的光照强度下（1×10^{4}lx）便能达到光饱和点，而阳生植物的光饱和点要高得多。

阳生植物：泛指适应于强光照地区生活的植物。这类植物的光补偿点位置较高，光合速率和代谢速率都比较高，常见的种类有蒲公英、杨树、柳树、白桦、国槐等。

阴生植物：泛指适应于弱光照地区生活的植物。这类植物的光补偿点位置较低，其光合速率和呼吸速率都比较低，常见的种类有铁杉、红豆杉、云杉、冷杉、人参、三七、黄连、半夏以及多数蕨类植物、苔藓、地衣等。这类植物耐阴能力强，在5%～20%的弱光下仍能正常生长。

（3）光照强度与动物的行为　光是影响动物行为的重要生态因子，很多动物的活动都与光照强度有着密切的关系。有些动物适应于在白天的强光下活动，如大多数鸟类，哺乳动物中的灵长类、有蹄类、松鼠，爬行动物中的蜥蜴和昆虫中的蝶类、蝇类和虻类等，这些动物被称为昼行性动物。另一些动物则适应于在夜晚或晨昏的弱光下活动，如夜猴、蝙蝠、家鼠、夜鹰、壁虎和蛾类等，这些动物被称为夜行性动物或晨昏性动物，又称为狭光性种类。昼行性动物所能耐受的日照范围较广，又称为广光性种类。还有一些动物既能适应于弱光也能适应于强光，它们白天黑夜都能活动，常不分昼夜地表现出活动与休息的不断交替，如很多种类的田鼠，也属于广光性种类。蝗虫的群体迁飞也是发生在日光充足的白天，如果乌云遮住了太阳使天色变暗，它们就会停止飞行。土壤和洞穴中的动物几乎总是生活在完全黑暗的环境中并极力躲避光照，因为光对它们就意味着致命的干燥和高温。

在自然条件下，动物开始活动的时间常常是由光照强度决定的，当光照强度上升到一定水平（昼行性动物）或下降到一定水平（夜行性动物）时，它们才开始一天的活动，随着日出日落时间的季节性变化，这些动物会调整开始活动的时间。例如夜行性的美洲飞鼠，冬季每天开始活动的时间大约是16时30分，而夏季每天开始活动的时间将推迟到大约19时30分，说明光照强度与动物的活动有着直接的关系。

2.3.1.4 日照长度与生物的光周期现象

日照长度是指白昼的持续时数或太阳的可照时数。在北半球从春分到秋分是昼长夜短，夏至昼最长；从秋分到春分是昼短夜长，冬至夜最长；在赤道附近，终年昼夜平分。纬度越高，夏半年（春分到秋分）昼越长而冬半年（秋分至春分）昼越短。在两极地区则半年是白天，半年是黑夜（图2.6）。我国位于北半球，所以夏季的日照时间总是多于12小时，而冬季的日照时间总是少于12小时。随着纬度的延长，夏季的日照长度也逐渐延长，冬季的日照长度则逐渐缩短。高纬度地区的作物虽然生长期很短，但在生长季节内每天的日照时间很长，所以我国北方的作物仍然可以正常地开花结果。

日照长度的变化对动植物都有重要的生态作用，由于分布在地球各地的动植物长期生活在具有一定昼夜变化格局的环境中，借助于自然选择和进化形成了各类生物所特有的对日照长度变化的反应方式，这就是在生物中普遍存在的光周期现象（photoperiodism）。例如植物在一定光照条件下的开花、落叶和休眠，以及动物的迁移、生殖、冬眠、筑巢和换毛换羽等。

（1）植物的光周期现象　根据植物开花对日照长度的反应，可以将植物分为长日照植物、短日照植物、中日照植物和日中性植物四类。

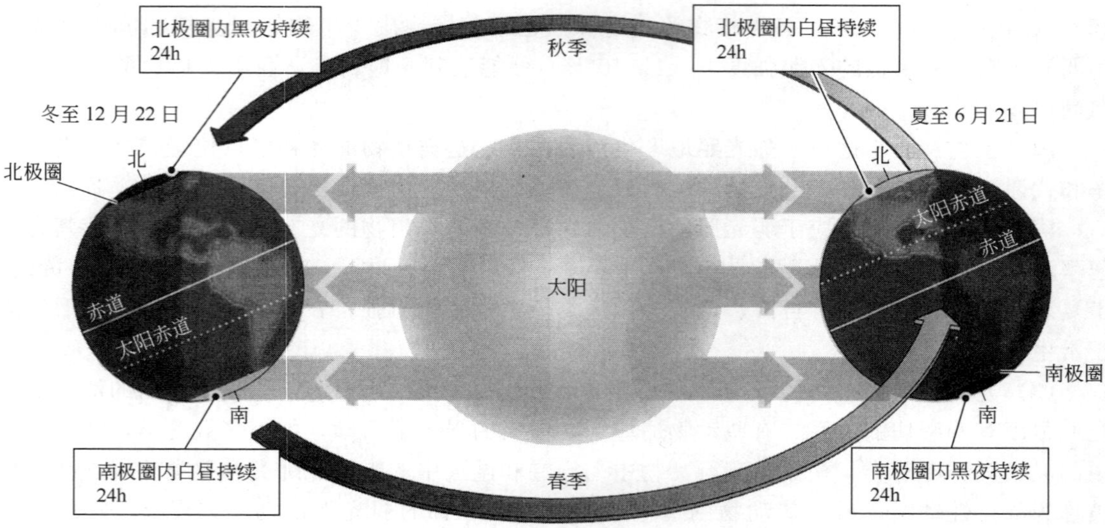

图 2.6　在冬季和夏季，根据太阳的变化，地球轴的方位也发生变化，从而产生了日照长度的季节性变化（Ricklefs，2004）

① 长日照植物（long day plant）。这类植物的原产地在长日照地区，即北半球高纬度地带。长日照植物在生长过程中，日照必须大于某一时数（这个时间称为临界光期）；或者说暗期短于某一时段才能形成花芽。长日照时间越长，开花时间越早。如大麦、小麦、油菜、菠菜、甜菜、甘蓝、萝卜以及牛蒡、紫菀、凤仙花等都属于长日照植物。

② 短日照植物（short day plant）。与长日照植物相反，要求光照短于临界光期才能开花的植物称为短日照植物，暗期越长开花越早。这种植物在长日照下是不会开花的，只能进行营养生长。我国南方体系的植物，如水稻、大豆、玉米、棉花、烟草、向日葵、菊芋等均属于短日照植物。

③ 中日照植物（day intermediate plant）。这类植物要求白天与黑夜长短相近的日照长度才能开花。甘蔗是中日照植物的代表，它要求每天 12.5 小时的日照才能开花，超过或低于这一时数都会对开花有影响。

④ 日中性植物（day neutral plant）。有一些植物对日照长短的要求并不严格，只要其他条件合适，在不同的日照长度下都能开花。如蒲公英、番茄、黄瓜、菜豆等，都是日中性植物。

了解植物的光周期现象对植物的引种驯化工作非常重要，引种前必须特别注意植物开花对光周期的需要。在园艺工作中也常利用光周期现象人为控制开花时间，以便满足观赏需要。

（2）动物的光周期现象　在脊椎动物中，鸟类的光周期现象最为明显，很多鸟类的迁徙都是由日照长短变化引起的。日照长短的变化是地球上最严格和最稳定的周期变化之一，所以是生物节律最可靠的信号系统。鸟类在不同年份迁离某地和到达某地的时间都不会相差几日，如此严格的迁飞节律是任何其他因素（如温度的变化、食物的缺乏等）都不能解释的，因为这些因素各年相差很大。同样，各种鸟类每年开始生殖的时间也是由日照长度的变化决定的。温带鸟类的生殖腺一般都在冬季时最小，处于非生殖状态，随着春季的到来，生殖腺开始发育，随着日照长度的增加，生殖腺的发育越来越快，直到产卵时生殖腺才达到最大。生殖期过后，生殖腺便开始萎缩，直到来年春季才再次发育。鸟类生殖腺的这种周期发育是与日照长度的周期变化完全吻合的。

日照长度的变化对哺乳动物的生殖和换毛也具有十分明显的影响。很多野生哺乳动物（特别是高纬度地区的种类）都是随着春天日照长度的逐渐增长而开始生殖的，如雪貂、野兔和刺猬等，这些种类可称为长日照动物（long day animal）。还有一些哺乳动物总是随着秋天短日照的到来而进入生殖期，如绵羊、山羊和鹿，这些种类属于短日照动物（short day animal），它们在秋季交配，使它们的幼崽在春天条件最有利时出生。随着日照长度的逐渐增加，它们的生殖活动也渐趋终止。实验表明，雪兔换毛也完全是对秋季日照长度逐渐缩短的一种生理反应。

昆虫的冬眠和滞育主要与光周期的变化有关，但温度、湿度和食物也有一定的影响。例如秋季的短日照是诱发马铃薯甲虫在土壤中冬眠的主要因素，而玉米螟（老熟幼虫）和梨剑纹夜蛾（蛹）的滞育率取决于每日的日照时数，同时也与温度有一定关系。

2.3.2 温度因子的生态作用与生物的适应

太阳辐射使地表受热，产生气温、水温和土温的变化，温度因子和光因子一样存在周期性变化，称节律性变温。不仅节律性变温对生物有影响，极端温度对生物的生长发育也有十分重要的意义。

2.3.2.1 温度的生态作用

温度的变化直接影响生物的生长发育，因为生物体内的生物化学过程必须在一定的温度范围内才能正常进行。一般说来，生物体内的生理生化反应会随着温度的升高而加快，从而加快生长发育速度；生化反应也会随着温度的下降而变缓，从而减慢生长发育的速度。当环境温度高于或低于生物能忍受的温度范围时，生物的生长发育就会受阻，甚至造成死亡。虽然生物只能生活在一定的温度范围内，但不同的生物和同一生物的不同发育阶段所能忍受的温度范围却有很大不同，每一种生物都具有“三基点”，即最低温度、最适温度和最高温度。生物对温度的适应范围是它们长期在一定温度下生活所形成的生理适应，除了鸟类和哺乳动物是恒温动物，其体温相当稳定而受环境温度变化的影响很小以外，其他所有生物都是变温的，其体温总是随着外界温度的变化而变化，所以如无其他特殊适应，在一般情况下它们都不能忍受冰点以下的低温，这是因为细胞中的冰晶会使蛋白质的结构受到致命损伤。

温度与生物发育的关系比较集中地反映在温度对植物和变温动物（特别是昆虫）发育速率的影响上，法国学者 Reaumur（1753）总结出了有效积温（sum of effective temperature）法则。

有效积温法则是指在生物的生长发育过程中，必须从环境中摄取一定的热量才能完成某一阶段的发育。而且各个阶段所需要的总热量是一个常数，可以用公式表述为：

$$K=N(T-T_0)$$

式中，K 为该生物发育所需要的有效积温，是一个常数；T 为当地该时期的平均温度，℃；T_0 为该生物生长发育所需的最低临界温度，又称发育起点温度或生物学零度（biological zero）；N 为生长发育所经历的时间，d。

如地中海果蝇在 26℃下，20d 内完成生长发育，而在 19.5℃下需要 41.7d。由此可以计算出 $K=250\text{d}\cdot℃$。图 2.7 给出的是菜粉蝶在 10.5℃以上从卵孵化成蛹的发育速率。又如棉花从播种到出苗，其生物学零度是 10.6℃，有效积温是 66d·℃。

有效积温法则在农业生产上有很重要的意义，全年的农作物茬口必须根据当地的平均气温和每一种作物的有效积温来安排，如小麦的有效积温是 1000～1600d·℃，棉花、玉米是 2000～4000d·℃，椰子约为 5000d·℃以上。该法则还可以用于预测害虫发生的世代数和来年发生程度。

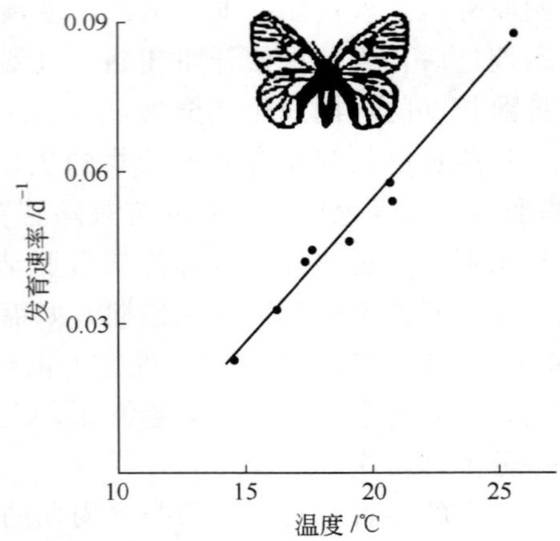

图 2.7　菜粉蝶（*Pieris rapae*）从卵孵化成蛹在生物学零度 10.5℃时需要 174d·℃（Mackenzie，1999）

2.3.2.2　极端温度对生物的影响与生物的适应

（1）低温对生物的影响及生物的适应

① 低温对生物的影响。温度低于一定的数值，生物便会因低温而受害，这个数值称为临界温度。在临界温度以下，温度越低，生物受害越重。低温对生物的伤害可分为冷害、霜害和冻害三种。冷害是指喜温生物在零度以上的温度条件下受害或死亡，例如海南岛的热带植物丁子香（*Syzygium aromaticum*）在气温降至 16℃时叶片便受害，降至 3.4℃时顶梢干枯，受害严重。冷害是喜温生物向北方引种和扩展分布区的主要障碍。

冻害是指冰点以下的低温使生物体内（细胞内和细胞间隙）形成冰晶而造成的损害。冰晶的形成会使原生质膜发生破裂并使蛋白质失活与变性。当温度不低于－3℃或－4℃时，植物受害主要是细胞膜破裂引起的；当温度下降到－8℃或－10℃时，植物受害则主要是生理干燥和水化层的破坏引起的。当昆虫体温下降到冰点以下时，体液并不结冰，而是处于过冷状态，此时会出现暂时的冷昏迷，但并不会出现生理失调，当温度继续下降到过冷点（临界点）时体液开始结冰，但在结冰过程中释放出的潜热又会使昆虫体温回跳，潜热完全耗尽后体温又开始下降，此时体液才开始结冰，昆虫才会死亡。

② 生物对低温环境的适应。长期生活在低温环境中的生物通过自然选择，在形态、生理和行为方面表现出很多明显的适应。在形态方面，北极和高山植物的芽和叶片常受到油脂类物质的保护，芽具鳞片，植物体表面生有蜡粉和密毛，植物矮小并常呈匍匐状、垫状或莲座状等，这种形态有利于保持较高的温度，减轻严寒的影响。生活在高纬度地区的恒温动物，其身体往往比生活在低纬度地区的同类个体大，因为个体大的动物，其单位体重散热量相对较少，这就是伯格曼规律（Bergman's law）。另外，恒温动物身体的突出部分如四肢、尾巴和外耳等在低温环境中有变小变短的趋势，这也是减少散热的一种形态适应，这一适应常被称为阿伦规律（Allen's law）。例如北极狐、赤狐、非洲大耳狐耳壳的大小变化（图 2.8）。恒温动物的另一形态适应是在寒冷地区和寒冷季节增加毛的厚度或增加皮下脂肪的厚度，从而提高身体的隔热性能。

在生理方面，生活在低温环境中的植物常通过减少细胞中的水分和增加细胞中的糖类、脂肪和色素等物质来降低植物的冰点，增强抗寒能力。动物则靠增强体内产热量来增强御寒能力和

图 2.8　不同温度带狐的耳壳大小比较（仿 Hesse 等，1951）

保持恒定的体温，但寒带动物由于有隔热性能良好的毛皮，往往能使其在少增加甚至不增加（北极狐）代谢产热的情况下就能保持恒定的体温。

行为上的适应主要表现在休眠和迁移两个方面，前者有利于增强抗寒能力，后者可躲过低温环境，前面已经举过一些实例。

二维码 2-1 植物对低温在生理上的适应

（2）高温对生物的影响及生物的适应

① 高温对生物的影响。温度超过生物适宜温区的上限后就会对生物产生有害影响，温度越高，对生物的伤害作用越大。高温可减弱光合作用，增强呼吸作用，使植物的这两个重要过程失调。例如马铃薯在温度达到 40℃时，光合作用等于零，而呼吸作用在温度达到 50℃以前一直随温度的上升而增强。高温还会破坏植物的水分平衡，加速生长发育。

高温对动物的有害影响主要是破坏酶的活性，使蛋白质凝固变性，造成缺氧、排泄功能失调和神经系统麻痹等。动物对高温的忍受能力依种类而异，哺乳动物一般都不能忍受 42℃以上的高温；鸟类体温比哺乳动物高，但也不能忍受 48℃以上的高温；多数昆虫、蜘蛛和爬行动物都能忍受 45℃以下的高温，温度再高就有可能引起死亡。

② 生物对高温环境的适应。生物对高温环境的适应也表现在形态、生理和行为三个方面。就植物来说，有些植物生有密绒毛和鳞片，能过滤一部分阳光；有些植物体呈白色、银白色，叶片革质发亮，能反射一大部分阳光，使植物体免受热伤害；有些植物叶片垂直排列使叶缘向光或在高温条件下叶片折叠，减少光的吸收面积；还有些植物的树干和根茎生有很厚的木栓层，具有绝热和保护作用。植物对高温的生理适应主要是降低细胞含水量，增加糖或盐的浓度，这有利于减缓代谢速率和增加原生质的抗凝结力。其次是靠旺盛的蒸腾作用避免植物体因过热受害。还有一些植物具有反射红外线的能力，夏季反射的红外线比冬季多，也是避免植物体受到高温伤害的一种适应。

动物对高温环境的一个重要适应就是适当放松恒温性，使体温有较大的变幅，这样在高温炎热的时刻，身体就能暂时吸收和贮存大量的热并使体温升高，当环境条件改善时或躲到阴凉处时再把体内的热量释放出去，体温也会随之下降。沙漠中的啮齿动物对高温环境常常采取行为上的适应对策，即夏眠、穴居和昼伏夜出。

2.3.2.3 生物对环境温度的适应策略

（1）生物的地理分布　温度是决定生物分布区的重要生态因子，每个地区都生长繁衍着适应于该地区气候特点的生物。这里所讨论的温度因子，包括节律性变温和绝对温度，它们是综合起作用的。年平均温度、最冷月和最热月平均温度值是影响生物分布的重要指标。R. H. Boerker 曾根据这个指标来划分植被的气候类型。日平均温度累积值的高低是限制生物分布的重要因素，有效总积温就是根据生物有效临界温度的天数的平均温度累积出来的。当然，极端温度（最高温度、最低温度）也是限制生物分布的重要条件。

温度对动物的分布，有时可起到直接的限制作用。例如，各种昆虫的发育需要一定的总热量，若生存地区有效积温少于发育所需的积温，这种昆虫就不能完成生活史。在气温 15℃以上的时间少于 70d 的地区，玉米螟不能持久地生存；苹果蚜的生存也受到温度限制，当 1 月平均气温低于 3～4℃时，它们无法生存，这构成了苹果蚜向北的分布界限。就北半球而言，动物分布的北界受低温限制，南界受高温限制。例如，喜热的珊瑚和管水母只分布在

二维码 2-2 极端温度对生物分布的限制

热带水域中，在水温低于 20℃的水域，它们是无法生存的。

（2）生物的物候节律　生物长期适应于一年中温度的寒暑节律性变化，形成的与此相适应的生物发育节律称为物候，研究生物的季节性节律变化与环境季节变化关系的科学叫作物候学（phenology）。动物对不同季节食物条件的变化以及对热能、水分和气体代谢的适应，导致生活方式与行为的周期性变化。例如，活动与休眠、繁殖期与性腺静止期、定居与迁移等。这种周期性现象以复杂的生理机制为基础，气候的周期变化可能是动物体内生理机能调整的外来信号。植物的物候变化更为明显，从发芽、生长到开花、结实和枯黄呈现出不同的物候期。

二维码 2-3 温暖地区生物种类多，寒冷地区生物种类少

研究物候的方法主要是物候观测，除地面定期观测外，也可以采用遥感等技术。物候观测的结果，可以整理成物候谱、物候图或等物候线以说明物候期与生态因子或地理区域的联系。分析多年物候资料，就能掌握物候变动周期，并可推知未来气候的变迁，为天气预报提供物候学方面的依据，并可应用于确定农时、确定牧场利用时间、了解群落的动态等。物候节律研究对于确定不同植物的适宜区域以及指导植物引种驯化工作也具有重要价值。

二维码 2-4 不同地区、不同气候条件下，生物的物候状况不同

（3）生物与周期性变温　在自然界，温度受太阳辐射的制约，存在昼夜之间及季节之间温度差异的周期性变化。在不同纬度，温度的日较差与年较差是不同的。起源于不同地带的生物，对昼夜变温与温度周期性变化的反应也不相同。

① 变温与生物生长。由于地表太阳辐射的周期性变化产生温度有规律的昼夜变化，使许多生物适应了变温环境，多数生物在变温下比恒温下生长得更好。例如，蝗虫在变温下的平均发育速度比恒温下快 38.6%。植物生长与昼夜温度变化的关系更为密切，即所谓温周期现象（thermoperiodism）。大多数植物在变温下发芽较好，例如毒芹（*Cicuta virosa*）、草地早熟禾（*Poa Pratensis*）和鸭茅（*Dactylisglomerata*）等。对于生长期的植物，其生长往往要求温度因子有规律的昼夜变化。据 G. Bonnier 试验（1943），波斯菊生长在变温条件下（白天 26.4℃，夜间 19℃）比生长在恒温条件下（昼夜均为 26.4℃或 19℃）质量要增加 1 倍。

② 变温与干物质积累。变温对于植物体内物质的转移和积累具有促进作用。例如，灰白银胶菊（*Parthenium argentatum*）在 26.5℃或 7℃的恒温下均不形成橡胶，而在昼温 26.5℃、夜温 7℃时产生大量橡胶。小麦在我国青藏高原地区一般每千粒重 40～50g，比同一品种在平原地区重 5%～30%。这些现象说明，白天温度高，光合作用强度大，夜间温度低，呼吸作用弱，物质消耗少，对植物有机物质的积累是有利的。

2.3.3 水因子的生态作用与生物的适应

2.3.3.1 水的生态作用

水是生物体的重要组成成分，植物体的含水量一般为 60%～80%，有些水生动物（如水母、蝌蚪等）可高达 90%以上，没有水就没有生命。此外，生物的一切代谢活动都必须以水为介质，生物体内营养的运输、废物的排出、激素的传递以及生命赖以存在的各种生物化学过程，都必须在水溶液中才能进行，而所有物质也都必须以溶解状态才能出入细胞，所以在生物体和它们的环境之间时时刻刻都在进行着水交换。

陆地上水量的多少，影响到陆生生物的生长与分布。水对陆生生物的热量调节和热能代谢也具有重要意义，因为蒸发散热是所有陆生生物降低体温的最重要手段。

2.3.3.2 植物对水因子的适应

(1) 植物与水的关系 植物从环境中吸收的水约有99%用于蒸腾作用，只有1%保存在体内，因此只有充足的水分供应才能保证植物的正常生活。在根吸收水和叶蒸腾水之间保持适当的平衡是保证植物正常生活所必需的。要维持水分平衡必须增强根的吸水能力和减少叶片的水分蒸腾，植物在这一方面具有一系列的适应性。例如气孔能够自动开关，当水分充足时气孔便张开以保证气体交换，但当缺水干旱时气孔便关闭以减少水分的散失。当植物吸收阳光时，植物体就会升温，但植物表面浓密的细毛和棘刺则可增加散热面积，防止植物表面受到阳光的直射和避免植物体过热。有些植物体表生有一层厚厚的蜡质表皮，也可减少水分的蒸发，因为这层表皮是不透水的。有些植物的气孔深陷在植物叶内，有助于减少失水。

水与植物的生产量有着十分密切的关系。所谓需水量就是指生产1g干物质所需要的水量。一般说来，植物每生产1g干物质需300～600g水。不同种类的植物需水量是不同的，例如各类植物生产1g干物质所需水为：狗尾草285g、苏丹草304g、玉米349g、小麦557g、芸薹714g、苜蓿844g等。凡光合作用效率高的植物需水量都较低。当然，植物需水量还与其他生态因子有直接关系，如光照强度、温度、大气湿度、风速和土壤含水量等。植物的不同发育阶段需水量也不相同。

(2) 植物的生态类型 依据植物对水分的依赖程度，可把植物分为水生植物和陆生植物两种主要生态类型。

① 水生植物（aquatic plant）。水生植物是所有生活在水中的植物的总称，它们的特点是体内有发达的通气系统（图2.9），以保证身体各部分对氧气的需要。水生植物的叶片常呈带状、丝状并且极薄，有利于增加采光面积和对二氧化碳、无机盐的吸收。植物体具有较强的弹性和抗扭曲能力以适应水的流动。淡水植物具有自动调节渗透压的能力，而海水植物则是等渗的。水生植物有四种类型。

a. 沉水植物。这一类植物除了花序伸出水面之外，全部植物体都沉没在水中，为典型的水生植物。根退化或消失，表皮细胞可直接吸收水中的气体、营养物和水分，叶绿体大而多，适应水中的弱光环境，无性繁殖比有性繁殖发达。如黑藻（*Hydrilla verticillata*）、苦草（*Vallisneria natans*）等。

b. 漂浮植物。漂浮植物的叶全部漂浮在水面上，根悬垂在水中，不与土壤发生直接联系，无固定生长地点，如羽叶满江红（*Azolla pinnata*）、凤眼莲（*Eichhornia crassipes*）、浮萍（*Lemna minor*）等，它们都有漂浮的特化器官，以适应漂泊的生活。

c. 浮叶植物。浮叶植物的叶浮在水面上，但是它们的根牢牢扎在水下的土壤里，如莲（*Nelumbo nucifera*）、睡莲（*Nymphaea tetragona*）、王莲（*Victoria amazonica*）等。

d. 挺水植物。这类植物的根部固定生长在水底泥土中，整个植物体分别处于土壤、水体和空气三种不同的环境里，茎叶等下部分浸没在水中，上部分则暴露于空气中。这是水生植物界最复杂的一类，也是水生植物向陆生植物发展演变的先驱。典型代表是芦苇（*Phragmites australis*）和水烛（*Typha angustifolia*）等。

② 陆生植物。陆生植物指生长在陆地上的植物，包括湿生、中生和旱生三种类型。

a. 湿生植物（hygrophyte）。抗旱能力弱，不能长时间忍受缺水。生长在光照弱、湿度大的森林下层，或生长在日光充足、土壤水分经常饱和的环境中。前者如热带雨林中的海

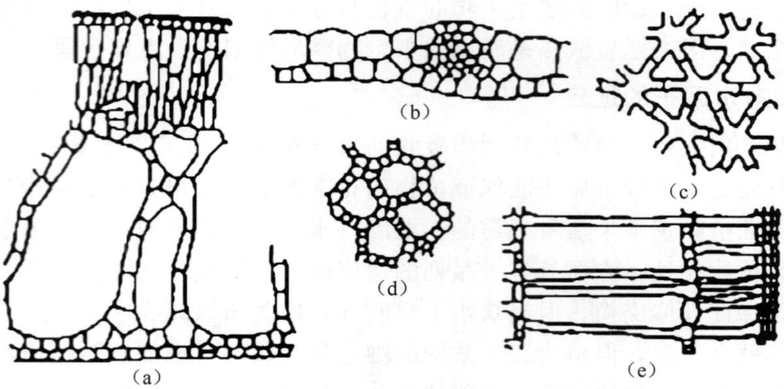

图 2.9 水生植物叶片的横切面（Daubenmire，1974）
（a）漂浮植物；（b）浮叶植物；（c）沉水植物；（d）挺水植物（上部）；（e）挺水植物（下部）

芋、秋海棠等；后者如稻、毛茛、灯芯草等。

b. 中生植物（mesophyte）。适于生长在水湿条件适中的环境中，其形态结构及适应性均介于湿生植物和旱生植物之间，是种类最多、分布最广和数量最大的陆生植物。如大多数的农作物、蔬菜、果树、田间杂草等。

c. 旱生植物（siccocolous）。能忍受较长时间干旱，主要分布在干热草原和荒漠地区。又可分为少浆液植物和多浆液植物两类。前者叶面积缩小，根系发达，原生质渗透压高，含水量极少，如刺石竹、骆驼刺和白刺等（图 2.10）；后者体内有发达的贮水组织，多数种类叶片退化而由绿色茎进行光合作用，如仙人掌科、石蒜科、景天科等植物（图 2.11）。

2.3.3.3 动物对水因子的适应

动物和植物一样必须保持体内的水分平衡。对水生动物来说，保持体内水分得失平衡主要是依赖水的渗透作用。陆生动物体内的含水量一般比环境要高，因此常常因蒸发而失水，另外在排泄过程中也会损失一些水。失去的这些水必须从食物、饮水和代谢水那里得到补足，以便保持体内水分的平衡。水分的平衡调节总是同各种溶质的平衡调节密切联系在一起，动物与环境之间的水交换经常伴随着溶质的交换。影响动物与环境之间进行水分和溶质交换的环境因素很多，不同的动物也具有不同的调节机制，但各种调节机制都必须使动物能在各种情况下保持体内水分和溶质交换的平衡，否则动物就无法生存。

（1）水生动物对水因子的适应

① 海洋动物。海洋是一种高渗环境，生活在海洋中的动物大致有两种渗透压调节类型。一种类型是动物的血液或体液的渗透浓度与海水的总渗透浓度相等或接近；另一种类型是动物的血液或体液大大低于海水的渗透浓度。海水的总渗透浓度是 1135mmol/kg，血液或体液与海水渗透浓度基本相同的动物有海胆和贻贝等。这些动物一般不会由于渗透作用而失水或得水，但随着代谢废物的排泄总会损失一部分水，因此动物必须从以下几个方面摄取少量的水：从食物中（食物一般含有 50%～90%的水）摄取水，饮用海水并排出海水中的溶质，食物同化过程中产生的代谢水。等渗动物所需要的水量很少，所以一般不需要饮用海水，代谢水的多余部分还要靠渗透作用排出体外。蟹等的血液渗透浓度比海水略低，这些动物会由于渗透作用失去一些水，它们与等渗动物相比，失水量会多一些，但它们也会从食物、代谢水中或直接饮用海水而摄入更多的水。还有一些动物的血液或体液的渗透浓度比海水略高，

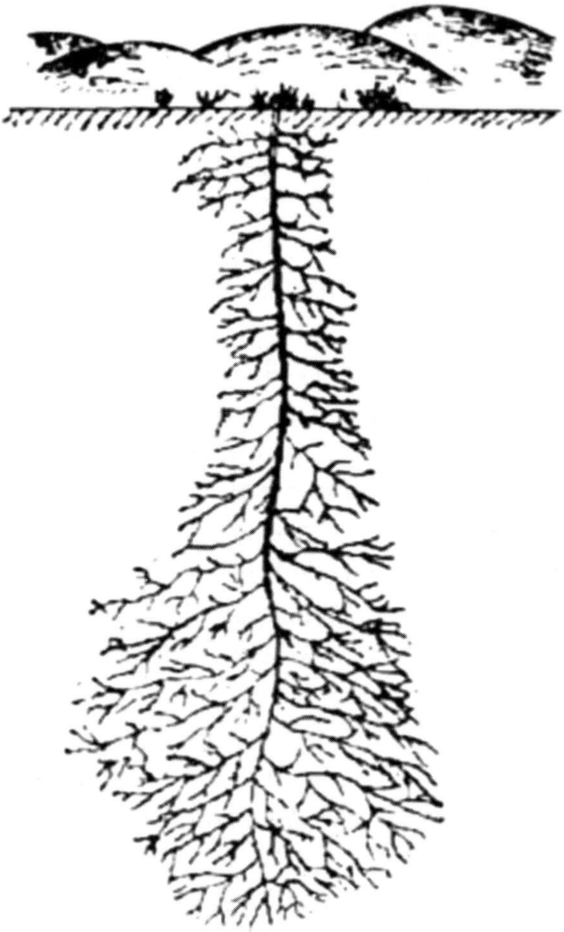

图 2.10 旱生植物骆驼刺发达的根系（曲仲湘等，1983）

图 2.11 旱生植物——柱状仙人掌

如海月水母、枪乌贼、龙虾等。对这些动物来说，体外的水会渗透到体内来，渗透速率将取决于体内的渗透压差。这些动物不仅不需要饮水和从食物及代谢过程中摄取水，而且还需借助排泄器官把体内过剩的水排出体外。

生活在海洋中的低渗动物（如鲱、鲑等），由于体内的渗透浓度与海水相差很大，因此体内的水将大量向体外渗透，如要保持体内水分平衡，低渗动物必须从食物、代谢过程或通过饮水来摄取大量的水。由于从食物和代谢过程中摄取的水量受到动物对食物需要量的限制，所以饮水就成了弥补大量渗透失水的主要方法。与此同时，动物还必须有发达的排泄器官，以便把饮水中的大量溶质排泄出去。在低渗动物中，排泄钠的组织是多种多样的，硬骨鱼类和甲壳动物体内的盐是通过鳃排泄出去的，而软骨鱼类则是通过直肠腺排出。这些排盐组织的细胞膜上有 K^+ 泵和 Na^+ 泵，因此可以主动把钾和钠通过细胞膜排出体外。

② 低盐和淡水环境中的动物。生活在低盐和淡水环境中的动物，其渗透压调节是相似的，两种环境只是在含盐量和稳定性方面有所不同。低盐环境（如河海交汇处）的渗透浓度波动较大，当生活在海洋中的等渗动物游到海岸潮汐区的河流入海口附近时，环境的渗透浓度下降，由于动物与环境之间的渗透浓度差进一步加大，所以动物必须对它们体内的渗透浓度进行调整。当这些动物生活在真正的海水环境中时，它们的体液浓度都与海水相等或高一些；但当环境的渗透浓度下降时，这些动物的体液浓度也不同程度地跟着下降。体液浓度随着环境渗透浓度的改变而改变的动物称为变渗动物；而体液浓度保持恒定，不随环境改变而改变的动物称为恒渗动物。

淡水动物所面临的渗透压调节问题是最严重的，因为淡水的渗透浓度（2～3mmol/L）极低。由于动物血液或体液渗透浓度比较高，所以水不断地渗入动物体内，这些过剩的水必须不断地被排出体外才能保持体内的水分平衡。此外，淡水动物还面临着丢失溶质的问题，有些溶质是随尿排出体外的，另一些则由于扩散作用而丢失。丢失的溶质必须从两个方面得到弥补：一是从食物中获得某些溶质，二是动物的鳃或上皮组织的表面也能主动地把钠吸收到动物体内。

（2）陆生动物对水因子的适应　陆生动物和水生动物一样，细胞内需要保持最适的含水量和溶质浓度。动物失水的主要途径是皮肤蒸发、呼吸失水和排泄失水。丢失的水分主要是从食物、代谢水和直接饮水三个方面得到弥补。但在有些环境中，水是很难得到的，所以单靠饮水远远不能满足动物对水分的需要。

① 形态结构适应。陆生动物各自以不同的形态结构来适应环境湿度，保持生物体的水分平衡，在进化过程中形成了各种减少或限制失水的形态结构。陆生动物皮肤的含水量总是比其他组织少，因此可以减缓水穿过皮肤。有很多蜥蜴和蛇，其皮肤中的脂类对限制水的移动发挥着重要作用，如果把这些脂类从皮肤中除去，皮肤的透水性就会急剧增加。很多陆生昆虫和其他节肢动物都有特殊适应，尽量减少呼吸失水和体表蒸发失水。例如昆虫利用气管系统进行呼吸，而气门是由气门瓣来控制的，只有当气门瓣打开时，才能与环境进行最大限度的气体和水分交换。节肢动物的体表有一层几丁质的外骨骼，有些种类在外骨骼的表面还有很薄的蜡质层，可以有效地防止水分的蒸发。鸟类、哺乳类动物减少呼吸失水的途径是将由肺内呼出的水蒸气，在扩大的鼻道内通过冷凝而回收，这样就可以最大限度地减少呼吸失水。

② 行为上的适应。钻洞的习性、昼夜周期性活动、季节周期性活动、休眠等都是动物为了减少水分散失而形成的行为适应。如沙漠地区昼夜温差较大，地面和地下的空气湿度和蒸发量差异也很大。因此沙漠地区的动物白天在洞内穴居，晚上出来活动，可以减少身体水

分蒸发，降低代谢速率，保持体内水分平衡。具有季节性周期活动习性的动物一般分布在干旱地区，这样的地区受季节性降水和季节性植物的影响，动物也呈季节性活动的特征。如在以色列的沙漠地区，昼出性昆虫有2/3的个体在3～5月出现，4月最多，8月最少；夜出性种类2/3个体出现在6～9月，8月最多，12月最少。哺乳类动物如地鼠和松鼠在夏季高温、干燥时，会进入长时间的夏眠状态，代谢率降到原来的60%，体温也会下降5℃左右。动物利用这种方法度过水分缺乏和食物缺乏的困难时期。

③ 生理上的适应。生活在干旱地区的许多动物均具有生理上的适应特点。如骆驼不仅具有贮存水的胃，还可利用驼峰中储藏的丰富脂肪发生代谢产生大量水分。

2.3.4 土壤因子的生态作用与生物的适应

土壤是岩石圈表面的疏松表层，是陆生植物和陆生动物生活的基质。土壤不仅为植物提供必需的营养和水分，而且是土壤动物赖以生存的栖息场所，更是人类重要的自然资源。

2.3.4.1 土壤的生态作用

土壤的形成从开始就与生物的活动密不可分，所以土壤中总是生活着多种多样的生物，如细菌、真菌、放线菌、藻类、原生动物、轮虫、线虫、蚯蚓、软体动物和各种节肢动物等，少数高等动物（如鼹鼠等）终生都生活在土壤中。可见，土壤是融合了生物和非生物元素的一个极为复杂的复合体，土壤的概念总是包括生活在土壤里的大量生物，生物的活动促进了土壤的形成，而众多类型的生物又生活在土壤之中。

土壤无论对植物来说还是对土壤动物来说都是重要的生态因子。植物的根系与土壤有着极大的接触面，在植物和土壤之间进行着频繁的物质交换，彼此产生强烈影响，因此通过控制土壤因素就可影响植物的生长和产量。对动物来说，土壤是比大气环境更为稳定的生活环境，其温度和湿度的变化幅度要小得多，因此土壤常常成为动物的极好隐蔽所，在土壤中可以躲避高温、干燥、大风和阳光直射。由于在土壤中运动要比在大气和水中困难得多，所以除了少数动物（如蚯蚓、鼹鼠、竹鼠和穿山甲）能在土壤中掘穴居住外，大多数土壤动物都只能利用枯枝落叶层和土壤颗粒间的空隙作为自己的生存空间。

土壤是所有陆生生态系统的基底或基础，土壤中的生物活动不仅影响着土壤本身，而且影响着土壤上面的生物群落。生态系统中的很多重要过程都是在土壤中进行的，特别是分解和固氮过程。生物残骸只有通过分解过程才能转化为腐殖质、矿化为可被植物再利用的营养物质，而固氮过程则是土壤氮肥的主要来源。这两个过程都是整个生物圈物质循环所不可缺少的。

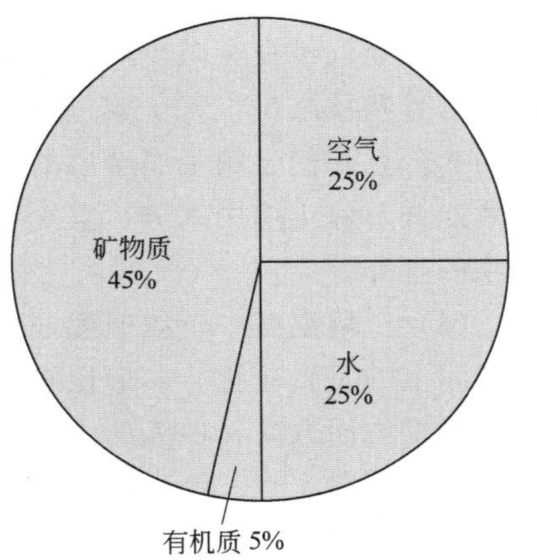

图 2.12 土壤中固相、液相和气相组成示意图

2.3.4.2 土壤的物理性质及对生物的影响

土壤是由固体、液体和气体组成的三相复合系统（图 2.12），其基本物理性质包括土壤质地、结构、容量、孔隙度等，土壤质地与结构的不同又导致土壤水分、土壤空气和土壤温度的差异，而这些因素都会对生物产生影响。

（1）土壤质地与结构　固相颗粒是组成土壤的物质基础，占土壤全部质量的50%～85%，是土壤组成的骨干。根据土粒直径的大小可把土粒分成粗砂（2.0～0.2mm）、细砂（0.2～0.02mm）、粉砂（0.02～0.002mm）和黏粒（0.002mm 以下）。这些不同大小固体颗粒的组合百分比就称为土壤质地（soil texture）。

土壤结构（soil structure）则是固相颗粒的排列方式、孔隙的数量和大小以及团聚体的大小和数量等。土壤结构可分为微团粒结构（直径小于 0.25mm）、团粒结构（直径为 0.25～10mm）和比团粒结构更大的各种结构。团粒结构是土壤中的腐殖质把矿质土粒黏结成的直径为 0.25～10mm 的团聚体，具有泡水不散的水稳性特点。具有团粒结构的土壤是结构良好的土壤，因为它能协调土壤中的水分、空气和营养物之间的关系，改善土壤的理化性质。团粒结构是土壤肥力的基础，无结构或结构不良的土壤，土体坚实、通气透水性差，植物根系发育不良，土壤微生物和土壤动物的活动亦受到限制。土壤的质地和结构与土壤中的水分、空气和温度状况有密切关系，并直接或间接地影响着植物和土壤动物的生活。

（2）土壤水分　土壤中的水分可直接被植物的根系吸收。土壤水分的适量增加有利于各种营养物质的溶解和移动，有利于磷酸盐的水解和有机态磷的矿化，这些都能改善植物的营养状况。此外，土壤水分还能调节土壤的温度，灌溉防霜就是此道理。水分太多或太少都对植物和土壤动物不利。

（3）土壤空气　土壤中空气的成分与大气有所不同。例如土壤空气的含氧量一般只有 10%～12%，比大气中的含氧量低，但土壤空气中二氧化碳的含量却比大气高得多，一般含量为 0.1%左右。土壤空气中各种成分的含量不如大气稳定，常随季节、昼夜和深度而变化。在积水和透气不良的情况下，土壤空气的含氧量可降低到 10%以下，从而抑制植物根系的呼吸和影响植物正常的生理功能，动物则向土壤表层迁移以便选择适宜的呼吸条件。当土壤表层变得干旱时，土壤动物因皮肤呼吸受阻而转移到土壤深层，空气可沿着虫道和植物根系向土壤深层扩散。

二维码 2-5 土壤水分太多或太少都对植物和土壤动物不利

土壤空气中高浓度的二氧化碳（可比大气含量高几十至几百倍）一部分可扩散到近地面的大气中被植物叶片在光合作用中吸收，一部分则可直接被植物根系吸收。但是在通气不良的土壤中，二氧化碳的浓度常可达到 10%～15%，如此高浓度的二氧化碳不利于植物根系的发育和种子的萌发。二氧化碳浓度的进一步增加会对植物产生毒害作用，破坏根系的呼吸功能，甚至导致植物窒息死亡。

土壤通气不良会减少好氧微生物的种类和数量，减缓有机物质的分解活动，使植物可利用的营养物质减少。若土壤过分通气又会使有机物质的分解速度太快，这样虽能供给植物更多的养分，却使土壤中腐殖质的数量减少，不利于养分的长期供应。只有具有团粒结构的土壤才能调节好土壤中水分、空气和微生物活动之间的关系，从而最有利于植物的生长和土壤动物的生存。

（4）土壤温度　土壤温度（soil temperature）除了有周期性的日变化和季节变化外，还有空间上的垂直变化。一般说来，夏季的土壤温度随深度的增加而下降，冬季的土壤温度随深度的增加而升高；白天的土壤温度随深度的增加而下降，夜间的土壤温度随深度的增加而升高。土壤温度除了能直接影响植物种子的萌发和实生苗的生长外，还对植物根系的生长和呼吸能力有很大影响。大多数作物在 10～35℃的温度范围内生长速度随温度的升高而加快。温带植物的根系在冬季因土壤温度太低而停止生长，但土壤温度太高也不利于根系或地下贮藏器官的生长。土壤温度太高或太低都能减弱根系的呼吸能力，例如，向日葵的呼吸作用在土壤温度低于10℃和高于25℃时都会明显减弱。此外，土壤温度对土壤微生物的活动、土壤气体的交换、水分的蒸发、各种盐类的溶解度以及腐殖质的分解都有明显的影响，而土壤的这些理化性质又都与植物的生长有着密切关系。

土壤温度的垂直分布从冬季到夏季要发生两次逆转，随着一天中昼夜的转变也要发生两次变化，这种现象对土壤动物的行为具有深刻影响。大多数土壤无脊椎动物都随着季节的变化而进行垂直迁移，以适应土壤温度的垂直变化。一般说来，土壤动物于秋冬季节向土壤深层移动，于春夏季节向土壤上层移动，移动距离常与土壤质地有密切关系。

2.3.4.3 土壤的化学性质及对生物的影响

（1）土壤酸度　土壤酸度（soil acidity）即土壤酸性程度，是土壤化学性质特别是岩基状况的综合反映，它对土壤的一系列肥力性质有深刻的影响。土壤中微生物的活动，有机质的合成与分解，氮、磷等营养元素的转化与释放，微量元素的有效性，土壤保持养分的能力等都与土壤酸度有关。

土壤酸度影响土壤动物区系及其分布，一般依据土壤动物对土壤酸度的适应范围可分为嗜酸性种类和嗜碱性种类。如金针虫在pH为4.0～5.2的土壤中数量最多，在pH为2.7的强酸性土壤中也能生存。而麦红吸浆虫通常分布在pH为7～11的碱性土壤中，当pH＜6.0时便难以生存。蚯蚓和大多数土壤昆虫喜欢生活在微碱性土壤中。

土壤酸度对土壤养分的有效性也有重要影响。在pH为6～7的微酸性条件下，土壤养分有效性最好，最有利于植物生长。在酸性土壤中容易引起钾、钙、镁、磷等元素的短缺，而在强碱性土壤中容易引起铁、硼、铜、锰和锌的短缺。土壤酸度还通过影响微生物的活动影响植物的生长。酸性土壤一般不利于细菌活动，根瘤菌、褐色固氮菌、氨化细菌和硝化细菌等大多数生长在中性土壤中，它们在酸性土壤中大多不能生存。许多豆科植物的根瘤也会因土壤酸性增强而死亡。pH 3.5～8.5是大多数维管束植物的生长范围，但最适合植物生长的pH值则远较此范围窄。

（2）土壤有机质　土壤有机质（organic matter）是土壤的重要组成部分，土壤的许多属性都间接或直接与土壤有机质有关。土壤有机质可粗略地分为两类：非腐殖质和腐殖质（humus）。土壤有机质含量是土壤肥力（soil fertility）的一个重要标志。但一般土壤表层內有机质含量只有3%～5%。土壤有机质能改善土壤的物理结构和化学性质，有利于土壤团粒结构的形成，从而促进植物的生长和对养分的吸收。土壤腐殖质还是异养微生物的重要养料和能源，因此能活化土壤微生物，而土壤微生物的旺盛活动对于植物营养是十分重要的因素。土壤有机质含量越多，土壤动物的种类和数量也越多。在富含腐殖质的草原黑钙土中，土壤动物的种类和数量极为丰富，而在有机质含量很少的荒漠地区，土壤动物的种类和数量则非常有限。

（3）土壤矿质元素　动植物在生长发育过程中，需要不断地从土壤中吸取大量的无机元素，包括大量元素（氮、磷、钾、钙、硫和镁等）和微量元素（锰、锌、铜、钼、硼和氯等）。植物所需的无机元素来自矿物质和有机质的矿化分解，动物所需的元素则来自植物。在土壤中将近98%的养分呈束缚态，存在于矿质或结合于有机碎屑、腐殖质或较难溶解的无机物中，它们构成了养分的储备源，通过分化和矿化作用慢慢地变为可用态供给植物生长需要。土壤中含有植物必需的各种元素，比例适当能使植物生长发育良好，比例不适当则限制植物的生长发育，因此可通过合理施肥改善土壤的营养状况来达到植物增产的目的。

土壤中的无机元素对动物的分布和数量有一定影响。如当土壤中钴离子的质量分数在

$(2\sim3)\times10^{-6}$ 以下时，牛羊等反刍动物就会生病。同一种蜗牛，生活在含钙高的地方，其壳重占体重的 35%；而在含钙低的地方，其壳重只占体重的 20%。由于石灰质土壤对蜗牛壳的形成很重要，所以石灰岩地区蜗牛数量往往较其他地区多。哺乳动物也喜欢在母岩为石灰岩的土壤地区活动。含氯化钠丰富的土壤和地区往往能够吸引大量的草食有蹄动物，因为这些动物出于生理需要必须摄入大量的盐。土壤含盐量对飞蝗影响也很大，含盐量低于 0.5%的地区飞蝗常年发生；而含盐量在 0.7%～1.2%的地区，是它们扩散和轮生的地方；土壤含盐量达 1.2%～1.5%的地区则不容易出现飞蝗。

2.3.4.4 植物对土壤的适应策略

长期生活在不同类型土壤的植物，会对该种土壤产生一定的适应特性，从而形成不同的植物生态类型。根据植物对土壤酸度的反应，可以把植物分为酸性土植物、中性土植物和碱性土植物；根据植物对土壤含盐量的反应，可以分为盐土植物和碱土植物；根据植物对土壤中钙质的反应，可以把植物分为钙土植物和嫌钙植物；生长在风沙基质中的植物又称为沙生植物。

（1）酸性土植物　只能生长在酸性土壤中，也就是说酸性土植物适合生长在土壤缺钙、多铁和铝的环境里。在土壤缺钙的情况下，土壤坚实、通气不良、缺水、土温较低、呈酸性和强酸性。这类植物在钙土上不能生长，杜鹃、山茶、马尾松等属于这类植物。

（2）钙土植物　只有在含钙丰富的石灰性土壤中才能生长，所以又称喜钙植物。石灰性土壤的特点主要是富含碳酸钙，土壤呈碱性。钙对植物的生态作用，不但在于直接影响植物的代谢，还在于对土壤的物理结构、化学性质、营养状况以及土壤微生物产生影响。这类植物如刺柏、西伯利亚落叶松、铁线蕨、野花椒、黄连木等。

（3）沙生植物　是生长在以沙粒为基质地区的植物，主要分布在荒漠、半荒漠、草原地带。这类植物有许多旱生植物的特征，如植株低矮，主根深入地下，侧根则广泛分布，以稳定植株并最大化地吸收土壤中的水分，叶片则缩小甚至退化以减少蒸腾。这类植物通常具有固沙功能，如白刺、骆驼刺、梭梭等。

（4）盐土植物　是一类具有特殊生态适应性的植物。盐土中可溶性盐含量达 1%以上，主要是氯化钠与硫酸钠等，土壤为中性，土壤结构未被破坏。我国内陆盐土是因气候干旱、地面蒸发大，地下盐水经毛细管上升到地面而形成的。海滨盐土主要是受海水浸渍而形成。盐土植物形态上植株矮小，枝干坚硬，叶子不发达、蒸腾表面缩小、气孔下陷，表皮具厚的外皮，常具灰白色绒毛。有的具有肉质性叶，有特殊的贮水细胞，能使同化细胞不受高浓度盐分的伤害。内部结构上，细胞间隙小，栅栏组织发达。生理上，盐土植物具一系列的抗盐特性。根据对过量盐类的适应特点，又可分为聚盐性植物、泌盐性植物和不透盐性植物三类。

① 聚盐性植物。这类植物能适应在强盐渍化土壤上生长，能从土壤里吸收大量可溶性盐类，并把这些盐类积聚在体内而不受伤害。这类植物的原生质对盐类的抗性特别强，能容忍 60%甚至浓度更高的 NaCl 溶液，所以聚盐性植物也称为真盐生植物。它们的细胞液浓度也特别高，并有极低的渗透势，特别是根部的渗透势远远低于盐土溶液的渗透势，所以能吸收高浓度土壤溶液中的水分。

聚盐性植物的种类不同，积累的盐分种类也不一样，例如，盐角草、碱蓬能吸收并积累较多的 NaCl 或 Na_2SO_4，滨藜能吸收并积累较多的硝酸盐。属于聚盐性植物的还有海蓬子、盐穗木、西伯利亚白刺等。

② 泌盐性植物。这类植物的根细胞对于盐类的透过性与聚盐性植物接近，但是它们吸进体内的盐分并不积累在体内，而是通过茎、叶表面上密布的分泌腺（盐腺）把吸收的过多盐分排出体外，这种作用称为泌盐作用。排出在叶、茎表面上的 NaCl 和 Na_2SO_4 等结晶，逐渐被风吹或雨露淋洗掉。

泌盐性植物虽能在含盐多的土壤上生长，但它们在非盐渍化的土壤上生长得更好，所以常把这类植物看作是耐盐植物。柽柳、大米草、海榄雌（俗称白骨壤）、蜡烛果（俗称桐花树）等滨海红树植物，以及常见于盐碱滩上的药用植物补血草等，都属于泌盐性植物。

③ 不透盐性植物。这类植物的根细胞对盐类的透过性非常小，所以它们虽然生长在盐土中，但在一定盐分浓度的土壤溶液里，几乎不吸收或很少吸收土壤中的盐类。这些植物细胞的渗透势也很低，但是不同于聚盐性植物，不透盐性植物细胞的高渗透压不是体内高浓度的盐类引起的，而是体内含有较多的可溶性有机物质（如有机酸、糖类、氨基酸等）引起的，细胞的低渗透势同样提高了根系从盐碱土中吸收水分的能力，所以常把这类植物看作是抗盐植物。蒿属、紫菀、碱菀、盐地风毛菊、獐毛等都属于这一类。

二维码 2-6
大气因子的生态作用与生物的适应

二维码 2-7
地形因子的生态作用与生物的适应

二维码 2-8
风因子的生态作用与生物的适应

二维码 2-9
火因子的生态作用与生物的适应

2.4 个体水平上的生态学应用案例

二维码 2-10
个体水平上的生态学应用案例

具体内容见二维码。

课后复习

1. 概念和术语：生态因子、生境、生态幅、限制因子、内稳态、光补偿点、光饱和点、阳生植物、阴生植物、光周期现象、长日照植物、短日照植物、中日照植物、日中性植物、长日照动物、短日照动物、生物学零度、物候节律、温周期现象、土壤结构、土壤质地、土壤有机质、盐土植物

2. 原理和定律：生态因子作用特征、利比希最小因子定律、谢尔福德耐受性定律、有效积温法则、伯格曼规律、阿伦规律

课后练习

1. 极端温度对生物有何影响？生物如何适应？
2. 水生动物是如何适应高盐度或低盐度水环境的？
3. 盐生植物分哪几种类型？举例说明其适应机制。
4. 地形因子的生态作用有哪些？

在线习题及课后练习答案

二维码 2-11　在线习题及
课后练习答案

参考文献

［1］ 孙儒泳，李庆芬，牛翠娟，等.基础生态学［M］.北京：高等教育出版社，2002.
［2］ 杨持.生态学［M］.2 版.北京：高等教育出版社，2008.
［3］ 李振基，陈小麟，郑海雷.生态学［M］.3 版.北京：科学出版社，2007.
［4］ Odum E P，Barrett C W.生态学基础［M］.陆健健，王伟，王天慧，等译.5 版.北京：高等教育出版社，2009.
［5］ Ricklefs R E.生态学［M］.孙儒泳，尚玉昌，李庆芬，等译.5 版.北京：高等教育出版社，2004.
［6］ 牛翠娟，娄安如，孙儒泳，等.基础生态学［M］.3 版.北京：高等教育出版社，2015.
［7］ 李俊清，牛树奎，刘艳红.森林生态学［M］.2 版.北京：高等教育出版社，2010.
［8］ 盛连喜，李振新，王娓.环境生态学导论［M］.3 版.北京：高等教育出版社，2020.
［9］ 陈天乙.生态学基础教程［M］.天津：南开大学出版社，1995.
［10］ 杨允菲，祝廷成.植物生态学［M］.2 版.北京：高等教育出版社，2011.
［11］ 戈峰.现代生态学［M］.北京：科学出版社，2002.
［12］ 章清.江豚成群再现，长江大保护成效明显［N］.光明日报，2022-9-21（2）.

3

种群结构与动态

引言

2022 年 12 月 9 日，一只雄性黑叶猴幼崽在长隆野生动物世界出生，它的出生是长隆野生动物世界在珍稀动物保护方面取得的新进展。黑叶猴是我国国家一级重点保护野生动物，名列世界自然保护联盟（IUCN）濒危物种红色名录。据世界自然保护联盟的红色名录，在全球评估的 150388 个物种中，有 42108 个物种面临灭绝的威胁，占总评估数量的 28%，其中濒危的哺乳动物占被评估哺乳动物种类的 22%。这些数字反映了全球生物多样性正面临严峻挑战。例如川金丝猴、大熊猫、白鳍豚、麋鹿、环尾狐猴、澳大利亚毛鼻袋熊等，这些濒危动物面临着生存环境破坏、栖息地丧失、繁殖受阻、食物短缺、非法捕猎、非法贸易等多重威胁。同时，气候变化等自然因素的影响也加剧了这些动物物种的灭绝危机。

生态系统中的每个物种都有其独特的生态作用，相互依存、相互制约。一旦某个物种灭绝，就会对整个生态系统产生连锁反应，进而影响人类生存和发展。要保护濒危物种，我们就需要对小种群的动态进行全面了解，深入了解濒危动物的生态习性和生存环境，促进濒危动物的繁殖和生存，提高保护效果。党的十八大以来，我国 300 多种濒危野生动植物物种实现恢复性增长，栖息繁衍环境不断改善。其中，大熊猫保护是全球濒危物种保护的成功典范。中国式现代化是人与自然和谐共生的现代化，当前，中国正在积极实施生物多样性保护重大工程，一大批珍稀濒危物种得到有效保护，一幅万物和谐共生的生态画卷正在徐徐展开。

学习意义

为什么要了解种群的结构和动态变化？

在自然界当中，绝大多数生物都是以种群为存在的基本单位，若干生物个体共同生活在同一地区。种群数量决定着该种群对生态系统作用的大小。种群生态学的任务之一就是要定量地研究种群的出生率、死亡率、迁入率和迁出率，以便能够了解是什么因素影响着种群波动的范围及种群的发生规律，了解种群波动所围绕的平均密度以及了解种群衰落和灭绝的原因。了解这一切的目的是控制种群。种群结构和动态研究的理论和实践既有助于合理地利用和保护生物资源，又有助于有效地防治病虫害。研究有害动物或杂草、经济动植物物种、濒危物种的种群数量和动态特征，可以掌握这些物种的危害程度、可利用程度或濒危程度。

学习目标

◇ 掌握种群的概念、特征、空间分布格局和阿利氏规律。
◇ 熟悉生命表的构建方法和种群增长的数学模型。
◇ 了解种群的数量变动和调节的相关学说。
◇ 了解种群生活史的概念和生态对策。
◇ 了解种群扩散和迁移的类型和方式。
◇ 了解种群动态理论的生态学应用。

3.1 种群的概念和特征

种群（population）是在同一时期内占有一定空间的同种生物个体的集合。该定义表示种群是由同种个体组成的，占有一定的领域，是同种个体通过种内关系组成的一个统一体或系统。种群内部的个体可以自由交配、繁衍后代，从而与其他地区的种群在形态和生态特征上存在一定的差异。

在自然界中，门、纲、目、科、属等分类单元是学者按照物种的特征及其在进化中的亲缘关系来划分的，唯有种（species）才是真实存在的。一般认为，种群是物种在自然界存在的基本单位，或者说物种是以种群形式出现的而不是以个体的形式出现。在一个较大的区域尺度上，一个物种通常包括很多种群，不同的种群之间存在着明显的地理隔离，长期隔离有可能演化出不同的亚种，甚至产生新的物种。因此，种群是物种具体的存在单位、繁殖单位和进化单位。

种群的主要特征表现在三方面：

（1）空间分布特征　种群内部的个体与个体之间的紧密或松散的排布方式，可能是均匀分布、随机分布或是成群分布。一般而言，在小尺度空间上分布称为分布格局（distribution pattern），而在大尺度范围内分布称为地理分布（geographical distribution）。

（2）数量特征　种群的数量越多、密度越高，种群就越大，种群的生态学作用也可能就越大。种群的数量大小受出生率、死亡率、迁入率和迁出率等参数的影响，这些参数继而又受种群的年龄结构、性别比例、分布格局和遗传组成的影响。

（3）遗传特征　种群具有一定的遗传组成，是一个基因库。不同种群的基因库不同。种群的基因频率世代传递，在进化过程中通过改变基因频率以适应环境的不断改变。不同的地理种群存在着基因差异。

3.2 种群空间格局

3.2.1 空间分布类型

种群个体在其空间中的位置状态或布局，称为种群空间格局（spatial pattern）或内分布型（internal distribution pattern）。种群的空间格局通常分为均匀型（uniform）、随机型（random）、成群型（clumped）三类（图 3.1）。

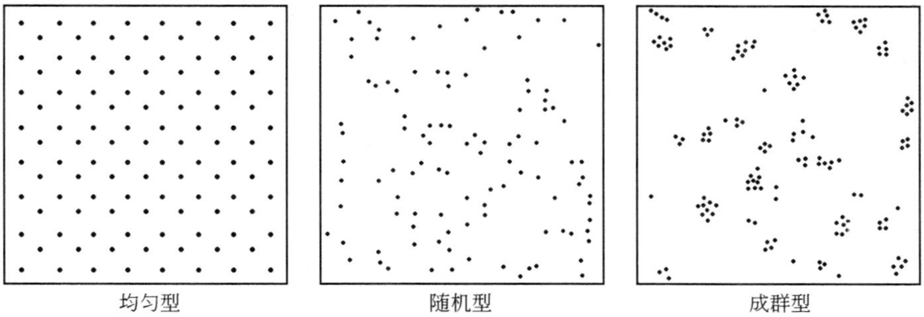

图 3.1　种群的空间格局

均匀分布指种群的个体等距离分布，或个体之间保持一定的均匀间距。这种分布格局通常是在资源均匀的条件下，由种内竞争引起的。人工植物群落中的种群一般是均匀分布的，但均匀分布在自然界中并不常见。天然森林的种群个体由于竞争激烈而发生自疏后，有些种群会出现均匀分布；分泌有毒物质于土壤中以阻止同种植物籽苗的生长，是形成均匀分布的另一原因。动物的领域行为是造成均匀分布的主要原因，海岸悬崖上营巢繁殖的海鸥，其鸟巢呈均匀分布。

随机分布指种群的个体活动或生长的位置是随机确定的，个体之间彼此独立、互不影响。随机分布在自然界并不多见，一般只有在生境中的主导因素是随机分布时，或者环境条件比较一致时才会出现。例如，依靠种子繁殖的植物在侵入一个新的资源均匀的生境时，其种子一般由风传播，因而出现随机分布的幼苗种群。在热带雨林的演替后期，林冠层优势种的种群也常表现为随机分布。

成群分布又称为集群分布、聚集分布或核心分布，指种群个体的分布在空间上很不均匀，常常成群、成簇、成块、成斑点地密集分布。成群分布是自然界中最广泛的一种分布格局，如母树周围的实生幼苗、无性生殖的植物种群。

在 20 世纪 60 年代以前，种群的空间格局检验方法主要是运用泊松分布、负二项分布、奈曼分布等离散分布的数学模型进行理论拟合，如建立在泊松分布假设上的方差均值比率法是最常用的方法。但后来很多研究中拟合的结果往往同时适合两种或两种以上的分布，导致生物学意义上的解释出现混乱。此后多用统计计数的分布性指数和各种聚集强度指数（如丛生指数、负二项分布参数、平均拥挤度、聚块指数、扩散系数、Cassie 指数等）来判断种群的分布格局。但仍然存在一些问题，如采用不同指数的分析结果会出现一些矛盾的情况。所以需要多种指数相互印证，并慎重下结论。

由于存在样方大小（采样尺度）对种群分布格局的影响，一种新的种群格局分析方法逐渐被广泛使用。它是以植物种的个体在空间的坐标为基本数据，每个个体都可以视为二维空间的一个点，这样所有个体就组成空间分布的点图，以点图为基础进行格局分析，被称为“点格局分析”（point pattern analysis）。它可以分析各种尺度下的种群格局，尤其适用于森林群落的大样地数据。种群空间格局的研究是静态研究，比较适用于植物、定居或不大活动的动物，也适用于测量鼠穴、鸟巢等栖居地的空间分布。

3.2.2 集群和阿利氏规律

二维码 3-1 空间格局检验方法——方差均值比率法

集群（aggregation 或 colony）现象普遍存在于自然种群中。同一种生物的不同个体或多或少都会在一定的时期内生活在一起，从而保证种群的生存或正常繁殖，因此集群是一种重要的适应性特征。在自然状态下，大多数种群都呈现不同程度的集群，每个种群都有一个最适的集群度，其与种群的最适生长和最适个体数相适应。

生物产生集群的原因可能有以下几方面。①对栖息地的食物、光照、温度、水等生态因子的共同需要。如一只死鹿，作为食物和隐蔽地，可招来许多食腐动物而形成群体。植物地上部的枝条系统的空间排列决定光的摄取效率，而土壤中根分支的空间分布决定水和营养物的获得。②对昼夜天气或季节气候的共同反应，如过夜、迁徙、冬眠等。③繁殖的结果。亲代对某种环境有共同的反应，将后代（卵或崽）产于同一环境，后代由此一起形成群体。如鳗鲡，产卵于同一海区，幼崽一起聚为洄游性集群，从海区游回江河。橡木和雪松的种子没有散布能力，常落在母株附近形成集群。④被动运送的结果。例如，强风、急流可以把一些蚊子、小鱼运送到某一风速或流速较为缓慢的地方，形成群体。⑤个体之间社会吸引力（social attraction）相互吸引的结果。尤其是永久性集群动物，通常具有一种强烈的集群欲望，正是个体之间的相互吸引力引起的。

目前已经知道许多种昆虫和脊椎动物的集群能够产生有利的作用。同一种动物在一起生活所产生的有利作用，称为集群效应（grouping effect）。集群效应只有在足够数量的个体参与聚群时才能产生，因此，对于一些集群生活的动物种类，如果数量太少，低于集群的临界下限，则该动物种群就不能正常生活，甚至不能生存，这就是所谓的“最小种群原则”。例如，非洲象要能够生存，每群至少要有 5 头；北方鹿每群不少于 300 头。

集群效应说明，在一定的密度下，种群密度的增加有利于群体的生存和增长。但是，种群密度过高时，由于食物和空间等资源缺乏，排泄物的毒害以及心理和生理反应，则会对群体产生不利的影响，导致出生率下降、死亡率上升，产生所谓的拥挤效应（overcrowding effect）。拥挤效应是繁殖过剩、密度过高所产生的有害效应。Allee 在大量实验的基础上，总结了种群密度与存活率的相互关系（图 3.2）。在一定条件下，当种群密度（数量）处于适度大小时，种群的增长最快，密度太低或太高都会对种群的增长起着限制作用，这就叫作阿利氏规律（Allee’s law）。

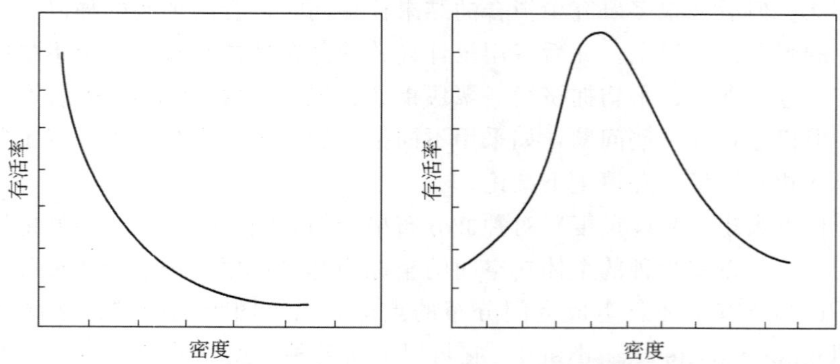

（a）在某些种群增长中，种群小时，存活率最高

（b）另一些种群，在种群中等大小时最有利，在这种情况下，过高和过低都是有害的

图 3.2 阿利氏规律（仿 Odum，1983）

3.3 种群统计的基本参数

3.3.1 种群密度

种群密度（population density）是指单位空间内的种群个体数量，通常以单位面积或体积的个体数目或种群生物量表示，例如，每公顷 200 株树，每立方米水体 500 万硅藻。种群密度又可分为绝对密度和相对密度。绝对密度是指单位面积或空间的实有个体数，相对密度则只是衡量个体数量多少的相对指标。在很多情况下，种群密度很难准确测定，常采用相对密度来表示种群数量的丰富程度。例如，每小时见到的飞过迁徙鸟类数量、单位时间内黑光灯诱捕飞虫数量。相对密度的单位很灵活，也可以用百分比表示。

3.3.2 出生率和死亡率

种群数量变动主要取决于种群的 4 个基本参数：出生率、死亡率、迁入率和迁出率。

出生率（natality）指种群增加的固有能力，它泛指任何生物产生新个体的能力，包括分裂、出芽（低等植物、微生物）、结籽、孵化、产崽等多种方式，有时候还用繁殖率一词。出生率常常分为最大出生率和生态出生率（或实际出生率）。前者是指理想条件下（即无任何生态限制因子，繁殖只受生理因素所限制）理论上产生新个体的最大数量，对某个特定种群来说，是一个常数。后者表示种群在某个现实或特定环境条件下的出生率，它随种群的大小、年龄结构和物理环境条件而变化。出生率通常以比例来表示，即将新产生个体数除以时间（绝对出生率或总出生率），或以单位时间每个个体的新生个体数表示（特定出生率）。假定一个池中有 1 个包含 50 个原生动物个体的种群，在 1 小时内通过分裂增加到 150 个，则绝对出生率就是 100 个每小时，特定出生率是每个个体（原来 50 个）产生 2 个每小时。

死亡率（mortality）用来描述种群个体死亡的速率。死亡率可以用给定时间内死亡个体数（单位时间死亡个体数目）表示，也可以用特定死亡率，即单位时间内死亡个体数占初始种群个体数的比例来表示。最低死亡率是种群在最适环境条件下，种群中的个体都是因年老而死亡，即动物都活到了生理寿命后才死亡的情况。种群的生理寿命（physiological longevity）是指种群处于最适条件下的平均寿命，而不是某个特殊个体可能具有的最长寿命。生态死亡率（或实际死亡率）是在某特定条件下丧失的个体数，它同生态出生率一样，不是常数，而是随着种群状况和环境条件而变化。

3.3.3 种群的年龄结构和性比

种群的年龄结构（age structure）是指不同年龄组的个体在种群内的比例和配置状况。研究种群的年龄结构和性比对深入分析种群动态和进行预测预报具有重要的价值。种群的年龄结构通常用年龄锥体图表示。年龄锥体图是以不同宽度的横柱从上到下配置而成的图（图 3.3）。横柱的高低位置表示不同年龄组，宽度表示各年龄组的个体数或百分比。按锥体形状，年龄锥体可划分为如下三种基本类型。

① 增长型种群。锥体呈典型金字塔形，基部宽，顶部窄。表示种群有大量幼体，老年个体较少，种群的出生率大于死亡率，是迅速增长的种群。

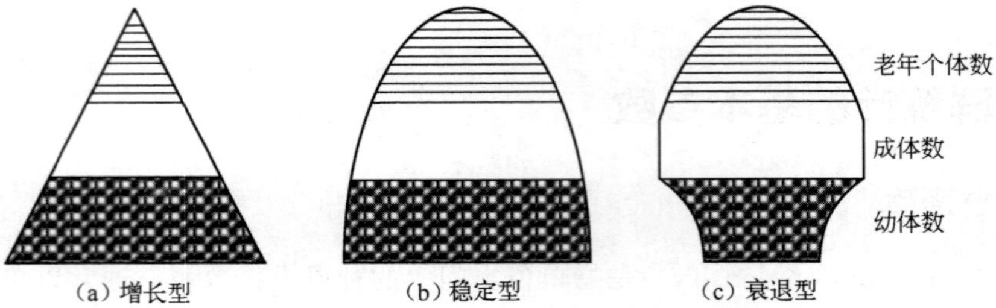

图 3.3　年龄锥体的三种基本类型

② 稳定型种群。锥体形状和老、中、幼比例介于增长型和衰退型种群之间。出生率与死亡率大致相平衡，种群稳定。

③ 衰退型种群。也称为下降型种群，锥体基部比较窄，而顶部比较宽。种群中幼体比例减小而老体比例增大，种群的死亡率大于出生率。

性比（sex ratio）是指种群中雄性与雌性个体数的比例。大多数动物种群的性比接近1∶1。有些种群以具有生殖能力的雌性个体为主，如轮虫、枝角类等是可进行孤雌生殖的动物种群。还有一种情况是雄多于雌，常见于营社会生活的昆虫种群。同一种群中性比有可能随环境条件的改变而变化，如盐生钩虾（*Gammarus salinus*）在5℃下后代中雄性为雌性的5倍，而在23℃下后代中雌性为雄性的13倍。种群的性比会随着其个体发育阶段的变化而发生改变。例如，一些啮齿类出生时，性比为1，但三周后的性比则为1.4。因此，性比又常根据不同发育阶段，即配子、出生和性成熟三个时期，相应再分为初级性比（primary sex ratio）、次级性比（secondary sex ratio）和三级性比（tertiary sex ratio）。

3.4　种群生命表

生命表（life table）是记载某一种群或一定数量的同一时间出生的个体，经过一段时间以后由于个体死亡而逐渐减少的统计表。生命表是描述种群数量减少过程的有用工具。简单的生命表只根据各年龄组的存活或死亡数据编制，综合生命表则包括出生数据，从而能估计种群的增长率。

3.4.1　简单生命表的一般构成

Conell从1959～1968年10年间对某岛上固着在岩石上的所有藤壶进行逐年的存活观察，其结果见表3.1中的x和n_x栏，到第9年全部死亡。生命表有若干栏，每栏均有惯用的符号，其含义：x为按年龄的分段；n_x为x期开始时的存活数；l_x为x期开始时的存活率；d_x为从x到$x+1$的死亡数；q_x为从x到$x+1$的死亡率；e_x为x期开始时的生命期望或平均余年，e_0为种群的平均寿命，$e_x=T_x/n_x$。T_x和L_x栏一般可不列入表中，列入是为了计算e_x更方便。L_x是从x到$x+1$期的平均存活数，即$L_x=(n_x+n_{x+1})/2$。T_x则是进入x龄期的全部个体在进入x期以后的存活个体总数，即$T_x=\sum L_x$。例如，$T_0=L_0+L_1+L_2+L_3+\cdots$，$T_1=L_1+L_2+L_3+\cdots$。

表 3.1 藤壶的生命表

年龄 x	存活数 n_x	存活率 l_x	死亡数 d_x	死亡率 q_x	生命期望 e_x	L_x	T_x
0	142.0	1.000	80.0	0.563	1.58	102.00	224.00
1	62.0	0.437	28.0	0.452	1.97	48.00	122.00
2	34.0	0.239	14.0	0.412	2.18	27.00	74.00
3	20.0	0.141	4.5	0.225	2.35	17.75	47.00
4	15.5	0.109	4.5	0.290	1.89	13.25	29.25
5	11.0	0.077	4.5	0.409	1.45	8.75	16.00
6	6.5	0.046	4.5	0.692	1.12	4.25	7.25
7	2.0	0.014	0	0.000	1.50	2.00	3.00
8	2.0	0.014	2.0	1.000	0.50	1.00	1.00
9	0	0	—	—	—	0	0

从表 3.1 可获得三方面的信息：

① 存活曲线（survivorship curve）。以 $\lg n_x$ 栏对 x 栏作图可得存活曲线。存活曲线直观地表达了该同生群（cohort）的存活过程。Deevey（1947）曾将存活曲线分为三个类型（图 3.4）。

Ⅰ型：曲线凸型，表示在接近生理寿命前只有少数个体死亡。

Ⅱ型：曲线呈对角线，各年龄死亡率相等。

Ⅲ型：曲线凹型，幼年期死亡率很高。

藤壶的存活曲线接近Ⅰ型。

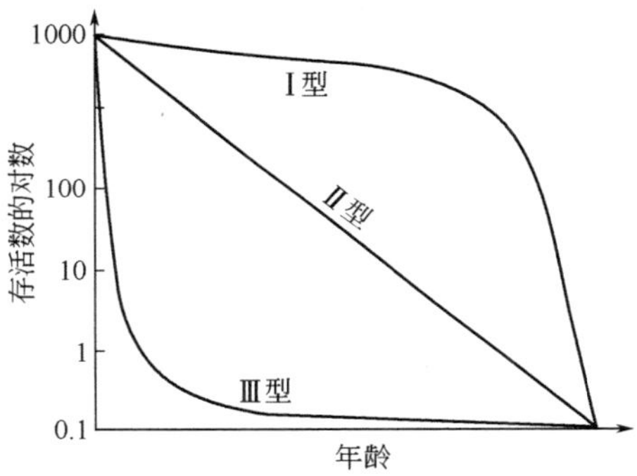

图 3.4 存活曲线的类型（Krebs，1985）

② 死亡率曲线。以 q_x 栏对 x 栏作图。藤壶在第一年死亡率很高，以后逐渐降低，接近老死时死亡率迅速上升。

③ 生命期望。e_x 表示该年龄期开始时的平均能存活的年限。

3.4.2 动态生命表

动态生命表（dynamic life table）又称为特定年龄生命表，就是根据一群同一时期出生的生物，直接观察种群的个体死亡过程，或连续追踪到该群生物全部死亡的过程而编制的。表 3.1 的藤壶生命表就属于动态生命表。

这种方法虽然很精确，但一般适用于家养或实验室种群和世代不重叠的生物，如昆虫、草本植物等。人类或自然可迁移的种群因为自出生后便不断迁移，很难追踪到底。

3.4.3 静态生命表

静态生命表（static life table）又称为特定时间生命表，是在某一特定时间，对种群进行年龄分布（结构）的调查，并掌握该种群各年龄组的死亡数（率），再经过统计学处理而编制的。其适用于世代重叠的生物，如人类、树木等，仅反映了种群在某一时刻的剖面。

编制静态生命表等于假定了种群所经历的环境年复一年地没有改变，但实际上，对于动物或人类死亡或出生，有的年份好，有的年份差，因此，有的学者对静态生命表持有怀疑态度。

二维码 3-2
静态生命表案例

3.4.4 综合生命表

综合生命表与简单生命表不同之处在于除 l_x 栏外，增加了 m_x 栏。m_x 栏描述了各年龄的出生率。表 3.2 为猕猴的综合生命表。

表 3.2 猕猴的综合生命表

x/a	l_x	$\lg(1000l_x)$	k_x	m_x	l_xm_x	xl_xm_x
0	0.99	3.00	0	0	0	0
1	0.99	3.00	0.070	0	0	0
2	0.97	2.99	0.275	0	0	0
3	0.89	2.95	0.070	0	0	0
4	0.87	2.94	0	0.154	0.134	0.536
5	0.87	2.94	0.040	0.401	0.349	0.745
6	0.86	2.93	0	0.440	0.378	2.268
7	0.86	2.93	0.090	0.464	0.399	2.793
8	0.83	2.92	0.070	0.434	0.360	2.880
9	0.81	2.91	0	0.462	0.374	3.368
10	0.81	2.91	0	0.320	0.259	2.590
11	0.81	2.91	0	0.462	0.374	4.114
12	0.81	2.91	0	0	0	0
13	0.81	2.91	0	0.578	0.468	6.084

注：引自江海声等，1989。

综合生命表同时包括了存活率和出生率两方面数据，将两者相乘，并累加起来（$R_0=\sum l_xm_x$），即得净生殖率（net reproductive rate）。R_0 还代表该种群（在生命表所包括特定时间中的）世代净增殖率。猕猴生命表的 $R_0=3.096$，表示猕猴数经一世代后平均增长到原来的 3.096 倍。该生命表中 k_x 是表示年龄组死亡率的指标，它由 l_x 栏导出，即 $k_x=\lg l_x-\lg l_{x+1}$。

3.5 种群的增长模型

二维码 3-3
微课视频：生命表

在理想情况下，种群的增长不受资源和环境限制，因此种群增长速度与密度无关，这种情况下种群的增长通常为指数增长。按照研究对象的特点，可以将指数增长模型分为两大类：如果种群各个世代互不重叠，如许多一年生植物和昆虫，其种群的增长是不连续的，称为离散增长，一般用差分方程表示；如果种群的各个世代彼此重叠，如很多动物和一些多年生植物，其种群的增长是连续的，可以用微分方程描述。但是往往种群的数量会受到资源总量的限制，因此种群不能无限制地增长，这种情况下可以采用逻辑斯谛方程来描述。

3.5.1 种群的内禀增长率

在自然界中，种群的数量是不断变化的，种群的增长率与出生率、死亡率有直接联系。

种群的瞬时增长率（r）=瞬时出生率（b）-瞬时死亡率（d）。种群在无限制的环境条件下（食物和空间不受限制、理化环境处于最佳状态、没有天敌等）的瞬时增长率称为内禀增长率（innate rate of increase，r_m），即种群的最大增长率。内禀增长率也称为生物潜能（biotic potential）或生殖潜能（reproductive potential），是物种固有的，由遗传特性决定。通常人们通过在实验室提供最有利的条件来近似地测定种群的内禀增长率。例如，林昌善等（1964）曾对杂拟谷盗的实验种群测定过 r_m 值，$r_m=0.07426$，即该种群以平均每日每雌增加 0.074 个雌体的速率增长。

种群增长率 r 可按下式计算：

$$r=\ln R_0/T$$

式中，T 为世代时间，指种群中子代从母体出生到子代再产子的平均时间；R_0 为世代净增殖率，即 R_0=第 $t+1$ 世代的雌性幼体出生数/第 t 世代的雌性幼体出生数。

从 $r=\ln R_0/T$ 来看，r 值的大小随 R_0 增大而增大，随 T 值的增大而减小。在计划生育中要使 r 值变小，可以通过两种方式来实现：①降低 R_0 值，使世代增殖率降低，即限制每对夫妇的子女数；②使 T 值增大，即可以推迟首次生育时间和晚婚。

3.5.2 种群的指数增长模型

有些生物可以连续进行繁殖，没有特定的繁殖期，在这种情况下，种群的数量变化可以用微分方程表示：

$$\frac{\mathrm{d}N}{\mathrm{d}t}=(b-d)N$$

式中，$\mathrm{d}N/\mathrm{d}t$ 表示种群的瞬时数量变化；b 和 d 分别为每个个体的瞬时出生率和死亡率。

在这里，出生率和死亡率可以综合为一个值 r，即：

$$r=b-d$$

其中 r 值就被定义为瞬时增长率，因此种群的瞬时数量变化就是：

$$\frac{\mathrm{d}N}{\mathrm{d}t}=rN$$

显然，若 $r>0$，种群数量就会增长；若 $r<0$，种群数量就会下降；若 $r=0$，种群数量不变。

这一方程可以有几种用法。首先，如果方程两边都除以 N，就可以计算出每个个体的增长率，即：

$$\frac{1}{N}\times\frac{\mathrm{d}N}{\mathrm{d}t}=r$$

换句话说，当种群呈指数增长（exponential growth）时，r 就是每个个体的增长率。应当注意的是，对这一方程来说，每个个体的增长率是独立于种群数量的。

其次，对 $\mathrm{d}N/\mathrm{d}t=rN$ 积分后可得：

$$N_t=N_0\mathrm{e}^{rt}$$

式中，N_t 是 t 时刻的种群个体数量；N_0 是种群起始个体数量；e 是自然对数的底（e=2.718）。

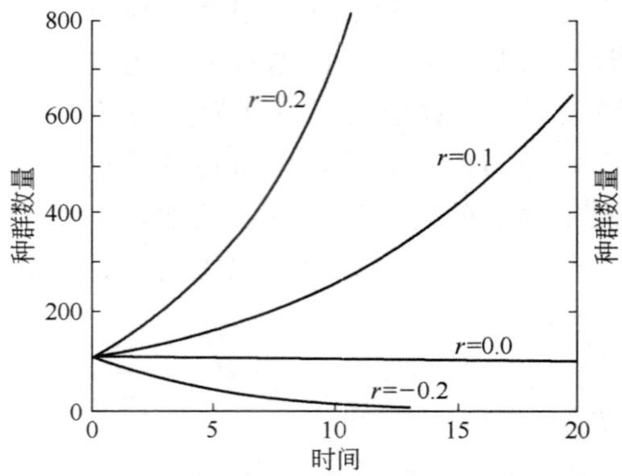

图 3.5　当种群的起始数量为 100 时，4 个不同 r 值的种群增长曲线（尚玉昌，2003）

利用这一方程式就可以计算未来任一时刻种群的个体数量。例如，图 3.5 是 4 个不同 r 值的种群增长曲线，其中有 2 个 r 值大于零，1 个等于零，1 个小于零。

应当指出，种群的数量变化是连续的，因此增长曲线是平滑的，如果 r 值较大，增长曲线就呈 J 字形。

$N_t = N_0 e^{rt}$ 这个表达式类似于周限增长时的表达式 $N_t = \lambda^t N_0$，不同的只是用 e^r 取代了 λ，即：

$$\lambda = e^r$$

解此式可知 r 是 λ 的一个函数，可表示为

$$r = \ln\lambda$$

二维码 3-4
微课视频：离散世代种群指数增长模型

二维码 3-5
微课视频：重叠世代种群指数增长模型

3.5.3　种群的逻辑斯谛增长模型

逻辑斯谛（Logistic）方程是把环境承载力（carrying capacity）与生物繁殖率及其相互作用同时加以考虑的种群模型。该模型的三个假设条件是：①种群内所有个体的繁殖潜力是相等的；②种群的个体瞬时增长率 r 只与当时的种群密度有关；③在特定的环境中种群的密度有上限，即环境承载力（K）。同时还认为瞬时增长率对密度的反应是瞬时的，不存在时滞。

种群在有限的资源条件下，随着种群内个体数量的增多，环境阻力增大。当种群的个体数目接近环境所能支持的最大值即环境承载力时，种群内个体数量将不再继续增加，而是保持在该水平。这种有限资源条件下的种群增长曲线呈 S 形，称之为 Logistic 增长曲线（图 3.6）。

即：

$$\frac{dN}{dt} = rN\left(\frac{K-N}{K}\right)$$

式中，K 为环境承载力；N 为种群数量；r 为瞬时增长率。

从式中可以看出，当 N 为 $0 \rightarrow K$ 时，$(K-N)/K$ 由 $1 \rightarrow 0$，当 $N=K$ 时，增长为 0。所以 $(K-N)/K$ 可以看作是环境阻力的量度，当种群数量增长到环境承载力的附近时，种群停止增长。即随着种群数量由极小逐渐增加到 K 值，由 rN 代表的种群最大增长率的可实现程度逐渐变小。逻辑斯谛方程简明扼要地表达了 S 形增长的过程，同时还有明显的现实性。

当 $K-N>0$，种群数量增长；

当 $K-N=0$，种群处于稳定的平衡状态；

当 $K-N<0$，种群数量减少。

上述方程积分为：

$$N=\frac{K}{1+e^{a-rt}}\left(\text{其中 } a=\frac{r}{K}\right)$$

Logistic 曲线常被划分为 5 个时期：

开始期（initial phase），也可称潜伏期。此期内种群个体数少，密度增长缓慢。

加速期（accelerating phase），随个体数增加，密度增长逐渐加快。

转折期（inflecting phase），个体数达到饱和密度一半（$K/2$）时，密度增长最快。

减速期（decelerating phase），个体数超过 $K/2$ 后，密度增长逐渐变慢。

饱和期（asymptotic phase），种群密度达到环境承载力，即达到饱和。

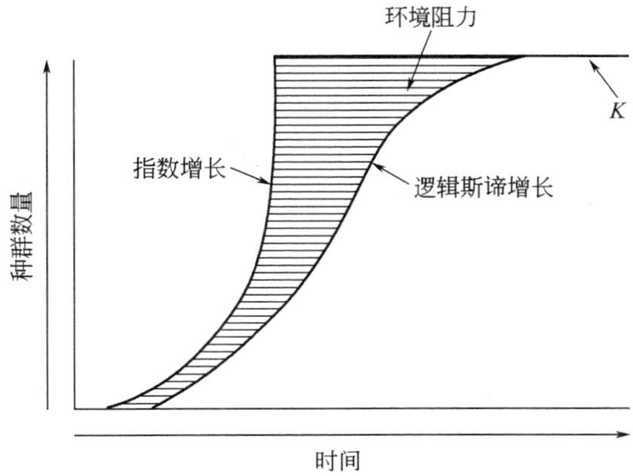

二维码 3-6
微课视频：
逻辑斯谛增长模型

图 3.6　种群增长的两种模式示意图（丁鸿富等，1987）

3.6 种群的数量变动

自然种群的研究表明，种群数量具有两个重要的特征：一是波动性，在每一段时间内（年、季节）种群数量都有所不同；二是稳定性，尽管种群数量存在波动，但大部分的种群不会无限制地增长或无限制地下降而发生灭绝，因此种群数量在某种程度上维持在特定的水平。种群数量在相当长时间内维持在一个水平上的情形称为种群平衡（图 3.7）。所谓平衡，指的是在一年中的出生数和死亡数大致相等，种群数量基本稳定。这种平衡是相对的。

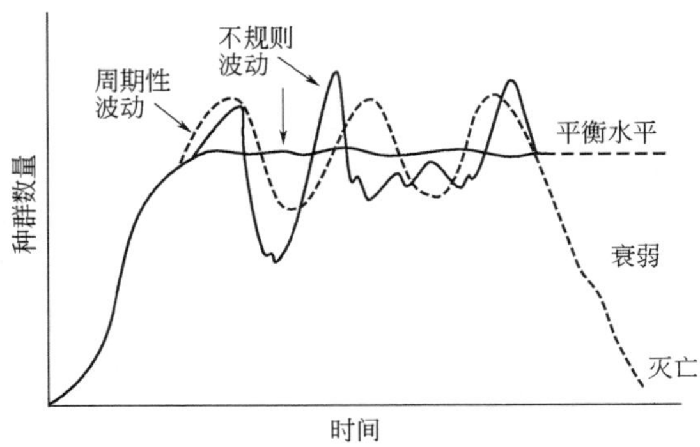

图 3.7　种群的数量动态（卢升高等，2004）

种群的数量很少持续保持在某一水平，通常是在一定的最小和最大密度范围之间波动。当种群长久地处于不利的环境条件下，或受到人类过度的捕杀或栖息地受到严重破坏时，种群数量就可能下降，甚至灭亡。种群数量波动幅度取决于生物种类及具体环境条件。如果环境条件经常改变，那么数量波动就比较明显。依据是否为周期性变化，种群数量的波动分为不规则波动和周期性波动。

3.6.1 季节波动

季节波动（seasonal variation）是指种群数量在一年中不同季节的数量变化。由于环境因子季节性变化的影响，生活在该环境中的生物产生与之相适应的季节性消长的生活史节律，属于周期性的波动。如一年中只有一次繁殖季节的种群，该季节的种群数量最多，以后由于自然死亡或被其他动物捕食，其数量就逐渐下降，直至翌年的繁殖季节。在许多热带地区，虽无冬夏之分，但有雨季和旱季之别。种群的繁殖常集中于雨季，种群数量的消长也随季节而变动。温带湖泊和海洋浮游植物（主要是硅酸藻）每年在春秋两季有一个增长高峰，而在冬夏季种群数量下降。

3.6.2 年际波动

年际波动（annual variation）是指种群在不同年份之间的数量变动。年际波动可能是不规则的，不规则的年际波动通常与环境条件有关，特别是气候因子的影响较大。例如，根据营巢统计结果，英国某些地区的苍鹭数量大致稳定，年际波动不大，但在有严寒冬季的年份，苍鹭数量就下降，若连年冬季严寒，其数量就下降得更多，但在恢复正常后，其种群就能恢复到多年的平均水平。这说明气候因素对苍鹭种群数量变化起着决定性作用。

一些年际波动可能是规则的，具有周期性波动现象。这种数量波动的特点可能与种群自身的遗传特性有关。例如，北方的啮齿动物（如旅鼠和北极狐）种群数量以 3～4 年为一个周期波动；美洲兔和加拿大猞猁以 9～10 年为一个周期呈现数量波动。

3.6.3 种群的衰落和灭亡

当种群长久处于不利条件下（人类过度捕猎或栖息地被破坏），其数量会出现持久性下降，即种群衰落，甚至灭亡。个体大、出生率低、生长慢、成熟晚的生物，最易出现这种情况。在近代，种群衰落和灭亡的速度大大加快了，究其原因，不仅是人类的过度捕杀，更严重的是野生生物的栖息地被破坏，剥夺了物种生存的条件。种群的持续生存不仅需要有保护良好的栖息环境，而且要有足够的数量达到最低种群密度。过低的数量因近亲繁殖而使种群的生育力和生活力衰退。

3.6.4 种群的暴发

具不规则或周期性波动的生物都可能出现种群的暴发。最闻名的暴发常见于害虫和害鼠，还有近些年经常发生的赤潮。赤潮是指水中一些浮游生物（如腰鞭毛虫、裸甲藻、棱角藻及夜光藻等）暴发性增殖引起水色异常的现象，主要发生在近海，又称红潮。它是有机污染，即水中氮、磷等营养物过多形成富营养化所致。其危害主要有：①藻类死体的分解大量消耗水中溶解氧，使鱼贝等窒息而死；②有些赤潮生物产生毒素，杀害鱼贝，甚至距离海岸 64km 的人也会受到由风带来的毒素的危害，造成呼吸和皮肤的不适。

3.6.5 生物入侵

生物可以借助气流、风暴和海流等自然因素或人为作用，将一些植物种子、昆虫、微小生物及多种动物带入新的生态系统。在适宜气候、丰富食物营养供应和缺乏天敌抑制的条件下，得以迅速增殖，在新的生境下得以一代代繁衍，形成对本地物种的生存威胁。这种由人类有意识或无意识地把某种生物带入适宜其栖息和繁衍的地区，种群不断扩大，分布区逐步稳定地扩展的过程称为生物入侵（biological invasion）。入侵的成功与否与多方面的因素有关：物种自身的生态生理特点，入侵地的气候，食物和隐蔽场所的状况，侵入当时造成的后果引起人们关注程度的大小，等等。

3.7 种群的调节

3.7.1 种群调节与调节因素

种群调节（population regulation）是指种群变动过程中趋向恢复到其平均密度的机制。由于生态因子的作用，种群在生物群落中与其他生物成比例地维持在某一特定密度水平，这个密度水平叫作平衡密度。能使种群回到原来平衡密度的因素称为调节因素。根据种群密度与种群大小的关系，通常将影响种群调节的因素分为密度制约（density dependent）和非密度制约（density independent）两类。也可分为外源性（exogenous）因素和内源性（endogenous）因素两大类。

密度制约因素的作用与种群密度相关，主要由生物因子所引起。例如，随着密度的上升，死亡率增高，或生殖率下降，或迁出率升高。密度制约因素主要是生物性因素，如捕食、竞争以及动物社会行为等。非密度制约因素是指那些影响作用与种群本身密度大小无关的因素，主要由气候因子所引起，如温度、降雨、食物数量、污染物等。如食物来源对种群数量的影响，当食物来源不足时，吃该食物的种群数量就会减少；反之，就增多。实际上，这两类因素的作用是相互联系、难以分开的。至于哪一些因素相对较为重要，生态学家们提出了许多不同的学说来探讨种群的动态机制。

3.7.2 外源性因子调节学说

3.7.2.1 非密度制约的气候学派

气候学派强调非生物环境因素是种群动态的决定因素，认为气候因子是种群数量变动的主要原因，如以色列学者 F. S. Bidenheimer 认为昆虫的早期死亡有 85%～90%是不良天气条件引起的。气候学派多以昆虫为研究对象，认为生物种群主要是受对种群增长有利的气候的时间短暂限制，因此，种群没有足够的时间增殖到环境容纳量所允许的数量水平，不会产生食物竞争。

3.7.2.2 密度制约的生物学派

生物学派主张捕食、寄生、竞争等生物过程对种群调节起决定作用。他们认为没有一个自然种群能无限制增长，因此必然有许多限制种群增长的因素。从长期来说，种群有一个平衡密度，即种群具有相对稳定性。例如，澳大利亚生物学家 A. J. Nicholson 批评气候学派混淆了两个过程：消灭和调节。假设一个昆虫种群每个世代增加 100 倍，而气候变化消灭了 98%，那么这个种群仍然要每个世代增加 1 倍；但如果存在一种昆虫的寄生虫，其作用随昆虫密度的变化而消灭了另外的 1%，这样种群数量便得以调节并能保持稳定。在这种情况下，寄生虫消灭的昆虫虽少却是种群的调节因子。由此他认为只有密度制约因子才能调节种群的密度。

3.7.2.3 折中学派

20 世纪 50 年代气候学派和生物学派发生激烈论战，但也有学者提出折中的观点。如 A. Milne 既承认密度制约因子对种群调节的决定作用，也承认非密度制约因子具有决定作用。他把种群数量动态分成 3 个区：极高数量、普通数量和极低数量。在对物种最有利的典型环境中，种群数量最高，密度制约因子决定种群的数量；在环境条件极为恶劣的条件下，非密度制约因子左右种群数量变动。这派学者认为，气候学派和生物学派的争论反映了他们工作地区环境条件的不同。

3.7.3 内源性因子调节学说

内源性因子调节学说又称为自动调节学说，持这种学说的学者将研究焦点放在动物种群内部，强调种内成员的异质性，特别是个体之间的相互关系在行为、生理和遗传特性上的反映。他们认为种群有一平衡密度，且由种群内部的因素起决定性的调节作用。这些调节因子包括行为、内分泌和遗传因素，因而又可称为行为调节、内分泌调节和遗传调节学说。

3.7.3.1 行为调节学说

英国生态学家 Wyune Edwards（1962）注意了动物的社群行为型的复杂情况及其进化系列，认为社群行为是一种调节种群密度的机制。社群等级、领域性等行为可能是一种传递有关种群数量的信息，特别是关于资源与种群数量关系的信息。

种群中的个体（或群体）通常选择一定大小的有利地段作为自己的领域，以保证存活和繁殖。但是在栖息地中，这种有利的地段是有限的。随着种群密度的增加，有利的地段都被占满，剩余的社会等级比较低，从属个体只好生活在其他不利的地段中，或者往其他地方迁移。那部分生活在不利地段中的个体由于缺乏食物以及保护条件，易受捕食、疾病、不良气候条件侵害，死亡率较高，出生率较低。这种高死亡率和低出生率以及迁出限制了种群的增长，使种群维持在稳定的数量水平上。

3.7.3.2 内分泌调节学说

该学说由美国学者 Christian（1950）提出，用来解释某些哺乳动物的周期性数量变动。他认为当种群数量上升时，种群内部个体经受的社群压力增加，加强了对动物神经内分泌系统的刺激，影响下垂体的功能，使生长激素和促性腺激素分泌减少，而促肾上腺皮质激素分泌增加，结果导致出生率下降，死亡率上升，从而抑制了种群的增长。这样，种群增长因上述生理反馈机制而得到抑制或停止，从而又降低了社群压力。该学说主要用来解释哺乳动物的种群调节。

3.7.3.3 遗传调节学说

英国遗传学家 E. B. Ford 第一个提出遗传结构变化在种群调节中的重要意义。他认为，当种群密度增加时，自然选择压力松弛下来，结果是种群内变异性增加，许多遗传型较差的个体存活下来，当条件回到正常时，这些低质的个体由于自然选择压力的增加而被淘汰，于是降低了种群内部的变异性。因此，Ford 指出，种群数量的增加通过自然选择压力和遗传组成的改变，必然为种群数量的减少铺平道路。

D. Chitty 提出一种解释种群数量变动的遗传调节模式。他认为，种群中具有的遗传多型是遗传调节学说的基础。假定最简单的遗传两型现象，有一型具有较低的进攻性行为、繁殖力较高，更适于低密度；另一型进攻性行为高、繁殖力较低、可能有外迁倾向，更适于高密度。当种群数量较低并处于上升期时，自然选择有利于低密度型，种群繁殖力增高，个体间比较能相互容忍，这些特点促使种群数量上升。但是，当种群数量达到高峰时，自然选择转而有利于高密度型，个体间进攻性加强，死亡率上升，繁殖率下降，有些个体可能外迁，从而使种群密度降低。可见，D. Chitty 的学说是建立在种群内行为以及生理和遗传变化基础之上的。

3.8 种群的生态对策

3.8.1 生活史

生物在其漫长的进化过程中，分化出形形色色的生物有机体，从微小的细菌到几吨重的大象，从一年生的草本植物到能活上千年的松柏，形成了极其多样化的生物界。但它们都有出生、生长、分化、繁殖、衰老和死亡的过程。一个生物从出生到死亡经历的全部过程称为生活史（life history）或生活周期。不同生物具有不同的生活史性状，包括：①出生时个体大小；②生长形式；③成熟年龄；④成熟时个体大小；⑤后代的数量、大小、性比；⑥特定年龄和大小的繁殖投入；⑦特定年龄和大小的死亡规律；⑧寿命等。但各种性状不是独立发生进化的，年龄相关的死亡率促进了许多性状的进化。从某种意义上说，性状间的交互作用为生活史进化提供了一种内在的机制，阻止了一些性状组合的出现，同时又促进了一些性状组合的产生。而环境通过死亡率这一杠杆动摇了自然选择的天平，使之有利于某些性状组合。这些性状组合通常称为生态对策（bionomic strategy）。

3.8.2 能量分配原则

自然选择将有利于那些能最大限度地将自身基因传递给后代的群体。完美的假想生物是它所具有的每个性状都能够有利于繁殖，即它在出生后能够迅速长到成体大小，能生产数量多、个体大的后代，长寿，能够多次繁殖。但这种生物是不存在的。因为任何一种现实生物的能量都是有限的，这些有限的能量只能协调地分配到各种生活史对策。一种生物如果把大部分能量分配到生活史某一方面，那么它就不可能再把大部分能量用于生活史的其他方面，这就是“能量分配原则”。

能量分配原则说明，一些生活史特征之间是相互对立的，生物只能有这两种生活史特征的其一，不可能二者都兼备。例如，带有幼子的雌性赤鹿（*Cervus canadensis*）死亡率显著高于其他雌性赤鹿，显示了存活和生殖之间是相互矛盾的。许多多年生的庭院植物，摘掉过多的花柄可以提高它们的存活率和来年的开花结实率。在家禽品种方面，其肉用性状（如生长速度）和蛋用性状（如产蛋量）也是负相关的。即使在生物的繁殖方面，也有能量分配的不同选择。终生一次生产的生物（如一些鲑鱼和竹类）把能量一次性地全部用于生殖“大爆发”；重复生产的生物（如大部分哺乳类和乔木）则把能量均匀地分配于多次繁殖。生殖多而小的后代与生殖少而大的后代也是涉及繁殖方面的能量分配。

3.8.3 繁殖策略

MacArthur 和 Wilson（1976）按生物栖息的环境和进化的策略把生物分为 r-对策者和

K-对策者两大类。r-对策者（r-strategistis）适应于不可预测的多变环境（如干旱地区和寒带），具有能够将种群增长最大化的各种生物学特性，即高生育力、快速发育、早熟、成年个体小、寿命短且单次生殖多而小的后代。一旦环境条件好转，就能以其高增长率（r）迅速恢复种群，使物种得以生存。K-对策者（K-strategistis）适应于可预测的稳定环境。在稳定的环境（如热带雨林）中，由于种群数量经常保持在环境承载力（K）水平上，因而竞争较为激烈。K-对策者具有成年个体大、发育慢、迟生殖、产崽（卵）少而大但多次生殖、寿命长、存活率高的生物学特性，以高竞争能力在高密度条件下得以生存（表 3.3）。

表 3.3　r-对策和 K-对策生物的特征

特征	r-对策者	K-对策者
出生率	高	低
发育	快	慢
体型	体型小	体型大
生育投资	提早生育，单次生殖	缓慢发育，多次生殖
寿命	短，通常不到 1 年	长，通常大于 1 年
竞争能力	弱	强
死亡率	高，灾难性的，非密度制约	低，有规律性，密度制约
种群大小	大，不稳定，种群大小波动大	小，稳定，种群大小在 K 值附近
存活曲线	属Ⅲ型，幼体存活率低	属Ⅰ或Ⅱ型，幼体存活率高
适应气候	多变，难以预测，不确定	稳定，可预测，较确定
导致	高生育力	高存活率

因此，可以说在生存竞争中，K-对策者以“质”取胜，而 r-对策者以“量”取胜；K-对策者将大部分能量用于提高存活率，而 r-对策者将大部分能量用于繁殖。在大分类单元中，大部分昆虫和一年生植物可以看作是 r-对策者，而大部分脊椎动物和乔木可以看作是 K-对策者。在同一分类单元中，同样可做生态对策比较，如哺乳动物中的啮齿类大部分是 r-对策者，而象、虎、熊猫则是 K-对策者。

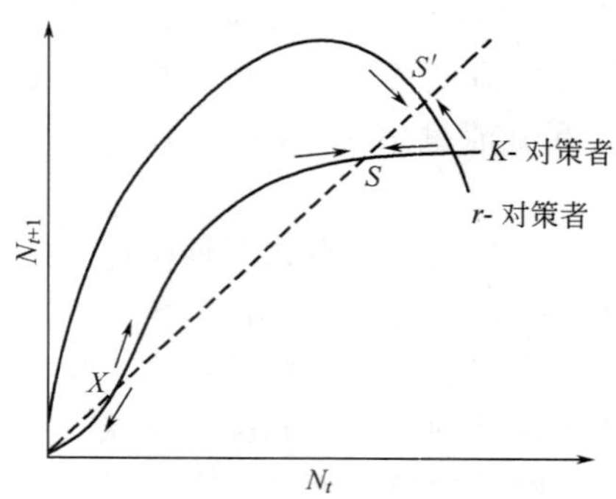

图 3.8　两种繁殖策略者繁衍数量的波动性与稳定性（Southwood，1974）

r-对策者和 K-对策者具有不同的生物学特征，因此它们的种群增长曲线也有差别（图 3.8）。图 3.8 中 45°角的对角虚线表示 $N_{t+1}/N_t=1$，种群数量处于平衡状态；曲线位于对角线上方表示种群增长，即 $N_{t+1}>N_t$；而位于虚线下面时表示个体数量在下降，即 $N_{t+1}<N_t$。K-对策者曲线与虚线有两个交点（X 和 S）。X 为不稳定的平衡点，可称为灭绝点；S 是稳定点，可视为最大环境容纳量 K；S 处的两个收敛箭头表示个体数量高于或低于 S 点时，都要趋向于 S，X 处的两个发散箭头表示个体数量高于 S 时还可回升到 S，但低于 X 时，则必然走向灭亡。这就是说，在阈限内（X 与 S 之间），当系统受到不是过强的扰动时可以恢复到 S，但如果扰动过强，数量下降到最低阈值时，就不可能再恢复，从而不可避免地继续下降，直到消失。r-对策者曲线只有一个平衡点（S'），没有灭绝点，它们在个体数量极少时，也能迅速回升到 S'，并且曲线并不是倾向于在 S' 处维持稳定，而是容易围绕

S'波动。这就是说，在不同情况下，它们的个体数量既可以冲过S'很远，又可在数量很少时迅速增长。因此，我们必须认识到，在物种资源面临威胁时，对K-对策者的保护要比r-对策者更困难、更紧迫、更重要。

3.9 扩散和迁移

自然界中的所有生物都是从其他地方迁移到它们现在所生活的地方，即使像牡蛎和红杉树这样看起来不擅迁徙的物种也是如此。从植物种子的被动散布、运动，到动物有目的的迁徙行为，都包含在这种迁徙运动的范围之内。扩散（dispersal，植物生态学也译为“散布”）和迁移（migration）常被用来描述生物这类运动的两个不同方面。按照定义，虽然实际的活动是由个体来完成的，但这两个术语是指生物有机体的群体活动。

扩散一般是指一些个体离开其他个体而扩散出去，因此这个概念适合描述以下几种情况：①植物种子和海星幼虫离开亲本和其他同胞个体；②鼠群从大草原的一个地点转移到另一个地点，鼠群在沿着一个方向扩散的时候常常在所经过的地区留下常驻鼠，沿不同方向扩散的鼠群相互之间能形成平衡制约；③生活在一个群岛中的陆栖禽类在不同岛屿间（或生活在一片混交林植物中的蚜虫）寻找一个合适的生境。

迁移通常指一个物种的大量个体从一个地点迁到另一个地点，是成群的定向移动。因此，这个术语不仅适用于经典的迁徙（蝗群的迁飞、鸟类跨越大陆的旅行），对如海岸动物随潮汐循环来回搬迁等类型也同样适用。迁移这一过程可分为三个阶段：开始、移动和终止。

3.9.1 主动和被动扩散

主动扩散（active dispersal）和被动扩散（passive dispersal）之间的界限很模糊。例如，随着空气流而进行的被动扩散不仅限于植物。幼蛛会爬到位置高的地方然后释放出轻薄的蛛丝，这些蛛丝会带着幼蛛随风飘散。这也就是说在这个过程中，“开始”是主动的，而“运动”却是被动的。即使是昆虫的翅膀，也只不过是在被动运动的过程中起到辅助作用。

3.9.1.1 被动扩散

被动扩散的扩散动力来自水流、气流或其他运动物体（动物、船、飞机、火车等）。以这种方式进行扩散的主要是一些小型生物（昆虫、浮游动植物等）或扩散体（卵、植物的种子和孢子、幼体等）。这些生物常常借助于重力、风力、水、哺乳动物的毛皮、鸟类的羽毛或通过动物的消化道等进行散布。

二维码 3-7 被动扩散的方式

3.9.1.2 主动探索和发现

有些动物虽不能称为“探索”，但在扩散过程中确实能控制自己在何处安居，并且只有在寻找到可接受的环境后才停止迁移。例如，多数蚜虫即使在有翅的时候，其飞行力量依然很弱，不足以对抗当地的盛行风，然而它们却能控制自己是否从发源地起飞，以及自己何时不再随风飘流，如果对定居的环境不是很满意，它们能再次进行短距离的飞行。这些扩散过程包含着“探索”，生物对此过程具有一定的控制能力，尽管这种控制可能只是有限的。

有些动物的探索是在寻找到最适的地点前会考察许多地方。例如，许多淡水昆虫的成体，主要依靠飞行能力往上游扩散并在溪流之间活动，这和它们随着水波漂流的幼虫不同。它们去探索，如果成功的话，会发现合适的地方来产卵，开始、移动和停止全部都在自身的主动控制之中。

3.9.1.3 克隆扩散

几乎所有的构件生物个体生长时会长出分支并且将这些分支在周围分散开。一棵活着的树或珊瑚会主动将它们的构件散布到周围的环境中并对周围的环境进行探索。无性繁殖体之间的联系最后常常会衰败丧失，于是许多散布后的构件代替了原有的无性繁殖株。这就可能使一个受精卵最终被生长多年且扩散很远的无性繁殖体所替代。有些具有地下茎的欧洲蕨（*Pteridium aquilinum*）的无性繁殖株，年龄估计超过 1400 年，并且有的扩展区域可超过 $14hm^2$。

3.9.2 迁移

迁移行为可分为三种类型，其中最常见的一种类型是反复的往返式迁移，作为许多种类日或季节行为模式的一部分而发生。海洋浮游动物白天稍稍向水下移动，夜晚则上升到水面。蝙蝠在傍晚时离开它们的栖息地去取食，拂晓时又飞回原地休息。动物的季节性迁移很常见，蚯蚓在冬天时迁入土壤深层越冬，春夏季又迁回土壤表层。麋鹿每年都在它们的夏季高山牧场和冬季低地牧场之间进行往返迁移。

第二种迁移类型是一次性往返的迁移。最典型的例子就是太平洋鲑鱼，这种鱼的幼鱼是在通海河流和溪流的上游孵化和生长的，幼鱼发育到一定阶段便会沿溪流和河流顺流而下并进入开阔大洋，它们在大洋中发育成熟，此后便又游回它们出生的河流上游并在那里产卵并死亡。

第三种迁移类型是不太常见的单程迁移，在这种迁移中一个世代向某一方向运动，下一世代再返回来。这种迁移的典型实例是黑脉金斑蝶（*Danaus plexippus*），还有两种叶蝉（*Macrosteles fascifrons* 和 *Empoasca fabae*）、卷心菜斑色蝽（*Murgantia histrionica*）和乳草长蝽（*Oncopeltus fasciatus*）。

二维码 3-8
黑脉金斑蝶的单程迁移

3.10 种群动态理论的生态学应用

3.10.1 生态位理论

生物有机体所具有的生理机能使它们耐受许多特殊的理化条件，并且满足自身对特定资源的需求。从根本上讲，物种的出现和分布取决于它们的生理生态特征，但对动物而言，还取决于它们的行为表现。在生态学中，生物体的这些生活表现可以用生态位的概念来解释。管理策略的制订常常取决于很多方面，比如对物种可能生境的预测、对退化生境的恢复意愿、对入侵物种未来分布的预测（然后利用生物安全的方法阻止它们扩散），或者对新的自然保护区内濒危种的保护等。因此，生态位理论将为许多管理活动提供重要的理论基础。

二维码 3-9
生物扩散的原因和生态学意义

3.10.2 生活史理论

物种的生活史特征也可以为管理者提供引导。例如，物种是一年生还是多年生，是否具有休眠期，个体大还是小，是泛化种还是特化种，都可能影响对该物种的身份判别：它是生境恢复计划中的重要物种，还是存在疑问的入侵种，或是值得优先保护的濒危种？

无论植物还是动物，行为方面的一个重要特征就是其移动和扩散模式。掌握动物的迁徙行为，将有助于对受损生境的恢复、对入侵种的预测和分类管理以及对自然保护区的设计。

二维码 3-10 生态学应用案例：生态恢复和迁移物种

3.10.3 小种群动态

要保护濒危种，我们就需要对小种群的动态进行全面了解。主要用于评估物种灭绝可能性的方法称为种群生存力分析（population viability analysis，PVA），该方法的运用主要依赖于生命表、种群增长率、种内竞争、密度依赖性以及环境容纳量等知识。

二维码 3-11 生态学应用案例：迁移物种的保护

3.10.4 全球气候变化的挑战

生态学家和物种资源管理者认为，全球气候变化是生物在未来面临的最大挑战之一。运用生物个体相关的生态学知识可预测和管理由全球气候变化引起的一些后果，如疾病和植物种子的散布以及保护区的选址等。

课后复习

1. 概念和术语：种群、种群空间格局、种群密度、出生率、最大出生率、生态出生率、死亡率、最低死亡率、生态死亡率、年龄结构、性比、生命表、动态生命表、静态生命表、内禀增长率、种群平衡、生物入侵、种群调节、*r*-对策者、*K*-对策者、生活史、种群扩散

2. 原理和定律：集群效应、拥挤效应、阿利氏规律、种群指数增长、种群逻辑斯谛增长、外源性因子调节学说、内源性因子调节学说、能量分配原则

课后练习

1. Logistic 曲线常被划分为哪几个时期，各自特点是什么？
2. 什么是内源性因子调节学说？

在线习题及课后练习答案

二维码 3-12 在线习题及课后练习答案

参考文献

［1］ 李俊清.森林生态学［M］.3版.北京：高等教育出版社，2017.

［2］ 李振基，陈小麟，郑海雷.生态学［M］.4版.北京：科学出版社，2014.

［3］ 牛翠娟，娄安如，孙儒泳，等.基础生态学［M］.3版.北京：高等教育出版社，2015.

［4］ 尚玉昌.普通生态学［M］.3版.北京：北京大学出版社，2010.

［5］ Begon M，Townsend C R，Harper J L.生态学：从个体到生态系统［M］.李博，张大勇，王德华，译.4版.北京：高等教育出版社，2016.

［6］ 杨允菲，祝廷成.植物生态学［M］.2版.北京：高等教育出版社，2011.

［7］ 戈峰.现代生态学［M］.2版.北京：科学出版社，2008.

［8］ Odum E P，Barrett C W.生态学基础［M］.陆健健，王伟，王天慧，等译.5版.北京：高等教育出版社，2009.

［9］ 林文雄.生态学［M］.北京：科学出版社，2007.

［10］ Ricklefs R E.生态学［M］.孙濡泳，尚玉昌，李庆芬，等译.5版.北京：高等教育出版社，2004.

4

种内关系和种间关系

引言

兔饥食山林，兔渴饮川泽。与人不瑕玼，焉用苦求索。天寒草枯死，见窘何太迫。上有苍鹰祸，下有黄犬厄。一死无足悲，所耻败头额。敢期挥金遇，倒橐无难色。虽乖猎者意，颇塞仁人责。

——［宋］秦观

看似可爱温顺的兔子，却在澳大利亚的大陆上演着一场长达百年的惊心动魄的“人兔大战”。1859 年，一位名叫托马斯·奥斯汀的英格兰农场主将 24 只兔子带到澳大利亚，短短数年间，兔子就繁衍到了成千上万只，并以每年约一百千米的速度向澳大利亚北部和西部蔓延。到 1920 年，兔子数量达到 100 亿只，占据了澳大利亚大陆面积的 85%。游荡的兔子大军改变了草原上的生态平衡，庄稼、牧草和树皮都成为兔子的食物来源，给牛羊的生存带来严重危机，澳大利亚的畜牧业、养殖业遭受重大损失。此外，一些野生动物如小袋鼠、袋狸等动物的洞穴、食物也被兔子霸占，澳大利亚数十种生物因此从生物链上消失。澳大利亚开始了一场历时百年的世纪灭兔行动，他们先后采取猎杀、毒杀、拦截等多种手段，并试图通过引进天敌狐狸消灭兔子，不仅没能减少兔子的数量，却使袋鼠受到威胁。澳大利亚又引入微生物病毒寄存在兔子体内，最终使兔子的数量受到限制。但这场战役并未结束，一些兔子逐渐恢复了繁殖能力，再次成为澳大利亚的威胁。

回看人类与动物的发展史，类似的教训并不少见。从澳大利亚百年“人兔大战”让原有野生物种濒临灭绝、美国黄石公园射杀狼群造成食草动物驯鹿过量繁殖，到印度洋马里恩岛猫灾致使海鸟被大量捕杀、西班牙螃蟹成灾引起水稻大面积减产，再到我国“围剿麻雀”导致虫灾暴发、农田绝收。人类在饱尝生态破坏的恶果后，才逐渐明白大自然中各种生物的重要地位，重新审视自然与人类的关系。

党的二十大报告提出“尊重自然、顺应自然、保护自然”。自然界中的生物从来都不是孤立存在的，而是共同生存在一个庞大的生态系统中，相互依存，相互依赖。任何自然物种在生态系统中都扮演着其特定的角色。一个物种出现动荡都有可能破坏整条生物链，导致生态失衡。只有尊重自然界的客观规律，尊重生物种群的生态关系，科学地应用种内和种间生物的相互作用机制，才能在人与自然和谐共生中高度谋划发展和进步。

学习意义

为什么要学习种群的种内关系和种间关系？

生物种群的生态关系包括种内和种间关系，是种群生态学的重要研究内容之一。生物在自然界长期发育与进化的过程中，出现了以食物、资源和空间关系为主的种内与种间关系，即种群关系。种内关系注重研究种群内个体之间的生态关系，种间关系则注重分析群落内各种群之间的生态关系。生物种群关系及其性质影响着生物种群的数量动态和分布特征。大量的事实表明，生物的种内与种间关系包括许多作用类型，是认识生物群落结构与功能的重要特性。

学习目标

◇ 掌握种内关系的类型和法则。
◇ 了解种间关系的基本类型。
◇ 掌握生态位理论和竞争排斥原理。
◇ 理解种间协同进化的机制。
◇ 了解种群相互作用水平上的生态学应用。

4.1 种内关系

存在于各个生物种群内部的个体与个体之间的关系称为种内关系（intraspecific relationship），包括密度效应、动植物性行为（植物的性别系统和动物的婚配制度）、领域性和社会等级等。

4.1.1 种内竞争

生物为了利用有限的共同资源，相互之间所产生的不利或有害的影响，这种现象称为竞争（competition）。某一种生物的资源是指对该生物有益的任何客观实体，包括栖息地、食物、配偶，以及光、温度、水等各种生态因子。同种个体间发生的竞争叫作种内竞争（intraspecific competition）。由于同种个体通常分享共同资源，种内竞争可能会很激烈。不过，种内资源需求可能存在年龄差异，如欧鳊（*Abramis brama*），一种淡水鱼，其幼鱼摄食小的浮游动物，而成鱼以大型底栖无脊椎动物为食；或存在性别差异，例如，大多数雄鸟的食饵大小比雌鸟的要小，说明不同性别间选择食饵大小有差异。对资源利用的普遍重叠程度意味着种内竞争是生态学的一种主要影响力。降低拥挤种群个体的适合度，既可影响基础过程，如繁殖力和死亡率，进而调节种群大小，还可使个体产生行为适应来克服或应对竞争，如扩散和领域性（territoriality）。从个体看，种内竞争可能是有害的，但对整个种群而言，因淘汰了较弱的个体，保存了较强的个体，种内竞争可能有利于种群的进化与繁荣。对生物种内关系的研究，应既重视个体水平，也重视群体水平。

竞争的主要方式可分为两类，即利用性竞争（exploitation competition）和干扰性竞争（interference competition）。在利用性竞争中，竞争个体之间并没有直接的行为干涉，而是双方各自消耗利用共同资源，由于共同资源可获得量减少从而间接影响竞争对方的存活、生长和生殖，因此利用性竞争也称为间接竞争（indirect competition）。干扰性竞争又称为直接竞争（direct competition），竞争个体间直接发生相互作用，且会阻止竞争者对部分生境资源的利用。例如动物之间为争夺食物、配偶、栖息地所发生的争斗。在许多实例中，竞争既包括利用性竞争，又包括干扰性竞争。

无论通过利用性竞争还是干扰性竞争，同一物种的不同个体间具备很多共同特征，他们利用相似的资源并使用相似的方式对环境条件作出响应。尽管如此，种内竞争也可能是单向的：健壮且发芽早的幼苗将对矮小且发芽晚的幼苗产生遮阴效应，而龄级和体型较大的苔藓虫要比龄级和体型较小的苔藓虫生长更快。弱小的竞争者往往对后代的贡献很小或者完全没有，而强壮的竞争者对后代的贡献几乎不受任何影响。

需要注意的是，竞争者越多，种内竞争对个体的影响可能会越大。因此，种内竞争的影响具有密度依赖性。种内竞争对种群的个体数量和个体本身都具有深远的影响。在单体生物种群中，种内竞争通常会影响生物的生长和发育速度，而这必然会对种群组成产生密度依赖性影响。例如，驯鹿和南非帽贝随着密度的增加，种群中的个体体型不断减小。

4.1.2 密度效应

在种内关系方面，动物种群和植物种群的表现有很大区别。动物种群的种内关系主要表现为等级制、领域性、集群和分散等行为上；植物种群则不同，除了有集群生长的特征外，更主要的是个体之间的密度效应（density effect），反映在个体产量和死亡率上。作为构件生物的植物，其生长可塑性很大。一个植株，例如藜（*Chenopodium album*），在植物稀疏和环境条件良好的情形下，枝叶茂盛，构件数很多；相反，在植株密生和环境不良的情况下，只有少数枝叶，构件数很少。植物的这种可塑性使密度对植物的影响与动物有明显的区别。在一定时间内，当种群的个体数目增加时，就必会出现邻接个体之间的相互影响，称为密度效应或邻接效应。植物的密度效应有两个特殊的规律。

4.1.2.1 最后产量衡值法则

在一定范围内，不管一个种群的密度如何，最终其干物质产量差不多一样。澳大利亚生态学家 Donald（1951）按不同播种密度种植车轴草（*Galium odoratum*），并不断观察其产量。结果发现，虽然第 62 天后的产量与密度呈正相关，但到最后的 181 天，产量与密度无关，即在很大播种密度范围内，其最终产量是相等的。以模型描述：

$$c=\overline{w}d$$

式中，c 为单位面积产量；$\overline{w}$ 为平均每株质量；d 为密度（植株数）。

“最后产量衡值法则”（law of constant final yield）的原因是不难理解的：在高密度（或者说，植株间距小、彼此靠近）情况下，植株彼此之间对光、水、营养物的竞争激烈，在有限的资源中，植株的生长率降低，个体变小（包括其中构件数少）。很多实验证实了这一理论。其公式表达为：

$$\overline{w}=\frac{c}{d}$$

或

$$\lg\overline{w}=\lg c-\lg d$$

4.1.2.2　−3/2 自疏法则

随着播种密度进一步提高和高密度播种下植株的继续生长，种内对资源的竞争不仅影响到植株生长发育的速度，而且影响到植株的存活率。在高密度的样方中，有些植株死亡，于是种群开始出现“自疏现象”（self-thinning）。

例如，Harper（1977）对黑麦草（*Lolium perenne*）的研究（图 4.1）说明，在最高播种密度的样方中首先出现自疏（图中最右侧一条直线代表密度为 10000 株/m^2 的平均质量变化，在 H_2 时，不仅每株均重较其他密度低，而且直线开始向左侧倾弯。倾弯表示植株因死亡而密度下降，即自疏现象。到 H_3、H_4，直线倾弯更加明显）。密度较低时，自疏现象出现较晚。由此可以得到黑麦草的“自疏线”，其斜率为−3/2。即

$$\overline{w}=cd^{-\frac{3}{2}}$$

或

$$\lg\overline{w}=\lg c-\frac{3}{2}\lg d$$

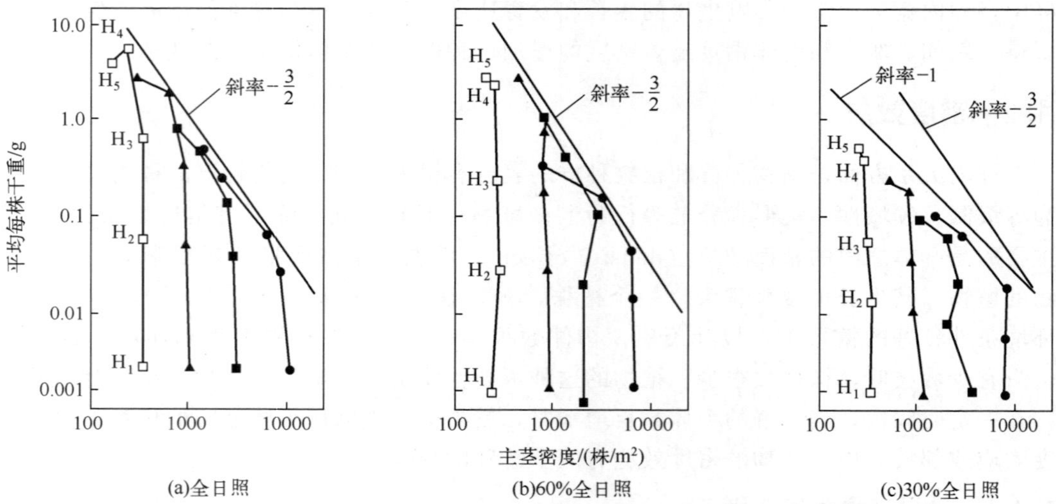

图 4.1　黑麦草的自疏实验（李俊清，2017）

H_1、H_2、H_3、H_4、H_5 表示不同收获期

森林中的树木种群存在自然调节。在人工种植的同龄纯林中，可以看到这样的现象：郁闭的林分随着年龄的增长，单位面积林木株数不断减少。林学中将这种现象称为森林的自然稀疏。如果种群密度很低，或者在人工稀疏的种群，自疏现象可能不出现。

“最后产量衡值法则”和“−3/2 自疏法则”都是经验法则。对许多植物进行的密度试验证实了−3/2 自疏现象。White（1985）曾列举了 80 余种植物，包括藓类、草本和木本植物，小至单细胞藻类小球藻（*Chlorella vulgaris*），大到北美红杉（*Sequoia sempervirens*），都具有−3/2 自疏现象。

4.2　种间关系

二维码 4-1 微课视频：密度效应

4.2.1　种间竞争

种间竞争是指具有相似要求的物种，为了争夺空间和资源，而产生的一

种直接或间接抑制对方的现象。在种间竞争中，常常是一方取得优势，而另一方受抑制甚至被消灭。种间竞争的能力取决于种的生态习性、生活型和生态幅度等。具有相似生态习性的植物种群，在资源的需求和获取资源的手段上竞争都十分激烈，尤其是密度大的种群更是如此。植物的生长速率、个体大小、抗逆性及营养器官的数目等都会影响竞争的能力。

4.2.1.1 高斯假说

苏联生态学家高斯（G. F. Gause）（1934）首先用实验方法观察两个物种之间的竞争现象，他用草履虫为材料，研究两个物种之间直接竞争的结果。他选择在分类和生态习性上都很接近的双小核草履虫和大草履虫进行试验。取两个种相等数目的个体，用同一种杆菌为饲料，放在基本上恒定的环境里培养。开始时两个种都有增长，随后双小核草履虫的个体数增加，而大草履虫的个体下降，16d 后只有双小核草履虫生存，而大草履虫趋于灭亡（图 4.2）。这两种草履虫之间没有分泌有害物质，主要就是其中的一种增长得快，而另一种增长得慢，因竞争食物，增长快的种排挤了增长慢的种。这就是当两个物种利用同一种资源和空间时产生的种间竞争现象。两个物种越相似，它们的生态位重叠就越多，竞争就越激烈。这种种间竞争情况后来被英国生态学家称为高斯假说。

二维码 4-2
微课视频：
种间竞争和
高斯假说

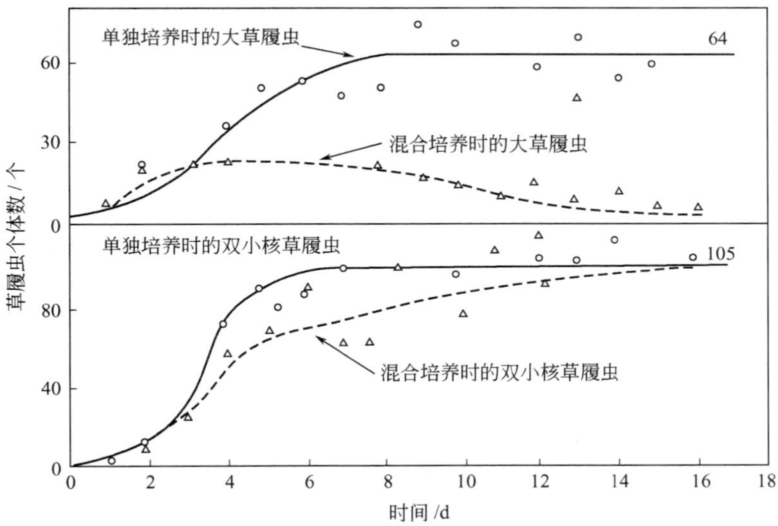

图 4.2 两种草履虫单独和混合培养时的种群动态（李博等，1993）

其他学者用赤拟谷盗（*Tribolium castaneum*）和杂拟谷盗（*T. confusum*）混养所做的实验，以及用两种淡水硅藻——星杆藻和针杆藻所做的实验都得出了同样的结果。

4.2.1.2 生态位理论

生态位（ecological niche）是指在自然生态系统中一个种群在时间、空间上的位置及其与相关种群之间的功能关系。1917 年，格林内尔首次提出“生态位”一词。他认为，生态位是描述一种生物在环境中的地位并代表最基本的分布单位，即生物栖息场所的空间单位，指的是空间生态位。生物的生态位既有理论上的基础生态位和现实中的实际生态位之分，又有空间和功能的双重含义。

高斯（G. F. Gause）的竞争排斥原理认为：生态学上接近的两个物种是不能在同一地区

生活的，如果在同一地区生活，往往在栖息地、食性或活动时间方面有所分离。或者说：生物群落中两种生物不能占据相同的生态位。生态位理论虽然已在种间关系、种的多样性、种群进化、群落结构、群落演替以及环境梯度分析中得到广泛应用，但许多学者对生态位的概念长期争论不休。因此，关于生态位的定义也是多样化的。

在不同的地理区域，占据相同的或相似的生态位的生物，通常称为生态等值种。不同的生物物种在生态系统中的营养与功能关系上各占据不同的地位，由于环境条件的影响，它们的生态位也会出现重叠与分化。不同生物在某一生态位维度上的分布，可以用资源利用曲线（resource utilization curve）来表示，该曲线常呈正态曲线（图 4.3），它表示物种具有的喜好位置及其散布在喜好位置周围的变异度。如图 4.3（a）中 $d>\omega$，表示各物种的生态位窄，相互重叠少，物种之间的种间竞争小；图 4.3（b）中 $d<\omega$，表示各物种的生态位宽，相互重叠多，物种之间的种间竞争大。d 为两个物种在资源谱上喜好位置之间的距离，称为平均分离度；ω 为每一物种在喜好位置周围的变异度。比较两个或多个物种的资源利用曲线，就能全面分析生态位的重叠和分离情形，探讨竞争与进化的关系。

二维码 4-3
生态位的概念

二维码 4-4
微课视频：
生态位理论

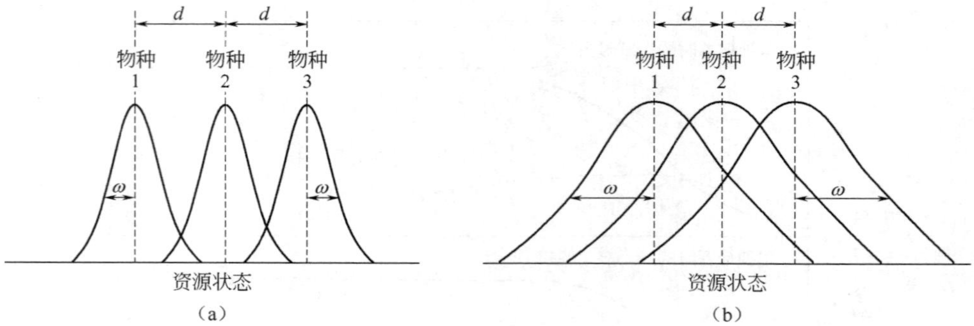

图 4.3　三个共存物种的资源利用曲线

4.2.2　捕食

生物种群之间除竞争食物和空间等资源外，还有一种直接的对抗关系，即一种生物吃掉另一种生物的捕食（predation）作用。生态学中常用捕食者（predator）与猎物或被食者（prey）的概念来描述。

这种捕食者与猎物的关系，往往在对猎物种群的数量和质量的调节上具有重要的生态学意义。在自然环境中，有许多因素影响着捕食者与猎物的关系，而且经常是多种捕食者和多种猎物交叉着发生联系。多食性的捕食者可以选择多种不同的食物，给自身带来更多的生存机会，也具有阻止被食者种群数量进一步下降的重要作用。相反，就被食者而言，当它的密度上升较高时，可能会引来更多的捕食者，从而阻止其数量继续上升。

4.2.3　寄生

寄生（parasitism）是一个物种从另一个物种的体液、组织或已消化物质中获取营养并对宿主造成危害的行为。具有寄生能力的物种为寄生物，被寄生的物种为寄主或宿主，一般寄生物比寄主小。寄生在自然界中非常常见，几乎所有的生物体中都有寄生物存在，甚至一些细菌等也有病毒或噬菌体寄生在体内（超寄生）。

寄生的形式因寄生物与寄主的关系而有所不同。营寄生的有花植物可明显地分为全寄生和半寄生两类。全寄生植物的叶绿素完全退化，无光合能力，因此营养完全来源于宿主植物，如大花草（*Rafflesia arnoldii*）、白粉藤（*Cissus repens*），它们仅保留花，身体的所有其他器官都转变为丝状的细胞束，这种丝状体贯穿到寄主细胞的间隙中，吸取寄主植物的营养。半寄生植物能进行光合作用，但根系发育不良或完全没有根，所以水和无机盐类等营养物质需从寄主植物体中获取，在没有宿主时则停止生长，如槲寄生（*Viscum coloratum*）和小米草（*Euphrasia pectinata*）。

4.2.4 共生

（1）偏利共生　偏利共生（commensalism）是指相互作用的两个物种，对一方有益，而对另一方既无利也无害。附生植物，如树冠上的苔藓和地衣，在一般情况下，对附着的植物不会造成伤害，因此，它们之间的关系属于偏利共生。动物中短鲫鱼用吸盘将其与鲨鱼或鲸鱼连接起来，虽从中得到剩食和保护，但对宿主并不构成妨碍。许多动物以其他动物的栖息地作为隐蔽处，某些鸟类栖息于其他鸟的弃巢中，小型动物分享大动物居所以及植物为动物提供隐蔽场所等都是偏利共生的表现。

（2）互利共生　互利共生（mutualism）是两个物种长期共同生活在一起，彼此相互依赖，双方获利且达到了彼此离开后不能独立生存程度的一种共生现象。共生性互利共生发生在以一种紧密的物理关系生活在一起的生物体之间。菌根、根瘤（固氮菌和豆科植物等根系的共生）是共生性互利共生的典型例子。非共生性互利共生包含不生活在一起的种类。如清洁鱼（cleaner fish）不与“顾客”鱼（customer fish）生活在一起，但可以从“顾客”鱼身上移走寄生物和死亡的皮肤并以此为食。另外，动物与植物也有共生关系，如中美洲伪蚁属的一种蚂蚁与金合欢（*Vachellia farnesiana*）之间的共生关系。

4.2.5 他感作用

他感作用（allelopathy）也称作异株克生，通常指一种植物通过向体外分泌代谢过程中的化学物质，对其他植物产生直接或间接的影响。这种作用是生存斗争的一种特殊形式，种间、种内关系都有此现象，从种间关系看应属于偏害作用类型。例如，北美的黑胡桃（*Juglans nigra*）抑制离树干 25 m 范围内植物的生长，彻底杀死许多植物，其根抽提物含有苯醌，可杀死苜蓿和番茄类植物。高等植物和微生物之间、微生物和微生物之间以及浮游动物之间都存在他感作用。

他感作用中植物的分泌物称为克生物质，主要包括乙烯、香精油、酚类及其衍生物、不饱和内酯、生物碱、苷等。例如，已发现香桃木属（*Myrtus*）、桉属（*Eucalyptus*）和臭椿属（*Ailanthus*）的叶均有分泌物，其成分主要是酚类物质，如对羟基苯甲酸、香草酸等，他们对亚麻的生长具有明显的抑制作用。

他感作用具有重要的生态学意义：①对农林业生产和管理具有重要意义，如农业的歇地现象就是他感作用使某些作物不宜连作造成的；②他感作用对植物群落的种类组成有重要影响，是造成种类成分对群落的选择性以及某种植物的出现引起另一种类消退的主要原因之一；③他感作用是引起植物群落演替的重要内在因素之一。

很多著名的入侵植物都能够产生他感作用。目前他感作用被认为是一种外来植物入侵的重要机理。在自然界中，一个物种种群组成的单优群落是很少见的，而入侵种却经常形成茂密的单优群落，这种现象是提出他感作用作为资源竞争之外另一种入侵机理的合理依据。

4.3 协同进化

从种间的相互作用关系来看，协同进化是一个物种的性状作为对另一个物种性状的反应而进化，而后一个物种的这一性状本身又是对前一物种的反应而进化。因此，物种间的协同进化，可产生在捕食者与猎物之间，寄生者与宿主之间，竞争物种之间。

4.3.1 竞争物种间的协同进化

竞争物种间的协同进化主要是通过生态位的分离而达到共存的。从理论上来说，可用物种生态位的分离过程来说明：①刚开始时，两个物种对资源谱的利用曲线完全分开，这样就有一些中间资源没有被利用，哪个物种能开发利用中间资源带，就对哪个物种有利；②在两个物种不断利用中间资源的过程中，若资源利用重叠太多，表示两个物种所利用的资源几乎相同，即生态位基本重叠，竞争就会十分激烈；③最后竞争的结果将使两个物种均能充分利用资源而又达到共存。

4.3.2 捕食者与猎物间的协同进化

捕食者-猎物系统（predator-prey system）的形成是二者长期协同进化的结果。捕食者在进化过程中发展了锐齿、利爪、尖喙、毒牙等工具，运用诱饵追击、集体围猎等方式，以更有力地捕食猎物；而猎物相应地发展了保护色、拟态、警戒色、假死、集体抵御等方式以逃避捕食者。二者形成了复杂的协同进化关系。在二者的关系中，自然选择对捕食者在于提高发现、捕获和取食猎物的效率；而对猎物在于提高逃避被捕食的效率。这两种选择是对立的，显然猎物趋向于中断这种关系，而捕食者则趋向于维持这种关系。

4.3.3 昆虫与植物的协同进化

昆虫与植物间的相互作用同捕食者与猎物间的相互作用是非常相似的。植食昆虫可给食料植物造成严重的损害，这对植物来说可能是一个最大的选择压力。作为对这种压力做出的反应，植物会发展自身的防卫能力。对于在演替早期阶段定居的一年生植物来说，主要靠植物体小、分散分布和短命来逃避取食；对长命植物来说，由于更容易受到昆虫攻击，它们必须发展其他的防卫方法：很多植物靠物理防卫阻止具有刺吸式口器的昆虫的攻击，如表皮加厚变得坚韧、多毛和生有棘刺等；还有一些植物则发展了化学防卫。在选择压力下，植食昆虫会逐渐适应并克服这种防卫手段，并反过来对植物造成一种新的压力，迫使植物产生新的适应性变化。

4.3.4 食草动物与植物的协同进化

植物和食草动物之间的协同进化，是彼此相互适应对方的过程。通过偶发的突变和重组，被子植物产生了一系列与其基本代谢没有直接关系，但对正常生长并非不利的化合物。偶尔某些化合物具有防卫食草动物的优越性，通过自然选择巩固下来，随着进化辐射扩展为一科或一群相近科的特征。此外，食草动物在进化过程中也发展了解毒和免疫的功能。由于没有其他食草动物的竞争，就有更多的机会来发展多样性；反过来，食草动物多样性又促进了植物多样性。

4.3.5 寄主与寄生物的协同进化

寄主为了不让寄生物寄生，常设置一些障碍物，如不让寄生物产卵或包围寄生物的卵，不让该卵孵化或孵化后立即杀死等；而寄生物要突破寄主障碍才能得以生存和发展。寄生物与其寄主间紧密的关联，经常会提高彼此相反的进化选择压力，在这种压力下，寄主对寄生物反应的进化变化会提高寄生物的进化变化，这是一种协同进化。如大豆（*Glycine max*）与其真菌寄生物豆薯层锈菌（*Phakopsora pachyrhizi*）之间的协同进化，就发展成了寄生物的毒性基因与寄主的抗性基因间的对等关系，称之为基因对基因（gene forgene）协同进化。

4.4 种群相互作用水平上的生态学应用

收获管理者、病虫害防治者和保护生物学者的目标虽然不同，但他们都需要以种群动态理论为指导的管理策略。主要的保护生物学工具都是基于单物种的种群动态理论发展出来的，而收获管理者和病虫害防治者的工作还需要以种群间相互作用的理论为指导。

4.4.1 种群的最大持续产量

应用种群生态学的观点对生物资源进行科学管理，是现代生态学的重要应用之一。人类对生物种群进行采集收获属于捕食者-猎物关系的范畴，因此收获管理也以捕食者-猎物动态的理论为基础。当一个自然种群被人类开发，进行采集和收获时，我们一方面希望避免过度开发，使种群陷入濒危，失去经济价值，甚至灭绝；另一方面也希望避免开发不足，进而威胁到生产者和消费者的健康和生存。因此，资源的科学管理是要使产量达到最大，又不损害持久利用，即所谓最大持续产量（maximum sustained yield，MSY）原理。现以渔业为例加以说明。

渔业中通常以质量为产量的指标。有两个因素影响资源质量，即自然死亡率（M）和渔捞死亡率（F）；同样，也有两个使资源质量增加的因素，即生长量（G）和补充量（R），它们之间的关系为：

$$S_2=S_1+R+G-M-F$$

式中，S_2 表示年末的质量，S_1 表示年初的质量。假如我们要维持产量，就要使种群保持平衡，即 $S_2=S_1$，那么就要：

$$R+G=M+F$$

这意味着在资源未利用期内，资源种群大致年复一年地保持平衡，全部生长量和补充量平均与自然死亡相平衡。当开始利用资源时，被利用的种群开始变小，渔捞丧失量必须由以下三种方式得到补偿：①更大的补充量；②更大的生长量；③减少自然死亡。否则，资源种群便会因利用而减少。

最大持续产量意味着除了补偿收获量以外，要把全部多余的生产量拿走。收获应使种群数量余下的部分能在下一个收获期之前刚好补偿种群受到的损失。根据逻辑斯谛方程，要使种群维持最大产量，就应该使资源种群保持在 $N=K/2$ 的水平。

除了最大持续产量之外，还有最适持续产量（OSY），它比 MSY 更复杂，因为它既考虑生物因素又考虑社会因素，它比 MSY 要谨慎保守得多，获取的产量总是比 MSY 少，而且不一定非按种群的某一特定比例拿走。但是社会的压力往往会将“最适”量提高。

目前有几种方法正在用于种群管理。其中一种方法叫固定限额（fixed quota），即按最大持续产量的估算值，在每个收获期都从种群中拿走一定比例的个体，收获量应当与种群的再生量相等。这一方法在渔业中最常使用。尽管有环境改变的原因，但过度捕捞仍然是造成远东拟沙丁鱼、鳀、星鲽、鳕鱼和鲆鱼种群走向衰退的主要原因。

第二种方法是渔猎管制，常用于规定体育狩猎和垂钓的季节。通过限制狩猎人数、狩猎期的长短和猎物袋的大小而控制被狩猎动物的数量。用小的猎物袋、缩短狩猎期或禁猎等措施都有利于减少猎杀量，使猎物种群得以恢复。当然，采取相反的措施就会增加猎杀量。可以说，这种方法比固定限额更为有效。

第三种方法是动态库模型（dynamic pool model）。该模型假定种群的自然死亡是发生在生命的早期阶段，因此捕捞死亡不能算作是自然死亡。实际上，动态库模型是靠选用适当的捕捞工具来控制捕鱼死亡率，如选择具有一定大小网眼的渔网捕鱼，以便有目标地捕捉一定大小的鱼。动态库模型的缺点是不能精确地估算种群的自然死亡率。

这三种方法的共同缺陷是忽视了种群利用中的一个最重要因素，即经济学因素。人们一旦开始了对种群的商业利用，对种群的压力就会增加，试图降低利用率常会遇到极大的阻力。人们普遍认为降低利用率就意味着失业和破产，因此只能增加利用强度。其实这种观点是短视的，因为资源的过度利用是难以持续下去的，过度利用资源迟早会把人们赖以生存的自然资源完全耗尽。只有在比较低的经济学和生物学规模上对自然资源实行保护性利用，才能保证自然资源的持续利用。

4.4.2 病虫害防治

病虫害也叫有害物种，是指与人类的利益发生冲突的生物物种。采用化学方法防治农业和医学上的有害物种会带来以下问题：①造成环境污染，危害人畜及有益动物；②许多有害动物产生抗性，包括遗传性状上的改变；③消灭天敌，有时能引起前所未有的其他有害动物的危害。因此，生物防治（biological control）、综合防治（integrated control）等与生态学关系更密切的防治方法，得到进一步的发展。

4.4.2.1 经济危害水平和经济阈值

对一种病虫害是否必须进行防治，要取决于其危害程度及经济后果。例如，4%～5%的苹果产量受危害，单从生物学上讲并不算严重，但是对果园业的经济损失可能是重要的。因此，对于有害物种的防治工作，需要考虑经济危害水平（economic injury level）和有害种群密度的经济阈值（economic threshold）。现实中，病虫害防治的目标是要把有害物种的种群数量控制在经济危害水平以下。如果物种的密度超过了经济危害水平就是有害物种；如果一个物种的密度在自然状态下已经低于经济危害水平，从经济角度看，就没有必要对其进行防治。而往往当我们发现有害物种的种群已经增大到开始危害经济的程度时，再采取措施就已经太晚了。经济阈值就是为防止有害物种密度超过经济危害水平，需要我们开始采取措施时的有害物种的种群大小。经济阈值是一种基于成本效益分析和对病虫害暴发历史的研究而作出的预测。把害虫控制在这种低水平上的防治费用将会少于或等于因防治而获得的净收益值。

4.4.2.2 生物防治

生物防治通过利用种间相互作用理论，以及利用有害物种的自然天敌这两条途径控制有害物种，包括很多类型。

引进（introduction）式防治指从另一地理区域引入有害物种的自然天敌，往往是从那些有害物种已经发生并开始“为害”的区域引入，以期引入的天敌能维持一定数量并长期地将有害物种的数量控制在经济阈值以下。这是人们希望的“外来物种入侵”，常被称作经典生物防治或者生物引进。保护性生物防治（conservation biological control）则通过增加和维持本土泛化天敌的数量以控制某处的有害物种。

接种（inoculation）式防治与引进式防治十分相似，是由于天敌物种无法存活到下一年，需要人们周期性地施放天敌，以在一个或几个有限的世代内提供生物防治。接种方式的一种变形称作添加（augmentation）式防治，这种方式所施放和补充的是本土自然天敌，也需要重复进行，通常用于阻止有害物种种群迅速扩大。

二维码 4-5 生物防治的经典案例：吹绵蚧

最后一种方式称作淹没（inundation）式防治，人们会施放大量的自然天敌，以全面杀死当下存在的有害物种，但由于天敌种群本身繁殖或者维持的问题，这种方式不提供长期的防治，经常被看作“生物除害剂”。

各种寄生蜂和寄生蝇常被用于防治各种害虫，如我国曾用平腹小蜂防治荔枝蝽象、用金小蜂防治红铃虫、用赤眼蜂防治玉米螟和松毛虫、用丽蚜小蜂防治白粉虱等都取得了显著效果。

二维码 4-6 生物防治的案例：清除杂草

4.4.2.3　基因防治和抗性

很多野生动植物都通过进化对其自然天敌产生了一定的防御能力，包括用体内含有的有毒物质抑制和减少捕食者的攻击和取食。增加植物对害虫和杂草抗性的最新技术是基因工程，特别是通过DNA物质的重组把所需性状的基因引入栽培作物中。引入单个基因就能对病毒或除草剂产生抗性，或者通过编码产生内毒素和毒素，对昆虫天敌的取食活动起抑制作用。

用于害虫防治的遗传工程也会带来一定的危险性。带有转基因特征的农作物有可能产生一些新的表型特征，与原作物的生活史和生理特征有所不同。转基因作物还可能通过与野生近缘植物（具有不同的生活史特征）杂交而使转基因广泛散布开来。很多农作物，如芹菜、芦笋和胡萝卜等，都有着生殖能力强、种子散布能力也强的野生近缘物种。如果让这些野生植物获得了这些抗性转基因，那么现用的除草剂就会对它们失去效力。抗虫植物有可能加快具有更大抗性害虫的进化，如果出现这种结果那将会适得其反。

遗传防治的另一种方法是释放不育雄虫。这些不育雄虫在实验室内被大量培养出来后，将其释放到田间与正常雌虫交配，使雌虫产下的卵不能孵化。如果随着害虫种群数量的下降，所释放的不育雄虫仍能保持很大数量，那么就能造成不育的交配次数在总交配次数中的比例增加，从而使一种害虫的大多数交配以失败告终。但如果害虫的种群数量在开始时很多，就可以先用杀虫剂把害虫数量降下来，然后再释放不育雄虫。这种遗传防治法的成功应用必须具备三个前提条件：①害虫种群有较强的隔离性，野生雄虫难以迁入或不育雄虫不能迁出；②不存在遗传上有差异的其他亚种群；③在实验中饲养的种群未发生遗传变异。

二维码 4-7 基因防治的案例：释放不育雄蝇

4.4.2.4　病虫害综合防治

病虫害综合防治（integrated pest management）结合了物理性控制手段（如阻止入侵种的到来、阻止害虫接近农作物、手工根除刚到来的有害物种等）、耕作性控制手段（如不断更换作物的种类，使害虫难以建立很大的种群）、生物和化学性控制手段，以及栽培抗性农作物等措施，通过有效地组合各种病虫害防治工具，在寻求经济利益最大化的同时，也将环境和公众健康的负面效应降至最低。

综合防治以生态学为基础，主要依靠如气候、天敌等与有害物种自然死亡率相关的因素，并试图尽可能避免对天敌的干扰。综合防治的目标是将有害物种的数量控制在经济危害水平以下，通过监控有害物种和其自然天敌的密度，并使用多种控制手段作为辅助以实现对有害物种的防治。防治措施有时也包括在适当时间喷洒少量农药或对受害森林进行择伐，但农药的使用尽量降低到最小限度。病虫害综合治理已成功地用于防治松树顶芽害虫、松小蠹、果园害虫、棉田害虫和苜蓿害虫等。

二维码 4-8 病虫害综合防治的决策制定过程

课后复习

1. 概念和术语：竞争、利用性竞争、干涉性竞争、他感作用、种间竞争、生态位、生态等值、寄生、偏利共生、互利共生、协同进化、经济危害水平、经济阈值

2. 原理和定律：密度效应、最后产量衡值法则、 − 3/2 自疏法则、高斯假说、竞争排斥原理、最大持续产量原理

课后练习

1. 密度效应有哪些普遍规律？
2. 用生态位的原理分析竞争物种间的协同进化。

在线习题及课后练习答案

二维码 4-9 在线习题及课后练习答案

参考文献

[1] 李俊清.森林生态学［M］.3 版.北京：高等教育出版社，2017.

[2] 牛翠娟，娄安如，孙儒泳，等.基础生态学［M］.3 版.北京：高等教育出版社，2015.

[3] 尚玉昌.普通生态学［M］.3 版.北京：北京大学出版社，2010.

[4] 杨允菲，祝廷成.植物生态学［M］.2 版.北京：高等教育出版社，2011.

[5] Begon M，Townsend C R，Harper J L.生态学：从个体到生态系统［M］.李博，张大勇，王德华，译.4 版.北京：高等教育出版社，2016.

[6] 陈天乙.生态学基础［M］.天津：南开大学出版社，1994.

[7] 戈峰.现代生态学［M］.2 版.北京：科学出版社，2008.

[8] Odum E P，Barrett C W.生态学基础［M］.陆健健，王伟，王天慧，等译.5 版.北京：高等教育出版社，2009.

[9] 林文雄.生态学［M］.北京：科学出版社，2007.

[10] Ricklefs R E.生态学［M］.孙濡泳，尚玉昌，李庆芬，等译.5 版.北京：高等教育出版社，2004.

5 群落的性质与时空格局

引言

2023 年 9 月 25 日，全国古树名木保护科普宣传周启动仪式上，由全国绿化委员会办公室指导、新华网主办的“双百”古树推选宣传活动结果揭晓，深圳市坝光古银叶树群入选全国“100 个最美古树群”，成为全国唯一入选的红树林古树群。作为目前中国乃至全世界保存最完整、树龄最大、面积最大的天然古银叶树群落，深圳坝光银叶古树群平均树龄超过 200 年，最大树龄超过 500 年，整个树群构成了一个完整的湿地生态系统，栖息着 50 多种野生鸟类，生物多样性十分丰富。

作为完整的生物群落，红树林中存在秋茄、木榄、白骨壤、银叶树等多种红树植物，黑脸琵鹭、小青脚鹬、黑嘴鸥、黑鹳、东方白鹳等鸟类及许多浮游生物。丰富多样的生物种群为群落带来了极高的生物多样性，群落中的每一个物种都具有极其重要的生态作用和地位。我国红树林总面积偏小，生境退化、生物多样性降低、外来生物入侵等问题还比较突出，区域整体保护协调不够，保护和监管能力还比较薄弱。党的十八大以来，我国持续加大红树林保护和修复力度，扭转了红树林面积减少和退化趋势，红树林面积由 2001 年的 2.2 万公顷增长至现在的 2.7 万公顷，是世界上为数不多的红树林面积净增长国家。2023 年 4 月 10 日，习近平总书记考察广东省湛江市金牛岛红树林片区时提到，这片红树林是“国宝”，要像爱护眼睛一样守护好。要坚持绿色发展，一代接着一代干，久久为功，建设美丽中国，为保护好地球村作出中国贡献。当前，中国正在积极实施生物多样性保护重大工程，探索绿色低碳、富民利民的生态文明之路，坚持绿水青山就是金山银山的理念，以保护生机盎然的中国。

学习意义

为什么要了解群落的性质与时空格局？

生物群落是在相同时间聚集在同一地段上的各物种种群的集合。正是生物群落在地貌类型繁多的地球表面上有规律地分布，花鸟鱼虫才能各享欢乐。对群落的概念、性质、组成、数量特征、种间关联、生态位、演替及其影响因素等方面的研究，有利于生物多样性的保护、自然保护区的科学划分以及生态资源的开发利用，有利于生态环境的保护与建设，有利于经济社会健康可持续发展。

学习目标

◇ 掌握生物群落的概念、基本特征和种类组成特点。
◇ 熟悉群落的数量特征及其测定方法。
◇ 理解群落的种间关联和生态位的含义。
◇ 了解群落的结构特征和影响群落结构的因素，理解干扰对群落结构影响的意义。
◇ 掌握群落演替的基本类型和控制群落演替的几种主要因素。

5.1 群落的概念和性质

5.1.1 生物群落的概念

生物群落（biotic community）是指在特定的时间、空间或生境下，具有一定的生物种类组成、外貌结构（包括形态结构和营养结构），各种生物之间、生物与环境之间彼此影响、相互作用，并具特定功能的生物集合体。也可以说，一个生态系统中具有生命的部分即生物群落，包括植物、动物、微生物等各个物种的种群。

生态学家很早就注意到，组成群落的物种并不是杂乱无章的，而是具有一定的规律。早在1807年，近代植物地理学创始人、德国地理学家 A. Humboldt 首先注意到自然界植物的分布是遵循一定的规律而集合成群落的。1890年，植物生态学创始人、丹麦植物学家 E. Warming 在其经典著作《植物生态学》中指出，形成群落的种对环境有大致相同的要求，或一个种依赖于另一个种而生存，有时甚至后者供给前者最适之所需，似乎在这些种之间有一种共生现象占优势。此外，动物学家也注意到不同动物种群的群聚现象。1877年，德国生物学家 K. Mobius 在研究牡蛎种群时，注意到牡蛎只出现在一定的盐度、温度、光照等条件下，而且总与一定组成的其他动物（鱼类、甲壳类、棘皮动物）生长在一起，形成比较稳定的有机整体。Mobius 称这一有机整体为生物群落。1911年，群落生态学先驱 V. E. Shelford 将生物群落定义为“具一致的种类组成且外貌一致的生物聚集体”。1957年，美国著名生态学家 E. P. Odum 在他的《生态学基础》一书中对这一定义作了补充，认为：群落是在一定时间内居住于一定生境中的不同种群所组成的生物系统；它由植物、动物、微生物等各种生物有机体组成，是一个具有一定成分和外貌比较一致的集合体；一个群落中的不同种群是有序协调地生活在一起的。

5.1.2 生物群落的基本特征

一个生物群落具有下列基本特征。

（1）具有一定的种类组成　每个群落都是由一定的植物、动物或微生物种群组成的。因此，物种组成是区别不同群落的首要特征。一个群落中物种的多少及每一物种的个体数量，是度量群落多样性的基础。

（2）不同物种之间存在相互影响　组成群落的生物种群之间、生物与环境之间始终存在着相互作用、相互适应，从而形成有规律的集合体。物种能够组合在一起构成群落有两个条件：第一，必须共同适应它们所处的无机环境；第二，它们内部的相互关系必须协调、平衡。

（3）具有形成群落内部环境的功能　生物群落对其居住环境产生重大影响，并形成群落环境。如森林中的环境与周围裸地就有很大的不同，包括光照、温度、湿度与土壤等都经过了生物群落的改造。即使生物散布非常稀疏的荒漠群落，对土壤等环境条件也有明显的改造作用。

（4）具有一定的外貌和结构　生物群落是生态系统的一个结构单位，它本身除具有一定的物种组成外，还具有外貌和一系列的结构特点，包括形态结构、生态结构与营养结构。如生活型组成、种的分布格局、成层性、季相、捕食者和被捕食者的关系等，但其结构常常是松散的，不像一个有机体结构那样清晰，故有人称之为松散结构。

（5）具有一定的动态特征　群落的组成部分是具有生命特征的种群，群落不是静止的存在，物种不断地消失和被取代，群落的面貌也不断地发生着变化。由于环境因素的影响，群落时刻发生着动态的变化，其运动形式包括季节动态、年际动态、演替与演化。

（6）具有一定的分布范围　由于组成群落的物种不同，其所适应的环境因子也不同，所以特定的群落分布在特定地段或特定生境上，不同群落的生境和分布范围不同。从各种角度看，如全球尺度或者区域尺度，不同生物群落都是按照一定的规律分布。

（7）具有特定的群落边界特征　在自然条件下，有些群落具有明显的边界，可以清楚地加以区分；有的则不具有明显边界，而呈连续变化。前者见于环境梯度变化较陡，或者环境梯度突然变化的情况，而后者见于环境梯度连续变化的情形。在多数情况下，不同群落之间存在着过渡带，被称为群落交错区（ecotone），并导致明显的边缘效应。

5.1.3 生物群落的性质

关于群落的性质问题，生态学界存在两派决然对立的观点。一派认为群落是客观存在的实体，是有组织的生物系统，像有机体与种群那样，称为机体论观点；另一派认为群落并非自然界的实体，而是生态学家为了便于研究，从一个连续变化着的植被连续体中人为确定的物种的集合，被称为个体论观点。

（1）机体论学派　机体论学派（organismic school）的代表人物是美国生态学家 Clements（1916，1928），他将植物群落比拟为一个生物有机体，是一个自然单位。他认为任何一个植物群落都要经历一个从先锋阶段（pioneer stage）到相对稳定的顶极阶段（climax stage）的演替过程。如果时间充足的话，森林区的一片沼泽最终会演替为森林植被。这个演替的过程类似于一个有机体的生活史。因此，群落像一个有机体一样，有诞生、生长、成熟和死亡的不同发育阶段。

此外，Braun-Blanquet（1928，1932）和 Nichols（1917）以及 Warming（1909）将植物群落比拟为一个种，把植物群落的分类看作和有机体的分类相似。因此，植物群落是植被分类的基本单位，正像物种是有机体分类的基本单位一样。

（2）个体论学派　个体论学派（individualistic school）的代表人物之一是 H. A. Gleason（1926），他认为将群落与有机体相比拟是欠妥的，因为群落的存在依赖于特定的生境与不同物种的组合，但是环境条件在空间与时间上都是不断变化的，故每一个群落都不具有明显的边界。环境的连续变化使人们无法划分出一个个独立的群落实体，群落只是科学家为了研究方便而抽象出来的一个概念。苏联的 R. G. Ramensky 和美国的 R. H. Whittaker 均持类似观点。他们用梯度分析与排序等定量方法研究植被，证明群落并不是一个个分离的有明显边界的实体，多数情况下是在空间和时间上连续的一个系列。

个体论学派认为植物群落与生物有机体之间存在很大的差异。第一，生物有机体的死亡必然引起器官死亡，而组成群落的种群不会因植物群落的衰亡而消失；第二，植物群落的发育过程不像有机体发生在同一体内，它表现在物种的更替与种群数量的消长方面；第三，与生物有机体不同，植物群落不可能在不同生境条件下繁殖并保持其一致性。

5.2 群落的组成与数量特征

5.2.1 群落的种类组成

群落的种类组成是决定群落性质最重要的因素，也是鉴别不同群落类型的基本特征。群落学研究一般都从分析物种组成开始，以了解群落是由哪些物种构成的，它们在群落中的地位与作用如何。构成群落的各个物种对群落的贡献是有差别的，通常根据各个物种在群落中的作用来划分群落成员型。

（1）优势种与建群种　对群落的结构和群落环境的形成起主要作用的种称为优势种（dominant species），它们通常是那些个体数量多、盖度大、生物量高、生命力强的种，即优势度较大的种。群落不同的层次可以有各自的优势种，其中，优势层的优势种称为建群种（constructive species）。比如森林群落中，乔木层、灌木层、草本层常有各层的优势种，而乔木层的优势种即为建群种。建群种对群落环境的形成起主要的作用。在热带、亚热带森林群落中，各层的优势种往往有多个。

（2）亚优势种　亚优势种（subdominant species）指个体数量与作用都次于优势种，但在决定群落性质和控制群落环境方面仍起着一定作用的植物种。在复层群落中，它通常居于较低的亚层，如南亚热带雨林中的红鳞蒲桃和大针茅草原中的小半灌木冷蒿就是亚优势种。

（3）伴生种　伴生种（companion species）为群落的常见物种，它与优势种相伴存在，但不起主要作用，如马尾松林中的南烛、米饭花等。

（4）偶见种或罕见种　偶见种（rare species）是那些在群落中出现频率很低的物种，多半数量稀少，这些物种随着生境的缩小濒临灭绝，应加强保护。偶见种也可能偶然地被人类带入或随着某种条件的改变而侵入群落中，或者是衰退的残遗种，如某些阔叶林中的马尾松。有的偶见种的出现具有生态指示意义，有的还可以作为地方性特征种来看待。

5.2.2 种类组成的数量特征

若想进一步说明群落特征，除分析物种组成外，还必须研究不同种的数量关系，对种类组成进行数量分析。

5.2.2.1 种的个体数量特征

（1）多度　多度（abundance）是表示植物群落中的物种个体数目多少的一种估测指标，它反映的是植物群落中物种间的个体数量对比关系。多度的统计方法通常有两种：一是个体的直接计算法，即记名计算法，在一定面积的样地中直接计数各种植物的个体数，然后算出某种植物与同一生活型的全部植物个体数的比例；二是目测估计法，一般在植物个体数量多而植物体形小的群落，如灌木、草本群落，或者在概略性的踏察中应用，是按多度等级来估计单位面积上个体的多少。多度等级的划分和表示方法见表 5.1。我国一般采用德鲁捷的七级制多度。

表 5.1 几种常见的多度等级

德鲁捷 (Drude)		克列门茨 (Clements)		布朗-布朗奎 (Braun-Blanguet)	
Soc(Sociales)	极多	D(Dominant)	优势	5	非常多
Cop^3(Copiosae)	很多	A(Abundant)	丰盛	4	多
Cop^2	多	F(Frequent)	常见	3	较多
Cop^1	尚多	O(Occasional)	偶见	2	较多
Sp(Sparsal)	尚少	R(Rare)	稀少	1	少
Sol(Solitariae)	少	Vr(Very rare)	很少	+	很少
Un(Unicum)	个别				

注：Cop^3、Cop^2、Cop^1 表示多度级别。

(2) 密度　密度（density）指单位面积或单位空间内物种的个体数。样地内某一物种的个体数占全部物种个数之和的百分比称作相对密度（relative density）。对乔木、灌木和丛生草本一般以植株或株丛计数，根茎植物以地上枝条计数。某一物种的密度占群落中密度最高物种密度的百分比称为密度比（density ratio）。

(3) 盖度　盖度（coverage）指植物地上部分垂直投影面积占样地面积的百分比，即投影盖度。后来又出现了“基盖度”的概念，即植物基部的覆盖面积。对草原群落，常以离地面 1 英寸（2.54cm）高度的断面积计算；对森林群落，则以树木胸高（1.3m 处）断面积计算。乔木的基盖度特称为显著度（prominence）。盖度可分为种盖度、层盖度、总盖度（群落盖度）。林业上常用郁闭度来表示林木层的盖度。通常，种盖度或层盖度之和大于总盖度。群落中某一物种的盖度占盖度最大物种的盖度的百分比，即为盖度比（cover ratio）。

(4) 频度　频度（frequency）即某个物种在调查范围内出现的频率，指包含该物种个体的样方占全部样方数的百分比。群落中某一物种的频度占所有物种频度之和的百分比，即为相对频度。

(5) 高度或长度　高度（height）或长度（length）常作为测量植物体体长的一个指标。测量时取其自然高度或绝对高度。某种植物高度与最高种类的高度之比为高度比。

(6) 质量　质量（weight）是用来衡量种群生物量（biomass）或现存量（standing crop）多少的指标，可分鲜重与干重。单位面积或容积内某一物种的质量占全部物种总质量的百分比称为相对质量。

(7) 体积　体积（volume）是生物所占空间大小的度量。在森林植被研究中，这一指标特别重要。草本植物或灌木体积的测定，可用排水法进行。

5.2.2.2 种的综合数量特征

(1) 优势度　优势度（dominance）用以表示一个种在群落中的地位与作用，但其具体定义和计算方法各家意见不一。Braun-Blanquet 主张以盖度、所占空间大小或质量来表示优势度，并指出在不同群落中应采用不同指标。B. H. Cykaqeb 提出多度、体积或所占据的空间、利用和影响环境的特性、物候动态均应作为某个种优势度指标。另一些学者认为盖度和密度是优势度的度量指标。也有研究者认为优势度即“盖度和多度的总和”或“质量、盖度和多度的乘积”等。

（2）重要值　重要值（important value）是在群落物种种类繁多、优势种不甚明显的情况下，用来表示群落中不同物种的重要性的数量指标。森林群落物种重要值计算公式如下：

$$\text{重要值(IV)}=\text{相对密度}+\text{相对频度}+\text{相对优势度(相对基盖度)}$$

在用于草原群落时，相对优势度可以用相对盖度代替：

$$\text{重要值(IV)}=\text{相对密度}+\text{相对频度}+\text{相对盖度}$$

（3）综合优势比　综合优势比（summed dominance ratio，SDR）是由日本学者沼田真等（1957）提出的一种综合数量指标，包括两因素、三因素、四因素和五因素四类。常用的为两因素的综合优势比（SDR_2），即在密度比、盖度比、频度比、高度比和质量比这五项指标中取任意两项求其平均值再乘100%。

5.2.2.3　种的多样性及测定

物种多样性有两种含义：其一是种的数目或丰富度（species richness），它是指一个群落或生境中物种数目的多少；其二是种的均匀度（species evenness 或 equitability），它是指一个群落或生境中全部物种个体数目的分配状况，它反映的是各物种个体数目分配的均匀程度。

（1）丰富度指数（richness indices）　物种丰富度指数（D）是对一个群落中所有实际物种数目的量度。其计算式为：

$$D=\frac{S}{N}$$

式中　S——群落的物种数目；

N——群落所有物种个体数之和。

当研究的对象是抽取样本而不是整个群落时，上式可表示为：

$$D=(S-1)\lg N$$

物种丰富度指数的缺点是没有考虑物种在群落中分布的均匀性，且常常是少数种占优势的情况。因此，此方法统计出的物种数目不能完全反映群落的物种多样性。同时，多样性指数会随取样面积（或数目）的变化而变化。

（2）香农-威纳指数（Shannon-Wiener index）　香农-威纳指数是用来描述种的个体出现的紊乱和不确定性。不确定性越高，多样性也就越高。计算式为：

$$H=-\sum_{i=1}^{S}P_i\log_2 P_i \qquad \text{其中}:P_i=n_i/N$$

式中　H——物种的多样性指数；

S——物种数目；

n_i——第 i 个种的个体数目；

N——群落中所有种的个体总数。

香农-威纳指数包含两个因素：其一是种类数目；其二是种类中个体分配上的均匀性（evenness）。种类数目越多，多样性越大；同样，种类之间个体分配的均匀性增加，也会使多样性提高。

（3）辛普森多样性指数（Simpson's diversity index）　辛普森多样性指数是基于在一个无限大小的群落中，随机抽取两个个体，它们属于同一物种的概率是多少这样的假设而推导出来的。用公式表示为：

辛普森多样性指数＝随机取样的两个个体属于不同种的概率
＝1－随机取样的两个个体属于同种的概率

假设种 i 的个体数占群落中总个体的比例为 P_i，那么，随机取种 i 两个个体的联合概率就为 P_i^2，如果我们将群落中全部种的概率合起来，就可得到辛普森多样性指数 D，即

$$D=1-\sum_{i=1}^{S}P_i^2$$

式中，S 为物种数目。

由于取样的总体是一个无限总体，P_i 的真值是未知的，所以它的最大必然估计量是：

$$P_i=N_i/N$$

即

$$1-\sum_{i=1}^{S}P_i^2=1-\sum_{i=1}^{S}(N_i/N)^2$$

于是辛普森多样性指数为：

$$D=1-\sum_{i=1}^{S}P_i^2=1-\sum_{i=1}^{S}(N_i/N)^2$$

式中　N_i——种 i 的个体数；

N——群落中全部物种的个体数。

例如，甲群落中有 A、B 两个物种，A、B 两个种的个体数分别为 99 和 1，而乙群落中也只有 A、B 两个物种，A、B 两个种的个体数均为 50，按辛普森多样性指数计算，甲、乙两群落种的多样性指数分别为：

$$D_1=1-\sum_{i=1}^{2}(N_i/N)^2=1-[(99/100)^2+(1/100)^2]=0.0198$$

$$D_2=1-\sum_{i=1}^{2}(N_i/N)^2=1-[(50/100)^2+(50/100)^2]=0.5000$$

从计算结果可以看出，乙群落的多样性高于甲群落。造成这两个群落多样性差异的主要原因是甲群落中两个物种分布不均匀。从丰富度来看，两个群落是一样的，但均匀度不同。

(4) 物种多样性在空间上的变化规律

① 物种多样性有随纬度增高而逐渐降低的趋势。无论在陆地、海洋或淡水环境，都存在类似趋势，有充分的数据可以证明这一点。但是也有例外，如企鹅和海豹在极地种类最多，而针叶树和姬蜂在温带物种最丰富。

② 无论是低纬度的山地还是高纬度的山地，也无论是海洋气候下的山地还是大陆性气候下的山地，物种多样性随海拔升高而逐渐降低。

③ 在海洋或淡水水体，物种多样性有随深度增加而降低的趋势。这是因为阳光在进入水体后，被大量吸收与散射，水的深度越深，光线越弱，绿色植物无法进行光合作用，因此多样性降低。

5.3　群落的种间关联和相似性

5.3.1　种间关联

在一个群落中，如果两个种一块出现的次数高于期望值，它们就具有正关联。正关联可

能是因一个种依赖于另一个种而存在，或两者受生物的和非生物的环境因子影响而生长在一起。如果两个种共同出现的次数低于期望值，则它们具有负关联。负关联是空间排挤、竞争、他感作用或不同的环境要求引起的。

种间是否关联，常采用关联系数（association coefficient）来表示。计算前要列出 2×2 列联表，它的一般形式如表 5.2 所示。

表 5.2　2×2 列联表

种	B			
A		+	−	
	+	a	b	$a+b$
	−	c	d	$c+d$
		$a+c$	$b+d$	n

表 5.2 中 a 是两个种均出现的样方数，b 和 c 是仅出现一个种的样方数，d 是两个种均不出现的样方数。如果两物种是正关联的，那么绝大多数样方为 a 和 d 型；如果属负关联，则为 b 和 c 型；如果是没有关联的，则 a，b，c，d 各型出现的概率相等，即完全是随机的。关联系数常用下列公式计算：

$$V=\frac{(ad-bc)}{\sqrt{(a+b)(c+d)(a+c)(b+d)}}$$

其数值变化范围是从 −1 到 1。然后按统计学的 χ^2-检验法检验所求得关联系数的显著性。即：

$$\chi^2=\frac{n(ad-bc)^2}{(a+b)(c+d)(a+c)(b+d)}$$

2×2 列关联表的自由度为 1，如果 $\chi^2>3.84$，表明关联显著，达 95%显著性水平；如果 $\chi^2>6.64$，表明关联极显著，达 99%显著性水平。

Whittaker 认为，如果把群落中全部物种间的相互作用搞清，其类型的分布将是钟形的正态曲线，大部分物种间关系围绕中点（无相互作用），少数物种间关系处于曲线两端（必然的正关联和必然的排斥）。若真如此，那么种间相互作用还不足以把全部物种有机结合成“群落”这个整体。从关联分析看，群落的性质更接近于一个连续分布的系列，即个体论学派的观点。

5.3.2 群落相似性

群落的相似性指不同群落之间的相似程度。在群落相似性比较中，可用相似性指数比较两个或其中的两个部分的相似程度。下面介绍两种常用的相似性指数。

① 斯莱逊（Sorensen）相似性指数。斯莱逊相似性指数是利用种的定量数据，来比较两个群落或取样的相似程度。计算公式为：

$$S=\frac{2c}{a+b}$$

式中　S——相似性指数，变动范围为 0～1；

a——群落 A 中的种数；

b——群落 B 中的种数；

c——两个群落中共有的种数。

② 百分率相似性指数。百分率相似性指数也是利用种的定量数据的一个系数，将群落中每一种的密度以百分率表示，即：

$$(\text{种}\ i\ \text{的个体数/群落中所有种的个体数})\times 100\%$$

然后找出每一种最低的百分率，取其总和，按下式求出百分率相似性指数：

$$PS=\sum(\text{每一种最低的百分率})$$

例如，在表 5.3 中，$PS=\sum(\text{每一种最低的百分率})$

$$=(0+15.3+8.1+15.3+1.2+0.6+0+0+0+0+2.4)=42.9$$

表 5.3 百分率相似性指数的测定

种	群落 1		群落 2	
	数量	%	数量	%
A	83	50.6	0	0
B	25	15.3	55	34.4
C	19	11.6	13	8.1
D	25	15.3	27	16.9
E	2	1.2	11	6.8
F	1	0.6	2	1.3
G	0	0	6	3.7
H	1	0.6	0	0
I	3	1.9	0	0
J	1	0.6	0	0
K	4	2.4	46	28.8
合计	164		160	

5.4 群落的结构

群落的结构指生物在环境中分布及其与周围环境之间相互作用形成的结构，又可称为群落的格局（pattern）。群落结构是群落中相互作用的种群在协同进化中形成的，其中生态适应和自然选择起了重要作用。前面介绍的关于群落的物种组成也是群落结构的重要特征，这里主要介绍群落的空间结构及其生态内涵。

5.4.1 群落的结构要素

群落的空间结构取决于两个要素，即群落中各物种的生活型与相同生活型的物种所组成的层片，它们是组成群落的结构单元。

（1）生活型　生活型（life form）是生物对外界环境适应的外部表现形式。同一生活型的物种形态相似，适应特点也相似。关于植物生活型的研究较多，最著名的是丹麦植物学家 Raunkiaer 提出的生活型系统，他是按休眠芽或复苏芽所处的位置高低，把高等植物划分为高位芽植物（phanerophytes）、地上芽植物（chamaephytes）、地面芽植物（hemicryptophytes）、隐芽植物（cryptophytes）或地下芽植物（geophytes）、一年生植物（therophytes）五个生活型。一般来说，在气候温暖多湿的热带雨林，以高位芽植物占优势；而寒冷地区到温带针叶林以地面芽植物占优势；冷湿环境下的群落以地下芽植物占优势；干旱地区以一年生植物最丰富。

动物生态学家也研究动物的生活型，例如，兽类中有飞行的（如蝙蝠）、滑翔的（如鼯鼠）、游泳的（如鲸）、地下穴居的（如鼹）、地面奔跑的（如鹿、马）等，它们各有各的形态、生理、行为和生态特征，适应于各种生活方式。

二维码 5-1 Raunkiaer 的生活型分类系统

(2) 层片　层片（synusia）也是群落结构的基本单元之一，是由瑞典植物学家 Gams（1918）提出的。层片是由相同生活型或相同生态要求的种组成的功能群落，群落的不同层片是由属于不同生活型的不同种的个体组成的。如针阔叶混交林的五种基本层片为：①常绿针叶乔木层片，主要成分是松属（*Pinus*）、云杉属（*Picea*）、冷杉属（*Abies*）；②夏绿阔叶乔木层片，主要成分是槭属（*Acer*）、椴属（*Tilia*）、桦木属（*Betula*）、榆属（*Ulmus*）等；③夏绿灌木层片；④多年生草本植物层片；⑤苔藓地衣层片。

5.4.2　群落的垂直结构

群落的垂直结构，主要指群落的垂直分层（vertical stratification）现象。大多数群落都具有清楚的层次性，群落的层次主要是植物的生活型决定的，生活型决定了该种处于地面以上不同的高度和地面以下不同的深度。换句话说，陆生群落的成层结构是不同高度的植物或不同生活型的植物在空间上垂直排列的结果，水生群落则在水面以下不同深度分层排列。植物群落的地下成层性是不同植物的根系在土壤中达到的深度不同而形成的。各个层次在群落中的地位和作用各不相同，各层中植物种类的生态习性也不相同。地下（根系）的成层现象和层次之间的关系和地上部分是相应的。最大的根系生物量在表层，土层越深，根系越少。根系成层可以充分利用土壤中的养分和水分。

成层结构是自然选择的结果，它显著提高了植物利用环境资源的能力。如在发育成熟的森林中，阳光是决定森林分层的一个重要因素，森林群落的林冠层吸收了大部分光辐射。上层乔木可以充分利用阳光，而林冠下为那些能有效利用弱光的下木。随着光照强度渐减，依次发展为林冠层、下木层、灌木层、草本层和地被层等层次。

生物群落中动物的分层现象也很普遍。动物之所以有分层现象，主要与食物有关，因为群落的不同层次提供不同的食物；其次还与不同层次的微气候条件有关。水域中，某些水生动物也有分层现象。比如湖泊和海洋的浮游动物都有垂直迁移现象。影响浮游动物垂直分布的原因主要是阳光、温度、食物和含氧量等。多数浮游动物一般是趋向弱光的。因此，它们白天多分布在较深的水层，夜间则上升到表层活动。

成层现象的生态学意义在于通过分层利用资源，减少对日光、水分、矿物质营养的竞争，从而扩大群落对资源的利用范围。因此，成层越复杂，对环境资源利用越充分。

5.4.3　群落的水平结构

群落内由于环境因素在不同地点上的不均匀性和生物本身特性的差异，而在水平方向上分化形成许多的小群落，这就是群落的水平结构，又称为群落的水平格局（horizontal pattern）。

陆地群落的水平格局主要取决于植物的内在分布型，有许多因素可导致群落中植被在水平方向上出现复杂的斑块状镶嵌性（mosaic）特征。导致水平结构的复杂性主要有三方面的原因：①亲代的扩散分布习性；②环境异质性；③种间相互作用的结果。

5.4.4 群落的时间格局

光、温度和湿度等很多环境因子都有明显的时间节律（如昼夜节律、季节节律等），受这些因子的影响，群落的组成与结构也随时间序列发生有规律的变化，这就是群落的时间格局（temporal pattern）。在四季分明的温带地区，植被的季相是群落时间格局最明显的反映。这种季相的更替，既表现为群落外貌的变化，也显示了组成物种的改变。

群落中的动物组成，同样有一年四季的变更，也具有明显的昼夜节律。昆虫群落的时间节律是最明显的，各种昆虫的年生活史、迁移、滞育、世代交替等，构成了群落结构的年变化。

5.4.5 群落交错区和边缘效应

群落交错区（ecotone）又称生态交错区或生态过渡带，是两个或多个群落之间（或生态地带之间）的过渡区域。1987 年 1 月，巴黎国际生态学会议上将其定义为：相邻生态系统之间的过渡带，其特征是相邻生态系统之间相互作用的空间、时间及强度决定的。如森林和草原之间有森林-草原地带，软海底与硬海底的两个海洋群落之间也存在过渡带，两个不同森林类型之间或两个草本群落之间也都存在交错区。此外，像城乡交接带、干湿交替带、水陆交接带、农牧交错带、沙漠边缘带等也都属于生态过渡带。群落交错区的形状与大小各不相同，群落的边缘有的是持久性的，有的在不断变化。

群落交错区是种群竞争的紧张地带。在这里，群落中种的数目及部分种群密度比相邻群落大。群落交错区种的数目及部分种的密度增大的趋势被称为边缘效应（edge effect）。如我国大兴安岭森林边缘，具有呈狭带状分布的林缘草甸，植物种数达每平方米 30 种以上，明显高于其内侧的森林群落与外侧的草原群落。美国伊利诺伊州森林内部的鸟仅有 14 种，但在林缘地带达 22 种。发育较好的群落交错区往往包含两个重叠群落的所有共有种及交错区内特有的种。这种仅发生于交错区或原产于交错区的最丰富的物种，称为边缘种（edge species）。

群落交错区形成的原因很多，如生物圈内生态系统的不均一，地形、地质结构与地带性差异，气候等自然因素变化引起的自然演替，植被分割或景观分割等。同时，人类活动对自然环境大规模的改变，如城市的发展、工矿的建设、土地的开发等所造成的隔离，森林草原遭受破坏，湿地消失和土地沙化等，都是形成交错区的原因。因此，有人提出要重点研究生态系统边界对生物多样性、能量流、物质流及信息流的影响，研究群落交错区对全球性气候、土地利用、污染物的反应及敏感性，以及在变化的环境中怎样管理群落交错区等问题。

5.4.6 影响群落结构的因素

5.4.6.1 生物因素与群落结构

群落结构总体上是对环境条件的生态适应，但在其形成过程中，生物因素起着重要作用，其中作用最大的是竞争与捕食。

（1）竞争对生物群落结构的影响　竞争引起种间生态位的分化，使群落中物种多样性增加。例如，MacArthur 在研究北美针叶林中 5 种林莺的分布时，发现它们在树的不同部位取食，这是一种资源分割现象，可以解释为因竞争而产生的共存。可见，物种之间的竞争，对群落的物种组成与分布有很大影响，进而影响群落的结构。

（2）捕食对生物群落结构的影响　捕食对群落结构是否有影响，与捕食者是泛化种还是特化种有关。具选择性的捕食者对群落结构有较大的影响。如果捕食者喜食的是群落中的优势种，则捕食可以提高多样性；如果捕食者喜食的是竞争上占劣势的种类，则捕食会降低多样性。特化的捕食者，尤其是单食性的，它们与群落的其他部分在食物联系上是隔离的，所以很易控制被食物种，因此它们是进行生物防治的可供选择的理想对象。当被食种成为群落中的优势种时，引进这种特化捕食者能获得非常有效的生物防治效果。例如仙人掌（*Opuntia dilenii*）被引入澳大利亚后成为一大危害，大量有用土地被仙人掌所覆盖，1925 年引入其特化的捕食蛾后才使危害得到控制。

5.4.6.2　干扰与群落结构

干扰（disturbance，或扰动）现象在自然界中普遍存在。生物群落不断经受着各种随机变化的事件的影响，正如 Clements 指出的：即使是最稳定的群丛也不完全处于平衡状态，凡是发生次生演替的地方都受到干扰的影响。有些学者认为干扰扰乱了顶极群落的稳定性，使演替离开了正常轨道。而近代多数生态学家认为干扰是一种有意义的生态现象，它引起群落的非平衡特性，强调了干扰在群落结构形成和动态中的作用。

（1）干扰与群落缺口　干扰经常使连续的群落中出现缺口（gaps），森林中的缺口可能由大风、雷电、砍伐及火烧等引起；草地群落的干扰包括放牧、动物挖掘、践踏等。干扰造成群落的缺口以后，有的在没有继续干扰的条件下会逐渐地恢复，但有的缺口也可能被周围群落的任何一个种侵入和占有。

（2）抽彩式竞争　缺口出现后，一个侵入种能否成为优势种是随机的，这种竞争称为对缺口的抽彩式竞争（competitive lottery）。抽彩式竞争出现的条件为：① 群落中具有许多入侵缺口；② 有许多对缺口中物理环境适应能力相等的物种；③ 这些物种中任何一个种在其生活史过程中能阻止后入侵的其他物种再入侵。

缺口的种间竞争结果完全取决于随机因素，即先入侵的物种取胜，至少在其一生中取胜。当缺口的占领者死亡后，缺口再次成为空白，那后一种入侵和占有又是随机的。群落由于各种原因不断形成新的缺口，群落整体就有更多的物种可以共存，群落的多样性将明显提高。

（3）中度干扰假说　缺口形成的频率影响物种多样性，T. W. Connell 等提出了中度干扰假说（intermediate disturbance hypothesis），即中等程度的干扰水平能维持较高的多样性。因为：①一次干扰后少数先锋种入侵缺口，如果干扰频繁，先锋种不能发展到演替中期，因而多样性较低；②如果干扰间隔很长，演替过程能发展到顶极期，多样性也不高；③中等干扰程度使多样性维持最高水平，它允许更多的物种入侵和定居。

干扰理论对应用领域有重要价值。如要保护自然界生物的多样性，就不要简单地排除干扰，因为中度干扰能增加多样性。同样，群落中不断地出现新层、新的演替、斑块状的镶嵌等，都可能是维持和产生生态多样性的有力手段。

5.4.6.3 空间异质性与群落结构

群落的环境不是均匀一致的，空间异质性（spatial heterogeneity）指生态学过程和格局在空间分布上的不均匀性及复杂性。空间异质性程度越高，意味着有更加多样的小生境，能允许更多的物种共存。

（1）非生物环境的空间异质性　Harman 研究了淡水软体动物与空间异质性的相关性，他以水体底质的类型数作为空间异质性的指标，得到了正的相关关系：底质类型越多，淡水软体动物种数越多。植物群落研究中大量资料说明，在土壤和地形变化频繁的地段，群落含有更多的植物种，而平坦同质土壤的植物物种多样性低。

（2）生物空间异质性　MacArthur 等曾研究鸟类多样性与植物物种多样性和取食高度多样性之间的关系。取食高度多样性是对植物垂直分布中分层和均匀性的测度。层次多，各层次具更茂密的枝叶，表示取食高度多样性高。结果发现，鸟类多样性与植物种数的相关性不如其与取食高度多样性间的相关性紧密。因此，根据森林层次和各层枝叶茂盛度来预测鸟类多样性是有可能的，对于鸟类生活，植被的分层结构比物种组成更为重要。在草地和灌丛群落中，垂直结构对鸟类多样性就不如森林群落重要，而水平结构，即镶嵌性或斑块性（patchiness）可能起决定作用。

5.4.6.4 岛屿效应与群落结构

岛屿是一个相对独立的区域，其与周围环境相对隔离。生物学家常把岛屿作为研究进化论和生态学问题的天然实验室或微宇宙。岛屿生物地理学理论（island biogeography theory）由 MacArthur 和 Wilson 在 1967 年最先提出。岛屿生物地理学平衡理论的基本思想是物种的数目代表了物种迁入和灭绝之间的平衡。

（1）岛屿的物种-面积关系　岛屿中的物种数目与岛屿的面积有密切关系。这种关系可用物种-面积方程（species-area curve）来描述：

$$S=cA^{z}$$

或取对数：

$$\lg S=\lg c+z\lg A$$

式中，S 为物种数；A 为面积；z、c 为常数，z 表示回归方程中的斜率，理论值为 0.263，通常为 0.18～0.35，c 表示单位面积物种数的常数（图 5.1）。

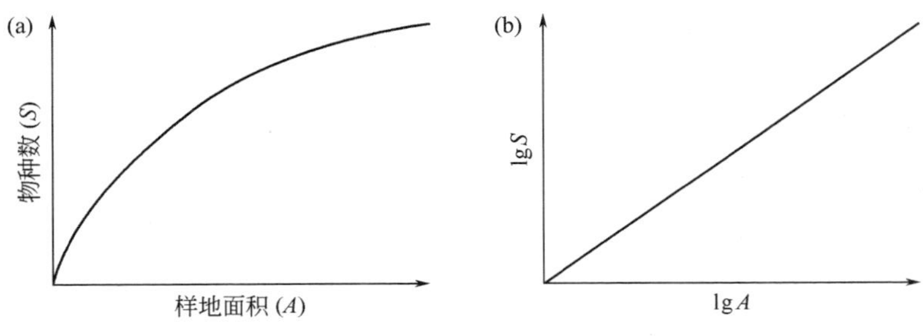

图 5.1　(a) 物种数目随着样地面积增大而增加；(b) 对数坐标图，产生了一条直线（Mackenzie 等，2000）

二维码 5-2 岛屿物种的到达问题

岛屿面积越大，种数越多，称为岛屿效应。通常认为这是由于面积越大，生境多样性越高，可以有更多的物种生活（图 5.2）。

（2）MacArthur 的平衡说　岛屿上的物种数取决于物种迁入和灭亡的平衡，并且这是一种动态平衡，不断地有物种灭亡，也不断地由同种或别种的迁入而替代补偿灭亡的物种。平衡说可用图 5.3 说明。

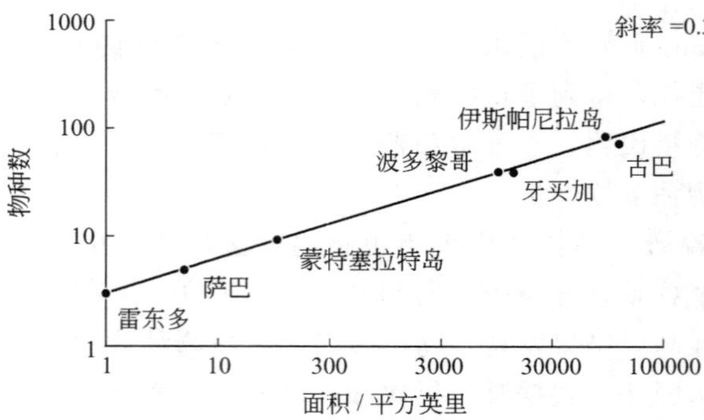

图 5.2　西印度海洋群岛上两栖类和爬行类动物的数量表明随着岛屿面积增大物种数目增大（1 平方英里约合 2.6 平方千米）（Mackenzie 等，2000）

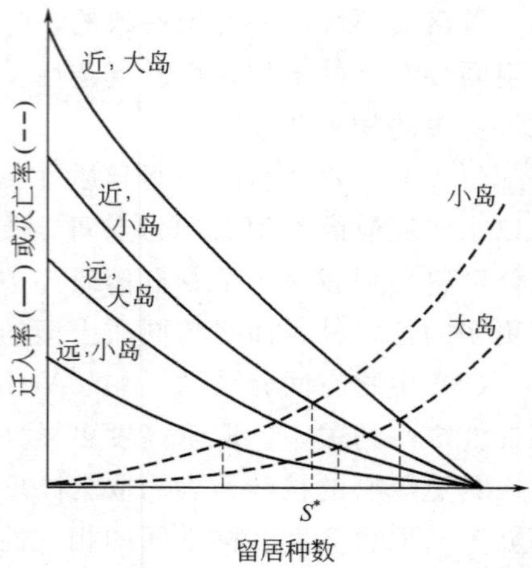

图 5.3　MacArthur 的岛屿生物地理平衡说：大小和远近岛上的物种迁入率和灭亡率（S^* 表示平衡种数）（孙儒泳等，1993）

以迁入率曲线为例，当岛上无留居种时，任何迁入个体都是新的，因而迁入率高。随着留居种数加大，种的迁入率就下降。当种源库（即大陆上的种）所有种在岛上都有时，迁入率为零。灭亡率则相反，留居种数越多，灭亡率也越高。当迁入物种的数目增加时，到达岛屿的迁入来的物种的数目会随着时间的推移而减少。相反，当物种之间的竞争变强时，灭亡的速率会增加。当灭亡和迁入的速率达到相等时，物种的数目就处于平衡稳定状态。迁入率多大还取决于岛的远近和大小，近而大的岛，其迁入率高，远而小的岛，迁入率低。同样，灭亡率也受岛的大小的影响。将迁入率曲线和灭亡率曲线叠在一起，其交叉点上的种数（S^*），即为该岛上预测的物种数。从图 5.3 中可以看出：岛屿面积越大且距离大陆越近的岛屿，其留居物种的数目最多；而岛屿面积越小且距离大陆越远的岛屿，其留居物种的数目最少。因此，根据平衡说，可预测下列四点：①岛屿上的物种数不随时间而变化；②这是一种动态平衡，即灭亡种不断地被新迁入的种所替代；③大岛比小岛能“供养”更多的种；④随岛屿距大陆的距离由近到远，平衡点的物种数不断降低。

5.5　群落的动态

二维码 5-3　难以实现的平衡状态

生物群落的动态（dynamics）一直是经典生态学与现代生态学研究的重要内容。生物群落的动态包括生物群落的内部动态（季节变化与年际变化）、生物群落的演替和地球上生物群落的进化。本节主要介绍群落的演替。

5.5.1　演替的概念

二维码 5-4　岛屿生态与自然保护区

群落演替（community succession）是指某一地段上一种生物群落被另一种生物群落所取代的过程。以农田弃耕地为例，农田弃耕闲置后，开始的一两年内出现大量的一年生和二年生的田间杂草，随后多年生植物开始侵入并逐渐定居下来，田间杂草的生长和繁殖开始受到抑制。随着时间的进一步推移，多年生植物取得优势地位，一个具备特定结构和功能的植物群落形成。相应地，适应于这个植物群落的动物区系和微生物区系也逐渐确定下来。整个生物群落仍在向前发展，当它达到与当地的环境条件特别是气候和土壤条件都比较适应的时候，即成为稳定的群落。在草原地带，这个群落将恢复到原生草原群落；如果在森林地带，它将进一步发展为森林群落。这种有次序的、按部就班的物种之间的替代过程，也就是演替（如图 5.4）。

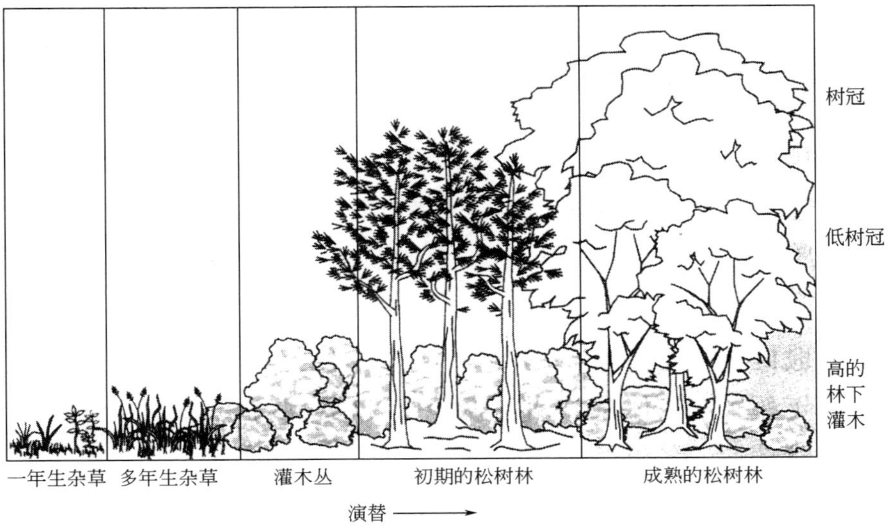

图 5.4 美国卡罗来纳州一块弃置耕地上发生的次生演替（Billings，1938；转引自 Bush，2007）

5.5.2 演替的类型

依据不同的原则，可划分出不同的演替类型。

（1）按照演替延续的时间进程划分（Ramensky，1938）

① 快速演替。即在时间不长的几年内发生的演替，如草原撂荒地上的演替。草原撂荒地上可很快地恢复原有的植被，但是要以撂荒地面积不大和种子传播来源就近为条件，否则草原撂荒地的恢复过程可能延续几十年。

② 长期演替。延续的时间较长，几十年或几百年，如云杉林被采伐后的恢复演替。

③ 世纪演替。延续时间相当长久，一般以地质年代计算，常伴随气候的历史变迁或地貌的大规模改造而发生。

（2）按照演替的起始条件划分（Clement，1916；Weaver，1938）

① 原生演替（primary succession）。指在从未有过任何生物的裸地上开始的，或原来存在过植被，但被彻底消灭了（包括原有植被下的土壤）的地段上开始的演替，如在裸露的岩石上、在河流的三角洲或者在冰川上开始的演替。图 5.5 为印度尼西亚的喀拉喀托群岛 1883～1995 年间森林的原生演替发展简图。

② 次生演替（secondary succession）。指在原有生物群落被破坏后的次生裸地（如森林砍伐迹地、弃耕地）上开始的演替。在这种情况下，演替过程不是从一无所有开始的，原来群落中的一些生物和有机质被保留下来，附近的有机体也很容易侵入。因此，次生演替比原生演替更为迅速。

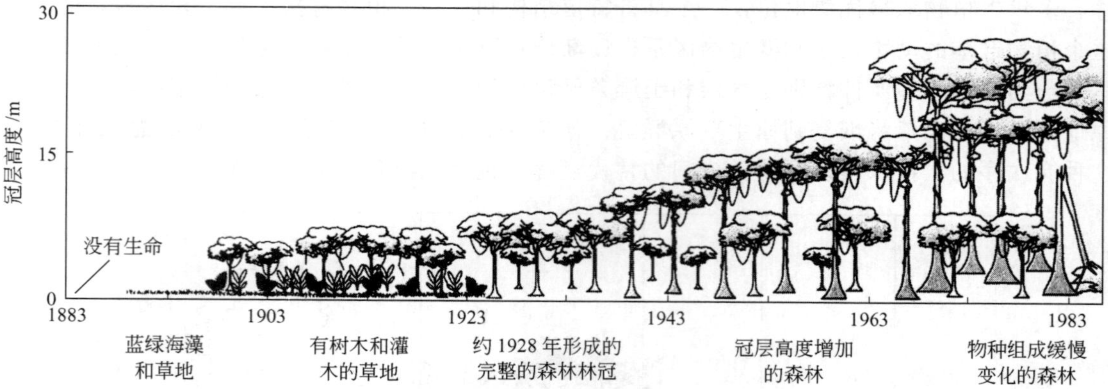

图 5.5　印度尼西亚的喀拉喀托群岛 1883～1995 年间森林的原生演替发展简图（Bush，2007）

（3）按照演替的基质性质划分（Cooper，1913）

① 水生演替（hydrosere succession）。开始于水生环境中，但一般都发展到陆地群落。例如，淡水或池塘中水生群落向中生群落的转变过程。

② 旱生演替（xerosere succession）。从干旱缺水的基质上开始。如裸露的岩石表面上生物群落的形成过程。

（4）按照控制演替的主导因素划分（Sukachev，1942）

① 内因性演替（endogenic succession）。群落中生物的生命活动结果导致的演替。群落中生物的生命活动结果首先使它的生境发生改变，然后被改变了的生境又反过来作用于群落本身，如此相互促进，使演替不断向前发展。

② 外因性演替（exogenic succession）。外界环境因素的作用引起的演替，包括气候发生演替、地貌发生演替、土壤发生演替、火成演替、人为发生演替等。

（5）按照群落的代谢特征划分

① 自养型演替（autotrophic succession）。在演替过程中，群落的初级生产量（P）超过群落的总呼吸量（R），即 $P/R>1$，群落中的能量和有机物逐渐增加。例如陆地从裸地→地衣、苔藓→草本→灌木→乔木的演替过程中，光合作用所固定的生物量越来越多。

② 异养型演替（heterotrophic succession）。在演替过程中群落的生产量小于呼吸量，即 $P/R<1$，说明群落中能量或有机物在减少。异养型演替多见于受污染的水体。例如，海湾、湖泊和河流受污染后，由于微生物的强烈分解作用，有机物质随演替而减少。

5.5.3 演替的特征

无论是哪种演替，生物群落在演替过程中，其结构和功能都发生了一系列的变化。

5.5.3.1 群落结构的特征

群落中物种多样性随着演替的进行而增加，越接近演替顶极，物种多样性越高。物种均匀性也有相同的趋势。

食物联系也发生了变化，演替初期的食物链结构简单，多是线状的；在成熟期，食物链变成复杂的食物网结构。这种复杂的结构，使它对物理环境的干扰具有较强的抵抗力。

5.5.3.2 能量动力学的特征

在演替初期，初级生产力或总光合作用量（P）超过群落的呼吸量（R），$P/R>1$，呈积累状态；随着演替的发展，P/R 逐渐接近于 1。换言之，在成熟的群落，固定的能量与消耗的能量（即群落的总呼吸量）趋向平衡，这时群落的净生产量就由大变小甚至趋向于零。

5.5.3.3 营养物质循环的特征

演替初期的营养物质主要依靠外部供给，即依靠外来的营养物质进行生物生产。而在顶极阶段，对群落内部循环所增加的营养物质的依赖超过对外来供应的依赖。因此，对营养物质循环来说，在演替初期是开放的，到了成熟期则是较封闭的。

5.5.3.4 稳定性的特征

群落演替初期常处于物种数少而不拥挤，具有较高负荷潜力的空间。所以，选择的生物有较大生存的可能性。当接近成熟阶段，情况相反，此时系统接近平衡状态，适宜于增殖潜力低、竞争能力强的 K-对策生物生存。因此，量的生产是幼期生态系统的特征，而质的改善和提高是成熟期生态系统的对策。成熟期生态系统内的生物之间、生物与物理环境之间的联系更加紧密，保持营养物质的能力较强，对外界干扰的抵抗力增大。此时，生态系统基本处于自我维持的稳定状态。

5.5.4 演替系列

演替系列（sere）是指从生物侵入开始直至顶极群落的整个顺序演变过程。演替系列中的每一个明显的步骤，称为演替阶段或演替时期。

5.5.4.1 原生演替

（1）水生演替系列　根据淡水湖泊中湖底的深浅变化，其水生演替系列（hydrosere）将有以下的演替阶段。

① 自由漂浮植物阶段。此阶段植物是漂浮生长的，如浮萍、满江红以及一些藻类植物等，其死亡残体将增加湖底有机质的聚积，同时湖岸雨水冲刷而带来的矿物质微粒的沉积也逐渐垫高了湖底。

② 沉水植物阶段。在水深 5～7m 处，湖底裸地上最先出现的先锋植物是轮藻属（*Chara*）的植物。轮藻属植物生物量相对较大，使湖底有机质积累较快，自然也就使湖底的抬升作用加快。当水深降至 2～4m 时，金鱼藻、眼子菜、黑藻、茨藻等高等水生植物开始大量出现，这些植物生长繁殖能力更强，垫高湖底的作用也更强。

③ 浮叶根生植物阶段。随着湖底日益抬高，浮叶根生植物开始出现，如莲、睡莲等。这些植物自身生物量较大，残体对进一步抬升湖底有很大的作用。此外，它们的叶片漂浮在水面，密集的叶片使得水下光照条件很差，不利于沉水植物的生长，迫使沉水植物向较深的湖底转移，这样又起到了抬升湖底的作用。

④ 直立水生植物阶段。浮叶根生植物使湖底变浅，为直立水生植物的出现创造了良好的条件。最终直立水生植物如芦苇、香蒲、泽泻等取代了浮叶根生植物，这些植物的根茎相当茂密，交织在一起，使湖底迅速抬高，有的地方甚至可以形成一些浮岛。原来被水淹没的土地开始露出水面与大气接触，生境开始具有陆生植物生境的特点。

⑤ 湿生草本植物阶段。从湖中抬升出来的地面，不仅含有丰富的有机质，还含有近饱和的土壤水分。喜湿生的沼泽植物开始定居在这种生境上，如莎草科和禾本科中的一些湿生性种类。若此地带气候干旱，则这个阶段不会持续太长，很快旱生草类将随着生境中水分的大量丧失而取代湿生草类。

⑥ 木本植物阶段。在湿生草本植物群落中，最先出现的木本植物是灌木。而后随着乔木的侵入，便逐渐形成了森林，其湿生生境也最终改变成中生生境。

由此看来，水生演替系列就是湖泊填平的过程。这个过程是从湖泊的周围向湖泊中央顺序发生的。因此，比较容易观察到，在从湖岸到湖心的不同距离处分布着演替系列中不同阶段的群落环带。

（2）旱生演替系列　旱生演替系列（xerosere）是从环境条件极端恶劣的裸露岩石表面或砂地上开始的，其系列包括以下几个演替阶段。

① 地衣植物群落阶段。岩石表面无土壤，贫瘠而干燥；光照强、温度变化大。这样的环境条件下最先出现的是地衣，而且是壳状地衣。地衣分泌的有机酸腐蚀了坚硬的岩石表面，再加之物理和化学风化作用，坚硬的岩石表面出现了一些小颗粒，在地衣残体的作用下，细小颗粒有了有机的成分。其后，叶状地衣和枝状地衣继续作用岩石表层，使岩石表层更加松散，岩石碎粒中有机质也逐渐增多。

② 苔藓植物群落阶段。在地衣群落发展的后期，开始出现了苔藓植物。苔藓植物与地衣相似，能够忍受极端干旱的环境。苔藓植物的残体比地衣大得多，苔藓的生长可以积累更多的腐殖质，同时对岩石表面的改造作用更加强烈。岩石颗粒变得更细小，松软层更厚，为土壤的发育和形成创造了更好的条件。

③ 草本植物群落阶段。群落演替继续向前发展，一些耐旱的植物种类开始侵入，如禾本科、菊科、蔷薇科等中的一些植物。种子植物对环境的改造作用更加强烈，小气候和土壤条件更有利于植物的生长。若气候允许，该演替系列可以向木本群落方向演替。

④ 灌木植物群落阶段。草本群落发展到一定程度时，一些喜阳的灌木开始出现，它们常与高草混生，形成“高草灌木群落”。其后灌木数量大量增加，成为以灌木为优势的群落。

⑤ 乔木植物群落阶段。灌木群落发展到一定时期，为乔木的生存提供了良好的环境，喜阳的树木开始增多。随着时间的推移，逐渐就形成了森林。最后形成与当地大气候相适应的乔木群落，形成了地带性植被即顶极群落。

在旱生演替系列中，地衣和苔藓植物阶段所需时间最长，草本植物群落到灌木阶段所需时间较短，而到了森林阶段，其演替的速度又开始放慢。

5.5.4.2　次生演替

次生演替的最初发生是外界因素的作用引起的，如火烧、病虫害、严寒、干旱以及大规模的人为活动（如森林采伐、草原放牧和耕地撂荒等）。以云杉林采伐后，从采伐迹地上开始的群落演替过程为例加以说明。

二维码 5-5
沙丘上的演替

① 采伐迹地阶段。在采伐森林后留下的大面积采伐迹地上，原有的森林气候条件完全改变，如阳光直射地面、温度变化剧烈、风大且易形成霜冻等。不能忍受日灼或霜冻的植物难以生存，原来林下耐阴或阴性植物受到限制甚至消失，而喜光的植物，尤其是禾本科、莎草科等杂草得以滋生形成杂草群落。

② 小叶树种阶段。新的环境适合一些喜光、耐旱、耐日灼和耐霜冻的阔叶树种生长，在原有云杉林所形成的优越土壤条件下，在杂草群落中便形成以桦树和山杨为主的群落。同时，郁闭的林冠下耐阴植物也抑制和排挤其他喜光植物，使它们开始衰弱，然后完全死亡。

③ 云杉定居阶段。桦树和山杨等形成的树冠可以缓和林下小气候条件的剧烈变化，并改善土壤环境，因此，阔叶林下已经能够生长耐阴性的云杉和冷杉幼苗。

④ 云杉恢复阶段。当云杉的生长超过桦树和山杨，占据了森林上层地，桦树和山杨因不能适应上层遮阴而开始衰亡，经过 80～100 年，云杉又高居上层，造成严密的遮阴，在林内形成紧密的酸性落叶层，其中混杂着一些留下的桦树和山杨。新形成的云杉林与采伐前的云杉林，只是在外貌和主要树种上相同，但树木的配置和密度都发生了很大改变。

5.5.5 演替的方向

具体内容见二维码。

二维码 5-6
演替的方向

5.5.6 演替顶极学说

演替顶极学说（climax theory）由英美学派提出。演替顶极（climax）是指每一个演替系列都是由先锋阶段开始，经过不同的演替阶段，到达中生状态的最终演替阶段。近几十年来，有关演替顶极的学说不断修正、补充和发展，形成三种代表性理论。

5.5.6.1 单元顶极理论

单元顶极理论（monoclimax theory）是由 H. C. Cowles 和 F. E. Clements（1916）最先提出的。Clements 认为，在同一气候区内，演替可以从千差万别的环境上开始，演替初期的条件也可各不相同，所经历的过程也可不一样，而演替最终是趋向于改变极端的环境向更适合于植物生长的中生方向发展，只要给予足够的时间，将达到一个在该气候条件下中生型、相对稳定的群落，即气候顶极（climatic climax）。

事实上，在自然界中总有一些群落达到了相对稳定的平衡状态，但却不是气候顶极群落，也就是说没有到达演替的最后阶段，也能形成相对稳定的群落。在演替虽然持续但却即将接近其气候顶极群落之前的阶段形成的相对稳定的群落，单元顶极学者称之为亚顶极（subclimax），如内蒙古高原典型草原气候区的气候顶极是大针茅草原，但松厚土壤上的羊草草原是在大针茅草原之前出现的一个比较稳定的阶段，便为亚顶极。在一个特定的气候区域内，由于局部气候比较适宜而产生的较优越气候区的顶极，为后顶极或超顶极（postclimax），如草原区域内比较湿润的地方出现森林；同样，由于局部气候较差而产生的顶极，为预顶极（preclimax），如草原区内局部出现荒漠植被片段；在演替的过程中由一种强烈而频繁的干扰因素引起的相对稳定的群落，为干扰顶极或偏途顶极（disclimax），由于非洲大象的干扰而形成的草原或自然群落被人为改变形成的农田等都属于该类型。

5.5.6.2 多元顶极理论

多元顶极理论（polyclimax theory）是由英国学者 A. G. Tansley（1954）提出的。该学说认为，如果一个群落在某种生境中基本稳定，能自行繁殖并结束它的演替过程，就可看作顶极群落。在一个气候区域内，群落演替的最终结果不一定都汇集于一个共同的气候顶极终点。除了气候顶极之外，还可有土壤顶极（edaphic climax）、地形顶极（topographic climax）、火烧顶极（fire climax）、动物顶极（zootic climax）；同时还存在一些复合型的顶极，如地形-土壤顶极（topoedaphic climax）和火烧-动物顶极（fire-zootic climax）等。

不论是单元顶极论还是多元顶极论，都承认顶极群落是经过单向变化而达到稳定状态的群落。而顶极群落在时间上的变化和空间上的分布，都是和生境相适应的。两者的不同点在于，①单元顶极论认为，只有气候才是演替的决定因素，其他因素都是第二位的，但可以阻止群落向气候顶极发展；多元顶极论则认为，除气候以外的其他因素，也可以决定顶极的形成。②单元顶极论认为，在一个气候区域内，所有群落都有趋同性的发展，最终形成气候顶极；而多元顶极论不认为所有群落最后都会趋于一个顶极。

5.5.6.3 顶极-格局假说

顶极-格局假说（climax-pattern hypothesis）由 R. H. Whittaker 于 1953 年提出，实际是多元顶极的一个变型，也称种群格局顶极理论（population pattern climax theory）。该假说认为，在任何一个区域内，环境因子都是连续不断地变化的。随着环境梯度的变化，各种类型的顶极群落，如气候顶极、土壤顶极、地形顶极、火烧顶极等，不是截然呈离散状态的，而是连续变化的，因而形成连续的顶极类型（continuous climax type），构成一个顶极群落连续变化的格局。在这个格局中，分布最广泛且通常位于格局中心的顶极群落，叫作优势顶极（prevailing climax），它是最能反映该地区气候特征的顶极群落，相当于单元顶极论的气候顶极。

5.5.7 控制演替的主要因素

生物群落的演替是群落内部关系（包括种内和种间关系）与外界环境中各种生态因子综合作用的结果。自然界中生物群落的演替原因和机制很复杂，要清楚地了解演替发生的原因以及有效地预测演替的方向和速度，还有很多工作要做。下面列出的是部分原因。

5.5.7.1 植物繁殖体的迁移、散布和动物的活动性

植物繁殖体的迁移和散布普遍而经常地发生着。因此，任何一块地段，都有可能接受这些扩散来的繁殖体。当植物繁殖体到达一个新环境时，植物的定居过程就开始了。植物的定居包括发芽、生长和繁殖三个方面。植物繁殖体的迁移和散布是群落演替的先决条件。

对于动物来说，植物群落是它们取食、营巢、繁殖的场所。当植物群落环境变得不适宜它们生存的时候，它们便迁移出去另找新的合适生境。与此同时，又会有一些动物从别的群落迁来找新栖居地。因此，每当植物群落的性质发生变化的时候，居住在其中的动物区系也在做适当的调整，使得整个生物群落内部的动物和植物又以新的联系方式统一起来。如图 5.6 所示，鸟类种群随着植物群落演替阶段而发生变化，尤其是优势植物生活型发生变化的时候。

5.5.7.2 群落内部环境的变化

群落内部环境的变化是由群落本身的生命活动造成的，与外界环境条件的改变没有直接的关系。有些情况下，群落内物种生命活动导致了不良的居住环境的形成，使原来的群落解体，为其他植物的生存提供了有利条件，从而引起演替。

群落中植物种群特别是优势种的发育导致群落内光照、温度、水分及土壤养分状况的改变，也可为演替创造条件。如在云杉林采伐后的林间空旷地段，首先出现的是喜光草本植物。但当喜光的阔叶树种定居下来并在草本层上形成郁闭树冠时，喜光草本便被耐阴草本所取代。当云杉伸到群落上层并郁闭时，原来发育很好的喜光阔叶树种也不能更新。这样，随着群落内光照由强到弱及温度变化由不稳定到稳定，依次发生了喜光草本植物阶段、阔叶树种阶段和云杉阶段的更替过程，也就是演替的过程。

5.5.7.3 种内和种间关系的改变

组成一个群落的物种在其种群内部以及物种之间都存在特定的相互关系。这种关系随着外部环境条件和群落内环境的改变而不断地进行调整。当密度增加时，种群内部的关系紧张

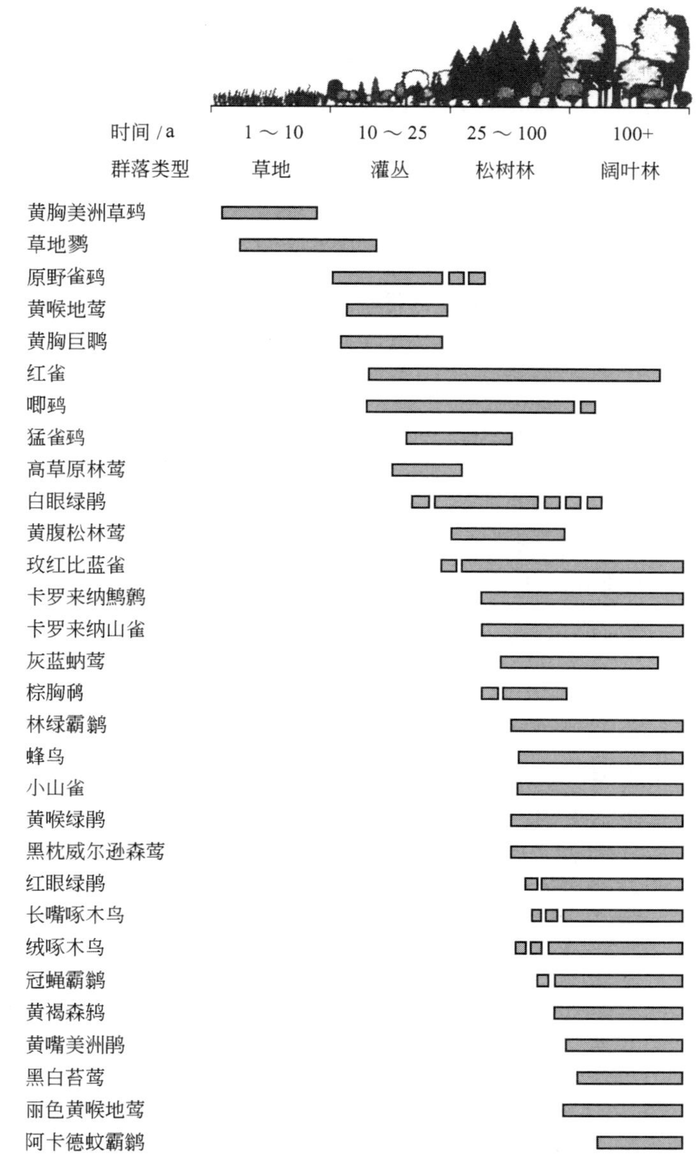

常见种①的种数	2	8	15	19
密度（每 100 英亩中的对数）	27	123	113	233

①常见种定义：每 100 英亩（1 英亩 =4046 平方米）中记录到至少 5 对这类鸟或者在四种群落类型中的一或两种中出现。

图 5.6 美国佐治亚州的皮埃蒙特山麓高原地区的鸟类和演替植被类型的关系（Odum，1997；转引自 Odum 等，2009）

化，竞争能力强的物种得以充分发展，竞争能力弱的物种则逐步缩小自己的地盘，甚至被排挤到群落之外。这种情形常见于尚未发育成熟的群落。

处于成熟、稳定状态的群落在接受外界条件刺激的情况下也可能发生种间数量关系重新调整现象，进而使群落特性或多或少地改变。

5.5.7.4 外界环境条件的变化

虽然决定群落演替的根本原因存在于群落内部，但群落之外的环境条件诸如气候、地貌、土壤或火等，常可成为引起演替的重要条件。气候决定着群落的外貌和群落的分布，也影响到群落的结构和生产力。地貌的改变会使水分、热量等生态因子重新分配，反过来又影响到群落本身。大规模的地壳运动（冰川、地震、火山活动等）可使地球表面的生物部分或完全毁灭，从而使演替从头开始；小范围的地形变化也可改造一个生物群落。土壤的理化特性与植物、土壤动物和微生物的生活有密切的关系，土壤性质的改变势必导致群落内部物种关系的重新调整。火也是一个重要的诱发演替的因子，火烧可以造成大面积的次生裸地，次生演替就此开始；火也是群落发育的一种刺激因素，它可使耐火的物种旺盛地发育，而使不耐火的物种受到抑制。

5.5.7.5 人类活动

人类对生物群落演替的影响远远超过其他所有的自然因子，因为人类生产活动通常是有意识、有目的地进行的，可以对自然环境中的生态关系起着促进、抑制、改造或重建的作用。放火烧山、砍伐森林、开垦土地等，都可使生物群落改变面貌。抚育森林、管理草原、治理沙漠等人类活动可以使群落演替按照不同于自然的方向进行。人类还可以建立人工群落，人为控制演替的方向和速度。

二维码 5-7 洪水与植被演替

课后复习

1. 概念和术语：生物群落、优势种与建群种、多度、密度、盖度、频度、优势度、重要值、综合优势比、物种丰富度、香农-威纳指数、辛普森指数、均匀度指数、群落相似性、生活型、层片、群落的水平格局、镶嵌性、群落的时间格局、群落交错区、边缘效应、边缘种、干扰、空间异质性、群落演替、原生演替、次生演替、演替顶极、优势顶极

2. 原理和定律：生物群落的基本特征、机体论学派与个体论学派、抽彩式竞争、中度干扰假说、 MacArthur 平衡说、单元顶极理论、多元顶极理论、顶极-格局假说

课后练习

1. 群落交错区的主要特点有哪些？其形成原因是什么？
2. 简述群落演替的一般过程。
3. 举例说明原生演替和次生演替有何区别？
4. 控制群落演替的主要因素有哪些？

在线习题及课后练习答案

二维码 5-8 在线习题及课后练习答案

参考文献

［1］ 牛翠娟，娄安如，孙儒泳，等.基础生态学［M］.3版.北京：高等教育出版社，2015.

[2] 杨持.生态学[M].4版.北京：高等教育出版社，2023.
[3] 杨允菲，祝廷成.植物生态学[M].2版.北京：高等教育出版社，2011.
[4] van der Maarel E，Franklin J.植被生态学[M].杨明玉，欧晓昆，译.2版.北京：科学出版社，2017.
[5] Cox C B，Moore P D.生物地理学：生态和进化的途径[M].赵铁桥，译.7版.北京：高等教育出版社，2007.
[6] Bush M B.生态学：关于变化中的地球[M].刘雪华，译.北京：清华大学出版社，2007.
[7] Ricklefs R E.生态学[M].孙儒泳，尚玉昌，李庆芬，等译.5版.北京：高等教育出版社，2004.
[8] 宋永昌.植被生态学[M].上海：华东师范大学出版社，2001.
[9] 孙儒泳，李博，诸葛阳，等.普通生态学[M].北京：高等教育出版社，1993.
[10] Mackenzie A，Ball A S，Virdee S R.生态学：精要速览系列[M].孙儒泳，李庆芬，牛翠娟，等译.北京：科学出版社，2000.
[11] Odum E P，Barrett C W.生态学基础[M].陆健健，王伟，王天慧，等译.5版.北京：高等教育出版社，2009.
[12] 李博.生态学[M].北京：高等教育出版社，2000.
[13] 李振基，陈圣宾.群落生态学[M].北京：气象出版社，2011.
[14] 卢升高.环境生态学[M].杭州：浙江大学出版社，2010.

6

植被的分类与排序

引言

从白雪皑皑的北疆到芳草萋萋的南国，从一望无际的西部草原到绵延起伏的东部丘陵，最近十年，中国国家公园建设的生态文明画卷迅速铺展开来，中国自然保护地事业发生了历史性、转折性、全局性的变化。目前，国家公园建设和各类自然保护地整合优化工作蹄疾步稳地全面推进，自然保护地管理体制和建设发展机制逐步完善，重要自然生态系统、自然景观、自然遗产和生物多样性逐步得到系统性保护，人与自然和谐的“中国故事”广为传播。

长白山生物圈保护区拥有大量的珍稀濒危植物与动物物种，是世界上著名的基因库，而位于长白山海拔最低处的胜景区，存在一处地下森林，也称为谷底森林。地下森林是在长白山主火山锥喷发时，伴生的寄生火山口经过后期断裂切割及地表的外动力的雕塑、塌陷形成的，其谷壁高达70米、谷底长2500～3000米。木板栈道两侧生长着多种植物郁郁葱葱；挺拔的松树遮天蔽日，厚厚的苔藓长满树干，崖上崖下的树木好似连成一片，置身其中仿佛淹没在绿色的海洋里。地下森林负氧离子含量非常高，被称为“天然的大氧吧”。独特的地貌资源和丰富的森林资源使得这一地下森林成为长白山生物圈保护区的特殊生态系统，众多科学工作者、探索者和摄影家相继而来，以探索长白山地下森林中隐藏的秘密。

绿色是大自然的底色，生态环境关乎民族未来、百姓福祉。党的二十大报告指出，我们必须牢固树立和践行绿水青山就是金山银山的理念，站在人与自然和谐共生的高度谋划发展。万物相形相生，众生互惠而成。生物多样性使地球充满生机，同时也是人类生存和发展的基础。多措并举、凝聚合力、久久为功，不断提高保护野生动植物的能力，筑牢中华民族永续发展的生态基础，人与自然和谐共生的美丽中国必将渐行渐近。

学习意义

为什么要了解植被的分类和排序方法？

对一个地区的植被进行研究，一种方法是把组成植被的取样单位分为许多类群，另一种方法是把取样单位相对于环境的变化加以排序，前者是分类，后者是排序。如果说分类适用于揭示植被的间断性，即将植被按其植物种类组成划分为不同的群落，那么排序更适用于揭示植被的连续性，阐明群落与环境因素之间的关系。如果将已排序的群落或样地记录在排序轴上构成分散的点集，也可以达到分类的目的。从这种意义上来说，分类和排序是两个既有区别又紧密联系的过程。结合其他生态知识，排序还可以用来研究演替过程，找出演替的客观数量指标，如果既用种类组成数据，又用环境因子数据对同一样方集合进行排序，两者变化的趋势可以揭示种与环境因子的关系，从而提出生态解释，分类和排序相互补充已经成为植被研究中的一个重要方面。

学习目标

◇ 了解世界及中国植物区系概况。
◇ 了解植被分类和群落的命名方法。
◇ 掌握植被的分类和排序方法。
◇ 掌握陆地植被的分布特点与主要类型。

6.1 植物区系统计

二维码 6-1 植物区系的划分

我国植物区系丰富多样，且起源古老，一直都是世界植物学界关注的热点，其中特有性、多样性和复杂性是我国植物区系的三大特点。我国对植物区系的定义主要有以下三类：一是吴征镒和王荷生（1983）提出，植物区系的含义主要针对特定地区、特定时段所有植物群落的总和，并在相应的地理条件下不断发展演变；二是张宏达（1998）提出，植物区系包括了地球上全部的植物生态系统，比如某一大陆、某一地理单元或者行政区域内所有的植物种类逐渐形成的植物群体；三是左家哺（2003）等经过研究后提出，植物区系是植物在自然条件下包含遗传变异在内的多种因素综合作用下，某个阶段的全部植物单元的总和，并且持续发展和扩散。这些先辈的研究成果为我国植物区系研究的广泛开展奠定了理论基础和提供了方法指导。特别是吴征镒院士于 1991 年发表的《中国种子植物属的分布区类型》，总结了我国种子植物属的区系特征，更是为我国和世界种子植物属的分布做出了巨大的贡献。

二维码 6-2 中国数字植物标本

统计结果表明，迄今为止，中国植物区系共有种子植物 259 科、2935 属、29818 余种（恩格勒系统），其中包括特有属 256 属、特有种 15000～18000 种，是北半球拥有植物区系最为丰富的国家。吴征镒等按照地理成分和发生成分相结合的原则，将中国种子植物 3116 属（1983 年的数据）划分为 15 个大分布区类型和 31 个变型（吴征镒等，1983；吴征镒，1991）。随后，吴征镒等（2003）又提出了世界种子植物的分布区类型系统，将世界种子植物的科划分为 18 个大分布型，其中中国有 15 个大分布型；74 个变型，其中中国有 38 个。同时又进一步完善了种子植物属的分布区系统，将中国属的分布区类型划分为 15 大类型和 35 个亚型（吴征镒等，2003，2006）。其后，吴征镒等（2014）在其原来区划的基础上，对中国植物区系区划提出了新的草案，将中国植物区系分为 4 个植物区（古热带植物区、东亚植物区、泛北极植物区、古地中海植物区）、7 个亚区、24 个地区和 49 个亚地区。至此，中国植物区系的组成、地理分布格局以及性质特征和植物区系分区已初步弄清（孙航等，2022）。

6.2 植被分类系统

二维码 6-3
中国植被分类系统改进

生物群落分类是生态学研究领域中争论最多的问题之一。不同国家或不同地区的研究对象、研究方法和对群落实体的看法不同，其分类原则和分类系统有很大差别，甚至成为不同学派的重要特色。

6.2.1 植物群落分类的单位

二维码 6-4
微课视频：群落的分类

到目前为止，世界上没有一个完整的植物群落分类系统，各学派都拥有自己的系统，它们在分类原则上不同，因此导致在植物群落分类单位的理解和侧重点上有所差异。这里主要介绍我国的植物群落分类单位以及分类系统。

我国生态学家在《中国植被》一书中，参照国外一些植物学派的分类原则和方法，采用了“群落生态”原则，即以群落本身的综合特征作为分类依据，群落的种类组成、外貌和结构、地理分布、动态演替、生态环境等特征在不同的分类等级中均作了相应的反映。所采用的主要分类单位分三级：植被型（高级单位）、群系（中级单位）和群丛（基本单位）。每一等级之上和之下又各设一个辅助单位和补充单位。高级单位的分类依据侧重于外貌、结构和生态地理特征，中级和中级以下的单位则侧重于种类组成。其系统如下所示。

植被型组，如草地；
　植被型，如温带草原；
　　植被亚型，如典型草原；
　　　群系组，如根茎禾草草原；
　　　　群系，如羊草草原；
　　　　　亚群系，如羊草＋丛生禾草草原；
　　　　　　群丛组，如羊草＋大针茅草原；
　　　　　　　群丛，如羊草＋大针茅＋柴胡草原；
　　　　　　　　亚群丛。

植被型（vegetation type）。凡建群种生活型（一级或二级）相同或相似，同时对水热条件的生态关系一致的植物群落联合为植被型。如寒温性针叶林、夏绿阔叶林、温带草原、热带荒漠等。

植被型组（vegetation typegroup）。建群种生活型相近而且群落外貌相似的植被型联合为植被型组。如针叶林、阔叶林、草地、荒漠等。

植被亚型（vegetation subtype）。在植被型内根据优势层片或指示层片的差异可划分植被亚型。例如，温带草原可分为 3 个亚型：草甸草原（半湿润）、典型草原（半干旱）和荒漠草原（干旱）。

群系（formation）。凡是建群种或共建种相同的植物群落联合为群系。例如，凡是以大针茅为建群种的任何群落都可归为大针茅群系。

群系组（formationgroup）。将建群种亲缘关系近似（同属或相近属）、生活型（三级和四级）近似或生境相近的群系可联合为群系组。例如落叶栎林、丛生禾草草原、根茎禾草草原等。

亚群系（subformation）。在生态幅度比较宽的群系内，根据次优势层片及其反映的生境条件的差异而划分亚群系。

群丛（association）。是植物群落分类的基本单位，犹如植物分类中的种。凡是层片结构相同，各层片的优势种或共优种相同的植物群落联合为群丛。

群丛组（associationgroup）。凡是层片结构相似，而且优势层片与次优势层片的优势种或共优种相同的植物群丛联合为群丛组。

亚群丛（subassociation）。用来反映群丛内部发育上的分化和生态条件的差异。

根据上述系统，中国植被分为11个植被型组、29个植被型、550多个群系，至少几千个群丛。

6.2.2 植物群落的命名

植物群落的命名，就是给表征每个群落分类单位的群落定以名称，精确的名称是非常重要和有意义的。

凡是已确定的群丛应正式命名。我国习惯采用联名法，即将各个层中的建群种或优势种和生态指示种的学名按顺序排列。在前面冠以Ass.（association的缩写），不同层之间的优势种以“-”相连，例如，Ass. *Larix gmelini*-*Rhododendron simsii*-*Pyrola incarnata* 即表示兴安落叶松-杜鹃-红花鹿蹄草群丛。从名称可知，该群丛乔木层、灌木层和草本层的优势种分别是兴安落叶松、杜鹃和红花鹿蹄草。

有时某一层具共优种，这时用“＋”相连。例如 Ass. *Larix gmelini*-*Rhododendron simsii*-*Pyrola incarnata*＋*Carex* sp.

当最上层的植物不是群落的建群种，而是伴生种或景观植物，这时用“＜”来表示层间关系［或用“||”或“()”］。例如 Ass. *Caragana microphylla*＜（或||）*Stipa grandis*-*Cleistogenes squarrosa* 或 Ass.（*Caragana microphylla*)-*Stipa grandis*-*Cleistogenes squarrasa*。

在对草本植物群落命名时，习惯上用“＋”来连接各亚层的优势种，而不用“-”。例如：Ass. *Caragana microphylla* ＜*Stipagrandis*＋*Cleistogenes squarrasa*＋*Artemisia frigida*。

6.2.3 法瑞学派和英美学派的群落分类简介

二维码6-5 微课视频：法瑞学派和英美学派的群落分类

法瑞学派的分类系统原则建立在群落植物区系的亲缘关系的基础上，并考虑到植物群落其他方面的特征。代表人物是Braun-Blanquet，他于1928年提出了一个植物区系-结构分类系统（floristic-structural classification），被称为群落分类中的归并法。这是一个影响比较大而且在西欧等许多国家被广泛承认和采用的系统。该系统的特点是以植物区系为基础，从基本分类单位到最高级单位，都是以群落的种类组成为依据。

该学派的分类过程是通过排列群丛表（association table）来实现的。首先在野外做大量的样方，样方数据一般只取多度、盖度和群集度。然后通过排表，找出特征种、区别种，从而达到分类的目的（表6.1）。

英美学派是根据群落动态发生演替原则的概念来进行群落分类的，其代表人物是Clements和Tansley。有人将该系统称为动态分类系统（dynamic classification）。他们对演替的顶极群落和未达到顶极的演替系列群落，在分类时处理的方法是不同的，采用两个平行的分类系统（顶极群落和演替群落），因而称该系统为双轨制分类系统（表6.2）。

表 6.1　Braun-Blanquet 分类系统的等级和命名

分类等级	后　缀	例　子
群丛门 division	-ea	Querco-Fagea
群丛纲 class	-etea	Querco-Fagetea
群丛目 order	-etalia	Fagetalia
群丛属 alliance	-ion	Fagion
亚群丛属 suballiance	-enion(-esion)	Galio-Fagenion
群丛 association	-etum	Fagetum
亚群丛 subassociation	-etosum	Allietosum
群丛变型 variant	—	Athyrium-Var
亚群丛变型 subvariant	—	Bromus-subvar
群丛相 facies	—	Mercurialis-Facies

表 6.2　英美学派的分类系统

顶极(climax)群落系统	演替系列(series)系统
群系型(formation type)	
群系(formation)	
群丛(association)	演替系列群丛(associes)
单优种群丛(consociation)	演替系列单优种群丛(consocies)
群丛相(faciation)	演替系列群丛相(facies)
组合(society)	演替系列组合(socies)
集团(clan)	集群(colony)
季相(aspect)	季相(aspect)
层(layer)	层(layer)

6.3　植被的排序

二维码 6-6
微课视频：
群落的排序

所谓排序（ordination），就是把一个地区内所调查的群落样地，按照相似度（similarity）来排定各样地的位序，从而分析各样地之间以及与生境之间的相互关系。排序基本上是一个几何问题，即把实体作为点在以属性为坐标轴的 P 维空间中（P 个属性），按其相似关系把它们排列出来。简单地说，要按属性去排序实体，这叫正分析（normal analysis）或 Q 分析（Q analysis）。排序也可有逆分析（inverse analysis）或叫 R 分析（R analysis），即按实体去排序属性。

为了简化数据，排序时首先要降低空间的维数，即减少坐标轴的数目。如果可以用一个轴（即一维）的坐标来描述实体，则实体点就排在一条直线上；用两个轴（二维）的坐标描述实体，点就排在平面上。如果用三个轴（三维）的坐标，也可勉强表现在平面的图形上，一旦超过三维就无法表示成直观的图形。因此，排序总是力图用二维、三维的图形去表示实体，以便直观地了解实体点的排列。排序方法可分为两类。

一类是群落排序，用植物群落本身属性（如种的出现与否、种的频度、盖度等），排定群落样地的位序，称为间接排序（indirect ordination），又称间接梯度分析（indirect gradient analysis）或者组成分析（compositional analysis）。间接排序的方法较多，几种常见的方法包括：①极点排序；②主分量分析；③对应分析。

极点排序是一种多维排序方法，样地排序结果使得它们的位置直接接近于相似性的程度，并使样地的成簇倾向能够用几何图形表示出来，然而识别这些组合和等级仍需进一步判断。这种排序方法除了可以识别样地类型外，还可以揭示植被变化趋势及其与环境梯度的关系。

主分量分析也称主成分分析，是近代排序方法中应用最广的一种，大量的应用证明，主成分分析是一种较有效的排序方法，它既适用于数量数据，也可以用于二元数据。主成分分析有着严格的数学基础，运算也很复杂，编有计算机程序。

对应分析也称相互平均法，它的特点是同时对实体和属性进行排序，也就是说，在一次分析过程中同时进行正分析和逆分析。它一方面用迭代法求特征向量，对样方进行排序，另一方面也得到了对属性的排序，很接近于梯度分析。

另一类是利用环境因素的排序，称为直接排序（direct ordination），又称为直接梯度分析（direct gradient analysis）或者梯度分析（gradient analysis），即以群落生境或其中某一生态因子的变化排定样地生境的位序。直接排序的常用排序方法包括：①直接测定环境因子的排序；②梯度分析；③群落-环境梯度。

直接测定环境因子的排序是根据环境因子梯度的直接测定，对物种或样地进行排序，它可以是一维的、二维的或多维的排序。最早使用这种方法的是凯勒尔，他称之为"生态序列法"。

群落取样是梯度分析时最主要的研究资料，除了应按照取样的一般要求外（如取样应有足够大的面积，样地应是同质的，取样应是有效的和适当的）外，通常还应该：①沿着确认的植被和环境梯度，按固定间隔取样（如山坡的等高线和坡向）；②在一个环境变化复杂的山区，当研究者遇到群落组成和环境新组合时，取样必须频繁连续地进行；③为了研究环境与群落间的关系，每一取样等级应有一组取样，以便进行梯度分析。

群落-环境梯度也称群落差型，对于生态系统来说即为生态系统梯度或生态（系统）差型。Whittaker 和 Niering 在全球尺度上把生态系统和气候联系起来，阐述了陆地上四个生态差型，即气候湿度梯度，热带南美洲的气候湿度梯度、海拔梯度，热带山地从下往上的温度梯度及气候温度梯度，从热带向北的森林气候温度梯度。

通过排序可以显示出实体在属性空间中位置的相对关系和变化趋势。如果它们构成分离的若干点集，也可达到分类的目的。结合其他生态学知识，还可以用来研究演替过程，找出演替的客观数量指标。如果我们既用物种组成的数据，又用环境因素的数据去排序同一实体集合，从两者的变化趋势，容易揭示出植物种与环境因素的关系。特别是，可以同时用这两类不同性质的属性（种类组成及环境）一起去排序实体，更能找出两者的关系。

6.4 群落与植被水平上的生态学应用案例

二维码 6-7
群落与植被水平上的生态学应用案例

具体内容见二维码。

课后复习

概念和术语：植物区系、群落、植被型、植被型组、植被亚型、群系、群系组、亚群系、群丛、亚群丛、群丛组、直接排序、间接排序

课后练习

1. 中国植被分类系统的原则、依据、分类系统及单位包括哪些?
2. 请简述英美学派与法瑞学派群落分类体系及二者间的关系。

在线习题及课后练习答案

二维码 6-8　在线习题及课后练习答案

参考文献

[1] 戈峰.现代生态学[M].2版.北京：科学出版社，2008.

[2] 李振基，陈圣宾.群落生态学[M].北京：气象出版社，2011.

[3] 杨允菲，祝延成.植物生态学[M].2版.北京：高等教育出版社，2011.

[4] 宋永昌.植被生态学[M].上海：华东师范大学出版社，2001.

[5] Odum E P.生态学基础[M].孙儒泳，钱国桢，林浩然，等译.北京：人民教育出版社，1981.

[6] Cox C B，Moore P D.生物地理学：生态和进化的途径[M].赵铁桥，译.7版.北京：高等教育出版社，2007.

[7] van der Maarel E，Franklin J.植被生态学[M].杨明玉，欧晓昆，译.2版.北京：科学出版社，2017.

[8] 孙航，邓涛，陈永生，等.植物区系地理研究现状及发展趋势[J].生物多样性，2017，25(2)：111-122.

[9] 吴征镒，孙航，周浙昆，等.中国种子植物区系地理[J].生物多样性，2011，19(1)：148.

[10] 吴征镒.《世界种子植物科的分布区类型系统》的修订[J].云南植物研究，2003(5)：535-538.

[11] 吴征镒，周浙昆，李德铢，等.世界种子植物科的分布区类型系统[J].云南植物研究，2003(3)：245-257.

[12] 王荷生.中国植物区系的基本特征[J].地理学报，1979(3)：224-237.

[13] 王荷生.新疆主要盐生植物羣落的分布及其与土壤、地下水的关系[J].植物生态学与地植物学丛刊，1964(1)：57-69.

[14] 王献溥.濒危物种保护现状与对策[C]//中国科学院生物多样性委员会、林业部野生动物和森林植物保护司、中国植物学会青年工作委员会.生物多样性研究进展——首届全国生物多样性保护与持续利用研讨会论文集.1994：7.

[15] 范玮熠，王孝安，郭华.黄土高原子午岭植物群落演替系列分析[J].生态学报，2006(3)：706-714.

[16] 张宏达.全球植物区系的间断分布问题[J].中山大学学报(自然科学版)，1998(6)：74-79.

7

生态系统基本原理与功能

引言

2023 年 2 月 26 日，有摄影师在云南省澄江市抚仙湖湿地拍摄到了一只国家一级保护野生动物彩鹮，这也是他继 2020 年首次在抚仙湖湿地拍摄到彩鹮后，时隔三年再次拍摄到。彩鹮是湿地生态环境改善的标志性物种，主要栖息在温暖的河湖及沼泽附近，主要以水生昆虫、虾、甲壳类为食，《中国濒危动物红皮书》曾一度宣布彩鹮在中国绝迹。

云南抚仙湖位于我国西部候鸟迁徙通道上，既是候鸟迁徙过境的重要集结点和停歇地，也是迁徙水禽的越冬栖息地。抚仙湖由于其独特的低纬高原构造，生态系统十分脆弱。2002 年，抚仙湖曾大面积暴发蓝藻，属于抚仙湖流域的星云湖蓝藻水华频发，水质重度污染。抚仙湖山区矿山开采和高坡耕种造成磷矿山污染及水土流失；坝区过量用水和使用化肥造成严重污染；鱼塘、耕地等挤占湖滨缓冲带使湿地过滤功能降低；同时，外来物种入侵及天然产卵场所遭到人为活动影响，土著鱼类资源枯竭。当地政府长期以来坚持不懈开展生态环境保护和治理工作，2017 年抚仙湖流域被纳入全国山水林田湖草生态保护修复工程试点，在扭转生态系统退化趋势及实现绿色高质量发展等方面取得了显著成效。近年来，抚仙湖流域的生态环境越来越好，湖体挺水植物增加到 12 种，消失 20 多年的鱇浪白鱼鱼汛重现，候鸟的种类也越来越多，仅在抚仙湖国家湿地公园范围内就发现鸟类 16 目 39 科 196 种。

受城市化、农业生产、矿产资源开发等高强度人类活动长期干扰的影响，在全球、区域和局地等多个尺度，生态系统的结构和功能发生了巨大的变化，部分生态系统退化严重，生态系统供给服务的能力下降，对生态安全及人类可持续发展产生了重要的影响。随着“绿水青山就是金山银山”的科学论断的提出，尊重自然、顺应自然、保护自然的生态文明理念逐渐融入社会建设各方面和全过程。党和国家提出的“生态文明建设”、“五位一体”总体布局、“新发展理念”等都需要生态系统生态学提供理论支持。生态系统生态学需要面向国家的战略需求，综合研究脆弱生态系统对全球变化和人类活动的响应与适应，脆弱生态系统的保护、恢复和重建理论与技术。面对资源约束趋紧、环境污染严重、生态系统退化的严峻形势，国家在这些生态与环境领域的国际活动和履约过程中迫切需要全面翔实的科学数据和研究理论作为科技支撑，解决生态文明建设中遇到的问题，并为生态文明建设的持续发展提供理论支撑。

学习意义

为什么要学习生态系统生态学?

生态系统生态学是研究生态系统的组成要素、结构与功能、变化与演替以及人为影响与调控机制的生态学分支学科，个体、种群和群落生态学是其发展的基石。它在整个生态学科体系中占有十分重要的地位。生态系统生态学与地理学、生物学和环境科学相交叉，它不仅研究生态系统的自然属性，也强调人文社会因素的作用。近年来人类活动导致地球环境迅速恶化，强烈的社会需求驱动着生态系统生态学的理论发展和技术进步，生态系统生态学为濒危物种保育、生物入侵预警和控制、退化生态系统恢复、生物资源管理、全球变化及应对等诸多问题提供了知识基础和研究方法。

学习目标

◇ 掌握生态系统的概念和特征。
◇ 理解生态系统的基本原理。
◇ 掌握生态系统中能量流动的基本概念、途径和特点。
◇ 熟悉物质循环的基本概念和各类物质循环的过程及特点。
◇ 了解信息流动的类型和物种流动的特点。
◇ 掌握生态系统服务的概念和分类。
◇ 熟悉生态系统服务的特点和评价方法。

7.1 生态系统的概念和特征

7.1.1 生态系统的概念

生态系统一词是英国植物生态学家 A. G. Tansley 于 1936 年首先提出来的。后来苏联植物学家 V. N. Sucachev 又从地植物学的研究出发，提出了生物地理群落的概念。生物地理群落（biogeocoenosis）简单说来就是由生物群落本身及其地理环境所组成的一个生态功能单位，1965 年在丹麦哥本哈根会议上决定生态系统和生物地理群落是同义语，此后生态系统一词便得到了广泛应用。

生态系统（ecosystem）就是在一定空间中共同栖居着的所有生物（即生物群落）与其环境之间由于不断地进行物质循环和能量流动而形成的统一整体。生态系统主要在于强调一定地域中各种生物相互之间、它们与环境之间功能上的统一性。生态系统主要是功能上的单位，而不是生物学中分类的单位。

7.1.2 生态系统的特征

(1) 具有时空概念的复杂大系统　通常与一定的空间相联系，以生物为主体，呈网络式的多维空间结构的复杂系统。生态系统是一个极为复杂的、多要素、多变量构成的层级系统。较高的层级系统以大尺度、大基粒、低频率和缓慢速度为特征，它们被更大系统、更缓慢作用所控制。而且，不同变量及其不同的组合，以及这种不同组合在一定变量动态之中，又构成了很多亚系统。

（2）具有明确的功能和公益服务性能　生态系统不是生物分类学单元，而是功能单元，具有能量流动、物质循环、信息传递等功能。生态系统在进行多种生态过程中，为人类提供了粮食、药物和工农业原料等，并提供人类生存的环境条件，形成生态系统服务。

（3）具有一定的负荷力　生态系统负荷力是涉及用户数量和每个使用者强度的二维概念。在实践中，可将有益生物种群保持在一个环境条件所允许的最大种群数量。环境保护工作中，在人类生存和生态系统不受损害的前提下，容纳污染物的量要与环境容量相匹配。生态系统的环境容量越大，可接纳的污染物的量就越多。

（4）具有自维持、自调控功能　生态系统自动调控机能主要表现在三方面：第一是同种生物的种群密度的调控，这是在有限空间内比较普遍存在的种群变化规律；第二是异种生物种群之间的数量调控，多发生于植物与动物、动物与动物之间，常有食物链联系；第三是生物与环境之间的相互适应的调控，生态系统对干扰具有抵抗和恢复的能力。生态系统调控功能主要靠反馈的作用，通过正、负反馈相互作用和转化，保证系统达到一定的稳态。

（5）具有动态的、生命的特征　生态系统具有发生、形成和发展的过程。生态系统可分为幼期、成长期和成熟期，表现出鲜明的历史性特点，生态系统具有自身特有的整体演化规律。换言之，任何一个自然生态系统都是经过长期发展形成的。生态系统这一特性为预测未来提供了重要的科学依据。

（6）具有健康、可持续发展特性　自然生态系统在数十亿万年发展中支持着全球的生命系统，为人类提供了经济发展的物质基础和良好的生存环境。然而长期以来人类活动给生态系统健康造成极大的威胁。为此，加强生态系统管理，促进生态系统健康和可持续发展是全人类的共同任务。

7.2　生态系统基本原理

7.2.1　生态系统开放性原理

生态系统是个开放系统，主要表现在生态系统全方位地与系统的外界进行交流。即使是相对独立的池塘生态系统也是这样，它的四面八方亦都是与外界相通的，不断有能量和物质的进入和输出。

生态系统的开放性也表现在熵（entropy）的交换，通过开放，生态系统不断地摄入能量，并将代谢过程中所产生的熵排向环境。生态系统本质上不同于孤立全封闭系统的行为，就在于同环境之间有交换。

开放的重要意义体现在：①对一个系统而言，有输入（input）才有输出（output），输入决定了输出，如果没有输入，那么就不存在输出；②由于开放的存在，生态系统各要素间有了不断的交流，促使生系统内各要素间关系始终处于动态之中；③开放使得生态系统本身的结构和功能得到不断的发生和发展，给生态系统提供了可持续的可能性。

研究生态系统时，要注意开放的形式和内容，不能把开放性局限在某个点上。同时要分清主次，在众多的外界环境因素中，应关注那些对系统的运动产生实质影响的因素。

7.2.2 生态系统时空结构性原理

自然生态系统一般都有分层（stratification）现象。草地生态系统上层绿草稀疏，而且喜阳光；下层绿草稠密，较耐阴；最下层有的就匍匐在地面上。动物的空间分布最上层是能飞行的鸟类和昆虫的场所；下层是兔和田鼠等的活动场所；最下层是蚂蚁等在土层上活动；土层下还有蚯蚓和蝼蛄等。池塘等水域生态系统中，浮游植物聚集于水体的表层；浮游动物和鱼、虾等多生活在水中；在底层沉积的污泥层有底栖生物、细菌和微生物等。

各种生态系统在空间结构的布局上有一致性。上层阳光充足，集中分布着绿色植物的树冠或藻类，有利于光合作用，故上层称为绿带（green belt）或自养生物层（autotrophic stratum）。在绿带以下为异养生物层（heterotrophic stratum）或分解层，又常称为褐带（brown belt）。生态系统中的分层有利于生物充分利用阳光、水分、养分和空间。

此外，所有生态系统的共同特征之一是生产者和消费者、消费者和消费者之间的相互作用和相互联系，生物在空间上是部分分隔的，但彼此又交织在一起。

生态系统的结构和外貌也会随时间不同而变化，这反映出生态系统在时间上的动态。一般可以从三个时间量度上来考虑。一是长时间量度，以生态系统进化为主要内容；二是中间时间量度，以群落演替为主要内容；三是昼夜、季节和年份等短时间量度的周期性变化。短时间周期性变化在生态系统中是较为普遍的现象。绿色植物一般在白天阳光下进行光合作用，在夜晚只进行呼吸作用。近岸潮间带无脊椎动物组分则具有明显的昼夜节律分化。

生态系统短时间结构的变化，反映了植物、动物等为适应环境因素的周期性变化，从而引起整个生态系统外貌上的变化，这种生态结构的短时间变化往往反映了环境质量高低的变化。所以，对生态系统结构的时间变化研究具有重要的实践意义。

7.2.3 生态系统结构与功能的相关性原理

生态系统是个多组分的单元。有生物组分，也有非生物的组分相互融合，共同形成一个整体。生态系统组分结构与其功能存在着辩证的关系，主要体现在以下几点：

① 结构与功能是相互依存的。组分与结构是功能的内在根据，是基础，功能是组分与结构的外在表现。一定结构表现一定的功能，一定的功能总是由一定的系统结构产生。

② 结构与功能又是相互制约、相互转化的。一方面，系统的组分结构决定系统的功能。组分结构发生变化，制约着系统发展和变化，如森林生态系统是以乔木层为主体形成的一个复杂系统。由于乔木、灌木等生物成分种类和结构不同，构成了地球上丰富多彩的生态系统。另一方面，功能具有相对的独立性，可反作用于结构。在环境变化的影响下，此时结构虽未变化，但功能首先不断地发生变化，功能变化又反过来影响组分结构。

③ 组分结构和功能的联系密不可分，在生态系统中存在着多种类型。如组成系统的结构与组分都不同，系统的功能也就相应地不同；但组成系统的组分与结构都不同，也能获得相同的功能（如不同结构的生态系统，都有生产的功能）；系统的组分相同，但结构不同，系统的功能也就不同；一个生态系统的结构，可能有多种功能。

④ 生态系统稳定性是相对的。生态系统总处于自然环境之中，与外界进行物种和能量、物质和信息的交换。在交换过程中，系统的组分结构不仅在量的方面可以逐渐发生变化，而且在一定条件下可能产生质的飞跃。

7.2.4 生态系统反馈性原理

反馈（feedback）是生态系统内部自我调节、自我维持的主要机制，指系统的输出端通过一定通道，即反馈环（feedback loop）反送到输入端，变成了决定整个系统未来功能的输入。具有这种反馈机制（feedback mechanism）的系统称为控制论系统（cybernetic system）。

生态系统自我调控就是反馈功能的一个体现，具有增强系统功能作用的称正反馈（positive feedback），具有削弱系统功能作用的称为负反馈（negative feedback）。这两种反馈相互交替、相辅相成就能够维持生态系统的稳态。

正反馈是增大与中心点距离的过程。生态系统中某种成分的变化引起其他系列的变化，反过来又加速最初发生变化成分的变化。因此，正反馈的作用常常是使生态系统远离稳态。例如，某地湖泊生态系统受了污染，导致鱼类大量死亡，鱼的死亡和腐烂又会加重水域污染，并引起更多鱼类的死亡。由于正反馈的作用，湖泊的污染越来越重，鱼类死亡速率也会越来越快。

负反馈是一种不断减小与中心点距离的过程，是不断趋向中心点的行为过程。负反馈是保持系统稳定性的重要机制，例如，生物防治工作中的以瓢虫治蚜虫就体现了负反馈的这一原理。蚜虫危害棉花生长，就利用它的天敌瓢虫来捕食它。瓢虫与蚜虫之间的数量关系显示出彼此消长中的正、负反馈机制。

生态系统就是一种反馈系统，能自我调节并维持自身正常功能。系统不断通过（正、负）反馈进行调整，使系统维持和达到稳态。生态系统生物之间、生物与环境之间存在着各种反馈机制，没有控制的系统不可能成为稳定的系统。

7.2.5 生态系统整体性原理

整体性（holism）是指系统的有机整体，其存在的方式、目标、功能都表现出统一的整体性。它是生态系统最重要的一个特征。任何一个生态系统都是由多要素结合而成的统一体（integrated unit）。

整体性是生态系统要素与结构的综合体现，主要有三个论点。①整体大于它的各部分之和。要素按照一定规律组织起来具有综合性功能，各要素相互联系、相互制约、相互作用，展现出了个体组分所不具备的性质、功能和运动规律，涌现出了新质（emergent property），这是各要素独立存在时所没有的。所以，一个生态系统由若干组分结合而成时，就意味着出现了一个新的整体。②一旦形成了系统，各要素不能再分解成独立要素存在。如果要硬性分开，那么分解出去的要素就不再具有系统整体性的特点和功能。③各个要素的性质和行为对系统的整体性是有作用的。这种作用是在各要素相互作用过程中表现出来的，各要素是整体性的基础。系统整体如果失去其中一些关键性要素，那么也难以成为完整的形态而发挥作用。

生态系统的整体性越强，就越像一个无结构分割的整体。在一定条件下，可以以一个要素的身份参与到更大的系统中去。这种整体性正是生态系统的实质和核心。生态环境遭受到一系列的损害，局部的行动已不能有效解决问题，要以整体性原则来处理。采用整体性原则，生态系统某些特征会变得明显，一些行为变成可见，否则这些行为不能被发现。

7.3 生态系统中的能量流动

生态系统的功能主要有能量流动、物质循环和信息传递三种。或者说生态系统的基本功能一般通过能量流和物质流来描述。

7.3.1 能流模式与特征

7.3.1.1 能流模式

生态系统中能量主要有两种存在的状态，即动能和势能。动能（kinetic energy）是正在做功的能量，是生物与其环境之间以传导和对流形式相互传递的能量，包括热和辐射。势能又称潜能（potential energy），是蕴藏在有机分子键内，处于静态的能量。它包含着一种做功的能力和做功的可能性。能量的国际单位是 Joule（焦耳）。过去常用的能量单位是卡（cal）或千卡（kcal）（1J＝0.239cal，1cal＝4.1846J）。

太阳能是生态系统的初始能量来源，无论是初级生产者，还是次级生产者，能量在生态系统流动过程中，一部分被生物同化利用（A），另一部分未被利用而排泄掉（F、U）。被同化利用的能量（A）中，一部分能量构成生物生产量，另一部分能量以呼吸的形式消耗（R）。因此生态系统能量流动可以概括为如图 7.1 的一个通用模式。它适用于个体、种群和群落等不同层次和动物、植物、微生物等不同生物。

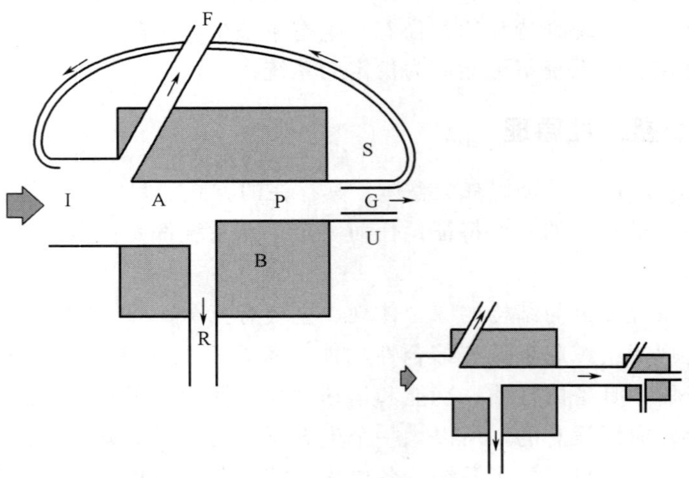

图 7.1 能量流动的通用模式（Odum，1983）

A—同化的能量；B—生物量；F—未被利用的能量；G—生物的生长；I—输入或摄取的能量；P—生产量；R—呼吸消耗的能量；S—贮存的能量；U—排泄掉的能量

生态系统能量流动的过程包括：①捕食食物链能流过程；②碎屑食物链能流过程；③呼吸代谢耗能过程；④储存和矿化过程。

7.3.1.2 能流特征

（1）生态系统能量流动遵循热力学定律　热力学第一定律指出，自然界能量可以由一种形式转化为另一种形式，在转化过程中按严格的当量比例进行。能量既不能消灭，也不能凭空创造。热力学第二定律指出，生态系统的能量从一种形式转化为另一种形式时，总有一部能量转化为不能利用的热能而耗散。

(2) 生态系统能量单向流动　能流的单一方向性主要表现在三个方面：①太阳的辐射能以光能的形式输入生态系统后，通过光合作用被植物固定，此后不能再以光能的形式返回；②自养生物被异养生物摄食后，能量就由自养生物流到异养生物体内，不能再返回给自养生物；③从总的能流途径而言，能量只能一次性流经生态系统，是不可逆的。

(3) 能量在生态系统内流动的过程是不断递减的过程　从太阳辐射能到被生产者固定，再经植食动物，到肉食动物，再到大型肉食动物，能量是逐级递减的。这是因为：①各营养级消费者不可能百分之百地利用前一营养级的生物量；②各营养级的同化作用也不是百分之百的，总有一部分不被同化；③生物在维持生命过程中进行新陈代谢总是要消耗一部分能量。

(4) 能量在流动中质量逐渐提高　能量在生态系统中流动，一部分能量以热能耗散，另一部分的去向是把较多的低质量能转化成另一种较少的高质量能。从太阳能输入生态系统后的能量流动过程中，能量的质量是逐步提高的。

(5) 能量流动通过食物链形成生态金字塔　生态金字塔（ecological pyramid）包括能量金字塔、数量金字塔和生物量金字塔三种类型。其中能量金字塔所提供的信息较为客观和全面。能量金字塔（pyramid of energy）是以各营养阶层所固定的总能量值随营养级的变化来表示的一种金字塔类型，它以热力学为基础，较好地反映了生态系统内能量流动的本质。数量金字塔（pyramid of number）是以各营养阶层所承载的个体数量随营养级的变化来表示的一种金字塔类型，过高估计了小型生物的作用。而生物量金字塔（pyramid of biomass）是以各营养阶层所承载的生物量随营养级的变化来表示的一类金字塔，又过高强调了大型生物的作用。

7.3.1.3　生态效率

生态效率（ecological efficiency）是指各种能流参数中的任何一个参数在营养级之间或营养级内部的比值，常以百分数表示。

(1) 常用的几个能量参数

摄取量（I）。表示一个生物（生产者、消费者、腐食者）所摄取的能量。对植物来说，I 代表被光合作用所吸收的日光能。对动物来说，I 代表动物吃进的食物能。

同化量（A）。表示在动物消化道内被吸收的能量，即消费者吸收所采食的食物能。对分解者来说是指细胞外产物的吸收。对植物来说是指在光合作用中所固定的日光能，常以总初级生产量（GP）表示。

呼吸量（R）。指生物在呼吸等新陈代谢和各种活动中消耗的全部能量。

生产量（P）。指生物呼吸消耗后净剩的同化能量值。它以有机物质的形式累积在生物体内或生态系统中。对于植物来说，它是指净初级生产量（NP）。对动物来说，它是同化量扣除维持消耗后的能量，即 $P=A-R$。

(2) 营养级之内的生态效率

同化效率：指被植物吸收的日光能中被光合作用固定的能量比例，或被动物摄食的能量中被同化了的能量比例。

$$同化效率=\frac{被植物固定的能量}{吸收的日光能}=\frac{被动物吸收的能量}{动物的摄食量}$$

即 $A_e=\dfrac{A_n}{I_n}$，其中 n 为营养级数。

一般肉食动物的同化效率比植食动物要高些，因为肉食动物的食物在化学组成上更接近其本身的组织。

生长效率：包括组织生长效率和生态生长效率。

$$组织生长效率=\frac{n\ 营养级的净生产量}{n\ 营养级的同化能量}，即\ TG_e=\frac{NP_n}{A_n}$$

$$生态生长效率=\frac{n\ 营养级的净生产量}{n\ 营养级的摄入量}，即\ EG_e=\frac{NP_n}{I_n}$$

通常植物的生长效率大于动物，大型动物的生长效率小于小型动物，年老动物的生长效率小于幼年的，变温动物的大于恒温动物的；通常生物的组织生长效率高于其生态生长效率。

（3）营养级位之间的生态效率

消费效率（或利用效率）：

$$消费效率=\frac{(n+1)营养级的摄入量}{n\ 营养级的净生产量}，即\ C_e=\frac{I_{n+1}}{NP_n}$$

或

$$利用效率=\frac{(n+1)营养级的同化量}{n\ 营养级的净生产量}，即\ U_e=\frac{A_{n+1}}{NP_n}$$

消费效率可用来度量一个营养级位对前一营养级位的相对采食压力。此值一般在25%～35%，这说明每一营养级位的净生产量有65%～75%进入碎屑食物链。利用效率的高低，说明前一营养级位的净生产量被后一营养级位同化了多少，即被转化利用了多少。

林德曼效率（1/10定律）：这是美国生态学家R. L. Lindman于1942年在经典能流研究中心提出的，它相当于同化效率、生长效率和消费效率的乘积。但也有学者把营养级间的同化能量的比值视为林德曼效率，即：

$$林德曼效率=\frac{I_{n+1}}{I_n}=\frac{A_n}{I_n}\times\frac{P_n}{A_n}\times\frac{I_{n+1}}{P_n}=\frac{(n+1)营养级摄取的食物}{n\ 营养级摄取的食物}$$

或

$$林德曼效率=\frac{(n+1)营养级的同化量}{n\ 营养级的同化量}，即\ L_e=\frac{A_{n+1}}{A_n}$$

根据林德曼测量结果，这个比值大约为1/10，曾被认为是一项重要的生态学定律。但这仅是湖泊生态系统的一个近似值，在其他不同的生态系统中，高则可达30%，低则可能只有1%或更低。对自然水域生态系统的研究表明，在从初级生产量到次级生产量的转化过程中，林德曼效率为15%～20%。

7.3.2 生态系统中的初级生产

7.3.2.1 初级生产的基本概念

初级生产（primary production）是指绿色植物的生产，即植物通过光合作用，吸收和固定光能，把无机物转化为有机物的生产过程，也称为第一性生产。其过程可用下列化学方程式概述：

$$6CO_2+12H_2O \xrightarrow[\text{叶绿素}]{\text{光能}} C_6H_{12}O_6+6O_2+6H_2O$$

在初级生产过程中，植物固定的能量有一部分被植物自己的呼吸消耗掉，剩下的可用于植物生长和生殖，这部分生产量称为净初级生产量（net primary production）。而包括呼吸消耗在内的全部生产量，称为总初级生产量（gross primary production）。总初级生产量（GP）、呼吸所消耗的能量（R）和净初级生产量（NP）之间的关系是：

$$GP=NP+R$$

$$NP=GP-R$$

净初级生产量是可供生态系统中其他生物（主要是各种动物和人）利用的能量。生产量通常用每年每平方米所生产的有机物质干重［$g/(m^2 \cdot a)$］或每年每平方米所固定的能量值［$J/(m^2 \cdot a)$］表示。初级生产量也可称为初级生产力。

影响初级生产力的主要环境因子分为六大类，即日照、温度、水分、矿物质、氧气、二氧化碳。此外，植物的类型、品系和消费者等也影响初级生产力。

7.3.2.2 初级生产量的测定方法

（1）收获量测定法　用于陆地生态系统。定期收割植被，烘干至恒重，然后以每年每平方米的干物质质量来表示。取样测定干物质的热量，并将生物量换算为 $J/(m^2 \cdot a)$。为了使结果更精确，要在整个生长季中多次取样，并测定各个物种所占的比重。在应用时，有时只测定植物的地上部分，有时还测地下根的部分。

（2）氧气测定法　氧气测定法实质上是利用 O_2 的变化来估算生产量。通常，光合作用释放氧的总量与生产有机物质的总量成正比。对于森林生态系统来说，要通过测定森林的光合作用与呼吸作用，建立起适合于该系统的数学模式来确定植物群落光合作用总量，以此来估算单位面积的初级生产量。

对于水生生态系统来说，常用黑白瓶法测定水中的含氧量，估计水生生态系统初级生产力。准备三个相同玻璃瓶，其中一个用黑胶布包上，再包以铅箔。从待测的水体深度取水，保留一瓶（初始瓶）以测定水中原来的溶氧量；将另一对黑白瓶沉入取水样深度，经过 24h 或其他适宜时间，取出进行溶氧测定。根据初始瓶、黑瓶、白瓶溶氧量，即可求得净初级生产量、呼吸量、总初级生产量。

（3）CO_2 测定法　用塑料帐篷将群落的一部分罩住，测定进入和抽出空气中 CO_2 含量。如黑白瓶方法比较水中溶氧量那样，本方法也要用暗罩和透明罩，也可用夜间无光条件下的 CO_2 增加量来估计呼吸量。测定空气中 CO_2 含量的仪器是红外气体分析仪，或用经典的 KOH 吸收法。

（4）放射性标记物测定法　把放射性 ^{14}C 以碳酸盐（$^{14}CO_3^{2-}$）的形式，放入含有自然水体浮游植物的样瓶中，沉入水中经过短时间培养，滤出浮游植物，干燥后在计数器中测定放射活性，然后通过计算，确定光合作用固定的碳量。因为浮游植物在暗中也能吸收 ^{14}C，因此还要用“暗呼吸”作校正。

（5）叶绿素测定法　通过薄膜将自然水进行过滤，然后用丙酮提取，将丙酮提出物在分光光度计中测量光吸收，再通过计算，转化为每平方米含叶绿素多少克。叶绿素测定法最初应用于海洋和其他水体，较用 ^{14}C 和氧气测定法简便，花的时间也较少。

（6）遥感和地理信息系统（GIS）技术的应用　通过遥感和 GIS 技术可获得大尺度生物量和生产力的分布以及变动规律。通过建立遥感信息与实测数据之间的数学模型，可实现由可见光、近红外多谱段颜色等资料直接推算群落的叶面积和 NP，然后利用 GIS 的分析平台，将估算的 NP 分布格局以最直观的图形方式表示出来。

二维码 7-1
全球的
初级生产量

7.3.3 生态系统中的次级生产

7.3.3.1 次级生产的基本概念

次级生产（secondary production）是消费者和分解者利用初级生产所制造的物质和贮存的能量进行新陈代谢，经过同化作用转化成自身物质和能量的过程，也称为第二性生产。次级生产就是异养生物的生产。动物的肉、蛋、奶、毛皮、体壁、骨骼等都是次级生产的产物。

次级生产最终是以初级生产为基础。初级生产的质和量对次级生产有直接或间接的影响。从理论上讲，净初级生产量可以全部被异养动物所利用，转化为次级生产量。然而，任何一个生态系统中的净初级生产量总是有相当一部分不能被利用，在转化过程中要丢失一定的能量。因此，各级消费者所利用能量仅仅是被食者生产量中的一部分。

二维码 7-2
微课视频：
生态系统的
初级生产

次级生产量可表示为：

$$\mathrm{PS}=I-\mathrm{Fu}-R$$

式中，PS 为次级生产的能量；I 为摄入的能量；Fu 为排泄物、分泌物、粪便和未同化食物中的能量；R 为呼吸中丢失的能量。

7.3.3.2 次级生产量的测定

各种生态系统中的食草动物利用或消费植物净初级生产量的效率是不同的，一般说来，无脊椎动物有较高的生长效率，30%～40%（呼吸丢失能量较少，因而能将更多的同化能量转变为生长能量）；外温性脊椎动物居中，约 10%；内温性脊椎动物很低，仅 1%～2%。它们为维持恒定体温而消耗很多已同化的能量。因此，动物的生长效率与呼吸消耗呈明显的负相关。

次级生产量的测定方法主要有两条途径。① 按同化量和呼吸量估计生产量，即 $P=A-R$；按摄食量扣除粪尿量估计同化量，即 $A=I-\mathrm{Fu}$。② 利用种群内个体生长和新个体的出生来计算动物的净生产量，即

$$P=P_g+P_r$$

式中，P_g 是个体增重的部分；P_r 代表生殖后代的生产量。

也可以用生产量变化和死亡损失来计算，即净生产量＝生物量变化＋死亡损失。

二维码 7-3
次级生产量的
测定方法

二维码 7-4
微课视频：生态
系统中的次级生产

二维码 7-5
全球各类生态
系统的次级生产

7.3.4 生态系统中的物质分解

分解（decomposition）作用是指动物、植物和微生物的残株、尸体等复杂有机物分解

为简单无机物的逐步降解过程。生态系统中的分解作用是一个极为复杂的过程，包括降解、碎化和淋溶等，然后通过生物摄食和排出，并有一系列酶参与到各个分解的环节中。在分解动物尸体和植物残体中起决定作用的是异养微生物。

降解（degradation，K）是指在酶的作用下，有机物质通过生物化学过程，分解为单分子物质或无机物等的过程。碎化（break down，C）是指颗粒体的粉碎，是一种物理过程。主要的改变是动物生命活动的结果，当然，也包括了非生物因素，如风化、结冰、解冻和干湿作用等。淋溶（leaching，L）是指水将资源中的可溶性成分解脱出来。有机体一旦死亡，那些可溶的或水解的物质就很快地溶解出来。这个过程并不一定要有微生物参与。分解过程（D）实际上是这三个分解过程的乘积，即

$$D = KCL$$

二维码 7-6 微课视频：物质的分解过程及意义

控制该过程的驱动变量是有机物质的性质、生物分解者和分解过程中的环境条件。

7.3.5 生态系统中的能量流动研究

7.3.5.1 能量流动研究的一般步骤

主要包括以下六个步骤：①确定系统边界；②划分各组成成分；③研究输入、输出值；④热值测定与转换；⑤绘出能流图；⑥能流分析。

能流分析包括：个体能量收支、种群能量动态、食物链能流和生态系统能流分析。

7.3.5.2 个体水平的能量流动

个体水平上的能量流动是研究食物链水平乃至生态系统水平上能量流动的基础，目前主要局限于对动物个体能流的研究。G. O. Batzli（1975）提出了一个旨在定性表述植物或动物个体能流的模式（图 7.2），图中的虚线表示有机体边界。在植物或动物的个体能流中，太阳辐射能或食物作为能源分别被动物或植物通过取食或吸收进入有机体，其间伴随着辐射能的损耗、植物蒸腾耗热和动物体表水分蒸发的能量损耗。进入有机体的能量构成总生产，并通过以下几条途径转移：①呼吸代谢并产生乙醇、乳酸或 CO_2；②含氮化合物作为废物被排泄掉；③有机体可以完成移动负荷做功；④结合在还原碳中的能量进一步形成各种含能产品，构成净生产。当含能产品的积累率大于其消耗率，即净生产为正时，在宏观上表现为有机体的生长。有机体净生产除一部分形成产量（含能产品）外，其余能量通过以下几种途径转移：一是用于繁殖后代（幼仔）；二是个体的某些部分死亡脱落；三是形成一些分泌物（如：植物的树胶、黏胶、挥发性物质）和信息激素。

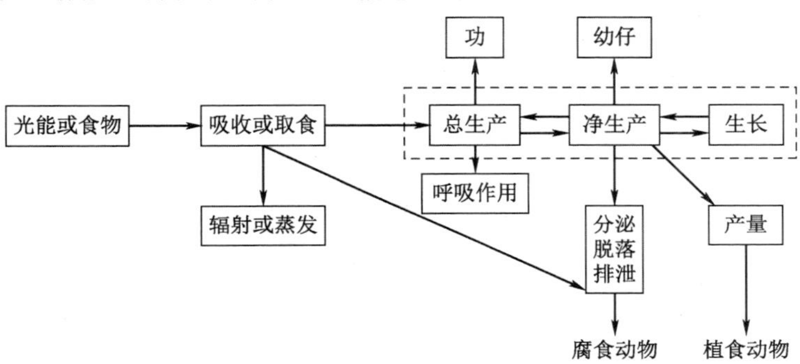

图 7.2 个体水平的能量流动模式图

7.3.5.3 食物链水平的能量流动

图 7.3 描述了能量在一条食物链上的流动过程。在太阳能被植物吸收固定并沿食物链流动的过程中，食物链上存留的能量随营养级的升高不断损失。当能量从一个营养级传递到相邻的下一个营养级时，其耗损是多方面的：①由于无法食用而不能被利用的；②可以利用但因消费者密度低或食物选择限制而未能利用的；③利用（消费）了而未被同化的；④同化后部分被呼吸消耗掉的以及因其他原因被减少了的。

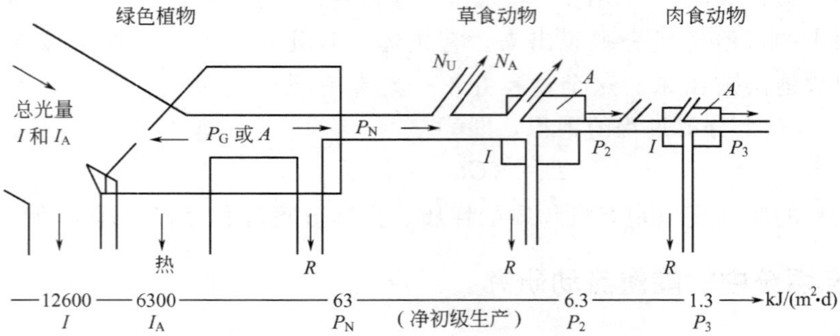

图 7.3 食物链水平上的能流模式图（仿 Odum，1971）

I—输入的辐射能；I_A—植物吸收的光能；P_G—包括呼吸消耗在内的总初级生产量；

P_N—除去呼吸消耗的净初级生产量；A—总同化量；P_2、P_3—消费者生产量；

N_U—未被利用的能量（作为贮存或输出）；N_A—未被同化的能量（作为排泄和分泌）；R—呼吸耗能

7.3.5.4 生态系统水平的能量流动

个体水平、食物链水平的能流是整个生态系统能流的基础单元。生态系统的食物网较复杂，所以进入生态系统的太阳能和其他形式的能量可沿多条食物链流动，并逐级递减。图 7.4 是一个简化的生态系统能流图，将生态系统的能量分为 4 个库，即植物能量库、动物能量库、微生物能量库及死有机物能量库。进入生态系统的能量在这 4 个库之间被逐级利用，其间有一部分太阳能被反射、散射而离开了生态系统，有一部分经呼吸作用以热能的形式离开了系统，还有一部分以产品的形式输出。

二维码 7-7
微课视频：
生态系统中
能量流动的
途径和过程

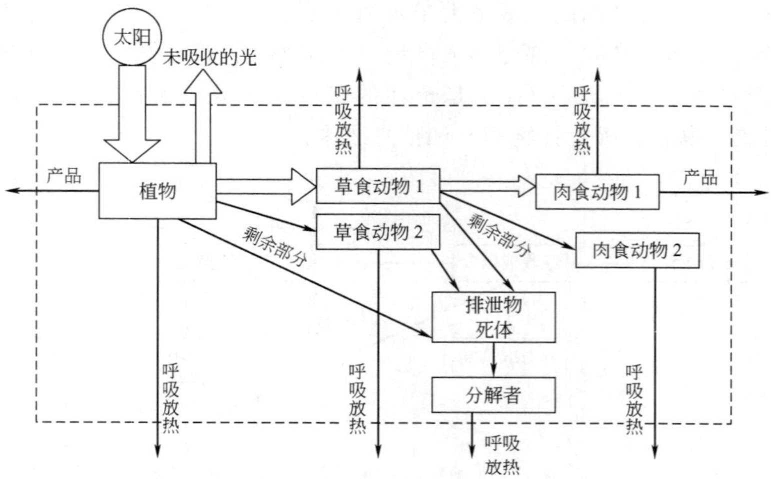

图 7.4 生态系统水平的能流简图（丁圣彦，2004）

虚线框表示系统的边界

7.4 生态系统中的物质循环

7.4.1 物质循环的一般特点

生态系统从大气、水体和土壤等环境中获得营养物质，通过绿色植物吸收，进入生态系统，被其他生物重复利用，最后再回到环境中，称为物质循环（cycle of material），又称生物地球化学循环（biogeo-chemical cycle）（图 7.5）。能量流动和物质循环是生态系统中的两个基本过程，正是这两个过程使生态系统各个营养级之间和各种成分（非生物和生物）之间组成一个完整的功能单位。

7.4.1.1 物质循环的模式

生态系统中的物质循环可以用库（pool）和流通（flow）两个概念加以概括。库是由存在于生态系统某些生物或非生物成分中一定数量的某种化合物所构成的。对于某一种元素而言，存在一个或多个主要的蓄库。在库里，该元素的数量远远超过正常结合在生命系统中的数量，并且通常只能缓慢地将该元素从蓄库中放出。物质在生态系统中的循环实际上是在库与库之间彼此流通的。在一个具体的水生生态系统中，磷在水体中的含量是一个库，在浮游生物体内的磷含量是第二个库，而在底泥中的磷含量又是一个库，磷在库与库之间的转移（浮游生物对水中磷吸收以及死亡后残体下沉到水底，底泥中的磷又缓慢释放到水中）就构成了该生态系统中的磷循环。

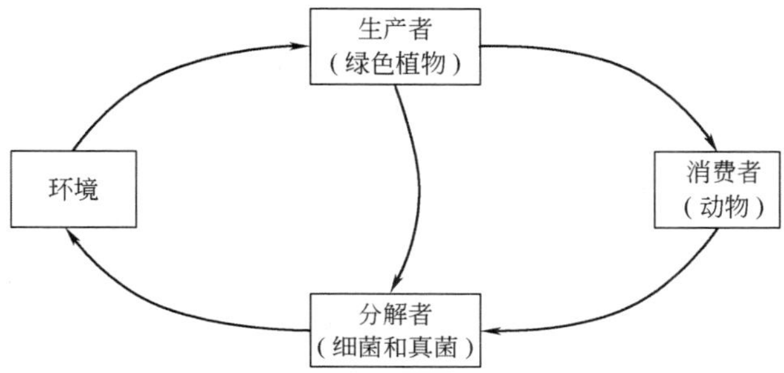

图 7.5 生态系统的物质循环图

流通量是指单位时间、单位面积（体积）内物质的流通量，单位为 $kg/(m^2 \cdot t)$。为了表示一个特定的流通过程对有关库的相对重要性，用周转率（turnover rate）和周转时间（turnover time）来表示。周转率就是出入一个库的流通率除以该库中的营养物质的比值。周转时间是周转率的倒数，周转时间表达了移动库中全部营养物质所需要的时间。

物质循环的速率在空间和时间上有很大的变化，影响物质循环速率最重要的因素有：①循环元素的性质，即循环速率由循环元素的化学特性和被生物有机体利用的方式不同所致；②生物的生长速率，这一因素影响着生物对物质的吸收速度，以及物质在食物和食物链中的运动速度；③有机物分解的速率，适宜的环境有利于分解者的生存，并使有机体很快分解，迅速将生物体内的物质释放出来，重新进入循环。

7.4.1.2 物质循环的类型

生物地球化学循环可分为三大类型，即水循环（water cycle）、气体型循环（gaseous cycle）和沉积型循环（sedimentary cycle）。生态系统中所有的物质循环都是在水循环的推动下完成的。

在气体型循环中，物质的主要储存库是大气和海洋，循环与大气和海洋密切相关，具有明显的全球性，循环性能最为完善。凡属于气体型循环的物质，其分子或某些化合物常以气体的形式参与循环过程。属于这一类的物质有氧、二氧化碳、氮、氯、溴、氟等。

主要蓄库与岩石、土壤和水相联系的是沉积型循环，如磷、硫循环。沉积型循环速度比较慢，参与沉积型循环的物质，其分子或化合物主要是通过岩石的风化和沉积物的溶解转变为可被生物利用的营养物质，而海底沉积物转化为岩石圈成分是一个相当长的、缓慢的、单向的物质转移过程，时间要以千年来计。属于沉积型循环的物质有磷、钙、钾、钠、镁、锰、铁、铜、硅等，其中磷是较典型的沉积型循环物质。

生物地球化学循环的过程研究主要是在生态系统水平和生物圈水平上进行的。在局部的生态系统中，可选择一个特定的物种，研究它在某种营养物质循环中的作用，如在生产者、消费者和分解者等各个营养级之间以及与环境的交换。生物圈水平上的生物地球化学循环研究，主要研究水、碳、氧、磷、氮等物质或元素的全球循环过程。

7.4.2 水循环

二维码 7-8
微课视频：
物质循环
的模式

7.4.2.1 全球水循环

水既是一切生命有机体的重要组成成分，又是生物体内各种生命过程的介质，还是生物体内许多生物化学反应的底物。陆地、大气和海洋的水，形成了一个水循环系统。水域中，水受到太阳辐射作用而蒸发进入大气中，水汽随气压变化而流动，并聚集为云、雨、雪、雾等形态，其中一部分降至地表。到达地表的水，一部分直接形成地表径流进入江河，汇入海洋；一部分渗入土壤内部，其中少部分可为植物吸收利用，大部分通过地下径流进入海洋。植物吸收的水分中，大部分用于蒸腾，只有很小一部分通过光合作用形成同化产物，并进入生态系统，然后经过生物呼吸与排泄返回环境（图 7.6）。

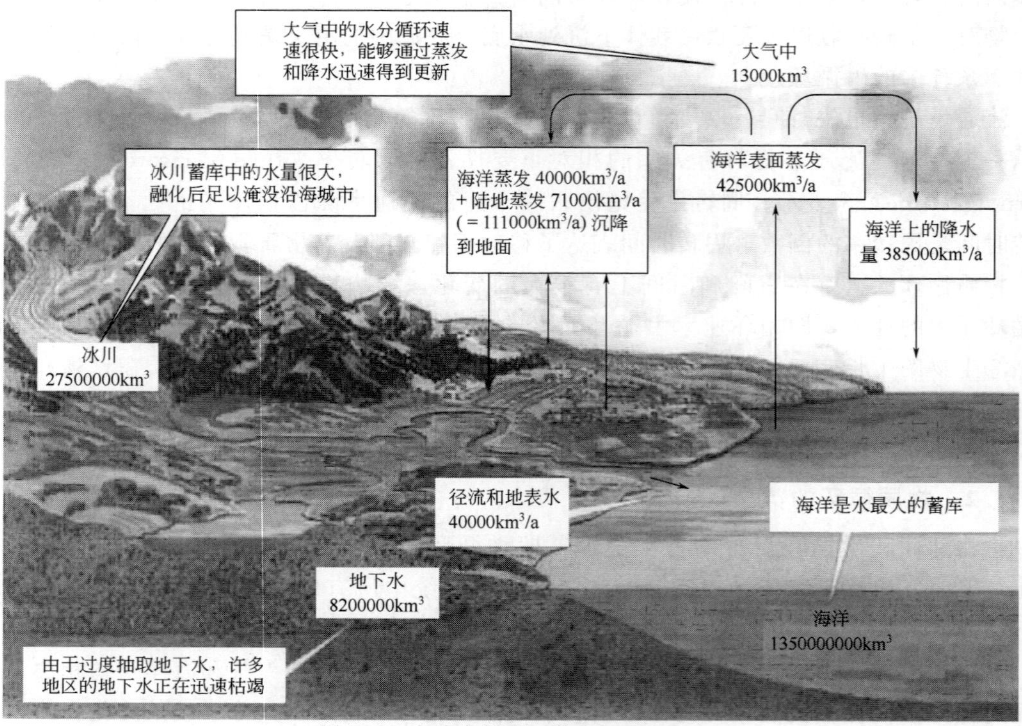

图 7.6　全球水循环（仿 Manuel C.）

水通过各个贮存库的循环周期长短因贮存库的大小不同而有显著差异。冰川水的周转期为8600a；地下水的周转期为5000a；江河水只有11.4d；植物体内水分的周转期最短，夏天为2～3d。

生物圈中水的循环平衡是靠世界范围的蒸发与降水来调节的。由于地球表面的差异和距太阳远近的不同，水的分布不仅存在着地域上的差异，还存在着季节上的差异。一个区域的水分平衡受降水量、径流量、蒸发量和植被截留量以及自然蓄水的影响。降水量、蒸发量的大小又受地形、太阳辐射和大气环流的影响。地面的蒸发和植物的蒸腾与农作制度有关。土地裸露不仅使土壤蒸发量增大，而且由于缺少植被的截留，使地面径流量增大。

7.4.2.2 生态系统中的水循环

生态系统中的水循环包括截取、渗透、蒸发、蒸腾和地表径流。植物在水循环中起着重要作用，植物通过根吸收土壤中的水分。与其他物质不同的是，进入植物体的水分只有1%～3%参与植物体的建造并进入食物链，由其他营养级所利用，其余97%～99%通过叶面蒸腾返回大气中，参与水分的再循环。不同的植被类型蒸腾作用是不同的，森林植被的蒸腾最大，它在水的生物地球化学循环中的作用最为重要。

7.4.3 气体型循环

7.4.3.1 碳循环

碳是一切生命中最基本的成分，有机体干重45%以上是碳。据估计，全球碳贮存量约为26×10^{15}t，但绝大部分以碳酸盐的形式禁锢在岩石圈中，其次是贮存在化石燃料中。碳的主要循环形式是从大气的二氧化碳蓄库开始，经过生产者的光合作用，把碳固定，生成糖类，然后经过消费者和分解者，在呼吸和残体腐败分解后，再回到大气蓄库中。碳被固定后始终与能流密切结合在一起，生态系统生产力的高低也是以单位面积中的碳来衡量。

除大气外，碳的另一个储存库是海洋，它的含碳量是大气的50倍。在水体中，水生植物将大气中扩散到水上层的二氧化碳固定转化为糖类，通过食物链经消化合成，再消化再合成，各种水生动植物呼吸作用又释放二氧化碳到大气中。动植物残体埋入水底，其中的碳都暂时离开循环。但是经过地质年代，又可以石灰岩或珊瑚礁的形式再露于地表。岩石圈中的碳也可以借助于岩石的风化和溶解、火山爆发等重返大气圈。有部分则转化为化石燃料，燃烧过程使大气中的二氧化碳含量增加（图7.7）。

自然生态系统中，植物通过光合作用从大气中摄取碳的速率与通过呼吸和分解作用而把碳释放到大气中的速率大体相同。大气中的二氧化碳含量有着明显的日变化和季节变化。碳循环的速度很快，最快的在几分钟或几小时就能够返回大气，一般会在几周或几个月返回大气。

7.4.3.2 氮循环

氮是生命代谢元素。大气中氮的含量为79%，总量约3.85×10^{15}t，但它是一种很不活泼的气体，不能为大多数生物直接利用。氮只有通过固氮菌的生物固氮、闪电等的大气固氮以及工业固氮等3条途径，转为硝酸盐或氨的形态，才能为生物吸收利用。

二维码7-9
微课视频：
碳循环

在生态系统中，植物从土壤中吸收硝酸盐、铵盐等含氮化合物，与体内

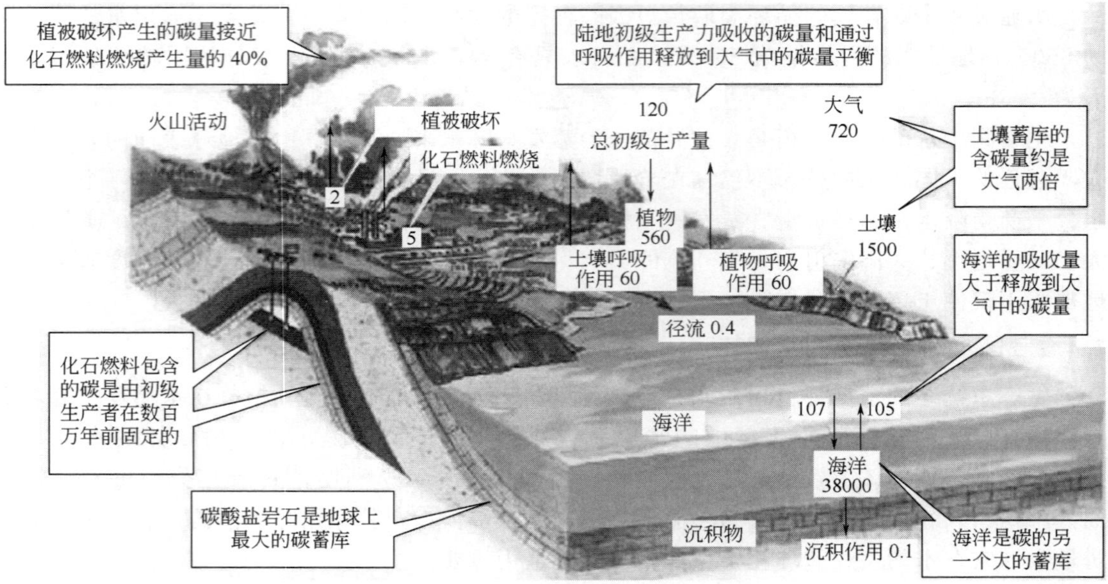

图 7.7 全球碳循环（单位为 10^{15} g，转移量单位为 10^{15} g/a，数据来源：Schlesinger，1991）

的含氮化合物结合生成各种氨基酸，氨基酸彼此联结构成蛋白质分子，再与其他化合物一起建造了植物有机体，于是氮素进入生态系统的生产者有机体，进一步为动物取食，转变为含氮的动物蛋白质。动植物排泄物或残体等含氮的有机物经微生物分解为 CO_2、H_2O 和 NH_3 返回环境，NH_3 可被植物再次利用，进入新的循环。氮在生态系统的循环过程中，常因有机物的燃烧而挥发损失；或因土壤通气不良，硝态氮经反硝化作用变为游离氮而挥发损失；或因灌溉、水蚀、风蚀、雨水淋洗而流失等。损失的氮或进入大气，或进入水体，变为多数植物不能直接利用的氮素。因此，必须通过上述各种固氮途径来补充，从而保持生态系统中氮素的循环平衡（图 7.8）。

7.4.4 沉积型循环

7.4.4.1 磷循环

磷是生物不可缺少的重要元素，生物的代谢过程都需要磷的参与。磷是核酸、细胞膜和骨骼的主要成分，高能磷酸键在腺苷二磷酸（ADP）和腺苷三磷酸（ATP）之间可逆地转移，它是细胞内一切生化作用的能量。

磷溶于水而不挥发，是典型的沉积型循环物质。磷以地壳为主要贮藏库。岩石土壤风化释放的磷酸盐和农田中施用的磷肥，被植物吸收进入体内。含磷有机物沿两条支路循环：一是沿生物链传递，并以粪便、残体的形式归还土壤；二是以枯枝落叶、秸秆归还土壤。各种磷的有机化合物经土壤微生物的分解，转变为可溶性的磷酸盐，可再次供给植物吸收利用，这是磷的生物小循环。在这一循环过程中，一部分磷脱离生物小循环进入地质大循环，其支路有两条：一是动植物遗体在陆地表面的磷矿化；二是磷受水的冲蚀进入江河，流入海洋。另外，海洋中的磷以捕鱼的方式被人类或海鸟带回陆地的量也不可忽视。进入海洋的磷酸盐一部分经过海洋的沉降和成岩作用变成岩石，然后经地质变化、造山运动，才能成为可供开采的磷矿石。因此，磷是一种“不完全”的缓慢循环的元素（图 7.9）。

二维码 7-10
微课视频：磷循环

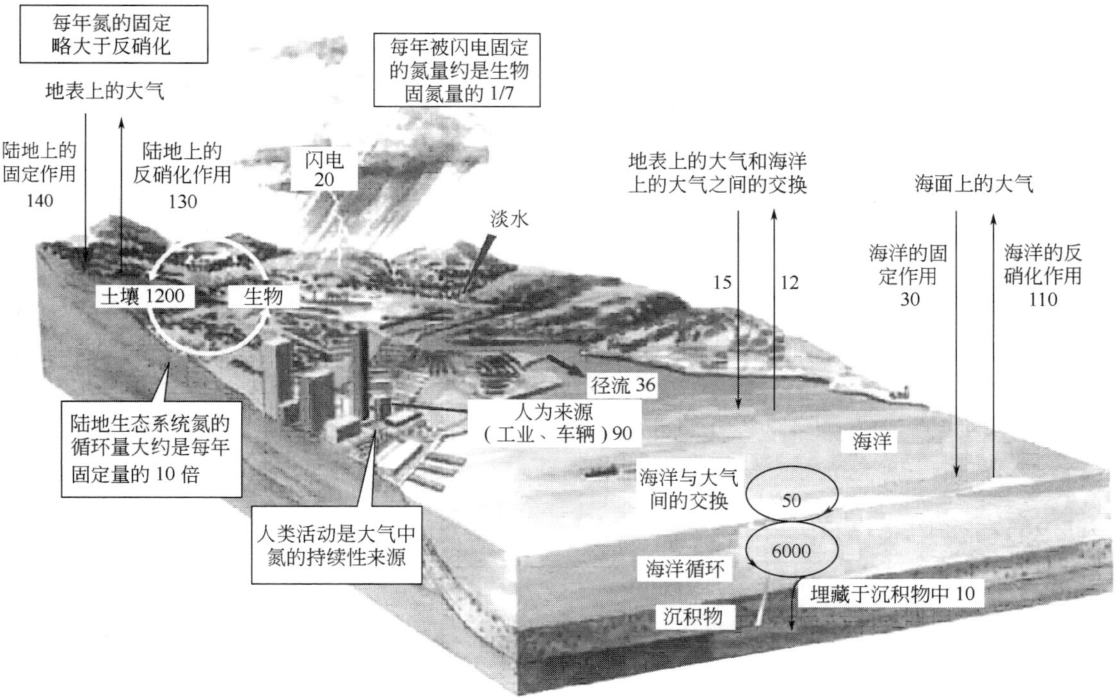

图 7.8 全球氮循环（仿 Mannuel C.，单位为 10^{12}g/a，数据来源：Schlesinger，1991）

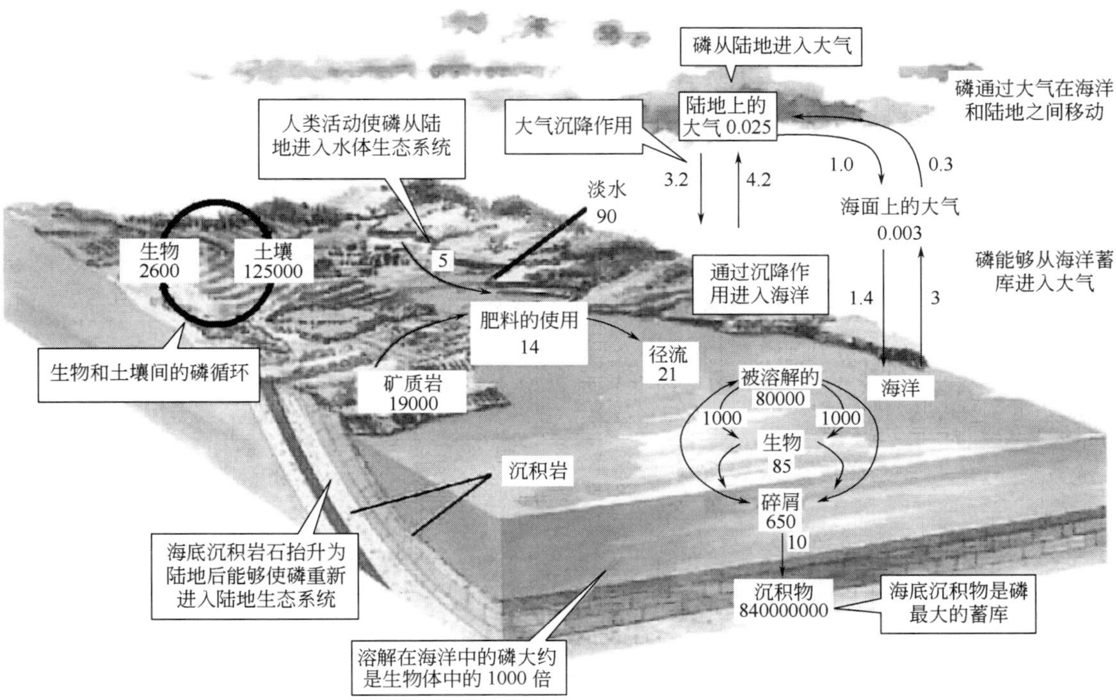

图 7.9 磷循环（单位为 10^{12}g，转移量单位为 10^{12}g/a，仿 Mannuel C.，数据来源：Schlesinger）

7.4.4.2 硫循环

硫是蛋白质和氨基酸的基本成分，在地壳中硫的含量只有0.052%，但其分布很广。在自然界，硫主要以元素硫、亚硫酸盐和硫酸盐三种形式存在。硫循环兼有气体型循环和沉积型循环的双重特征，SO_2 和 H_2S 是硫循环中的重要组成部分，属气体型循环；被束缚在有机或无机沉积物中的硫酸盐，属于沉积型循环。

岩石圈中的有机、无机沉积物中的硫，通过风化和分解作用而释放，以盐溶液的形式进入陆地和水体。一部分以溶解态的硫被植物吸收利用，转化为氨基酸的成分，并通过食物链被动物利用，最后随着动物排泄物和动植物残体的腐烂、分解，硫又被释放出来，回到土壤或水体中被植物重新利用。另外一部分硫以气态形式参与循环，硫进入大气主要以 SO_2 或 H_2S 的形式。硫进入大气的途径有化石燃料的燃烧、火山爆发、海面散发和在分解过程中释放气体等。煤和石油中的硫燃烧时被氧化成 SO_2 进入大气。SO_2 可溶于水，随降水到达地面成为硫酸盐。氧化态的硫在化学和微生物作用下，转变成还原态的硫，也可以实现相反转化。部分硫可沉积于海底，再次进入岩石圈。

7.4.5 有毒物质循环

有毒物质循环是指某些对生物有毒害的物质在生态系统中通过生物体或食物链而转化、迁移、富集或降解的过程。有毒物质种类繁多，包括有机的和无机的两类。无机有毒物质主要指重金属、氟化物和氰化物等，有机有毒物质主要有酚类、有机氯农药等。

7.4.5.1 有毒物质循环的特点

有毒物质进入生态系统的途径是多种多样的。大多数有毒物质在生物体内被生物体同化后产生生物富集现象，在代谢过程中不能被排出而长期停留在生物体内，造成有机体中毒、畸形或死亡。有毒物质进入环境后一般都会经历迁移和转化过程，从而使其毒性降低或增加（如汞的生物甲基化等）。

7.4.5.2 有机毒物 DDT 在生态系统中的循环

DDT 是一种人工合成的有机氯杀虫剂，其化学性能稳定、不易分解且易扩散，它很容易被有机体吸收，溶于脂肪并积累在动物的脂肪里，一旦进入体内就很难排泄出去。人类喷洒的 DDT 进入生态系统后，一是经过植物的茎和叶及根系进入植物体，在体内积累，被草食动物食入后再被肉食动物所摄取，逐级浓缩；二是经过土壤动物（如蚯蚓）被地上的食虫动物（如家鸡）所捕食，食虫动物又可以被高级的食肉动物（如鹰）所捕食，逐级浓缩。在自然界中，类似 DDT 的人工合成大分子化合物由于不能被生物消化与分解，其浓度通过食物链逐级积累增大，形成倒金字塔形。

7.4.5.3 重金属汞在生态系统中的循环

汞是自然界分布很广而丰度不高的重金属。由于它在水体、土壤、大气和生物圈中不断迁移和转化，其循环显示出很复杂的过程，是重金属在生态系统中循环的典型。汞可分为无机汞（金属汞、汞的无机化合物）和有机汞（烷基汞、苯基汞等）。汞被列为有毒物质的主要原因，一是它的化合物毒性很高；二是在生物的作用下，金属汞和二价汞离子等无机汞能通过生物甲基化作用转化成毒性比无机汞高50～100倍的甲基汞，而且这种甲基化的物质也随生物富集而逐级放大。元素的生物甲基化还常见于铝、铂、锡、砷和硒等，而且其毒性都有增大的特点。

7.5 生态系统中的信息传递

信息传递是指信息在生态系统中沿着一定的途径由一个生物传递给另一个生物的过程。信息传递是生态系统的基本功能之一，在传递过程中伴随着一定的物质和能量消耗。信息传递往往是双向的，有从输入到输出的信息传递，也有从输出到输入的信息反馈。按照控制论的观点，正是由于这种信息流，才使生态系统产生了自动调节机制。生态系统中包含多种多样的信息，大致可以分为物理信息、化学信息、行为信息和营养信息。

7.5.1 物理信息

物理信息是由物理因素引起的生物之间或生物与非生物之间的相互作用所产生的信息。它以物理过程为传递形式，生态系统中的各种光、声、热、电、磁等都是物理信息。其特点是存在范围广、作用大、直观而易捕获。

物理信息有两种作用：一是起着组分内与组分间及各种行为的调节作用，如鸟类的鸣叫、蝴蝶的飞舞、植物的颜色，某些动物的颜色和形态有吸引异性、种间识别、威吓和警告的作用；二是起着限制生命有机体行为的作用，如光强度、温度、湿度等物理信息都对生态系统中生物的生存产生或大或小的影响。

7.5.2 化学信息

生态系统的各个层次都有生物代谢产生的化学物质参与传递信息、协调各种功能，如生物代谢中分泌的维生素、生长素、抗生素和性激素等，这种传递信息的化学物质统称为信息素。

主要包括植物间、动物间及动物和植物间的化学信息传递。例如，在植物群落中，一种植物通过某些化学物质的分泌和排泄而影响另一种植物的生长甚至生存。动物通过外分泌腺体向体外释放某种信息素，通过气流的运载，被种内的其他个体嗅到或接触到，接受者能立即产生某些行为反应，产生某种生理改变。植物体内含有某些激素是抵御害虫的有力武器。某些裸子植物具有昆虫的蜕皮激素及其类似物。如有些金丝桃属植物，能分泌一种引导光敏性和刺激皮肤的化合物——海棠素，使误食的动物变盲或死亡，故多数动物会避开这种植物，但叶甲却利用这种海棠素作为引诱剂以找到食物。

7.5.3 行为信息

同一物种或不同物种个体相遇时，产生的异常行为或表现传递了某种信息，可统称为行为信息。这些行为信息可能是识别、报警，甚至是挑战的信号。

行为信息在鸟类、猿猴等动物中，领域性行为较为明显。蜜蜂发现蜜源时，就有舞蹈动作的表现，以“告诉”其他蜜蜂去采蜜，而且蜂舞有各种形态和动作，来表示蜜源的远近和方向，其他工蜂则以触觉来感觉舞蹈的步伐，判断出正确的方向和信息。地甫鸟发现天敌后，雄鸟急速起飞，扇动翅膀向雌鸟发出信号。

生态系统中许多植物的异常表现和许多动物的异常行为所包含的行为信息常常预示着灾变或反映着环境的变化。

7.5.4 营养信息

营养信息是由外界营养物质数量的变化而导致生理代谢发生变化的一类信息。在生态系统中，食物链（网）就是一个生物的营养信息系统，各种生物通过营养信息关系联系成一个互相依存和相互制约的整体。营养信息通过食物链传递或生物体营养状况及生物种群繁殖等表现出来。

营养信息直接或间接地影响着生物的生长、发育、繁殖及迁徙，具有一定的调控作用。动物和植物不能直接对营养信息进行反应，通常需要借助于其他的信号手段。例如，当生产者的数量减少时，动物就会离开原生活地，去其他食物充足的地方生活，以此来减轻同种群的食物竞争压力。在草原牧区，草原的载畜量必须根据牧草的生长量而定，使牲畜数量与牧草产量相适应。如果不顾牧草提供的营养信息，超载过牧，就必定会因牧草饲料不足而使牲畜生长不良和引起草原退化。

7.6 生态系统中的物种流动

7.6.1 物种流动的基本概念

物种流（species flow）是指物种的种群在生态系统内或系统之间时空变化的状态。物种流是生态系统的一个重要过程，它扩大和加强了不同生态系统之间的交流和联系。提高了生态系统服务的功能。

物种流主要有三层含义：①生物有机体与环境之间相互作用所产生的时间、空间变化过程；②物种种群在生态系统内或系统之间格局和数量的动态，反映了物种关系的状态，如寄生、捕食、共生等；③生物群落中物种组成、配置，营养结构变化，外来种和本地种的相互作用，生态系统对物种增加和空缺的反应等。

7.6.2 物种流动的特点

（1）有序性（order） 物种种群的个体移动有季节的先后，有年幼、成熟个体的先后等。

（2）连续性（continuous movement） 个体在生态系统内运动常是连续不断的，有时加速、有时减速。

（3）连锁性（chain reaction） 物种向外扩散常是成批的。东亚飞蝗先是少数个体起飞，然后带动大量蝗虫起飞。

（4）有规律和无规律移动 物种的空间变动可概括为无规律的生物入侵和有规律的迁移两大类。

7.7 生态系统服务

7.7.1 生态系统服务的概念

生态系统服务（ecosystem service）是指生态系统与生态过程所形成及所维持的人类赖

以生存的自然环境条件和效用，自然资本的能流、物流、信息流构成的生态系统服务和非自然资本结合在一起产生了人类福利（Daily，1997）。简单讲，生态系统服务就是环境和过程。通过这些环境和过程，生态系统及其生物多样性用于维持和满足人类生存。联合国组织的千年生态系统评估提出的生态系统服务有四类。

第一，“提供服务”（provisioning service）为人类提供直接的产品利用，如食物、淡水、木材和纤维等，它们是常见的经济要素。第二，“调节服务”（regulating service）维持人类在生物物理意义上有可能生存的一个世界，并提供污水净化、作物授粉、洪水控制和气候稳定等效益。第三，“文化服务”（cultural service）使世界成为人们愿意生存的地方，包括娱乐、审美、智力和心灵启发等。第四，“支持服务”（supporting service）为社会更直接依赖的环境和过程创建了背景。支持功能是生态系统提供、调节与文化服务功能的集中表现。所有这些服务都由复杂的化学、物理和生物循环提供，动力来自太阳，在不同尺度上发挥作用（表7.1）。

表7.1 生态系统服务类型、举例及归类（曹建军等译，2017）

服务类型	举例及归类
提供服务	生产……
食物	海产食品、农作物、牲畜和香料等
药物	医药产品、先导药物合成(药物筛选)
耐用材料	天然纤维、木材
能源	生物燃料、浅沉积水体发电
工业产品	石蜡、石油、香水、染料和橡胶等
基因资源	可提高其他产品产量的中间产品
调节服务	形成……
循环和净化过程	废弃物解毒和分解、土壤肥力提高和更新、空气和污水净化等
迁移过程	树木及其他植物盖度的种子散布、作物和其他植物的授粉
稳固过程	海岸、河流河道的维持，主要潜在害虫的控制，碳固定
灾害预防	水文循环调节(缓解洪涝和干旱)、极端气候抑制(如温度和风向)
文化服务	提供…… 审美、静谧环境、消遣机会、文化、智力心灵启迪等
支持服务 选择	维持…… 生产上述服务的过程 为将来提供如上及有待发现产品和服务的生态组分与生态系统

7.7.2 生态系统服务的特点

（1）属于公共商品　不通过市场经济机构即市场交换，用以满足公共需求的产品或服务就称为公共商品。其两大特点是：一是非涉他性，即一个人消费该商品时不影响另一个人的消费；二是非排他性，即没有理由排除一些人消费这些商品，如新鲜的空气、无污染的水源。

（2）外部经济效益　外部经济效益是指不通过市场交换实现，某一经济主体受到其他经济主体活动的影响，其效益被有利者称为外部经济，如林业部门栽树，水利部门、旅游业和服务业受益；其影响则被有害者称为外部不经济，如水土流失、大气污染等。森林生态系统能给社会带来多种服务，如涵养水源、保持水土、固定二氧化碳、提供游憩、保护野生生物等，这些都是典型的外部经济效益。

（3）不具有市场行为　私有商品可以在市场交换，并有市场价格和市场价值。但公共商品没有市场交换，也没有市场价格和市场价值，因为消费者都不愿意一个人支付公共商品的费用而让别人都来享受。生态系统提供的生命支持系统服务，如涵养水源、提供氧气、固定二氧化碳、吸收污染物质等都属于公共商品，没有进入市场，这给公共商品的估价带来了很大的困难。

（4）属于社会资本　生态系统提供的生命支持系统服务有益于区域，甚至有益于地球全人类，绝不是对于某个个体而言，如森林生态系统的水源涵养功能对整个区域有利，森林生态系统的固碳作用能抑制全球温室效应。因此，生命支持系统被视为社会资本。

7.7.3　生态系统服务的评价

7.7.3.1　物质量评价

物质量评价主要是从物质量的角度对生态系统提供的各项服务进行定量评价，即根据不同区域、不同生态系统的结构、功能和过程，从生态系统服务功能机制出发，利用适宜的定量方法确定产生的服务的物质数量。物质量评价的特点是能够比较客观地反映生态系统的生态过程，进而反映生态系统的可持续性。运用物质量评价方法对生态系统服务功能进行评价，其评价结果比较直观，且仅与生态系统自身健康状况和提供服务功能的能力有关，不会受市场价格不统一和波动的影响。物质量评价特别适合于同一生态系统不同时段提供服务功能能力的比较研究，以及不同生态系统所提供的同一项服务功能能力的比较研究，是生态系统服务功能评价研究的重要手段。

物质量评价是以生态系统服务功能机制研究为理论基础的，生态系统服务功能机制研究程度决定了物质量评价的可行性和结果的准确性。物质量评价采用的手段和方法主要包括定位实验研究、遥感、GIS、调查统计等，其中，定位实验研究是主要的服务功能机制研究手段和技术参数获取手段，遥感和调查统计则是主要的数据来源，GIS为物质量评价提供了良好的技术平台。物质量评价是价值量评价的基础。

单纯利用物质量评价方法也有局限性，主要表现在其结果不够直观、不能引起足够的关注。并且由于各单项生态系统服务功能量纲不同，所以无法进行加总，从而无法评价某一生态系统的综合服务功能。评价过程中，由于生态系统类型不同、服务功能不同，其物质量评价方法存在着极大的差异。

7.7.3.2　价值量评价

价值量评价方法主要是利用一些经济学方法将服务功能价值化的过程。由于生态系统提供服务的特殊性和复杂性，其评价和价值计量至今仍是一件十分困难的事情。生态系统服务功能的价值可以分为直接利用价值、间接利用价值、选择价值与存在价值。生态系统服务功能价值评估方法，因其功能类型不同而异。

直接利用价值主要指生态系统产品所产生的价值，它包括食品、医药及其他工农业生产原料、景观娱乐等带来的直接价值。直接利用价值可用产品的市场价格来估计。

间接利用价值主要指无法商品化的生态系统服务功能，如维持生命物质的生物地球化学循环与水文循环、维持生物物种与遗传多样性、保护土壤肥力、净化环境、维持大气化学的平衡与稳定、支撑与维持地球生命支持系统的功能。间接利用价值的评估常常需要根据生态系统功能的类型来确定，通常有防护费用法、恢复费用法、替代市场法等。

选择价值是人们为了将来能直接利用与间接利用某种生态系统服务功能的支付意愿。如果使用货币来计算选择价值，则相当于人们为确保自己或别人将来能利用某种资源或获得某种效益而预先支付一笔保险金。例如，人们为确保将来能利用某一森林在涵养水源、保护土壤、净化大气、固定CO_2、释放氧气，以及生态旅游等方面的效益而愿意现在支付一定的保护费用，这种支付意愿的数值相当于某一森林的选择价值。选择价值的支付意愿可分为三种情况：为自己将来利用，为子孙后代将来利用（遗产价值），为他人将来利用（替代消费）。

存在价值也称作内在价值，指人们为确保某种资源继续存在（包括其知识存在）而自愿支付的费用。存在价值是生态系统本身具有的一种经济价值，是与人类利用与否无关的经济价值，也与人类存在与否无关，即使人类不存在，资源的存在价值仍然在现实生活中存在，如生态系统中的物种多样性、涵养水源等生态系统结构与生态过程。存在价值是介于经济价值与生态价值之间的一种过渡性价值，它可为经济学家和生态学家提供共同的价值观。

根据已有的生态系统服务功能价值评价技术和评价方法，结合生态系统服务与自然资本的市场发育程度，可将价值评价方法划分为市场价值法（direct market valuation）、替代市场价值法（indirect market valuation）和假想市场价值法（surrogate market valuation）三大类。具体的一些生态系统服务功能的评价技术则包括机会成本法（opportunity cost approach）、影子价格法（shadow price）、替代工程法（replacement engineering）、费用分析法（replacement cost）、因子收益法（factor income）、人力资本法（human capital）、享乐价值法（hedonic pricing）、旅行费用法（travel cost）、条件价值法（contingent valuation）和群体价值法（group valuation）等，这些经济学评价方法的主要特点见表 7.2。

二维码 7-11 全球生态系统服务的价值评估

表 7.2 生态系统服务功能主要价值评价方法（戈峰，2008）

类型	具体评价方法	方法特点
市场价值法	生产要素价格不变 生产要素价格变化	生态系统作为生产中的一个要素，其变化影响产量和预期收益的变化
替代市场价值法	机会成本法(OC)	以其他利用方案中的最大经济效益作为该选择的机会成本
	影子价格法(SP)	以市场上相同产品的价格进行估算
	替代工程法(RE)	以替代工程建造费用进行估算
	防护费用法(PC)	以消除或减少该问题而承担的费用进行估算
	恢复费用法(RC)	以恢复原有状况需承担的治理费用进行估算
	因子收益法(FI)	以因生态系统服务而增加的收益进行估算
	人力资本法(HC)	通过市场价格或工资来确定个人对社会的潜在贡献，并以此来估算生态服务对人体健康的贡献
	享乐价值法(HP)	以生态环境变化对产品或生产要素价格的影响来进行估算
	旅行费用法(TC)	以游客旅行费用、时间成本及消费者剩余进行估算
假想市场价值法	条件价值法(CV)	以直接调查得到的消费者支付意愿来进行估算
	群体价值法(GV)	通过小组群体辩论以民主的方式确定价值或进行决策

7.8 生态系统水平上的生态学应用案例

具体内容见二维码。

二维码 7-12
生态系统
水平上的生态学
应用案例

课后复习

1. 概念和术语：生态系统、营养级、能量金字塔、生态效率、摄取量、同化量、呼吸量、生产量、同化效率、生长效率、消费效率、初级生产、次级生产、物质循环、库、流通量、周转率、周转时间、气体型循环、沉积型循环、物种流、生态系统服务、物质量评价、价值量评价、直接利用价值、间接利用价值、选择价值、存在价值

2. 原理和定律：林德曼效率（1/10 定律）、热力学第一定律、热力学第二定律、反馈机制

课后练习

1. 生态系统的能量流动有哪些特点?
2. 什么是生态系统服务？主要包括哪些服务类型?
3. 生态系统的结构包括哪些方面?
4. 生态系统中的信息传递包括哪几种类型?

在线习题及课后练习答案

二维码 7-13　在线习题及
课后练习答案

参考文献

[1] 戈峰.现代生态学［M］.2 版.北京：科学出版社，2008.

[2] 牛翠娟，娄安如，孙儒泳，等.基础生态学［M］.3 版.北京：高等教育出版社，2015.

[3] 李俊清.森林生态学［M］.3 版.北京：高等教育出版社，2017.

[4] 蔡晓明，蔡博峰.生态系统理论和实践［M］.北京：化学工业出版社，2012.

[5] Begon M，Townsend C R，Harper J L.生态学：从个体到生态系统［M］.李博，张大勇，王德华，译.4 版.北京：高等教育出版社，2016.

[6] Jϕensen S E.生态系统生态学［M］.曹建军，赵斌，张剑，等译.北京：科学出版社，2017.

[7] 林文雄.生态学［M］.北京：科学出版社，2007.

[8] Odum E P，Barrett C W.生态学基础［M］.陆健健，王伟，王天慧，等译.5 版.北京：高等教育出版社，2008.

8

地球上的主要生态系统类型

引言

生态系统是一定空间范围内，由生物群落与其无机环境相互适应、相互作用而成，具有一定格局和功能，可自我维持并提供各种生态服务的实体稳定系统。其核心是生命，只要有生命活动就可能存在生态系统，大到陆地、海洋、森林，小到一个池塘、一片草地、一棵树。如一棵树木死亡倒伏了，并不意味着生命的终结，而是一个新生态系统的开始，生产者、消费者、分解者陆续云集，死亡倒伏的树木是蚂蚁等昆虫的世界，也能肥田沃土长出新的植物。

那么，作为生命世界和生命支持系统的地球，究竟有多少种生态系统呢？这就像给不同的植物、动物、微生物定名和归类一样，把复杂的自然世界条理化、清晰化，是一项富有挑战的基础性研究工作，实际上也是一项正在发展的工作。尤其生态系统是具体的地域空间，包含多种生物和无机环境，有很强的整体性，要根据不同的组成、结构区分出明显不同的生态系统单元，难度可能更大一些。“提升生态系统多样性、稳定性、持续性”，是党的二十大报告为进一步“推动绿色发展，促进人与自然和谐共生”，明确提出的新方向、新要求。有生态系统多样性，才有生态系统的稳定性。所有生命既参与构建生态系统，亦无时无刻不在生态系统中，多样化的生态系统最大化支持着多样化生命体系。然而，具有高度主动性和超强能力的人，为了自我发展目标很容易将生态系统变得单一化、简单化，这是除了污染外各种生态环境问题的根源所在。因此，我们必须进一步认识地球上生态系统的类型、特征及重要性，把保护提升生态系统多样性作为保护生物多样性的最优先事项。

学习意义

了解地球上不同生态系统的类型、特征、分布规律、生态平衡的维护和可持续利用等方面的知识，对于保护地球上的生态系统、维护生态平衡、促进可持续发展具有重要意义。具体来说，一是有助于了解各种生态系统的特点和功能，二是认识生态系统的脆弱性和恢复力，三是掌握保护和可持续利用生态系统的方法。

学习目标

◇ 了解地球生态带的分布与特征及主要生态系统类型。

◇ 熟悉河口生态系统和红树林生态系统的生境特征。

◇ 掌握陆地生态系统的地带性分布特征，熟悉各类生态系统的主要特点及分布。

◇ 掌握农业生态系统和城市生态系统的组成特征和基本结构。

◇ 理解道路生态系统特殊的组成、结构和功能。

8.1 地球生态带的分布和特征

生态带是地球上的一些巨大的空间区域，每个区域都显示了其独特的气候形成过程、地貌动态、土壤发生进程、植被与动物生活方式以及农林业生产性能，各生态带在气候的年变化和日变化、外因性地形地貌、土壤类型、植物群系和生物群落以及农业和林业利用系统等方面的区别也比较突出。一般而言，生态带的分布与纬度密切相关且通常分散地分布于地球各大洲。

二维码 8-1 生态带面积及占比

8.1.1 极地/亚极地带

二维码 8-2 极地/亚极地带特征

极地/亚极地带分布于两极，在陆地范围，此带结束于朝向赤道的极地树线附近。该带所有地域几乎都位于持续多年的冻土带，其总面积 $2200\times10^4km^2$（$1400\times10^4km^2$ 位于南极洲），约占地球陆地面积的 15%。此带约有 3/4 面积被永久性冰雪所覆盖，因此属于极地冰盖荒漠，几乎包括了全部的南半球极地地区。北极的这部分地区则相反，格陵兰岛和一些更广阔的近极地的岛屿，大部分为无冰川的地区。

8.1.2 北方带

北方带是地球所有生态带中唯一一个只在北半球存在的地带，其分布广袤，南北宽度至少 700km。在北美洲，其东西延伸长约 1500km，而在欧亚大陆东西长达 2000km。对照苔原带来看，加拿大、美国阿拉斯加、斯堪的纳维亚、俄罗斯北部的地球区域全部或大部分属于北方带。属于北方带各部分的地域总面积接近 $2000\times10^4km^2$，约占地球陆地面积的 13%。

二维码 8-3 北方带特征

8.1.3 湿润中纬带

二维码 8-4 湿润中纬带特征

湿润中纬带大范围分布区位于北半球北美洲和欧亚大陆的东西两侧，在南半球的南美洲、澳大利亚和新西兰只有较小的分布区。在冷洋流和暖洋流分别影响下，各地湿润中纬带分布的纬度位置有所不同：在大陆西侧位于纬度 40°～60°；在大陆东侧大致位于纬度 35°～50°，略近赤道。全球各处分布区加在一起面积约为 $1450\times10^4km^2$，为地球陆地面积的 9.7%。湿润中纬带朝极地方向邻近北方带，朝赤道方向在大陆西侧邻接冬季湿润亚热带，而在大陆东侧则与终年湿润亚热带毗邻。在北半球高度大陆性地区范围内或是完全缺少湿润中纬带的地区，通常会从北方针叶林带接着直接出现冬季寒冷草原带，或是在北方针叶林带和冬季寒冷草原带两者之间只有一条狭窄的过渡带。

8.1.4 干旱中纬带

干旱中纬带的一些地区，直接与热带/亚热带干旱带邻接，朝极地方向到达纬度 55°。干旱中纬带的最大地域部分位于欧亚大陆和北美的中西部，全部地域面积总计 $1650\times10^4 km^2$，为地球陆地面积的 11.1%。

二维码 8-5 干旱中纬带特征

8.1.5 冬季湿润亚热带

冬季湿润亚热带是地球上最小的生态带，其总面积仅占地球陆地面积的 1.7%，约 $250\times10^4 km^2$。它除了涉及面积小以外，还是全球所有生态带中分布最为离散的一个生态带，且这些区域分别位于大陆的西侧，主要是在纬度 30°～40°热带/亚热带干旱带与湿润中纬带间沿海岸向内陆不到 100km 的一条狭窄地带。仅在地中海地区，冬季湿润亚热带向东伸展到旧大陆陆块之中，但在那里基本上也还是邻近海岸的，在地中海地区其分布范围大致到达纬度 45°处。

二维码 8-6 冬季湿润亚热带特征

8.1.6 终年湿润亚热带

终年湿润亚热带的分布类似于冬季湿润亚热带，也是分散的。它的各个部分同样散布在 5 个大陆，它们所在的纬度位置为 25°～35°，略近赤道，都严格无例外地位于各个大陆的东侧，各部分加起来总面积约为 $600\times10^4 km^2$，为地球陆地面积的 4%。终年湿润亚热带朝赤道方向邻接终年湿润热带或夏季湿润热带，朝极地方向则以湿润中纬带为界。在两个方向上可应用热量标准划界。

二维码 8-7 终年湿润亚热带特征

8.1.7 热带/亚热带干旱带

类似于干旱中纬带，热带/亚热带干旱带所包括的地区除了荒漠和半荒漠外，也包括与雨量较多相邻地带之间的半干旱过渡地区（生态带）。与夏季湿润热带或终年湿润热带之间的过渡地带为夏季湿润多刺稀树草原和多刺草原，而与冬季湿润亚热带之间的过渡地带则为冬季湿润禾草草原和灌木草原。本带总面积为 $3100\times10^4 km^2$，约为地球陆地面积的 20.8%。该带外部界限及其内部亚带划分取决于年降水量。朝极地方向边界地带降水量较少，因此植物的蒸发负荷也比较低。

二维码 8-8 热带/亚热带干旱带特征

8.1.8 夏季湿润热带

夏季湿润热带延伸于赤道附近的雨林与南、北回归线附近的热带/亚热带干旱带之间，与终年湿润热带的划界在很大程度上是一致的，却与干旱地区相互划界的进程不相符。基本上采用以下湿度标准：排除所有以干旱区典型特征组合为标志的地区（指年降水量在 500mm 以下和湿润月份少于 5 个月的地方）。按照这个标准把多刺稀树草原划出夏季湿润热带之外，如此区分后计

二维码 8-9 夏季湿润热带特征

算夏季湿润热带的总面积，约为$2500\times10^4km^2$，占地球陆地面积的16%。

8.1.9 终年湿润热带

终年湿润热带分布于赤道附近，但延伸至冬季的信风降雨或季风降水能够到达之地。这两种冬季雨可以补充夏季的热带雨，使终年湿润热带进一步向极地方向分布，其分布的极端情况甚至超过北纬20°和南纬20°。该生态带在全球所有分布地区总面积为$1250\times10^4km^2$，占地球陆地面积的8.4%。终年湿润热带与邻近生态带的界限或是基于温度方面，或是基于水分方面，界限大约为最冷月18℃等温线。在干湿交替地区夏季湿润热带的湿润稀树草原带与终年湿润热带相连接的地带有一些共同的特征，在土壤类型、地貌形成、植被和土地利用等方面均有体现。

二维码8-10
终年湿润
热带特征

8.2 海洋/海岸生态系统

8.2.1 海洋环境特征

海洋在地球上是广阔连续的水域。海洋总面积$3.6\times10^8km^2$，覆盖71%的地球表面，平均水深2750m，占地球总水量的97%。海洋的中心部分叫洋，具有很深的浩瀚水域、独自的潮汐和洋流系统、比较稳定的盐度（约3.5%）。世界上四大洋的平均深度为4028m。海洋的边缘部分叫海，没有独自的潮汐和洋流系统，如澳大利亚东北面的珊瑚海为世界上最大的海。两端连接海洋的狭窄水道称为海峡，如马六甲海峡连接太平洋和印度洋。海洋底部可分为大陆架、大陆坡和洋底。大陆架是各洲大陆在海水以下的延续部分，一般坡度较缓；再向海洋延伸会逐渐陡斜，这部分海底称为大陆坡；最后是深度达几千米的洋底。洋底约占海洋总面积的80%，地形起伏不平，形成海岭、海盆、海沟和海渊等。

所有海洋都是相连的，很多海洋生物能自由运动，但海水深度、盐度和温度是主要障碍。两极和赤道的气温差会引起强风，与地球转动结合在一起，产生洋流。温度和盐分变化造成的密度差异还会引起深层海水的流动。水的循环流动有助于氧的溶解和营养物质的交换，风持续地把表层水吹走后，由较冷的深层海水补充，同时深层积累的营养物质也被带到海水表层，这称为海水的上涌过程，它能形成巨大的生产能力。

海水的运动还包括由太阳和月球的引力作用产生的潮汐。在近海岸带，海洋生物繁多，潮汐显得尤其重要，它使得海洋生物群落形成了明显的周期性。

海洋中含有较多的盐分，大约2.7%是氯化钠，其余是镁、钙、钾盐。大洋的盐度随季节变化非常小，而在海湾和河口的半咸淡水，盐度的季节变化非常明显。海洋生境的另一特点是溶解的营养物质浓度低，虽然含盐较多，但硝酸盐、磷酸盐和其他营养盐类含量稀少，且这些生物必需的盐类存留时间短，随不同地区和季节变化明显。仅少数有剧烈海水上涌流动的地方，营养物质非常丰富。

海洋地带分布如图8.1所示。浅海区介于海滨低潮带以下的潮下带至深度200m左右的大陆架边缘之间。因水深平均130m，光线可达海底生物群落。来自大河的淡水，使该区的盐度比大洋或深海更容易发生变化。陆地向浅海区输入了大量营养物质，与纬度和洋流一道决定了海水温度和营养物质状态。水温变化大，在温带地区有季节性。底质多松软，由沙和泥沉积而成。从近海向外海方向，盐度、温度和光照的变化程度逐渐减弱。

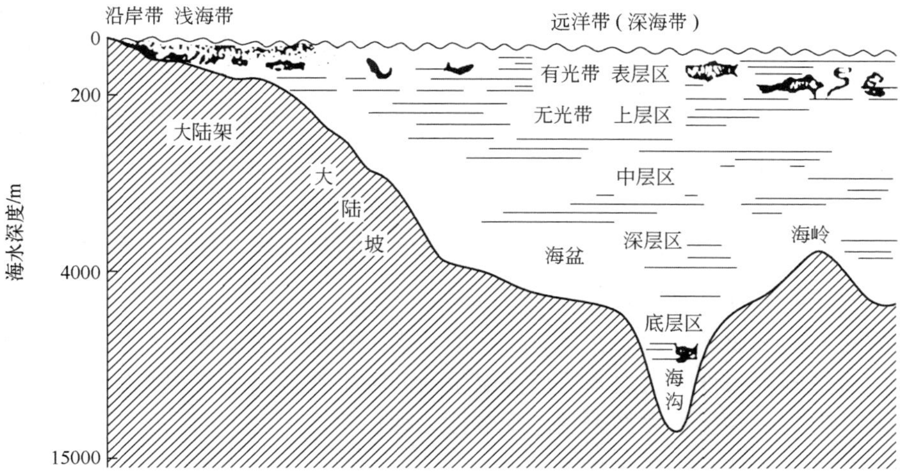

图 8.1 典型海洋地带分布（祝廷成，1983）

远洋区是水深 200m 以上，大陆架以外远离陆地的深海水域及与之相连的海底，占地球水域的 85％～90％。该区含盐量基本上稳定。在表层，波浪是主导因素，溶解氧含量高，阳光充足。深海环境稳定，温度变化小，溶解氧少，光线微弱，水的压力大，没有绿色植物的光合作用。

河口区是陆地江河淡水和海水交汇的混合区域，为淡水和海洋栖息地之间的过渡区或群落交错区。河口区水浅，水温变化大，盐度变化具有周期性和季节性，溶解氧含量较高，透明度低，底质为松软的泥沙沉积而成。

8.2.2 河口生态系统

8.2.2.1 河口环境特征

河口生态系统（estuary ecosystem）是河口水层区与底栖带所有生物与其环境进行物质交换和能量传递所形成的统一整体。河口是河流与受水体的结合地段，受水体可能是海洋、湖泊，甚至更大的河流，但河口生态在此仅指入海河口的生态。入海河口是一个半封闭的沿岸水体，同海洋自由连通，河水与海水在其中交混。潮汐的涨落和河水的丰枯使河口水流处于经常的动荡中，而河口特性影响着河流终段和近海水域，所以河口区的范围很大。河口包括以河流特性为主的近口段、以海洋特性为主的口外海滨段和两种特性相互影响的河口段。河口水体水动力、盐度、泥沙含量等特点给河口生物带来特殊的负荷。人类在河口区的频繁活动，包括交通、贸易、水产养殖等都在影响着河口生态。河水中汇集了大量陆源污染物，更直接威胁着河口生物的生存和繁殖。

8.2.2.2 河口有机物质的循环

河口有来自陆地淡水或由海水带来的大量碎屑，细菌和其他异养微生物将它们分解成可溶解的或颗粒状的有机物质，这些物质可被微生物或植物利用，滤食性动物滤食微生物或植物，肉食性动物又吞食这些滤食性动物，这就构成了河口有机物质的循环。

8.2.2.3 河口生物的分布

河口生物一般都能忍受温度的剧烈变化，但在盐度适应方面存在较大差异，这影响它们在河口区的分布。依据盐度的适应性，河口生物可划分为：①贫盐性种类，适应在5.0g/kg的盐度以下生活，因此仅见于河口内段（接近正常淡水环境）；②低盐度种类，适应在15.0～32.0g/kg的盐度下生活，如盐沼红树林、浅水海草群落，以及偏顶蛤、蓝蛤、火腿许水蚤等软体动物和甲壳动物；③广盐性海洋种，适应在26.0～34.0g/kg的盐度下生活，适应幅度较大，可分布在河口，也可见于外海；④狭盐性海洋种，适应在33.0～34.5g/kg的盐度范围生活，随着外海高盐水的入侵，偶见于河口区或季节性地分布到河口。

8.2.2.4 河口生物对水温变化的适应

河口水温随纬度而异。适于在低温生活的种类，在高温季节种群数量最少，甚至以休眠或包囊形式度过不利条件。反之，适应高温生活的种类在低温季节常产休眠卵，以度过不良环境。因此，河口一些生物类群表现出季节性更替现象。

8.2.2.5 河口生物对渗透压调节的适应

由于河口是淡水和海水交汇区域，一些上溯入河川营生殖洄游的鱼类，如鲑、鳟、银鱼、刀鲚等，一些下降入海营生殖洄游的动物，如中华绒螯蟹、日本鳗鲡等，以及在河口区营生殖洄游和索饵洄游的动物，如梭鲻鱼类、鲈鱼、江豚、白海豚，它们进入河口区后，都需要短暂停留，调节个体渗透压，以适应河口、下海或入河的环境。

8.2.2.6 河口群落和生产力

河口生物群落的主要特点是种的多样性低，单个种群或数个种群的丰度大。虽然河口拥有大量营养盐类，但由于透明度低，浮游植物光合作用的效能受影响，河口营养物质未能充分利用，所以浮游植物高产量区常出现在河口外区。河口含有大量有机碎屑，为食碎屑的动物或滤食性动物提供了丰富的食源。在河口，种间竞争不强烈，但滤食性或草食性动物大量发展，因此形成相当高的次级产量。

8.2.2.7 河口污染

由于河流承受城市工业排放的污染物，污染严重时河口生物常受损害，例如，氮的排放可形成河口高度富营养水，促使一些鞭毛虫类和硅藻过度繁殖造成河口赤潮现象，直接为害河口贝类、鱼类等。一些重金属离子和农药也常在河口养殖对象体内富集为害。

8.2.3 红树林生态系统

红树林生态系统（mangrove ecosystem）是热带海岸潮间带的一种常绿阔叶林生态系统，在暖流影响下亦分布到亚热带地区。我国红树林分布在海南、广东、广西、福建、香港和台湾等地。红树林主要生长在隐蔽海岸，因风浪较微弱、水体运动缓慢、泥沙淤积多而适于生存。

8.2.3.1 红树林生境特征

（1）地质地貌　该生态系统形成的地质条件为以花岗岩或玄武岩粉粒（silt）、黏粒（clay）为主，富含有机质、含盐量0.2%～2.5%、pH为4～8的淤积物；地貌条件为平坦而广阔、风浪较微弱、水体运动缓慢的河口海湾、三角洲地区海岸及沿河口延伸至内陆数千米的河岸。土壤颗粒精细无结构，含高水分、高盐分，缺氧，含丰富的植物残体和有机质。

（2）温度　红树林分布中心地区海水温度的年平均值为24～27℃，气温则在20～30℃。

（3）潮汐　红树林植物在潮间带生长良好，因为潮间带有间隔的涨潮退潮变化。长期淹水，红树很快死亡；长期干旱，红树将生长不良。

8.2.3.2　红树林的生物组成及其适应性

（1）红树林植物的主要种类　红树林植物是能忍受海水盐度的木本挺水植物。主要种类为红树科的木榄、海莲、红海兰、秋茄树，还有千屈菜科的海桑、杯萼海桑，马鞭草科的海榄雌（白骨壤），紫金牛科的桐花树等。

（2）红树林植物的适应性

① 根系（图8.2）。红树林植物很少有深扎和持久的直根，而是适应潮间带淤泥和缺氧环境以及风浪，形成各种适应的根系（常见的有表面根、板状根或支柱根、气生根、呼吸根等）。表面根是蔓布于地表的网状根系，可长时间暴露于大气中，获得充足的氧气，如桐花树、海漆的表面根发达；支柱根或板状根是由茎基板状根或树干伸出的拱形根系，能增强植株机械支持作用，如秋茄树、银叶树等有板状根；气生根是从树干或树冠下部分枝产生的，悬吊于枝下而不抵达地面，如红树属和海榄雌属的一些种有典型的气生根；呼吸根是红树林植物从根系中分生出向上伸出地表的根系，富有气道，是适应缺氧环境的通气根系。

图8.2　红树林的根系

② 胎生。不少红树林植物在成熟果实仍然留在母树上时，种子即在果实内发芽，伸出一个棒状或纺锤状的胚轴悬挂在树上，而后幼苗下落插入泥滩土壤中，或随水远播。

③ 旱生结构与抗盐适应。由于热带海岸地区云量大、气温高、海水盐度也高，所以，红树林实际处于生理干旱环境中。红树林从多方面对这种生境进行适应。

8.2.3.3　红树林植物群落分布和演替

红树林主要分布在潮间带，其群落结构（或群落演替发育）呈现与环境特征相适应的平行于海岸的带状特征。

（1）低潮泥滩带　指小潮低潮平均水面线至大潮低潮最低水面线之间的地带。大潮时，海水能淹没此带内全部植物，小潮时，海水仍淹没植物树干基部，海水和地质盐度较高。所以，此带内生长的是能适应这种恶劣条件的物种，换言之，此带的生物群落为红树林发育早期群落。

（2）中潮带　指小潮低潮平均水面线至小潮高潮平均水面线之间的地带。该带宽度从几十米至几千米不等，退潮时地面暴露，涨潮时树干被淹没一半左右，盐度在1.0%～2.5%，是典型的红树林生境，因此大部分红树林植物在此带生长繁殖。

（3）高潮带　指小潮高潮平均水面线至大潮高潮最高水面线之间的地带。这是红树林带和陆岸过渡的地带，土壤经常暴露，表面比较硬实，土壤盐度因受降雨等淡水冲洗而较低，生境条件已非典型。所以只有部分红树林植物可以在此带生长，或者说，此带的生物群落为红树林衰退群落。

8.2.4　滩涂湿地生态系统

8.2.4.1　滩涂湿地生态系统特征

湿地是介于陆地和水体之间的一种特殊生态系统类型，位于陆生、水生生态系统界面相互延伸拓展的过渡区域，具有强大的生态净化功能，是地球上最重要的生态系统类型之一。滩涂湿地是一种典型的湿地类型，《关于特别是作为水禽栖息地的国际重要湿地公约》将其定义为位于河口或海岸带受海洋潮汐周期性或间歇性影响的淤泥质湿地。滩涂湿地不仅提供了强大的生态系统服务，而且提供了丰富的后备土地资源，是城市可持续发展的重要战略空间。在自然过程和高强度人类活动的共同作用下，滩涂湿地承受着前所未有的压力，湿地面积锐减、质量下降、功能退化、生物多样性减少，生态系统健康状况受到严重威胁。

8.2.4.2　滩涂植物群落

二维码 8-11
滩涂湿地的生态服务功能

（1）滩涂植物群落的空间分布　滩涂生态系统中环境梯度明显、物种组成相对简单，且植物群落普遍沿高程呈明显的带状分布。Boorman 根据英国及欧洲部分滩涂受潮汐影响的频率与植物群落结构，将完全自然状态下的滩涂植物群落沿高程由低到高分成5个带。①先锋植物带，除小潮最低潮外的其余时间均受潮汐影响，通常是由米草属（*Spartina* spp.）、盐角草属（*Salicornia* spp.）或碱菀（*Tripolium pannonicum*）等形成的稀疏群落。②低潮滩，大多数时间受潮汐影响，通常是由滨海碱茅（*Puccinellia maritima*）或马齿苋状滨藜（*Atriplex portulacoides*）形成的郁闭群落。③中潮滩，在大潮时受潮汐影响，通常是由补血草属（*Limonium* spp.）或车前属（*Plantago* spp.）植物形成的郁闭群落。④高潮滩，仅在大潮最高潮时受潮汐影响，通常是由紫羊茅（*Festuca rubra*）、海石竹（*Armeria maritima*）及偃麦草属（*Elytrigia* spp.）等混生形成的郁闭群落。⑤过渡带，仅在风暴潮时偶尔受到潮汐影响，植物群落类型是盐生植物与非盐生植物组成的过渡类型。

（2）滩涂植物群落的演替　在海岸线相对较为稳定的滩涂，植物群落的演替多属于自发演替。滩涂植物种群的建立通常可以导致潮水流速减缓，增加泥沙的淤积，从而使滩涂抬高，而滩涂高程的增加又形成有利于其他植物生长的生境，通过竞争排斥，又形成新的植物群落，这是自发演替的基本过程。在高程较低的滩涂，植物密度较低，潮汐动力较强，植物群落无法有效促进泥沙淤积，因此，该区域植物群落的演替基本处于停滞状态；而在高程较高的滩涂上，由于较少受到潮汐影响，泥沙来源少，因此，植物群落也基本上处于稳定。

8.3 淡水和沼泽生态系统

8.3.1 河流生态系统

8.3.1.1 河流生态系统特征

河流生态系统（river ecosystem）是指那些水流流动湍急和流动较大的江河、溪涧和水渠等，贮水量大约占内陆水体总水量的5%。河流属流水型生态系统，是联系陆地和海洋的纽带，在生物圈的物质循环中起着主要作用。与湖泊生态系统相比，河流生态系统主要具有以下特点：

① 纵向成带现象。湖泊和水库的水温等变化具有典型的水平分层现象，而在河流中却是纵向流动的。从上游到河口，水温和某些水化学成分发生明显的变化，从而影响着生物群落的结构。如鱼类分布的明显纵向变化和水温、流速以及pH值的变化有关，而物种的这种纵向替换并非均匀的连续变化，特殊条件和特殊种群可在整个河流没有明显变化。

② 生物多具有适应急流生境的特殊形态结构。在流水型生态系统中，水流常是主要限制因子。河流中特别是河流上游急流中生物群落的一些生物种类，为适应这种环境条件，在自身的形态结构上有相应的适应特征：有的营附着或固着生活，如淡水海绵和一些水生昆虫的幼体，它们的壳和头黏合在一起；有的生物具有吸盘或钩，可使身体紧附在光滑的石头表面；有的体呈流线型，以使水流经过时产生最小的摩擦力。

③ 相互制约关系复杂。河流生态系统绝大部分河段受流域内陆地生态系统的制约，包括气候、植被及人为干扰等都对其产生较大影响。例如流域内森林一旦破坏，水土流失加剧，就会造成河流含沙量增加、河床升高。河流生态系统的营养物质也主要是靠陆地生态系统的输入。河流也在生物圈的物质循环中起着重要作用，全球水平衡与河流营养的输入有关。另外，河流将高等和低等植物制造的有机物质、岩石风化物、土壤形成物和陆地生态系统中转化的物质不断带入海洋，成为海洋特别是沿海和近海生态系统的重要营养物质来源，影响着沿海（特别是河口、海湾生态系统）的形成和进化。

④ 自净能力更强，受干扰后恢复速度较快。由于河流生态系统流动性大，水的更新速度快，所以系统自身的自净能力较强，一旦污染源被切断，系统的恢复速度比湖泊、水库要迅速。另外，由于有纵向成带现象，污染危害的断面差异较大，这也是系统恢复速度快的原因之一。具体情况还与污染物的种类、河流的水文和形态特征有关。

8.3.1.2 河流生物群落

河流生物群落一般分为两个主要类型：急流生物群落和缓流生物群落。在流水生态系统中河底的质地，如沙土、黏土和砾石等对生物群落的性质、优势种和种群的密度等影响较大。急流生物群落是河流的典型生物代表，它们一般都具有流线型的身体，以使在流水中产生最小的摩擦力；或者许多急流动物具有非常扁平的身体，使它们能在石下和缝隙中栖息。

8.3.2 湖泊生态系统

湖泊生态系统（lake ecosystem）是由湖泊内生物群落及其生态环境共同组成的动态平衡系统。湖泊内的生物群落同其生存环境之间，以及生物群落内不同种群生物之间不断进行着物质交换和能量流动，并处于互相作用和互相影响的动态平衡之中。

8.3.2.1 湖泊生态系统的特征

（1）界限明显　一般来说，湖泊、池塘的边界明显，远比陆地生态系统易于划定，在能量流、物质流过程中属于半封闭状态，常用于生态系统功能研究。

（2）面积较小　世界湖泊主要分布在北半球的温带和北极地区，除了少数湖泊具有很大的面积（如苏必利尔湖、维多利亚湖）或深度（如贝加尔湖、坦噶尼喀湖）之外，大多数都是规模较小的湖泊。

（3）分层现象　北温带湖泊存在的热分层现象非常明显。湖泊水的表层为湖上层，底层为湖下层，两层之间形成一个温度急剧变化的层次，为变温层。

（4）水量变化大　湖泊水位变化的主要原因是进出湖泊水量的变化。我国一年中最高水位常出现在多雨的7～9月，称丰水期；而最低水位常出现在少雨的冬季，称枯水期。

8.3.2.2 湖泊生物群落

湖泊生物群落具有成带现象的特征，可以按区域划分为沿岸带、敞水带和深水带生物群落。

（1）沿岸带生物群落　沿岸带与陆地结合，水层较浅，光照条件好，虽然不是湖泊的主要生产区，但水生植物比较丰富，并随着水深的变化，呈现挺水植物带、浮叶植物带、沉水植物带等3个植物带。

（2）敞水带生物群落　敞水带是湖泊的主要生产区。生产者主要是硅藻、绿藻和蓝藻，大多数种类是微小的，但单位面积的生产量有时超过了有根植物。这些类群中有许多具有突起或其他漂浮的适应性。这一带内的浮游植物种群数量具有明显的季节性变化。

（3）深水带生物群落　深水带基本没有光线，生物主要从沿岸带和湖沼带获取食物。深水带生物群落主要由水和淤泥中的细菌、真菌和无脊椎动物组成。这些生物都有在缺氧环境下生活的能力。

8.3.3 沼泽生态系统

沼泽是介于陆域和水域间的过渡地带，是一块经常被水淹没的低洼陆地，形成的原因有很多，陆域的部分通常是地势低而平坦的区域，土壤中富含水分，有时是因为底部土壤层透水性差使得水分积存。沼泽主要分布在冷湿或温湿地带。我国从南到北均有沼泽的分布，呈现由北向南减少的趋势。沼泽具有丰富的生物多样性，为众多的野生动植物提供独特生境，是重要的“生物超市”；具有污染物降解、营养物转化等功能，被称为“地球之肾”；能够调节径流、均化洪水、补充地下水和供给水资源，改善区域洪涝和干旱状况，是“水分的调蓄库”；作为温室气体的“源”、“汇”及“转换器”和重要的碳库，也被称为“气候稳定器”。沼泽还为人类提供大量的肉类、药材、能源以及多种工业原料。

8.3.3.1 沼泽生态系统特征

淡水沼泽生态系统地表常年过湿，或有薄层积水，有些还有小河、小湖和泥炭。沼泽在形成和发育过程中，产生泥炭，又称草炭。我国沼泽分布广泛，从寒温带到热带乃至青藏高原均有分布，因此沼泽自然环境条件差异很大。

沼泽是湿地的重要组分，具有4个基本的特点：①地表有多年积水或土壤处于过湿状态（首要条件）；②主要生长着沼生植物和湿生植物；③有泥炭的累积或土壤具有明显的潜育层；④气候湿润，排水困难。

如果只有地表积水或土壤过湿，没有沼泽植被的生长，只能称之为湖泊或盐碱湿地。

8.3.3.2 沼泽生态系统生物群落

沼泽生态系统的生物群落包括了沼泽植物、沼泽动物、细菌和真菌4个类群，其组成极为复杂。沼泽半水半陆的生态环境决定了其植物群落和动物群落具有明显的水陆相兼性和过渡性。其中，沼泽中的生产者主要为能适应因长期遭受水淹而湿润且缺氧土壤的植物，浮游植物和光合作用细菌也可提供部分动物食物来源。生活型较多样化，其中沼生植物占优势，植被由少数特殊科组成，动物则是以鸟类为主。

二维码 8-12 沼泽生态系统生物多样性案例

8.4 陆地生态系统

8.4.1 陆地生态系统分布规律

地理位置、气候条件及下垫面的差异决定了地球上生态系统的多样性。地球表面有陆地与水体之分，可以分为陆地生态系统和水域生态系统。

8.4.1.1 陆地生态系统的特点

陆地生态系统没有水的浮力，温度变化不大，空气温度的变化和极端性要比水环境更为明显，全球气候变化对陆地生态系统具有更明显的影响。陆地生态系统的非生物环境具有极大的复杂性和更富于变化的特征，尤其水分、热量等重要生态因素的不均匀分布、组合，为生物的生存和发展提供了多种多样的生存环境；而土壤的发育和与大气的直接接触，又为生物提供了丰富的营养物质，从而使陆生生物的种类极其浩繁，生物群落类型多样性十分丰富。

8.4.1.2 陆地生态系统分布格局

植物是陆地生态系统的初级生产者，陆地生态系统的外貌主要取决于植被类型，世界的植被类型分布与生态系统类型分布和生物群落类型分布相一致。植被成带分布是适应气候条件变化（主要是热量、水分及其配合状况）的结果。地球上的气候沿着纬度、经度和高度这三个方向改变，与之相应的植被也沿着这三个方向出现交替分布。前两者构成植被分布的水平地带性，后者构成垂直地带性。

（1）水平地带性分布　地球表面的水热条件等环境要素，沿经度或纬度方向发生递变，从而使植被也沿纬度或经度方向呈水平更替的现象，称为植被分布的水平地带性，构成地球表面植被分布的基本规律之一。

① 纬度地带性。以温度条件为主导因素，由于太阳高度角及其季节变化因纬度而不同，太阳辐射量也因纬度而异，进而引起热量的纬度差异，形成了不同的气候带。与此相应，植被也呈带状分布，在北半球从低纬度到高纬度依次出现热带雨林、亚热带常绿阔叶林、温带夏绿阔叶林、寒温带针叶林、寒带冻原和极地荒漠。

② 经度地带性。以水分条件为主导因素，植被分布由沿海向内陆发生更替。由于海陆分布、大气环流和大地形等综合因素作用的结果，降水量呈现由沿海到内陆逐步减少的规律。因此，在同一热量带，各地因水分条件不同，植被分布也发生明显的变化。例如，我国温带地区，沿海的空气湿润、降水量大，分布着夏绿阔叶林；离海较远的地区，降水减少、

旱季加长，分布着草原植被；内陆地区，降水量少，气候极端干旱，则分布着荒漠植被。

（2）垂直地带性分布　通常海拔高度每升高 100m，气温下降 0.6℃，或每升高 180m，气温下降 1℃左右。降水量最初随高度的增加而增加，当达到一定海拔高度后，降水量又开始降低。海拔高度的变化引起自然生态系统有规律地垂直更替，称为垂直地带性。山地垂直地带性规律受水平地带性制约，山地各个垂直带由下而上按一定顺序排列形成的垂直带系列叫作垂直带谱。通常情况下，由低纬到高纬，山地垂直带的数目逐渐减少，相似垂直带分布的海拔高度逐渐降低。位于同一热量气候带内的山地，由于与海洋距离不同，垂直带谱的结构也不同（海洋型与大陆型）；相同垂直带的海拔高度，大陆型比海洋型分布得高些。此外，山地垂直带谱的基带，其制备或生态系统的类型与该山地所在水平地带性类型一致（图 8.3）。

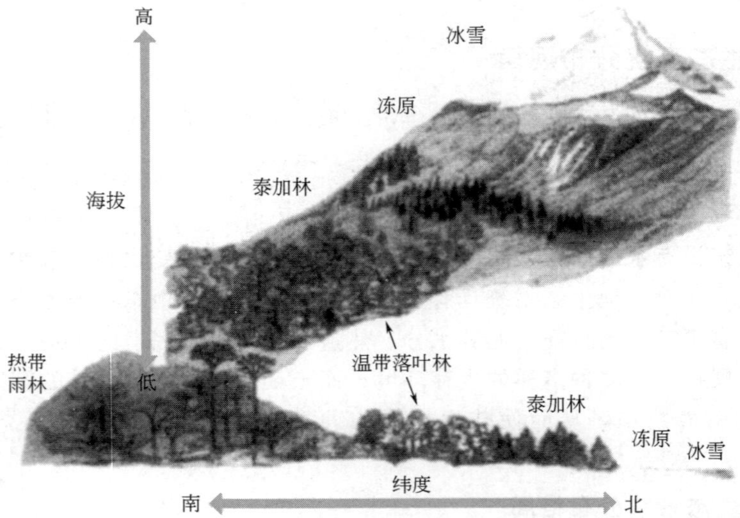

图 8.3　水平地带性分布与垂直地带性分布（杨持，2008）

8.4.2　森林生态系统

森林是以乔木为主体，具有一定面积和密度的植物群落，是陆地生态系统的主干。森林群落与其环境在功能流的作用下形成一定结构、功能和自行调控的自然综合体就是森林生态系统（forest ecosystem）。它是陆地生态系统中面积最大、最重要的自然生态系统。在生产有机物质和维持生物圈物质和能量的动态平衡中具有重要地位。地球上森林分别占全球面积和陆地面积的 11％和 38％，而森林生产的有机物质分别占全球和陆地净初级生产量的 47％和 71％。地球上适于森林生长发育的环境条件变化范围大，但不同温度和降雨量条件下的地区会产生不同的森林植物群落，从南往北沿温度和水分变化梯度，森林类型也呈梯度变化。例如，按大陆上的气候特点和森林的外貌，可划分为热带雨林、亚热带常绿阔叶林、温带落叶阔叶林和北方针叶林等主要类型。专家估测，历史上森林生态系统的面积曾达到 $76\times10^{8}hm^{2}$，覆盖着世界陆地面积的 2/3，覆盖率为 60％。

8.4.2.1　森林生态系统的主要特征

（1）物种繁多、结构复杂　世界上所有森林生态系统保持着最高的物种多样性，是世界上最丰富的生物资源和基因库，热带雨林生态系统就有 200 万～400 万种生物。森林生态系统比其他生态系统复杂，具有多层次，有的多达 7～8 个层次。一般可分为乔木层、灌木层、草本层和地面层 4 个基本层次。

二维码 8-13 森林生态系统多样性案例

（2）生态系统类型多样　森林生态系统在全球各地区都有分布，森林植被在气候条件和地形地貌的共同作用和影响下，既有明显的纬向水平分布带，又有山地的垂直分布带，是生态系统中类型最多的。森林生态系统的类型众多，形成多种独特的生态环境。

（3）生态系统稳定性高　森林生态系统经历了漫长的发展历史，系统内部物种丰富、群落结构复杂，各类生物群落与环境相协调。群落中各个成分之间、各成分与环境之间相互依存和制约，保持着系统的稳态，且具有很高的自行调控能力，保持着系统结构复杂、生物量大的属性。森林生态系统内部的能量、物质和物种的流动途径通畅，系统的生产潜力得到充分发挥，对外界的依赖程度很小，保持输入、存留和输出等各个生态过程。森林植物从环境中吸收其所需的营养物质，一部分保存在机体内进行新陈代谢活动，另一部分形成凋谢的枯枝落叶将其所积累的营养元素归还给环境。通过这种循环，森林生态系统内大部分营养元素得到收支平衡。

（4）生产力高、现存量大、对环境影响大　森林生态系统是地球上生产力最高、现存量最大的生态系统。森林在全球环境中发挥着重要的作用，是养护生物最重要的基地，在防风沙、保水土、抗御水旱和风灾方面有重要的生态作用。森林在生态系统服务方面所发挥的作用也是无法替代的。

8.4.2.2　森林生态系统的主要类型

（1）热带雨林　热带雨林（tropical rain forest）分布在赤道及其南北的热带湿润区域。据估算，热带雨林面积近 $1.7\times10^7 km^2$，约占地球上现存森林面积的一半，是目前地球上面积最大、对人类生存环境影响最大的森林生态系统。热带雨林主要分布在三个区域：一是南美洲的亚马孙盆地，二是非洲刚果盆地，三是印度-马来西亚。我国的热带雨林属于印度-马来西亚雨林系统，主要分布在台湾、海南、云南等省，以云南西双版纳和海南岛最为典型，总面积 $5\times10^4 km^2$。

热带雨林生态系统的主要气候特征是高温、多雨、高湿，为赤道多雨气候型。年平均气温在 20～28℃，月均温多高于 20℃；降水量 2000～4500mm，相对湿度常达 90%以上，常年多雾。风化过程强烈，母岩崩解层深厚；土壤脱硅富铝化过程强烈，铁铝氧化物相对积聚，呈砖红色，土壤呈强酸性，养分贫瘠。有机物质矿化迅速，森林需要的几乎全部营养成分均贮备在植物的地上部分。

热带雨林生态系统中能流与物质流的速率都很高，但呼吸消耗量也很大。生物资源十分丰富，且绝大部分是木本植物，群落结构复杂。同时，热带雨林总面积只占全球面积的 7%，却拥有世界一半以上的物种，是生物多样性最高的区域。据估计，热带雨林区域的昆虫种数高达 300 万种，占全部昆虫种数的 90%以上；鸟类占世界鸟类总数的 60%以上。

（2）亚热带常绿阔叶林　亚热带常绿阔叶林（subtropical evergreen broad-leaved forest）指分布在亚热带湿润气候条件下并以壳斗科、樟科、山茶科、木兰科等常绿阔叶树种为主组成的森林生态系统，它是亚热带大陆东岸湿润季风气候下的产物，主要分布于欧亚大陆东岸北纬 22°～40°之间的亚热带地区，此外，非洲东南部、美国东南部、大西洋中的加那利群岛等地也有少量分布。其中，我国的常绿阔叶林是地球上面积最大且发育最好的。常绿阔叶林区夏季炎热多雨，冬季寒冷而少雨，四季分明；年平均气温 16～18℃，年降雨量 1000～1500mm；土壤为红壤、黄壤或黄棕壤。常绿阔叶林的结构较简单，外貌上林冠较平整，乔木通常只有 1～2 层，高 20m 左右。灌木层较稀疏，草本层以蕨类为主。藤本植物与附生植物虽常见，但不如雨林繁茂。

二维码 8-14 常绿阔叶林的生物资源

（3）温带落叶阔叶林　落叶阔叶林（deciduous broad-leaved forest）分布在西欧、中欧、东亚及北美东部等中纬度湿润地区，在我国常见于东北、华北地区。温带落叶林的气候也是季节性的，冬季寒冷、夏季温暖湿润，年平均气温 8～14℃，年降水量 500～1000mm。土壤肥沃，发育良好，为褐色土与棕色森林土。落叶阔叶林垂直结构明显，有 1～2 个乔木层，灌木和草本各 1 层，优势树种为落叶乔木，常见的有栎类、山核桃、白蜡以及槭树科、桦木科、杨柳科树种。乔木层种类组成单一，高 15～20m，灌木密集，有阳光透过的地方草本植物、蕨类、地衣和苔藓植物旺盛。

二维码 8-15 落叶阔叶林的生物多样性案例

（4）北方针叶林　北方针叶林（boreal coniferous forest）分布在北纬 45°～70°之间的欧亚大陆和北美大陆的北部，延伸至南部高海拔地区。中国的北方针叶林分布于大兴安岭和华北、西北、西南高山的上部。地处的气候条件是：冬季长、寒冷、雨水少，夏季凉爽、雨水较多。年平均气温多在 0℃以下，年平均降水量 400～500mm。土壤为灰化土，酸性，腐殖质丰富。低温下微生物活动较弱，积累了深厚的枯枝落叶层。树种组成单一，常是由一个针叶树种形成的单纯林，如云杉、冷杉、落叶松、松等属的树种，偶尔伴生少量的阔叶树种，如杨、桦木。常有稀疏的耐阴灌木，以及适应冷湿生境的由草本植物和苔藓植物组成的地被物层。北方针叶林组成整齐，便于采伐，该区域具备着对人类生存发展至关重要的木材资源。在世界工业木材总产量（$1.4\times10^{9}\text{km}^{3}$）中，一半以上来自针叶林。北方针叶林中生长着众多的草食哺乳动物，如驼鹿、鼠、雪兔、松鼠等，还有名贵的皮毛兽如貂、虎、熊等。针叶林还是很多候鸟（如一些鸣禽和鸫属）重要的巢居地，供养着众多以种子为食的鸟类群落。

8.4.3　草地生态系统

草地生态系统（grassland ecosystem）是以饲用植物和食草动物为主体的生物群落与其生存环境共同构成的开放生态系统。草地群落以多年生草本植物为主，辽阔无林，在原始状态下常有各种善于奔驰或营洞穴生活的草食动物栖居。草原是内陆干旱到半湿润气候条件的产物，旱生多年生禾草占绝对优势，多年生杂类草及半灌木也或多或少起到显著作用。世界草原总面积约 $2.4\times10^{7}\text{km}^{2}$，为陆地总面积的 1/6，大部分地段作为天然放牧场。

草地可分为草原与草甸两大类。前者由耐旱的多年生草本植物组成，在地球表面占据特定的生物气候地带。后者由喜湿润的中生草本植物组成，出现在河漫滩等湿地和林间空地，或为森林破坏后的次生类型，属隐域植被，可出现在不同生物气候地带。

根据草原的组成和地理分布，可分为温带草原与热带草原两类。前者分布在南北两半球的中纬度地带，如欧亚大陆草原、北美大陆草原和南美草原等，这里夏季温和，冬季寒冷，春季或晚夏有一明显的干旱期。由于低温少雨，草群较低，其地上部分高度多不超过 1m，以耐寒的旱生禾草为主，土壤中钙化过程与生草化过程占优势。后者分布在热带、亚热带，其特点是在高大禾草的背景上常散生一些不高的乔木，故被称为稀树草原或萨王纳（savanna）。这里终年温暖，雨量常达 1000mm 以上，在高温多雨影响下，土壤强烈淋溶，砖红壤化过程占优势，比较贫瘠。但一年中存在1～2个干旱期，加上频繁的野火，限制了森林的发育。

8.4.3.1　热带草原

在湿季降雨量可达1200mm，但在长达4～6个月或更长的干季则无降雨。一年中大部分时间土壤保持较低的含水量，从而限制了微生物活动和养分的循环。

植被以热带型干旱草本植物为主。非洲萨王纳以金合欢属构成上层疏林为特征，树木具有小叶和刺，有些旱季落叶，为放牧、吃草的动物提供遮阴、食物，并养育着许多无脊椎动物物种。树木具有很厚的树皮，起到绝热防火的作用。在北美和欧洲草原，火是阻止灌木物种侵入草原的一个重要因子。

8.4.3.2　温带草原

为半干旱气候，年降雨量250～600mm，可利用水分取决于温度、降雨的季节分布和土壤持水能力。通常，草类物种生活短暂，草原的土壤可获取大量的有机物质，包含的腐殖质可以超过森林土壤的5～10倍。

植被为阔叶多年生植物，在生长季早期开花，而较大的阔叶多年生草本则在生长季末开花。原始的温带草原动物群落由迁徙性的成群食草动物、啮齿类和相应的食肉动物组成，如狼、鼬、猛禽等。鸟类物种不是很多，可能是因为植被结构单一和缺乏树木。生长季短还使两栖类和爬行类物种没有时间从卵发育成成年个体。

8.4.4　荒漠生态系统

荒漠生态系统（desert ecosystem）位于极端干旱、降雨稀少、植被稀疏的亚热带和温带地区，主要分布于北非和西南非洲（撒哈拉和纳米布沙漠）和亚洲的一部分、澳大利亚、美国西南部、墨西哥北部。我国的荒漠分布于亚洲荒漠东部，包括准噶尔盆地、塔里木盆地、柴达木盆地、河西走廊和内蒙古西北部。荒漠生态系统基本特点包括以下几个方面。

（1）气候与土壤　荒漠地区降雨量不足200mm，有些地区年降雨量甚至少于50mm。通常白天炎热，晚上寒冷。白天温度取决于纬度，依据温度不同，可分为热荒漠和冷荒漠。热荒漠主要分布在亚热带和大陆性气候特别强烈的地区。冷荒漠主要分布在极地或高山严寒地带。温带荒漠干燥的原因是其位于雨影区，山体截留了来自海上的水汽。在极端的荒漠地带，无雨期可能持续很多年，仅有的可利用水分存在于地下深处，或来自夜晚的露水。植被稀疏和生产力低，有机物质积累量少，导致土壤瘠薄，养分贫乏，保水能力差。

（2）植被类型　两种类型的荒漠具有不同的植物群落。热荒漠生长着稀疏的有刺半灌木和草本植物，为旱生和短命的植物种类，干旱时期叶片脱落，进入休眠。但它们能很快生长和开花，短时期覆盖荒漠地表。

二维码8-16
荒漠生态
系统植被特征

（3）动物　荒漠生态系统的动物主要为蝗虫、啮齿类的小动物和鸟类等。爬行动物和昆虫能利用其防水的外壳和干燥的分泌物在荒漠条件下生活。一些哺乳动物（如几种啮齿类）能通过排泄浓缩的尿液来适应并克服水分的短缺，还找到了不用消耗水分就能降温的方法，它们甚至不必喝水也能活下来。其他动物（如骆驼）必须定期饮水，但生理上能适应和忍耐长期的脱水，其能忍受的水分消耗达自身总含水量的30%，并能在10分钟饮完约其体重20%的水。

（4）生产力　降雨是限制生长的主要因子，因此生产力取决于降雨量。沙漠地区具有如此大的生产潜力，以至于土壤只要适宜，灌溉就能将荒漠转变成高产农田。但是，问题在于荒漠灌溉能否持续下去。由于土壤中水分大量蒸发，盐分被留下来，有可能积累到有毒的水平，这一过程称之为盐渍化。使河流改变方向和排干湖泊来满足农业的需要，对其他地方的生态环境可能会产生毁灭性的影响。

二维码 8-17
荒漠生态
系统生产力案例

8.4.5 苔原生态系统

苔原生态系统（tundra ecosystem）是由极地平原和高山苔原的生物群落与其生存环境所组合成的综合体，主要特征是低温、生物种类贫乏、生长期短、降水量少。

8.4.5.1 苔原生态系统基本特点

（1）气候与土壤　苔原的生态环境甚为恶劣，气候特点是寒冷，年均气温在0℃以下，冬季漫长而严寒，最低温可达−70℃，有6个月见不到太阳；夏季短而凉，最热月平均气温为0～10℃。植物生长季很短，8～10周；年降水量较低（通常每年少于250mm），而且主要以降雪的形式出现，但水分蒸发差，故空气湿度较大。

苔原土壤在一定深度都有永冻层，且分布广，是苔原生态系统最为独特的一个现象。所谓永冻层是指土层下面永久处于冻结状态的岩土层，深度从几米至上千米，永冻层的存在有碍地表水的渗透，易引起土壤的沼泽化。较低的生产力和有限的微生物活动导致了该土层浅薄，在冬季会结冰，夏季会形成积水和沼泽。冻土层上部是冬冻夏融的活动层，其厚度在黏质土为0.7～1.2m，砂质土为1.2～1.6m。活动层对生物的活动和土壤的形成具有重要意义：植物的根系得到伸展，吸取营养物质；动物在此挖掘洞穴，有机物得到积累和分解。

（2）主要植被　苔原具有很低的生产力，但是在这个极端的生境中却发现了大量的物种，基本都具有系列的抗寒和抗干旱生理生态学特性。主要呈现以下特点：

① 植被种类组成简单，植被种类的数目通常为100～200种，没有特殊的科，其具代表性的科为石南科、杨柳科、莎草科、禾本科、毛茛科、十字花科和蔷薇科等。多是灌木和草本，无乔木。苔藓和地衣很发达，在某些地区可成为优势种。

② 植被群落结构简单，可分为1～2层，最多为3层，即小灌木和矮灌木层、草本层、藓类地衣层。藓类和地衣枝体具有保护灌木和草本植物越冬芽的作用。

③ 许多植物在严寒中营养器官不受损伤，有的植物在雪下生长和开花。北极岩荠（*Cochlearia officinalis*）的花和果实在冬季可被冻结，但春天气温上升后又继续发育。在低温下，植物生长极慢，如北极柳（*Salix arctica*）在一年中枝条增长仅1～5mm。

④ 苔原中通常全为多年生植物，没有一年生植物，并且多数种类为常绿植物，如西北刺柏（*Juniperus nana*）、越桔（*Vaccinium vitis-idaea*）、岩高兰（*Empetrum nigrum*）等。这些常绿植物在春季可以很快地进行光合作用，而不必花很多时间来形成新叶。为适应大风，许多种植物矮生，紧贴地面匍匐生长，如北极柳、网状柳。有些是垫状类型，如高山葶苈。这些特点都是为适应强风及保持土壤表层的温度使其有利于生长。

（3）苔原动物　苔原生态系统中动物的种类也很少，绝大部分环极地分布。主要有：驯鹿（*Rangifer tarandus*）、麝牛（*Ovibos moschatus*）（夏天它们以谷地和平原上的禾草、苔属和矮柳为食）、北极兔（*Lepus arcticus*）、林旅鼠（*Myopus schisticolor*）、北极熊（*Ursus maritimus*）；植食性鸟类比较少，主要是雷鸟和迁徙性的雁类；几乎没有爬行类和两栖类动物；昆虫种类虽少，但数量很多。

8.4.5.2 苔原生态系统类型

随着从南到北气候条件的差异，苔原分为 4 个亚带：

（1）森林苔原亚带 大多数是落叶松属（*Larix*）、西伯利亚云杉（*Picea abovata*）、弯桦（*Betula tortusa*）。灌木层中有矮桦和桧树。地被层中占优势的是真藓和地衣，在沼泽中占有一半以上的面积。

（2）灌木苔原亚带 灌木以矮桦（*Betula potaninii*）为代表，还有圆叶柳（*Salix rotundifolia*）、北极柳等。

（3）藓类地衣亚带 藓类地衣占优势，是最典型的苔原亚带。

（4）北极苔原亚带 分布在北冰洋沿岸，植被稀疏，完全没有小灌木群落。北美大陆北部的苔原和欧亚大陆苔原有很多相似之处。地衣苔原在北美有着比较广泛的分布。

8.5 人工生态系统

人工生态系统（artificial ecosystem）是指以人类活动为生态环境中心，按照人类理想要求建立的生态系统。如城市生态系统、农业生态系统、道路生态系统等。人工生态系统的特点是：①社会性，即受人类社会的强烈干预和影响；②易变性，或称不稳定性，易受各种环境因素的影响，并随人类活动而发生变化，自我调节能力差；③开放性，系统本身不能自给自足，依赖于外系统，并受外部的调控；④目的性，系统运行的目的不是维持自身的平衡，而是满足人类的需要。所以人工生态系统是由自然环境（包括生物和非生物因素）、社会环境（包括政治、经济、法律等）和人类（包括生活和生产活动）三部分组成的网络结构。

8.5.1 农业生态系统

农业生态系统（agro-ecosystem）是在农田上利用作物生产的生态系统，以有规律的经营措施（主要包括播种、收获和土壤耕作）为标志。因此，农业生态系统有别于同样由人类建立和利用的其他系统，如永久绿地（草地和牧场）及森林。农业生态系统是人工驯化的生态系统，既有人类的干预，同时又受自然规律的支配。

8.5.1.1 农业生态系统的组成

农业生态系统与自然生态系统一样，其基本组成也包括生物成分和非生物环境成分两大部分。由于受到人类的参与和调控，其生物成分是以人类驯化的农业生物为主，环境也包括了人工改造的环境部分。

（1）生物组分 农业生态系统的生物，按功能可以分成以绿色作物为主的生产者，以动物为主的大型消费者和以微生物为主的小型消费者。在农田生态系统中，占据主要地位的生物是经过人工驯化的农作物、人工林木等，其次是一些人工放养于农田的某些动物，以及与这些农业生物关系密切的生物种群，如专食性害虫、寄生虫、根瘤菌等。除了选择作物的种类外，还有其他因素决定一个农业生态系统的生物多样性，例如：①自然状况下特定的地理、气候和土壤条件；②经营形式和强度；③周围生活空间的生物多样性和结构。

农业生态系统生物多样性降低的原因是日益增强的种植集约化，主要受下列措施影响。①农业结构改变：种植面积的扩大、与农田毗邻的景观要素的消失、群体密度（主要是谷物）的增加、种植作物的多样性减少，使许多动、植物物种的存活受到了限制。②肥料使用的增加，农田上野生植物种类的数目在高养分（主要是氮）供给时要少于未施肥的区域。植物的生物量则相反，施肥的土地产出量高于不施肥的土地。

（2）环境组分　环境组分包括自然环境组分和人工环境组分两部分。自然环境组分是从自然生态系统中继承下来的部分，但都不同程度地受人类的调节与控制，如作物群体内的温度、光照、土壤的理化特性等。人工环境组分主要指对农田生态系统的各种社会资源投入，如施肥、灌溉、防治病虫害、设施栽培等。人工环境组分是自然生态系统中不存在的，通常以间接的方式对生物产生影响。

8.5.1.2　农业生态系统的基本结构

（1）组分结构　农业生态系统的组分结构（components structure）指农、林、牧、渔、副（加工）各业之间的量比关系，以及各业内部的物种组成及量比关系。农业生态系统的生物种类和数量受自然条件和社会条件的双重影响。生物种类和数量不但因为农业生物种群结构调整、品种更换而改变，而且还会因农药和兽药的施用等农业措施而变化。遗传育种和新种引入会改变生态系统中生物基因构成。

（2）时空结构　农业生态系统的空间结构（space structure）常分为水平结构和垂直结构。水平结构（horizontal structure）系指一定区域内，各种农业生物类群在水平空间上的组合与分布，即由农田、人工草地、人工林、池塘等类型的景观单元所组成的农业景观结构。垂直结构（vertical structure）系指农业生物类群在同一土地单元内，垂直空间上的组合与分布。环境因子因地理高程、水体深度、土壤深度和生物群落高度而产生相应的垂直梯度，如温度的高度梯度、光照的水深梯度。

农业生态系统的时间结构（temporal structure）系指农业生物类群在时间上的分布与发展演替。随着地球自转和公转，环境因子呈现昼夜和季节变化，农业生态系统中农业生物经过长期适应和人工选择，表现出明显的时相差异和季节适应性。如农业生物类群有不同的生长发育阶段、生育类型和季节分布类型，适应不同季节的作物按人类需求可以实行复种、套作或轮作，占据不同的生长季节。

（3）营养结构　农业生态系统的营养结构受到人类的控制。不但具有与自然生态系统类同的输入、输出途径，如通过降雨、固氮的输入，通过地表径流和下渗的输出；而且有人类有意识增加的输入，如灌溉水、化学肥料、畜禽和鱼虾的配合饲料；也有人类强化了的输出，如各类农林牧渔的产品输出。有时，人类为了扩大农业生态系统的生产力和经济效益，常采用食物链“加环”来改造营养结构；为防止有害物质沿食物链富集而危害人类的健康与生存，而采用食物链“解列”法中断食物链与人类的连接从而减少对人类健康的危害。

8.5.1.3　农业生态系统的基本功能

农业生态系统通过由生物与环境构成的有序结构，可以把环境中的能量、物质、信息和价值资源，转变成人类需要的产品。农业生态系统具有能量转换功能、物质转换功能、信息转换功能和价值转换功能，在这种转换之中形成相应的能量流、物质流、信息流和价值流。

（1）能量流（energy flow）　农业生态系统不但可利用太阳能和其他能源（如风能、水势能等），还可通过食物链在生物间进行传递，形成能量流。为提高生产力，农田生态系统还可利用人力和畜力，以及机械作业中的煤、石油等矿物提供的能量而进行农机生产、化肥和农药生产、田间排灌、栽培操作等，从而形成辅助能量流。

(2) 物质流 (nutrient cycle) 以各种化学元素为基础的物质，如氮、磷、钾、碳、氧、氢等，被转换到不同形态的分子中，传递到不同的组分里，形成连续的物质流。农田生态系统物质流中的物质不但有天然元素和化合物，而且有大量人工合成的化合物。

(3) 信息流 (information flow) 农业生态系统不但保留了自然生态系统的自然信息网，而且还利用了人类社会的信息网，利用电视、广播、报刊、教育、推广、邮电、计算机网络等方式高效地传送信息。

(4) 价值流 (value flow) 价值可在农业生态系统中转换成不同的形式，并且可以在不同的组分间转移。以实物形态存在的农业生产资料的价值，在人类劳动的参与下，转变成生产形态的价值，最后以增值了的产品价值形态出现。价格是价值的表现形式，以价格计算的资金流是价值流的外在表现。

8.5.2 城市生态系统

城市生态系统 (urban ecosystem) 指的是城市空间范围内的居民与自然环境系统、人工建造的社会环境系统相互作用而形成的统一体，属于人工生态系统。它是以人为主体的、人工化环境的、人类自我驯化的、开放性的生态系统。它是由社会、经济和自然三个亚系统复合而成的由城市居民与其周围环境相互作用而形成的网络结构。城市生态系统是生物地理圈中的功能单位。它包含的子系统有地理系统、生物系统，以及对其影响深远的人类系统(经济、社会、政治与规划)。

8.5.2.1 城市生态系统的组成

城市生态系统是一个以人为中心的自然、经济与社会复合的人工生态系统，所以城市生态系统的组成首先是人，另外包括自然系统、经济系统和社会系统 (图 8.4)。

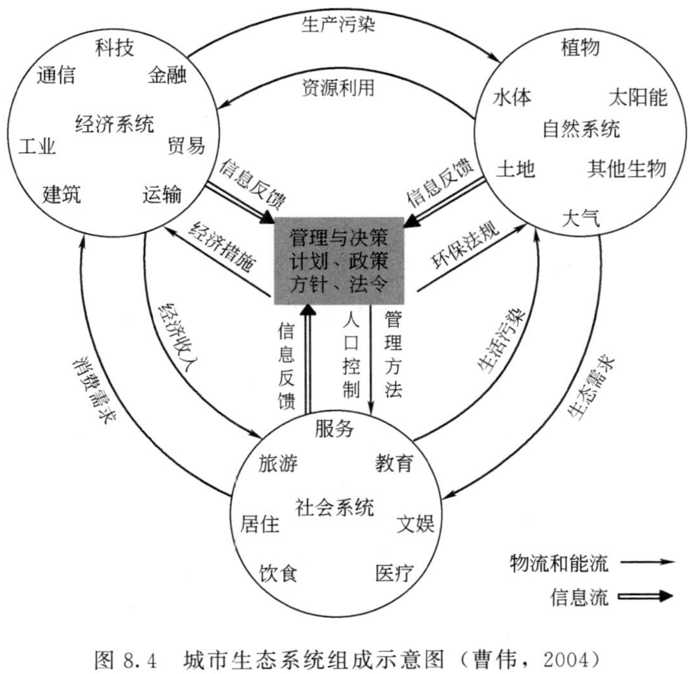

图 8.4 城市生态系统组成示意图 (曹伟，2004)

自然系统包括城市居民赖以生存的基本物质环境，如太阳、空气、淡水、森林、气候、岩石、土壤、动物、植物、微生物等。经济系统涉及生产、流通与消费的各个环节，包括工业、农业、交通、运输、商贸、金融、建筑、通信、医疗、旅游等，还涉及文化、艺术、宗教等上层建筑范畴。社会系统体现的是以人为中心，反映的是居民的人口、劳动、智力结构和城市的政治机构、经济管理、文化娱乐、社会团体和家庭组织结构，而共同反映的是城市的主体，即人的能力、需求、活动状况和城市的职能特点等。

目前没有统一的城市生态系统构成划分，不同的研究出发点与方向会有不同的划分方法。从环境科学角度，根据子系统的空间因素及相互作用，可以对城市生态系统的组成作以下划分，见图 8.5。

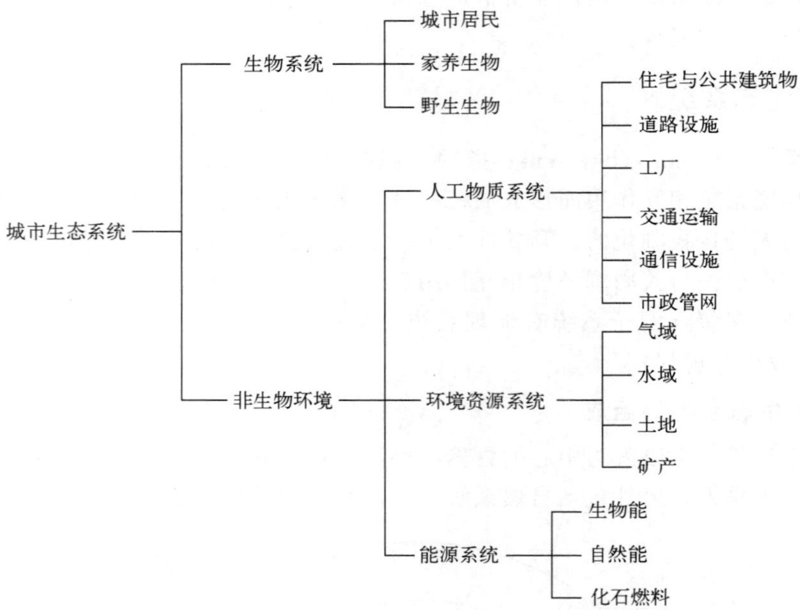

图 8.5　环境科学角度的城市生态系统构成（仿何强等，1994）

8.5.2.2　城市生态系统的特征

（1）人是城市生态系统的主体　城市生态系统最突出的特点是人口的发展代替或限制了其他生物的发展。由于人类对环境的强烈干扰和带来的人工技术产物（建筑物、道路、公用设施等）完全改变了原有的生态系统结构，人类的经济、社会活动和人类自身再生产成为影响生态系统的决定性因素。经济再生产过程是城市生态系统的中心环节。城市内部及城市与其外部系统之间物质、能量、信息的交换，主要靠人类活动来协调和维持。

（2）高度人工化　城市生态系统的环境主要为人工环境，城市居民为了生产、生活等的需要，在自然环境的基础上，建造了大量的建筑物及交通、通信、供排水、医疗、文教和体育等城市设施。大量的人工设施叠加于自然环境之上，形成了显著的人工化特点，如人工化地形、地面、水系、气候（空调房间、恒温室，甚至城市热岛、城市风也是人工干扰的结果）。这样使得原有自然环境条件都不同程度受到人工环境和人类活动的影响，城市生态系统的环境变化显得更加复杂和多样化。

（3）城市生态系统的开放性　城市生态系统不能提供本身所需的大量能源和物质，必须从外部输入，经过加工将外来的能源和物质转变为另一种形态（产品），以供本城市居民使用。城市规模越大，要求输入的物质种类和数量就越多，城市对外部所提供的能源和物质的接受、消化、转变的能力也越强。城市生态系统在人力、资金、技术、信息方面也对外部系统有不同程度的依赖性，这是当今世界各国流动人口在城市中总是大于除城市之外其他人类聚居地的原因。然而，能源与物质对外部的强烈依赖性在城市生态系统中占主导地位。

（4）城市生态系统的脆弱性　城市生态系统必须依赖其他生态系统才能存在和发展，同时其营养关系呈倒金字塔的营养结构，表明城市生态系统是一个不稳定且脆弱性较高的系统。人所需要的食物、其他资源和能源在系统内无法完全满足，需要从系统外输入。与自然生态系统相比较，城市生态系统由于物种多样性降低，能量流动和物质循环的方式、途径都发生了改变，使系统本身的自我调节能力降低，其稳定性在很大程度上取决于社会经济系统的调控能力和水平，以及人类对这一切的认识。

（5）城市生态系统的复杂性　城市生态系统是自然-社会-经济的复合人工系统，一定生产关系下的生产力起着主导支配作用。随着生产力的提高，人们在对能源和物质的处理能力上，不仅有量的扩大，而且可以不时发生质的变化。通过人工对原有能源和物质的合成或分解，可以形成新的能源和物质。城市生态系统中的有机物或无机物都是相互联系和依赖的，任何一个小的变化都会引起系统整体性能的改变。城市生态系统组成要素复杂，所表现出的各种现象和过程都存在一定的联系和中介环节。

8.5.2.3　城市生态系统的结构

城市生态系统的结构在很大程度上不同于自然生态系统。因为除了自然系统本身的结构外，还有以人类为主体的社会结构和经济结构。

二维码 8-18
城市结构要素

（1）空间结构　空间结构描述的是城市的物质空间属性及其空间构型。城市由各类建筑群、街道、绿地等构成，形成一定的空间结构（图 8.6），即同心圆、辐射（扇形）、镶嵌 3 类结构。城市空间结构往往取决于城市的地理条件、社会制度、经济状况、种族组成等因素。

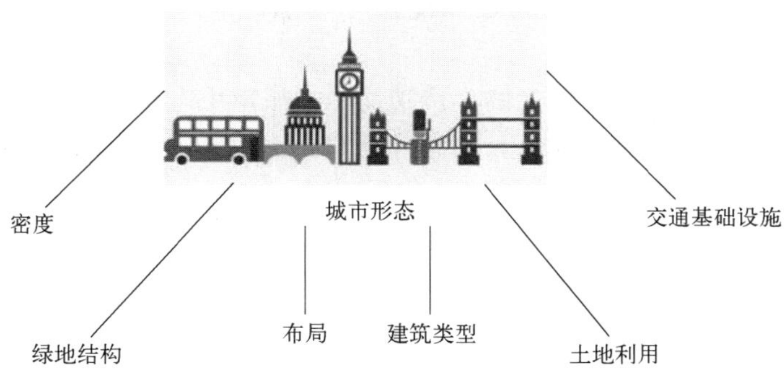

图 8.6　城市结构要素（仿 Dempsey，2010）

（2）社会结构　社会结构是人口、劳动力和智力等的空间配置和组合。城市人口是城市的主体，其数量往往决定着城市的规模和等级。劳动力结构反映城市的经济特点和主要职能。智力结构反映出城市的文化水平和现代化程度，也是决定城市经济发展的重要条件。

（3）经济结构　经济结构由生产系统、消费系统、流通系统几部分组成。各部分的比例因城市不同而异，取决于城市的性质和职能。

（4）营养结构　城市生态系统中生产者绿色植物的量很少，主要消费者是人，分解者微生物亦少。系统自身的生产者生物量远远低于周边生态系统，相反，消费者密度则高于其他生态系统。因此，城市生态系统不能维持自给自足的状态，需要从外界获取物质和能量，从而形成不同于自然生态系统的倒三角形营养结构（图 8.7）。

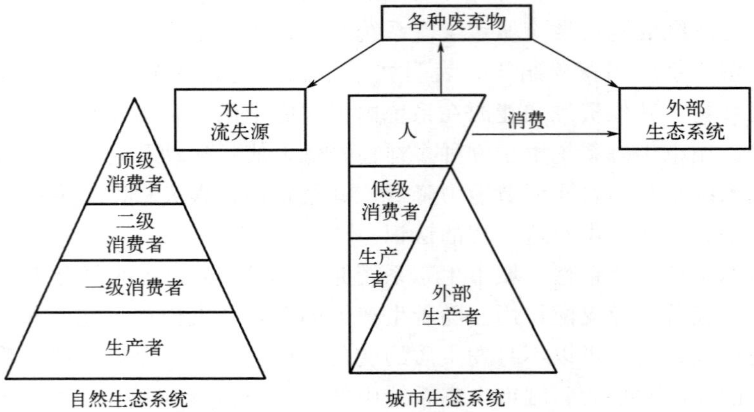

图 8.7　自然生态系统与城市生态系统的营养结构及其关系（引自曹伟，2004）

8.5.2.4　城市生态系统基本功能

城市生态系统基本功能包括外部功能和内部功能。外部功能是联系其他生态系统，根据系统内部需求，不断从外系统输入与输出物质和能量，以保证系统内部的能量和物质流动的正常运转与平衡；内部功能是维持系统内部的物流和能流的循环和畅通，并将各种流的信息不断反馈，以调节外部功能，同时把系统内部剩余的或不需要的物质与能量输出到其他外部生态系统中。

（1）城市生态系统的生产功能　城市生态系统的生产功能是指城市生态系统能够利用城市内外系统提供的物质和能量等资源，生产出产品的能力，包括生物生产与非生物生产。

二维码 8-19 城市生态系统的生产功能类别

① 生物生产。城市生态系统的生物生产功能是指城市生态系统所具有的，包括人类在内的各类生物交换、生长、发育和繁殖的过程。具体表现在生物的初级生产和生物的次级生产两个方面。

② 非生物生产。城市生态系统的非生物生产是人类生态系统特有的生产功能，是指其具有创造物质与精神财富，满足城市人类物质消费与精神需求的性质。分为物质生产和非物质生产两大类。

（2）城市生态系统的能量流动　城市生态系统的能量流动以各类能源的消耗与转化为主要特征，是能源在系统内外传递、流通和耗散的过程。能源是指产生机械能、热能、光能、化学能、生物能等各种能量的自然资源或物质。能源结构是指能源的总生产量和总消费量的构成及比例关系，城市的能源结构是反映该城市生产技术发展水平的重要标志。

二维码 8-20 城市生态系统物质循环中的物质流类型

（3）城市生态系统的物质循环　城市生态系统中的物质循环是指各项资源、产品、货物、人口、资金等在城市各个区域、各个系统、各个部分之间以及城市与外部之间的反复作用过程。它的功能是维持城市生存、运行、生产，维持城市生态系统的生产、消费、分解还原过程。

（4）城市生态系统的信息传递　信息可以传递知识，通过指令、数据、图像、信号等形式，传播知识，把知识变成生产力。信息是科学技术与生产力之间的桥梁和纽带。信息可以节约时间，提高效率。城市的重要功能之一，就是输入分散的、无序的信息，输出经过加工的、集中的、有序的信息。城市有现代化的信息技术以及使用这些技术的人才，并具有完善的新闻传播网络系统，信息流相当大。

8.5.3　道路生态系统

道路生态系统（road ecosystem）指的是人、车、路这种人工系统与道路沿线的生态环境有机结合且相互作用而形成的统一体，属于人工生态系统。道路生态系统是道路基础设施和行驶于其上的交通流，以及相关的设施形成的道路系统。因此，道路生态学致力于探究和解决道路系统和自然环境之间的关系问题。

8.5.3.1　道路生态系统的组成

道路生态系统与自然生态系统一样，其基本组成也包括生物组分和非生物组分两大部分（图8.8）。

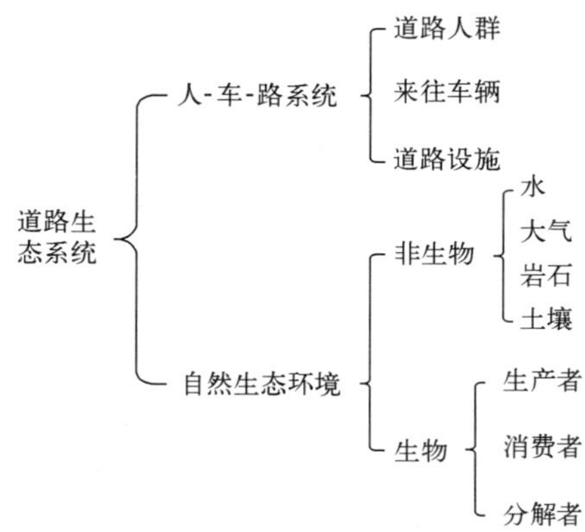

图8.8　道路生态系统组分（仿毛文碧，2009）

（1）生物组分

生物组分包括道旁植物（高大乔木、灌木、地被植物等）、野生动物、昆虫、土壤动物、土壤微生物等。道路生态系统中的路域人群指的是在路域范畴内经过的、服务的人群，包括驾驶员、乘客、服务区工作人员、公路建设和维护人员以及收费站和检查站的工作人员等，也包括在路域范围内的居住者。由于路域人群的存在，路域生态系统不仅仅是一个自然生态系统，而且经常受到人类扰动，给路域自然生态系统带来了其他生态系统的有机物质和无机物质，改变路域自然生态系统的物质和能量循环，使得路域生态系统的开放性和流动性更大。

（2）非生物组分

自然环境组分包括水体、土体、气体等，受人类不同程度的调控和影响。人工环境组分包括道路的介质、车辆，其中道路材料包括素土、石料、土石混合料、粉煤灰、沥青等，不同材料的渗透率存在较大差异，对道路地上和地下部分生态的影响较大。公路设施主要包括：路线、路基路面、桥涵、隧道、路线交叉、交通工程及沿线设施。尽管公路设施属于非生物组分，无生命活动的特征，但它们不仅具有提供交通安全运行的功能，而且具有生态和美化景观的功能。公路设施也是道路生态系统中生物生存和发展的重要空间。道路生态系统的过往车辆是指进入路域范围的、利用公路进行交通运输的车辆，是完成公路功能的基本工具。公路功能包括公路的物质流、能量流、信息流。

8.5.3.2　道路生态系统的属性

（1）生态属性　生态属性主要强调的是自然界基本属性要素。支撑公路通行的自然环境具有自然生态系统的一切特点。任何公路都是在一定的自然介质中进行设计、建设和维护的。气候、地形、地质、地貌、土壤及其中的植物、动物、微生物等自然因素都与公路之间产生相互作用和影响，这种影响的规律和特点是公路路域生态学的基本内容。

（2）经济属性　经济属性主要强调的是道路生态系统中的经济性要素。道路建设的目的是满足人类的直接物质流通和人员往来需求，这种需求建立在经济利益驱动下，建什么样的道路、如何建、什么时候建都是经济发展中的客观要求。

（3）社会属性　公路建设不仅只是在自然地带上修筑一条满足人车通行的道路，且要满足社会长期发展的需求。公路的走向、样式、护坡及公路沿线的绿化既是公路本身功能的要求，也包含公路经过地区的文化元素，具有一定的区域性和民族性，尤其是体现公路经过区域的人文景观、风土人情、社会文化和民族区域特征。这些既是现代公路景观建设中经常考虑的因素，也是道路社会系统的重要组成部分。

8.5.3.3　道路生态系统的结构

（1）空间结构　空间结构是自然物体存在的必要条件，道路生态系统的空间结构包括垂直结构和水平结构。由于道路具有其独特的大尺度线性特征，绝大部分的道路都横跨多个生态系统，因此道路生态系统在空间结构上通常包括多个生态系统的综合特性，是多种生态系统空间结构的复合体。

空间结构在道路生态系统中体现为：路基、路面、边坡、排水设施、中央绿化带等，系统中的生物种类、种群数量、种群的空间格局以及群落的垂直和水平结构等。垂直结构分为两部分，一个是公路部分自身的垂直结构，另一个是路域范围内自然生态环境的垂直结构。

水平结构就是道路生态系统在空中能够看到的一种投影式平面结构，从横向看，道路生态系统可分为路面、路肩、边沟等，一直可延伸到自然生态系统部分，有的公路还有护栏网、公路防护林等，所经过不同的地方还有桥梁、隧道和交叉口等。从纵向看，道路生态系统包括农田、森林、居民区、水塘、河流、草地斑块等，形成一种景观格局。

（2）营养结构　以营养为纽带把生物和非生物紧密结合起来，构成以生产者、消费者和分解者为中心的三大功能类群，它们与环境间发生密切的物质循环和能量流动。营养结构保持了系统的稳定性，在外界干扰下继续保持系统的有序性和恒定性。道路生态系统是一个开放的系统，营养结构不仅仅在于自然生态系统内部，而且还跟公路运行中产生的废气、重金属、有机物和无机物垃圾等发生交换，这些物质和能量通过食物链进入道路生态系统。在道路生态系统内存在许多食物链，彼此交织，形成更加复杂的食物网。食物链和食物网的复杂程度常常决定着系统的稳定性程度，因此道路生态系统中对动植物的保护目的是维护整个生态系统的稳定性。

（3）层级结构　生物的行为过程实际上可以发生在从核酸、细胞、组织直到生物个体和种群等各个层级之间，在这一过程中，不同层级的要素之间存在着复杂的交互影响。在道路生态系统中，处于个体水平的某些动物的少量死亡对种群和生态系统的影响并不大，但若某些稀有动物被轧死或撞死的概率太大，将有可能导致几年内这种动物的大量死亡，甚至种群消失。继而将有可能导致整个地区动植物群落发生变化，进而影响到局部生态系统结构和功能，改变当地生态系统景观格局。

二维码 8-21
道路生态系统的生态服务功能

8.5.3.4　道路生态系统的功能

（1）生态服务功能　路域林带能有效降低噪声（林木能把投射到树叶上的噪声反射到各个方向，造成树叶微震使声能消耗而减弱），防治大气污染、净化空气（路旁植物具有过滤各种有害物质、拦阻尘埃、净化公路沿线空气的功能），减缓干旱和洪涝灾害（边坡植被还有稳固路基的作用，降低雨水冲刷路堤的危害），调节和改善局部气候（绿地可调节和改善局部气候，主要体现在树冠层的遮阴减光作用及绿地的蒸腾散热作用）。

（2）经济社会功能　道路生态系统对经济社会发展的促进作用，主要包括几个方面：一是支撑经济发展，优化了运输布局和服务，提高了生产要素使用效率；二是推动社会进步，提高了生活质量，推动了城镇化进程，促进了区域经济协调发展；三是改善公共服务，增强了运输可靠性和安全性，增强了政府提供公共服务的能力；四是服务可持续发展，改善了运输效率，促进了综合运输体系发展，降低了能源消耗。

（3）景观美学功能　道路生态系统中植被可以改善高速行车安全条件。例如，通过视线诱导种植可预示或预告线形的变化；通过遮光种植可防止车辆夜间行驶时受到对向灯光的眩目；通过明暗适应种植，当汽车进入隧道时，可帮助驾驶员缩短对明暗急剧变化的适应时间；通过缓冲种植，当车体行进过程中与其他物体发生冲撞时，可减缓车速并降低人员的伤害程度。

（4）交通支撑功能　道路生态系统担负的是交通运输的功能，作为城市间和城乡间物质、能量和信息流动的重要通道，源源不断地进行传递，在国民经济的发展中起到了重要的作用。交通运输是国民经济的命脉，是经济建设不可缺少的基础设施，它的进步与变革直接关系到生产力的发展与变化。

课后复习

1. 概念和术语：生态带、河口生态系统、红树林生态系统、湿地、滩涂湿地、河流生态系统、湖泊生态系统、沼泽生态系统、森林生态系统、草地生态系统、荒漠生态系统、苔原生态系统、人工生态系统、农业生态系统、城市生态系统、道路生态系统

2. 原理和定律：纵向成带现象、纬度地带性、经度地带性、垂直地带性

课后练习

1. 为什么说沼泽是“地球之肾”？
2. 简述农业生态系统与自然生态系统的不同之处有哪些？
3. 陆地生态系统有哪些分布规律？
4. 荒漠生态系统的基本特点有哪些？

在线习题及课后练习答案

二维码 8-22　在线习题及课后练习答案

参考文献

[1] Schultz J.地球的生态带［M］.林育真，于纪姗，译.4版.北京：高等教育出版社，2010.
[2] 蔡晓明.生态系统生态学［M］.北京：科学出版社，2000.
[3] 盛连喜.环境生态学［M］.北京：高等教育出版社，2009.
[4] 孙儒泳，李庆芬，牛翠娟，等.基础生态学［M］.北京：高等教育出版社，2002.
[5] Odum E P，Barrett C W.生态学基础［M］.陆健健，王伟，王天慧，等译.5版.北京：高等教育出版社，2008.
[6] 陈阜.农业生态学［M］.北京：中国农业大学出版社，2002.
[7] 宋永昌，由文辉，王祥荣.城市生态学［M］.上海：华东师范大学出版，2000.

9

景观生态学原理与应用

引言

当我们登上一座高山，向远处眺望的时候，就会看到森林、草地、农田、湖泊河流，这些要素便构成了美丽的景观。

“景观”一词最早出自希伯来文。后来在15世纪中叶西欧艺术家们的风景油画中，景观成为透视中所见地球表面景色的代称。这时，景观的含义同汉语中的“景色”“景致”“风景”“景象”等一致，等同于英语中的“scenery”，都是视觉美学意义上的概念。英语中的景观源于德语，被理解为形象而又富于艺术性的风景概念。这种针对美学风景的景观理解，既是景观最朴素的含义，也是后来科学概念的来源。在生态学研究中，景观就是指一种由不同生态系统组成的复杂的地域综合体。党的十八大以来，习近平总书记多次从生态文明建设的宏阔视野提出山水林田湖草沙是生命共同体，强调“人的命脉在田，田的命脉在水，水的命脉在山，山的命脉在土，土的命脉在树”。习近平总书记用“命脉”把人与山水林田湖草沙连在一起，生动形象地阐述了人与自然之间唇齿相依的一体性关系，揭示了山水林田湖之间的合理配置和统筹优化对人类健康生存与永续发展的意义。

我国山水林田湖草沙生命共同体及其保护和修复工程的理论研究和实践需要系统的学科理论支撑，景观生态学作为地理学和生态学的交叉科学，能够以其宏观空间理论和技术体系满足这一需求。景观生态学作为山水林田湖草沙一体化保护和修复工程的支撑学科，首先，山水林田湖草沙生命共同体是镶嵌的异质景观，具有景观的所有特征并遵循景观生态学原理；其次，景观生态建设理论可以应用于山水林田湖草沙一体化保护和修复工程的规划和评价；最后，景观生态学为山水林田湖草沙一体化保护和修复工程解决问题提供了广阔的研究空间。景观生态学和山水林田湖草沙一体化保护和修复工程实践相结合，将为实现我国乃至全球生态、经济、社会可持续发展提供极为有效的途径。

学习意义

为什么要学习景观生态学？

作为生态学的重要分支学科，景观生态学是研究景观单元的类型组成、空间格局及其与生态过程相互作用的综合性交叉学科。通过学习，掌握景观生态学的研究对象和内容，熟悉景观生态学的基本理论和应用方法，理解不同空间尺度上景观单元的空间格局与生态和社会经济过程的关系，将人文系统与自然系统耦合起来，分析生态、社会过程、机理及其引起变化的成因；充分认识景观尺度上开展“社会-生态”复合系统研究在可持续性科学发展中具有重要地位，有助于我们将景观生态学知识融入国家生态文明建设的基本战略、重要理论和实践应用中。

学习目标

◇ 掌握景观要素、景观格局的相关概念。

◇ 熟悉景观生态学的研究对象和主要内容。

◇ 理解景观生态学的基本理论。

◇ 熟悉景观生态学在生态系统管理、土地利用规划、自然保护区规划等领域的应用。

◇ 了解景观生态学水平上的典型应用案例。

9.1 景观生态学的研究对象和内容

在生态学中，景观的定义可概括为狭义和广义两种。狭义景观是指在一定空间范围内，由不同生态系统组成的，具有重复性格局的异质性地域单元（Forman，1986）；广义景观则是指从微观到宏观不同尺度上的具有异质性或斑块性的空间单元（杨持，2023）。广义的景观概念强调空间异质性，其空间尺度随研究对象、方法和目的而变化，而且突出了生态系统中多尺度和等级结构的特征。这一概念越来越广泛地为生态学家所关注和采用。因此，景观生态学是研究景观单元的类型组成、空间格局及其与生态学过程相互作用的综合性学科。强调空间格局、生态学过程与尺度之间的相互作用是景观生态学研究的核心所在（邬建国，2001）。景观生态学的提出填补了生态学组织层次上的空白，成为介于生态系统生态学和全球生态学之间的过渡，对强调生态要素与现象的空间结构和尺度作用具有重要意义（图 9.1）。

景观生态学的研究对象和内容可以概括为景观结构、景观功能和景观动态 3 个基本方面。

二维码 9-1
景观生态学的产生和发展

9.1.1 景观结构

景观结构是指景观的组分和要素在空间上的配置，包括景观组成单元的类型、多样性及空间关系。例如，景观中不同生态系统的面积、形状和丰富度，它们的空间格局以及能量、物质和生物体的空间分布等结构特征。Forman 和 Godron（1986）认为，景观结构元素不外乎有 3 种，即斑块、廊道、基质。斑块泛指与周围环境在外貌和性质上不同，但具有一定内部均质性的空间部分，如湖泊、草原、农田，其大小、类型、形状、边界以及内部均质程度都显示出与周围环境有很大的不同。廊道是指景观中与相邻两边环境不同的线状或带状结构，如防风林带、河流、道路等。廊道类型的多样性导致了其结构和功能的多样化，其重要结构特点包括宽度、组成内容、内部环境、形状和连续性。基质是指景观中分布最广、连续性最大的背景结构，常见的有森林基质、草

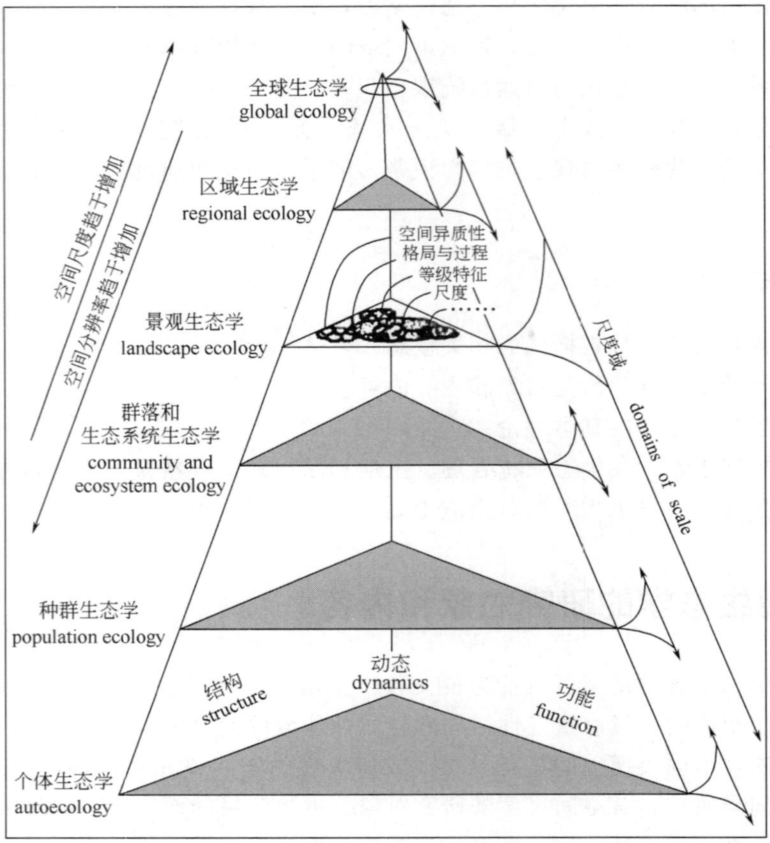

图 9.1　景观生态学与其他生态学学科的关系及其特点（孙儒泳，2001）

原基质、农田基质、城市基质等。在许多景观中，景观的总体动态常常受基质所支配。

二维码 9-2
景观系统中
五个层次的生态关系

二维码 9-3
景观的
五个特征

二维码 9-4
景观生态学
中的尺度

9.1.2 景观功能

景观功能是指景观结构与生态学过程的相互作用，或景观结构单元之间的相互作用。这些作用体现在能量、物质和生物体在景观单元中的运动过程，主要体现在能量流、养分流和物种流从一种景观要素迁移到另一种景观要素。通过大量的“流”，一种景观要素对另一种景观要素施加控制作用。景观格局通过景观要素间的相互作用，来影响景观要素间的“流”，从而改变了景观功能。例如，灰尘、机动车污染会从道路进入农田，从而影响农田的功能。

景观的功能类型包括：生产功能、调节功能、支持功能和文化功能。

景观的生产功能是指景观能够提供物质产品和生物生产的功能，体现在三个方面：①自然景观的生产功能，主要是植被的净初级生产及生物有机体的次级生产；②农业景观的生产功能，主要是农产品的生产；③城市景观的生产功能，包括城市生物生产和非生物生产，非生物生产又分为各种有形产品和服务的正向物质生产和各种废弃物的负向物质生产。

景观的调节功能是指景观空间格局对生态学过程的调节作用。景观的调节功能既包括景观组分的调节功能，也包括景观格局配置的调节功能。如"源""汇"景观格局的调节功能，调控病虫害、调控传粉、调控疾病、调控自然灾害、调控空气质量、调控气候、调节水分、调节土壤侵蚀、净化水质和废弃物处理等。

景观的支持功能是指景观具有保持自然生境和生物多样性，维持景观结构和过程的功能。斑块是景观的基本组成要素，斑块的起源和变化过程不同，其大小、形状、类型、异质性及边界特征变化较大，因而对物质、能量的流动和物种的分布会产生不同的影响，进而影响到生物多样性。廊道是联系景观中不同斑块的重要纽带，同时也具有栖息地功能。基质也会对景观中物种多样性产生影响，基质的质量也是影响物种多样性的重要因素。景观的支持功能是支持景观生产和其他功能的基础功能，如土壤形成、养分循环和水循环等。

景观的文化功能是指景观能够为人类提供文化和娱乐方面的功能。景观生态学家 Naveh 等认为，景观是由宇宙、物质、生命、人类和意识的演化相互作用的复杂有序系统，关注人类和人类与生态系统的密切关系及相互作用是景观生态学研究的一个重要方面。景观文化功能的形成遵循景观生态学的两个基本原理，即景观演化的人类主导作用和景观多重价值与文化相关联原理，强调了人类在景观文化功能形成中的作用。景观文化功能具有多样性、动态性和地域性等特点，包括生计文化、宗教信仰、历史遗产、科研教育、休闲游览等类型。

9.1.3 景观动态

景观动态是指景观在结构和功能方面随时间推移发生变化的一种表现形态（Forman，1995）。具体来说，景观动态包括景观结构单元的组成成分、多样性、形状和空间格局的变化，以及由此导致的能量、物质和生物体在分布与运动方面的差异。景观动态取决于景观内部的结构特征和外来的作用力。

景观动态作为自然界客观存在的一种现象，主要有三方面的特点：

一是普遍性。景观动态是自然界客观存在的现象，任何一种景观均在时刻发生着变化（肖笃宁等，2010；傅伯杰等，2011）。这种变化包括两个方面的含义：一种是视觉上可以识别的景观形态特征，如景观外貌、斑块大小、斑块形状等；另一种是视觉上无法识别的景观信息特征，如隐含在景观内部的物质流、能量流和信息流，这种无法识别的信息决定着景观动态变化特征。

二是尺度性。景观动态变化具有尺度特征，表现在两个方面：其一是空间尺度特征，即景观动态变化许多时候在大尺度上并未体现出来，但在小尺度上的变化特征十分明显；其二是时间尺度特征，许多景观类型在短时间内是无法识别出其变化的，但经过长时间序列观测，景观动态变化则显现出来。

三是抽象性。景观是一个综合性概念，包含着内部的过程、功能和信息流动。景观的外表特征虽然可以直接观测，但其内在的过程和功能信息则需要一定的技术手段去辨识。景观动态变化的抽象性体现在景观内部斑块之间的物质流动、物质循环和信息传递。景观单元或斑块之间的功能转换组成了一个动态变化的景观，内在的变化具有抽象性特征。

景观动态变化的驱动因素包括自然和人为两个方面。自然驱动因素是指引起景观动态变化的自然要素，如地质地貌、气候、土壤、生物、水文以及自然灾害干扰。人为驱动因素是指作用于景观并引起景观动态变化的人文要素，如人口、社会经济、科学技术、政策、文化以及各种人为干扰。

9.2 景观要素与结构

景观要素（landscape element）是指组成景观的最小单元。普通生态学上的各种生态系统被称作不同的景观单元。景观和景观要素的关系是相对的。生态系统有大小之分，大可达整个生物圈，小可至一块非常小的水洼地。但景观一般包含有不同生态系统，并强调其组成为异质镶嵌体；而景观要素强调的是均质同一的单元。从这里可以看出，景观要素是景观的基本单元。按照各种景观要素在景观中的地位和形状，可将景观要素分为斑块、廊道和基质3种基本类型，它们是组成景观的基本的结构单元。

9.2.1 斑块

斑块（patch）是指在外貌上与周围地区（基质）有所不同，但相对于周围环境又具有一定的内部均质性的一块非线性地表区域。具体地讲，斑块包括植物群落、湖泊、草原、农田、居民区等。因而其大小、类型、形状、边界以及内部均质程度都会显现出很大的不同。

斑块性（patchiness）是生态学系统的基本属性之一。许多空间格局和生态学过程由相应的斑块性和斑块动态（patch dynamics）来决定。

根据起源的不同，将斑块分为4种类型：干扰斑块、残存斑块、环境资源斑块和引入斑块。除环境资源斑块外，其余3种斑块都是干扰所致。

（1）干扰斑块（disturbance patch） 干扰斑块是由局部性干扰，如泥石流、风暴、雪崩、病虫害的暴发以及人类活动干扰所形成的小面积斑块。干扰斑块通常具有周转率高、持续时间短的特征。在某些特殊的周期性干扰的情形下，干扰斑块也可以长期存在。

（2）残存斑块（remnant patch） 残存斑块是大范围干扰活动，如大范围的森林砍伐、农业活动、森林火灾等造成的局部范围内幸存或残存的自然与半自然生态系统片段。

（3）环境资源斑块（environmental resource patch） 环境资源斑块是环境条件（如气候、地形、土壤、水分、养分等）在空间上分布不均匀而形成的斑块，如沙漠上的绿洲、河流下游地区的湿地。环境资源斑块通常是比较稳定的。

（4）引入斑块（introduced patch） 引入斑块由人类引入新的植物或人类活动所形成的斑块，如农田、人工林、果园、高尔夫球场，以及城市与人类居住点。引入斑块通常由人管理，而且往往对其他斑块与基质有较大的影响。

9.2.2 廊道

廊道（corridor）是指线性的景观单元。景观中的廊道通常具有通道与阻隔的双重作用，一方面几乎所有的景观都会由廊道分割，另一方面景观要素又被廊道连接在一起，成为功能的整体，区别点在于起作用的对象不同。例如，一条铁路可将相距甚远的甲、乙两地连接起来，但如果要垂直地穿越它，却成为一个障碍物。廊道起着运输、保护资源和观赏的作用。如塔克拉玛干沙漠中的胡杨林构成环境资源廊道，城市中的道路主要担负运输及人行功能；廊道具有的隔离功能对物种起到保护作用；颐和园昆明湖两侧的长廊、杭州西湖的苏堤都是廊道美学作用的体现。

（1）廊道的起源　廊道的起源与形成与斑块的形成相似。环境资源在景观中呈带状分布，如河流是河道廊道形成的环境基础。人类活动干扰是道路廊道、林带廊道形成的原因。除河流廊道外，其他类型的廊道均在不同程度上与人类活动相关。

（2）廊道的类型　在景观中，廊道可以分为以下5种基本类型。

残余廊道（remnant corridor）。当大部分原始植被被清除，只保留一条带状的本地植被时，就形成了残余廊道。残余廊道包括溪流、急坡、铁路和地产边界沿线未被伐除的植被。

干扰廊道（disturbance corridor）。贯穿景观基质中的线状干扰会产生干扰廊道。干扰廊道打断了自然的、相对均质的景观，但也为当地的一些“机会型”动植物提供了重要的干扰生境，或者容纳一些次生演替早期阶段的物种。穿越森林景观的高压线就是一个干扰廊道的例子。干扰廊道可能成为某些物种迁移的屏障，但又为另外一些物种提供了扩散的通道。

种植廊道（planted corridor）。种植廊道是由人类出于经济或生态原因考虑而种植的带状植被。例如，在没有树木的大平原地区种植防护林，用来降低风速。种植廊道也为食虫鸟类和肉食昆虫提供了理想的栖息场所，并为小型哺乳动物提供了扩散通道。

资源廊道（resource corridor）。资源廊道是景观中长距离延伸的狭窄自然植被带，如沿溪流分布的林带，这些条带不仅可以改善水质，而且可以降低溪流水位的变幅，并能在农业景观镶嵌体中保持自然的生物多样性。

再生廊道（regenerated corridor）。再生廊道源是自景观基质中植被的再生，如沿篱笆自然次生演替成长起来的树篱，鸟类是这种再生廊道中的常见居民。飞行物种协助种子的传播，可以改善这类廊道的植物物种组成。

9.2.3 基质

基质（matrix）是景观中面积最大、连通性最好、在景观中起控制作用的景观要素。控制景观动态是基质的最根本特征。基质在景观功能上起着重要作用，能影响能流、物流、信息流和物种流，如广阔的草原、沙漠，连片分布的森林、农田等。一般来说，斑块和廊道被基质所包围，基质是与斑块和廊道相对应而存在的景观类型。如，大兴安岭落叶林是大兴安岭森林景观中的基质，其他的即为斑块和廊道。

（1）相对面积　当景观中某一要素所占的面积比其他要素大得多时，这种要素类型就可能是基质，它控制着景观中主要的流。相对面积的大小决定着基质对整个景观的控制程度。可以用相对面积作为衡量基质的第一标准，通常基质的面积超过现存的任何其他景观要素类型的总面积，或者说，如果某种景观要素占景观面积的50%以上，那它就很可能是基质。如果最大的景观成分在景观中所占面积不及50%，那么在确定基质时附加特征很重要。

（2）连通性（connectivity）　树篱景观中树篱所占面积一般不到总面积的10%，然而由于它的连通性好，人们往往认为树篱网络就是基质。连通性高的景观有以下的作用：

① 可以起到分隔其他要素的作用，例如，一个林带可将两边农田隔离开，在林中设防火林带可将两边森林隔开。这种障碍物可起物理、化学和生物的障碍作用。

② 当以细长条带相交形式连接时，景观要素可起一组廊道的作用，便于物种迁移和基因转换。

③ 可环绕其他景观要素而形成孤立的岛屿。

由于以上效应，当一个景观要素完全连通并将其他要素包围时，则可将它视为基质。

（3）动态控制　以树篱和农田来说，树篱中乔木的果实、种子可被动物或风等媒介传到农田中去，起到物种源的作用，从而使农田在失去人的管理之后，不久就会变为森林群落。这就表现出树篱对景观动态的控制作用。又如，在森林地区，和原始森林相比，采伐迹地和火烧迹地是不稳定的，它们内部乔木树种的更新和恢复，要靠周围森林供给种源并给予其他方面的有利影响。所以森林应为基质，而采伐迹地和火烧迹地应为斑块。

动态控制是判别基质的第三条标准，也是最难估计的。具体判断时，首先根据相对面积；依据相对面积难以判别时，使用连通性标准；如果根据上述两个标准还不能确定，则要进行野外调查以确定哪一种景观要素对景观动态的控制作用大。

9.2.4　景观结构分类

根据 Forman 的意见，景观结构可分为四大类：分散的斑块景观、网状景观、交错景观、棋盘状景观（图 9.2）。

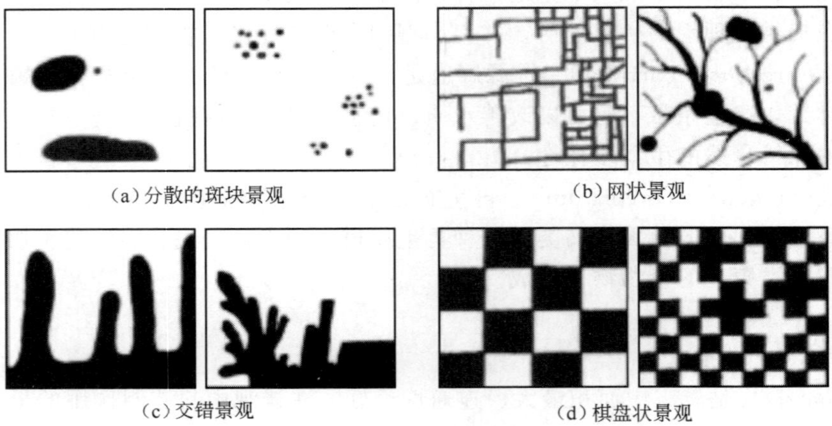

图 9.2　景观结构四种类型（Forman，1991）

每种中仅包含两种要素，以黑和白表示，枝状例子中包含了网状和分散斑块两种特征

（1）分散的斑块景观　在这种景观中，以一种生态系统或一种景观要素为优势的基质，另外一种或多种类型斑块分散在其内。具有绿洲的荒漠、具有片林的农区或牧场可作为这种类型的实例。这种景观类型的关键特征有：①基质的相对面积；②斑块大小；③斑块间的距离；④斑块分散性（集聚、规则或随机）。分散的斑块景观对景观的很多特征均有影响。例如，相对面积对基质中某些物质的源区和汇区功能影响很大。因此，来自周围地区的热使湿润的绿洲斑块变得干燥，农区的大量居民使分散片林中的薪炭材资源日益减少。

（2）网状景观　这种景观的特点是相互交叉的廊道在景观中占优势。例如，牧场中的树篱网或林网、森林中的集运材道、溪流系统等。关键的空间特征包括：①廊道宽度；②连通性；③网的回路；④网格大小；⑤节点大小；⑥节点分布。

这种景观结构对各种基本变量的影响是明显的。在一些地区，粮食生产、土壤的干化和侵蚀都要取决于防风林带的宽度和流通性。动物的活动性无疑受到连通性和回路的影响。洪水和水质要取决于溪流走廊和河岸带系统。很多海滨鱼类、营养水平和三角洲的形成，均取决于能够抑制侵蚀的河岸带植被和坡地上水土保持林带。

(3) 交错景观　在交错景观里，占优势的有两种景观要素，彼此犬牙交错，但共同具有一个边界。这种景观的实例有：山区农田和林地的交错分布、沿道路建设的居民区与非建筑区的交互分布。主要空间特征包括：①每一要素类型的相对面积；②半岛的多度和方向；③半岛的长度和方向。

半岛的方向显然影响到风的穿入和作物产量，而宽度与生物多样性有关。在这种景观中总的边缘长度可能相当大，这样对边缘种和要求两种生态系统的动物有利。这种景观相邻两个生态系统的相互作用强烈，例如，农田中的家畜可能会妨碍森林中的天然更新，而森林中的草食动物也会妨碍农田中的农作物。

(4) 棋盘状景观　这种景观由相互交错的棋盘状格子组成，人为管理的伐区格局和农田轮作可作为其代表。其显著的特征有：①景观粒度的大小（可直接按照组成斑块的平均面积或平均直径测定）；②棋盘格子的规整性；③总的边界长度（或边缘数量）。

景观的粒度大小决定了内部种的多度和生物多样性，因为细粒景观包括的边缘种多。棋盘格子的规整性控制着很多客体（如作物授粉者、病害的媒介物和人）的移动和定居。伐区的更新和树木的风倒都与棋盘格子的特点有关。但是，棋盘景观的高度切割性质可减少干旱地区大气尘埃污染和大火的蔓延。

9.3 景观格局特征

景观空间格局（landscape pattern）一般指大小和形状不一的景观斑块在空间上的配置。景观格局是景观异质性的具体体现，同时又是包括干扰在内的各种生态过程在不同尺度上作用的结果。

景观作为一个整体具有其组成部分所没有的特性。因此，不能把景观单纯地描述为耕地、房屋、河流和牧场的总和。景观镶嵌格局在所有尺度上都存在，并且都是由斑块、廊道和基质构成，即所谓斑块-廊道-基质模式。

景观格局分析的目的是从看似无序的景观斑块镶嵌中，发现潜在的有意义的规律性。如果想更加深入地理解景观格局，最好的方式是把它与一些运动过程和变化联系起来。因为我们今天看到的格局是过去的景观流形成的，同样景观格局也影响着各种景观流。通过景观格局的分析，能确定产生和控制空间格局的因子和机制，比较不同的空间格局及其效应，探讨空间格局的尺度性质等。

9.3.1 景观格局类型

Forman 和 Godron（1986）将景观格局分为以下几类。

① 均匀分布格局，指某一特定类型景观要素间的距离相对一致。

② 聚集型分布格局，例如，在许多热带农业区，农田多聚集在村庄附近或道路的一端；在丘陵地区，农田往往成片分布，村庄聚集在较大的山谷内。

③ 线状格局，例如，房屋沿公路零散分布或耕地沿河分布的格局形式。

④ 平行格局，例如，侵蚀活跃地区的平行河流廊道，以及山地景观中沿山脊分布的森林带。

⑤ 特定组合或空间连接，大多分布在不同类型要素之间。例如，稻田和酸果蔓沼泽总是与河流或渠道并存，道路和高尔夫球场往往与城市或乡村呈正相关空间连接。

考察怎样识别景观中特定构型之前，首先应该确定它的镶嵌度（patchiness）。孔隙度是指某种特定类型的斑块密度。镶嵌度是所有类型斑块密度的一种量度。斑块面积较小的城郊景观比斑块面积大的草原景观具有更高的镶嵌度。

在由若干斑块类型组成的镶嵌体中，一般会有三个或更多的景观要素类型相交于某一地点。这些地点可视为掩蔽点或聚集点，这些地方分布有多种资源，对野生动物特别重要。除景观要素间的相互作用集中外，聚集点往往位于两个景观要素构成的半岛尖端，是动物迁移和其他物种穿越景观的关键点（漏斗效应）。三种景观要素极为接近的线状廊道称为聚集线，如草原和农田间的防护林、人工针叶林和阔叶林带的伐木道等。

9.3.2 景观对比度

景观对比度（contrast）是指邻近景观单元之间的相异程度。如果相邻景观要素间差异甚大，过渡带窄而清晰，就可认为是高对比度的景观，反之，则为低对比度景观。

低对比度往往出现在大面积自然条件相对均一的地带，如热带雨林、温带草原、沙漠等，一般是自然形成的。人为活动会引起景观对比度的增加，如森林砍伐、城乡建设、铺路筑桥等。但有些人类活动也会造成景观对比度的降低，如在三角洲地区和平原地区，人为的农业活动影响，地貌单一，景观的对比度相对较低。

高对比度可由自然机制造成，一个常见的例子是由水热条件不同引起的山地植被带的垂直分布。再就是在土壤条件对优势植物或动物种的分布起控制作用的地区，例如在西伯利亚和斯堪的纳维亚地区泥炭地和森林间的明显界线都是自然形成的。

景观的对比度也存在季节上的差异，尤其在季节分明的地区。

景观对比度高低只是描述景观外貌特征的一个指标，其高低大小无绝对的优劣之分。有些动物在选择栖息地时，往往对景观对比度的高低有一定的喜好，因此在涉及物种多样性时，应注意对个别物种生境的保护，在了解受保护物种的行为特点之前，不要轻易地人为改变其景观的对比度。

9.3.3 景观连通性和连接度

景观连通性（connectedness）是指景观元素在空间结构上的联系，而景观连接度（connectivity）是景观中各元素在功能和生态过程上的联系。

景观连通性可从下述几个方面得到反映：斑块的大小、形状、同类型斑块之间的距离、廊道存在与否、不同类型树篱之间相交的频率和由树篱组成的网络单元的大小。

景观连接度研究同类斑块之间或异质斑块之间在功能和生态过程上的有机联系，这种联系可能是生物群体之间的物种交换，也可以是景观元素间物质、能量的交换和迁移。景观连接度的影响因素有多个方面，不仅和景观的空间结构有密切的关系，而且与研究的生态过程和研究对象有关。主要表现在三个方面。①组成景观的元素和空间分布格局。功能和结构具有密不可分的联系，不同的结构将决定不同的功能，因而研究景观连接度必须研究景观元素的空间分布格局，斑块的大小、形状及同类斑块之间的距离、宽度、形状、长度都将影响景观连接度的水平（图 9.3）。②研究的生态过程。不同的生态过程，运动变化的机理不同。景观中物种迁移、能量流动均有各自的规律，同一类型的景观结构，由于研究的生态过程不同，其机理不同，斑块之间的景观连接度水平将有较大差异。③研究的对象和目的。对于生物群体而言，不同的生物种，同一景观结构，其景观连接度将会不同。如：陆生生物与水生生物之间，陆地生物和水禽之间，由于各自适应的环境条件不同，在同一种景观元素中将会有不同的适应能力，因而具有的景观连接度将有较大的差异。

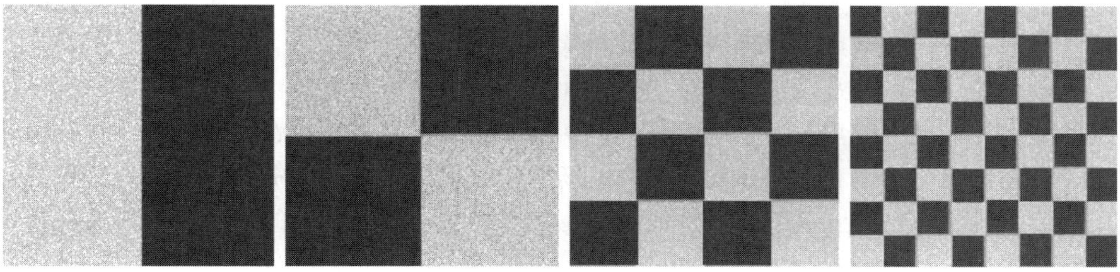

(a) (b) (c) (d)

图 9.3 具有相同面积但不同结构景观连通性的差异（Farina，1998）
从（a）到（d）依次降低

具有较高的连通性不一定有较高的连接度；连通性较差的景观，其景观连接度也不一定较小。Mcdonnell 和 Stiles（1983）以鸟类说明了连通性和连接度的这种关系，尽管不同鸟类栖息地在景观中不存在廊道连通，但鸟类可以飞越较长距离，到达其他同类斑块，对于鸟类来说，只要斑块之间的距离限定在其可以飞越的距离之内，仍具有较好的景观连接度。又如连通性较好的道路网，在物质和能量的传输交换上，将起到积极的作用，对于物质传输和能量交换，具有较高的连接度，但对于物种栖息地之间的物种迁徙、交换起到阻挡作用，具有较差的景观连接度。

许多研究表明，景观连接度对于破碎景观（如人类活动强烈的农业景观地区）中动物栖息地和物种保护具有重要意义（Forman and Baudry，1984；Wu et al.，1993）。在不同景观类型区，应针对不同被保护对象，通过景观连接度分析，选择廊道建立的数目、宽度、物质组成和空间的排列方式，或通过景观连接度分析，研究物种“暂栖地”的建立，对于物种在景观中的迁徙、繁殖和栖息起到重要作用。

9.3.4 景观粒度

景观粒度（landscapegrain）有粗粒（coarsegrain）和细粒（finegrain）景观之分。粗粒和细粒是相对而言的，依据观察尺度的不同，对粗粒和细粒景观也就有不同的定义。如在大兴安岭林区，尤其是人工林集中的地方，可以认为是细粒景观，而在武夷山的山顶，分布着草甸、苔藓、矮曲林等自然植被，就可以认为是粗粒景观。又如三江平原，集中分布大面积的湿地、水田，也可以认为是细粒景观，而在城乡交接带，城市用地与各种类型的农业用地交错分布，就称得上粗粒景观了。这时观察的尺度在几公顷到上百公顷之间。

景观镶嵌体的粒度可以用现存所有斑块的平均直径来度量。粗粒结构景观多样性高，但局部地点的多样性却低，边界附近例外。这样的景观结构可以为保护水源或内部特有物种提供大型自然斑块，却不利于多生境物种的生存，因为需要移动很长的距离才能实现从一种生境到另一生境的转移。相比之下，细粒景观有利于多生境物种的生存，但不利于要求大斑块的内部特有种生存。细粒景观整体单调（景观的每一部分都大致相同），但局部多样性高（相邻点的异质性高）。

9.3.5 景观多样性

景观多样性（landscape diversity）是指由不同类型生态系统构成的景观在格局、功能和动态方面的多样性和变异性，反映了景观的复杂性程度。景观多样性主要研究组成景观的斑块在数目、面积大小、形状、破碎度和景观类型的多样性指数、优势度、丰富度及其斑块间的聚集度、连接度、连通性等结构和功能上的多样性，它包括三个方面的含义，即斑块多样性、类型多样性和格局多样性（傅伯杰和陈利顶，1996）。

斑块多样性是指景观中斑块数量、大小和形状的多样性和复杂性。这里所说的斑块是指广义的斑块，代表相对均质的景观组分，包括通常意义上的斑块、廊道和基质。它是物种聚集地，也是景观中物质和能量迁移与交换的场所，决定了景观中的资源和干扰的分布格局以及生物的生境利用格局。高的斑块性能提高生境多样性，降低干扰的影响，从而提高景观的物种多样性。

类型多样性是指景观中类型的丰富度，即景观类型（如农田、森林、草地等）的数量多少及其所占面积的比例关系。类型多样性常用多样性指数、丰富度指数和优势度等指标来测度。类型多样性和物种多样性的关系不是简单的正比关系，而是呈正态分布，景观类型多样性的增加既可以增加物种多样性又可减少物种多样性。

格局多样性是指景观类型空间分布的多样性以及各类型之间、斑块与斑块之间的空间关系与功能联系。格局多样性多考虑不同类型的空间分布、同一类型间的连通性和连接度、相邻斑块间的聚集与分散程度，主要反映不同景观类型的相互作用强度。景观类型的空间格局对生态过程，如物质循环、能量交换、物种迁移等有着重要影响。格局多样性在景观规划与管理、物种多样性保护方面有重要指导意义。

9.3.6 景观异质性

异质性是景观生态学的重要概念，指在一个景观区域中，景观元素类型、组合及属性在空间或时间上的变异程度，是景观区别于其他生命层次的最显著特征。景观生态学研究主要基于地表的异质性信息，而景观以下层次的生态学研究大多数需要以相对均质性的单元数据为内容。

景观异质性研究侧重三个方面：时间异质性、空间异质性和功能异质性。空间异质性反映一定空间层次景观的多样性信息，时间异质性则反映不同时间尺度景观空间异质性的差异，功能异质性反映景观结构功能指标（如物质、能量和物种流）的空间分布差异性。景观异质性是许多基本生态过程和物理环境过程在空间和时间尺度连续系统上共同作用的产物，时空异质性的交互作用导致了景观系统的演化发展和动态平衡，系统的结构、功能、性质和地位取决于其时间和空间异质性。所以，景观异质性原理不仅是景观生态学的核心理论，也是景观生态规划的方法论基础和核心。

异质性早已被视为生物系统的主要属性之一，它来源于干扰、环境变异和植被的内源演替。干扰是异质性产生、维持和消亡的最关键外部因子，它引起资源和基质有效性的改变以及物理环境的变化，并直接或间接地影响景观组织的各个等级层次。环境资源，如热量、水分、地表组成物质等在地球表面分布不均匀，以及地形不同导致水热条件差异，从而导致景观异质性的形成。景观生态学研究空间异质性的维持和发展，证明了人类和动物都需要两种以上的景观元素，表明异质性在生物圈中存在的重要性，这对理解物种共存、生态位以及对野生动物和昆虫的管理是极其重要的。

景观异质性作为景观格局的一个重要特征，对景观的功能过程具有显著影响。景观异质性是控制生物群落物种动态与多样性的基本因子，是维持景观稳定性的重要机制，也是景观元素间产生能量流、物质流的原因。

9.4 景观生态学的基本理论

景观生态学中的基本理论包括：地域分异理论、岛屿生物地理学理论、复合种群理论、渗透理论、等级理论等。

二维码 9-5 景观生态学的基本理论

9.5 景观生态学的应用领域

景观生态学的发展从一开始就与土地规划、管理和恢复、森林管理、农业生产实践、自然保护等实际问题密切联系。自 20 世纪 80 年代以来，随着景观生态学概念、理论和方法的不断扩展和完善，其应用也越来越广泛。其中最突出的包括在自然保护、土地利用规划、保育生态学、景观规划、自然资源管理等方面的应用。传统的生态学思想强调生态学系统的平衡态、稳定性、均质性、确定性以及可预测性。这一自然均衡范式在自然保护和资源管理的应用中长期以来占有重要地位。但是，生态学系统并非处在“均衡”状态，时间上和空间上的斑块性或异质性才是它们的普遍特征，不断增加的人为干扰使这些特征愈为突出。因此，强调多尺度空间格局和生态学过程相互作用以及等级结构和功能的景观生态学观点，为解决实际环境和生态学问题提供了一个更合理、更有效的概念构架。

9.5.1 生态系统管理

景观生态学观点在生态系统管理中也受到广泛重视。生态系统管理的目的是保护异质景观中的物种和自然生态系统，维持正常的生态学过程，合理利用自然资源，从而保证生态系统的持续性。生态系统管理具有明显的尺度特征，按照生态系统的空间尺度分解，包括群落-生态系统、景观、生物圈-全球等。

9.5.1.1 景观生态管理的目标

景观生态管理的目标是保护异质景观中的物种、生态系统多样性，维持景观的关键生态过程，并结合社会经济发展需求合理开发利用景观资源，保持和恢复景观系统的健康、生产力，维持可持续景观。主要包括以下三个方面。

（1）维持景观多样性的适度水平　景观多样性包括斑块、类型和格局的多样性。其中斑块多样性指斑块的数量、大小和形状的多样性与复杂性，它是物种的聚集地和能量交换的主要场所；类型多样性是指景观类型的丰富度和复杂度，主要体现在对物种多样性的影响；格局多样性是指景观类型空间分布的多样性以及斑块之间的空间关系和功能联系，它直接影响着生态过程，如物种运动、物质迁移等。

（2）维持景观的健康状态　景观生态健康包括活力、组织力、恢复力和生态服务功能四个方面的基本内容。一个健康的景观生态系统不仅具有抵抗胁迫的能力，受到干扰后还要具有恢复到平衡状态的能力，还能持续提供有益于人类社会发展的生物生产、环境服务和美学价值等。

（3）维持景观的可持续性　景观是一个开发系统，管理并不是单纯的保护或开发，而是综合协调景观自身承载力与干扰大小、强度、频度之间的关系制定多目标优化方案，管理过程需要社会、经济、政治、法律等诸方面的参与，管理的目的是维持健康景观的可持续发展。

9.5.1.2 景观生态管理的原则

（1）结构和功能整体性原则　景观生态过程塑造景观格局，而景观格局又影响着景观生态过程及其功能的发挥。景观生态管理应该将景观系统作为一个整体来考虑，以实现其整体的优化状态和资源的合理配置。

（2）多目标和多功能优化原则　景观的多功能性决定了景观生态管理必须综合协调不同的土地利用目标，实现多目标优化决策。

（3）动态性和适应性原则　景观生态管理方案不能针对景观某一固定的状态，而是允许管理者在动态变化中保持灵活性和适应性。

（4）可操作性和公众参与原则　景观管理的目标是维持景观的可持续发展，其管理方案能够付诸实施的关键是要具有可操作性。景观管理的目标和措施必须符合当地公众的整体利益和长远利益，要鼓励公众参与管理和决策，使景观管理工作赢得更广泛的社会支持。

9.5.1.3 景观生态管理的内容

景观生态管理围绕着景观格局、景观过程、景观功能三个景观生态学研究的核心内容展开。

（1）景观格局管理　景观格局的管理又可细分为斑块管理、廊道管理和基质管理。①斑块管理：斑块管理的重点的是控制来自基质的人为干扰，增强斑块抵御自然干扰的能力，提高斑块自身稳定性，保持斑块间良好的连通性。②廊道管理：廊道的管理重点要关注宽度、连接度、与斑块的连通性、植被覆盖度和物种组成等，以充分发挥其栖息地、迁移通道、污染物过滤、旅游娱乐等功能。③基质管理：重点是控制土地利用空间变化的规模和强度，调整斑块、廊道与基质的空间分布和面积比例关系。

（2）景观过程管理　干扰管理是景观过程管理的主要方式。按照来源区分，干扰有自然干扰和人为干扰两种。自然干扰指无人为活动介入，自然条件下发生的干扰过程。人类对自然干扰的调控力量有限，应该尊重自然规律，通过适应性管理与预防措施来减少自然干扰对景观的破坏和对人类社会的损害。人为干扰则是在人类有目的的行为指导下对自然进行改造。随着经济的发展和人口数量的增长，人为干扰对景观过程产生越来越深远的影响，深刻地影响着自然景观的内在功能。现代的景观管理要发挥人类活动的正面效应，通过环境保护、生态恢复与重建等正向干扰，实现景观生态过程的有效管理。

（3）景观功能管理　景观功能管理的重点是通过调控生态过程和综合人为管理措施，发挥人类所期望的主体功能或开发和管理整合协调的景观多功能。一是关键功能地区的管理和保护。景观中关键地区的存在与状态对于维护景观整体功能具有重要意义，因此需要在景观格局和过程调控的基础上适当增加人为管理，实现关键地区的格局优化和功能维护。二是多功能景观管理。多功能景观管理要求综合整体的土地开发利用与资源管理战略，围绕如何优化不同景观单元和整体景观在时间和空间上支撑地区可持续发展，发挥景观的多重价值。

9.5.2 土地利用规划

土地利用规划是指在土地利用的过程中，为达到一定的目标，对各类用地的结构和布局进行调整或配置的长期计划。土地利用规划是根据土地开发利用的自然和社会经济条件、历史基础和现状特点、国民经济发展的需要等，对一定地区范围内的土地资源进行合理的组织利用和经营管理的一项综合性的技术经济措施。将景观生态融入土地利用规划中，就可以借助生态规划的思想和成果综合考虑社会经济与生态，将土地与空间利用、社会经济之间的矛盾最小化，并且使城市更具有生态价值和生态潜力。

土地利用方式的改变会导致景观在空间格局上发生改变，运用景观生态学的原理首先就要将区域内的生态要素转换成景观生态学的语言，将其融合在“斑块-廊道-基质”空间镶嵌体的模式当中，然后才能根据景观要素的性质和生态理论对土地利用规划进行研究。

生态要素景观化是将景观生态应用于土地利用规划的基础。将生态要素进行分类，并在此基础上进行规划，实际上就是将生态敏感要素作为规划的基质，以生态敏感基质为基础建立生态敏感红线作为保障人类生产生活安全的限制红线，确保不会出现自然环境无法承受人类重大工程措施而造成重大事故。对生态安全要素进行分析，生成生态安全格局作为人类城镇及工矿用地扩张的阻力斑块，防止人类盲目发展造成的生态环境无法修复的破坏活动的出现，与此同时寻求生态与人类生产建设共同发展的双赢局面。

与传统意义上的规划不同，与景观生态学结合的土地利用规划首先划定出对人类安全有威胁的不利于建设的区域，以及保障景观生态质量条件的保护区域。这两个区域都不应作为城镇发展的优先考虑位置，利用空间模拟完成用地空间布局。与以往规划方法相比，本方法不单单考虑土地表象属性，更多地考虑了土地的水平动态变化过程。通过收集大量的数据资料，运用GIS进行空间分析，建立模型并进行综合分析，更多地运用景观生态原理能够更好地完善规划的不足，使得规划布局和对城镇建设的指导更加具有科学性、综合性、实用性。

9.5.3 景观生态规划

9.5.3.1 景观生态规划的原则

（1）自然优先原则　保护自然景观资源和维持自然景观过程及功能，是保护生物多样性及合理开发利用资源的前提，是景观资源持续利用的基础。自然景观资源包括原始自然保留地、历史文化遗迹、森林、湖泊以及大的植被斑块等，它们对保持区域基本的生态过程和生命维持系统及保护生物多样性具有重要意义。

（2）持续性原则　景观生态规划以可持续发展为基础，立足于景观资源的可持续利用和生态环境的改善，保证社会经济的可持续发展。景观是由多个生态系统组成的具有一定结构和功能的整体，是自然与文化的复合载体。景观生态规划必须从整体出发，对整个景观进行综合分析，使区域景观结构、格局和比例与区域自然特征和经济发展相适应，谋求生态、社会、经济三大效益的协调统一，以达到景观的整体优化利用。

（3）针对性原则　景观生态规划是针对某一地区特定的农业、城市或自然景观，不同地区的景观有不同的结构、格局和生态过程，规划的目的也不尽相同，如为保护生物多样性的自然保护区设计、为农业服务的农业布局调整以及为维持良好环境的城市规划等。因此，具体到某一景观规划时，针对规划目的应选取不同的分析指标，采用不同的评价及规划方法。

（4）综合性原则　景观生态规划是一项综合性的研究工作。其一，景观生态规划基于对景观的起源、现状、变化机制的理解，需要多学科专业人员合作，包括景观规划者、土地和水资源规划者、景观建筑师、生态学专家、土壤学专家、森林学专家、地理学专家等。其二，景观生态规划是对景观结构、景观过程、社会经济等进行有目的的调整，要求在全面分析景观自然条件的基础上，综合考虑社会经济和人口问题。

9.5.3.2 景观生态规划的步骤

在景观生态规划过程中，强调充分分析规划区的自然环境特点、景观生态过程与人类活动的关系，注重发挥当地景观资源与社会经济的潜力和优势，以及与相邻区域景观资源开发与生态环境条件的协调，提高景观持续发展的能力。这决定了景观生态规划是一个综合性的方法论体系，根据各自研究特点，其内容可分为景观生态调查、景观生态分析及综合和规划方案分析三个相互关联的方面，包括以下六个步骤（图 9.4）。

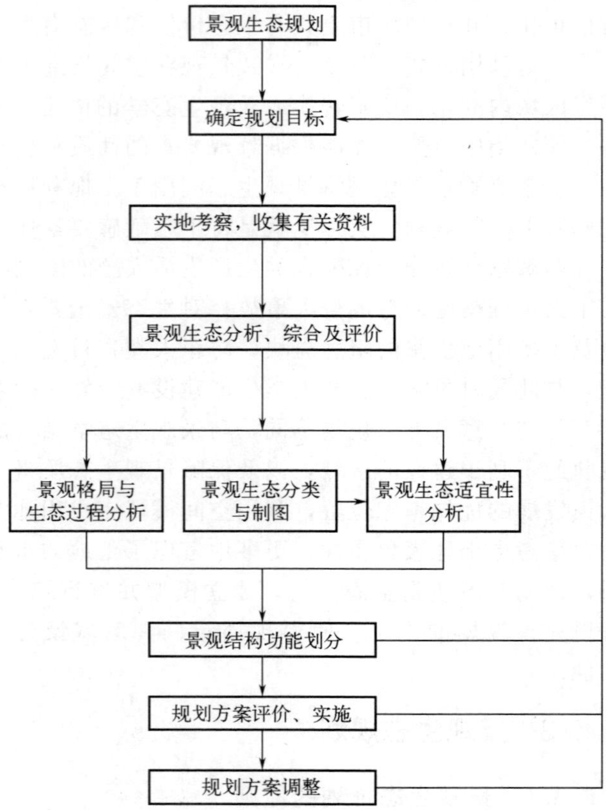

图 9.4 景观生态规划流程图（傅伯杰等，2001）

（1）确定规划范围与规划目标　规划前必须明确在什么区域范围内解决什么问题。一般而言，规划范围由政府决策部门确定，规划目标可分为三类：第一类是为保护生物多样性而进行的自然保护区规划与设计，第二类是为自然（景观）资源的合理开发而进行的规划，第三类是为当前不合理的景观格局（土地利用）而进行的景观结构调整。这三类规划目标范围较大，因而要求将其分解成具体的任务。

（2）景观生态调查　景观生态调查包括生物（植被、野生动物等）、非生物（地理、地质、气候、水文和土壤等）两个方面，以及景观的生态过程及与之相关联的生态现象（人口、文化及人的价值观等）和人类对景观的影响程度等。收集资料的目的是了解规划区域的景观结构、自然过程及社会文化状况，为以后的景观生态分类与生态适宜性分析奠定基础。

（3）景观的空间格局与生态过程分析　由于人类长期改造，景观结构与功能被赋予了一定的人工特征，不同的景观具有明显不同的景观空间格局。在景观生态规划中，往往对能流、物质平衡、土地承载力及空间格局等与规划区发展和环境密切相关的生态过程进行综合分析。

除自然景观外，由于人类经济活动的影响，景观中生态系统能流、物流过程带有强烈的人为特征。经营景观及人工景观的空间分布及生态过程，与人类的生产、生活活动密切相关，是人与自然景观长期作用的结果。所以景观格局与特征（如景观优势度、景观多样性、景观均匀度、景观破碎化和网络连通性等）在不同方面反映了景观中人的活动强度，景观中现在的和潜在的功能分区，也反映了人与自然环境的关系。

（4）景观生态适宜性分析　以景观生态类型为评价单元，根据区域景观资源与环境特征、发展需求与资源利用要求，选择有代表性的生态因子（如降水、土壤肥力、旅游等），分析某一景观类型内在的资源质量以及与相邻景观类型的关系（相斥性或相容性），确定景观类型对某一用途的适宜性和限制性，划分景观类型的适宜性等级，同时进行不同景观利用类型的经济效益、生态效益和风险分析，以达到既维持生态平衡，又提高社会经济效益的目的。

（5）景观功能区划分　功能区的划分从景观空间结构中产生，以满足景观生态系统的环境服务、生物生产及文化支持三大基础功能为目的，并与周围地区景观的空间格局相联系，形成规划区合理的景观空间格局，实现生态环境条件的改善、社会经济的发展以及规划区持续发展能力的增强。

（6）景观生态规划方案评价及实施调整　景观生态适宜性分析所确定的方案与措施，主要是建立在景观的自然特性基础之上，景观生态规划在促进社会经济发展的同时，寻求最适宜的景观利用方式。因此，对备选方案需进行成本效益分析和区域持续发展能力的分析。确定方案后，需要制定详细措施，促使规划方案的全面执行。

随着时间的推移，需要对原来的规划方案不断修正，以满足不断变化的情况，达到景观资源的最优管理和景观资源的可持续利用。

9.5.4 自然保护区规划

景观生态学的兴起给自然保护区的设计带来了新思想、新理论和新方法。景观生态学强调系统的等级结构、空间异质性、时空尺度效应、干扰作用、人类对景观的影响及景观管理，许多理论和学说可直接应用于自然保护区的类型划分、区划、研究和管理之中。

9.5.4.1 自然保护区选址原则

自然保护区的选址必须充分考虑：①保护对象的典型性或代表性；②保护重点的稀有性；③保护生态系统的脆弱性；④生物多样性或生态过程的多样性；⑤一定面积以确保重点保护对象的繁衍；⑥保护区内植被的天然性；⑦美学感染力；⑧潜在的保护价值等。

9.5.4.2 保护区的大小与形状

保护区面积越大，其保护生物多样性和生态系统的作用越大。但是考虑到人口众多和土地资源贫乏的经济发展现状，兼顾长远利益与眼前利益，自然保护区只能限于一定的面积，因此保护区面积的适宜性很重要。保护区的面积应根据保护对象和目的而定，应以物种-面积关系、生态系统的物种多样性与稳定性以及岛屿生物地理学为理论基础来确定。考虑到保护区的边缘效应，狭长形的保护区不如圆形的好，所以保护区的最佳形状是圆形。

9.5.4.3 自然保护区网与生境走廊建设

自然保护区的规划建设仅考虑单个保护区是不可取的，应该在更大范围内采用节点-网络-模块-廊道模式来考虑与设计自然保护区网。人类活动导致的生境破碎化是生物多样性面临的最大威胁，通过生境走廊的保护与建设可将保护区之间或与其他隔离生境相连。生境走廊作为适合于生物移动的通道，把不同地方的保护区构成了大范围的保护区网。

廊道的数目。廊道数目的规划，除考虑相邻斑块的利用类型，还要考虑经济的可行性和社会的可接受性。因为廊道有利于物种的空间运动和本来是孤立的斑块内物种的生存和延续，从这个意义上讲，多一条廊道，斑块内物种就增加了一个迁移或临时的避难所，减少被截流和分割的危险。

廊道构成。相邻斑块利用类型不同，廊道构成也不同。连接保护区的廊道最好由乡土植物种类组成，并与作为保护对象的残遗斑块相近似。

廊道宽度。根据规划的目的和区域的具体情况，来确定适宜的廊道宽度。

廊道形状。生态学家对斑块内的物种如何在景观中迁移，是沿直线的、曲线的，还是沿自由路径，知之甚少。此项研究需对特定物种进行长期的定位观测，对廊道形状的规划有待进一步的深入研究。

9.6 景观水平上的生态学应用案例

具体内容见二维码。

二维码 9-6
景观水平上的
生态学应用案例

课后复习

1. 概念和术语：景观、景观生态学、斑块、廊道、基质、异质性、景观要素、景观结构、景观功能、景观动态、景观空间格局、景观对比度、景观连通性、景观连接度、景观多样性、景观异质性

2. 原理和定律：地域分异理论、岛屿生物地理学理论、复合种群理论、渗透理论、等级理论

课后练习

1. 景观生态学的研究对象和内容是什么？其相互关系如何？
2. 如何区分景观中的斑块、廊道和基质？
3. 景观生态学有哪些基本理论？
4. 简述目前景观生态学有哪些主要的应用方面。

在线习题及课后练习答案

二维码 9-7　在线习题及
课后练习答案

参考文献

[1] 傅伯杰，陈利顶，马克明，等.景观生态学原理及应用［M］.2 版.北京：科学出版社，2011.
[2] 肖笃宁，李秀珍，高峻，等.景观生态学［M］.北京：科学出版社，2003.
[3] 邬建国.景观生态学：格局、过程、尺度与等级［M］.2 版.北京：高等教育出版社，2007.
[4] 牛翠娟，娄安如，孙儒泳，等.基础生态学［M］.北京：高等教育出版社，2015.
[5] 杨持.生态学［M］.北京：高等教育出版社，2023.
[6] 曾辉，陈利顶，丁圣彦.景观生态学［M］.北京：高等教育出版社，2017.
[7] 李团胜，石玉琼.景观生态学［M］.北京：化学工业出版社，2009.
[8] 郭晋平.景观生态学［M］.2 版.北京：中国林业出版社，2016.
[9] 李洪远，马春.国外多途径生态恢复 40 案例解析［M］.北京：化学工业出版社，2010.
[10] 杨晓霞，赵新全，董全民，等.青藏高原高寒草地适应性管理释义：概念及实现途径［J］.科学通报，2023，68（19）：2526-2536.
[11] 李月辉，胡远满，王正文.山水林田湖草沙一体化保护和修复工程与景观生态学［J］.应用生态学报，2023，34（1）：249-356.

10

生态系统健康与管理

引言

随着经济的快速增长和城市化的进程，在人类文明蓬勃发展的同时，我们也见证了地球上许多宝贵的生态系统饱受威胁和破坏，生态系统破坏在世界各地频频发生。

黄河，被誉为中国的母亲河，千百年来一直是中华文明的摇篮，然而，由于过度用水、水污染以及湿地的大规模开发，黄河流域的水资源面临严峻的压力。水量减少、水质恶化不仅影响着数百万人的生计，也对整个生态系统造成了巨大的冲击。湖泊和河流的生态平衡遭到破坏，许多湿地生态系统消失殆尽，生物多样性受到威胁，形成了一个生态系统破坏的恶性循环。

在面对这些挑战时，中国提出了习近平生态文明思想，这一思想在中国的发展中具有里程碑的意义。习近平生态文明思想强调了人与自然和谐共生的理念，追求可持续发展和生态平衡。生态文明的核心理念是人与自然要和谐共生，通过保护生态环境，实现经济、社会和环境的全面协调发展。中国政府采取了一系列积极的措施，推动生态文明建设。例如，在水资源管理方面，中国实施了严格的水资源配额制度，鼓励水资源的合理利用，同时加强对水污染的治理，力求实现水资源的可持续利用。

学习生态系统健康的必要性和重要性已经超越了地域和国界。面对全球性的气候变化和环境危机，我们需要共同努力，践行习近平生态文明思想，保护并修复我们共同的家园。只有通过学习和实践生态系统健康的理念，我们才能为子孙后代创造一个更加美好、繁荣的未来。

学习意义

为什么要了解生态系统健康并进行生态系统管理?

生态系统是地球上的基本生命支持系统，其中各种生物和环境要素相互作用，构成了复杂而脆弱的生态网络。了解生态系统的健康状况能帮助我们识别存在的生态问题和威胁。只有通过定期监测和评估，我们才能及时采取措施防止进一步的生态破坏。进行科学的生态系统管理并制定相应的管理策略，有助于保持生物多样性、提供生态服务和实现可持续发展的目标。此外，生态系统管理还带来经济和社会利益。保护和维护健康的生态系统不仅提供经济价值，也对增进人类的福祉产生积极影响。

学习目标

◇ 理解生态系统健康的定义和内涵。
◇ 了解生态系统健康的标准和生态系统健康管理的原则。
◇ 掌握生态系统管理的概念和原则，熟悉生态系统管理的技术途径。
◇ 了解生态系统管理的数据基础和生态系统变化的度量方法。
◇ 了解宏观尺度生态系统管理途径。

10.1 生态系统健康

10.1.1 生态系统健康的定义和内涵

生态系统健康（ecosystem health）既可理解为生态系统的一种状态，也可理解为一门学科。不同的学者对生态系统健康的状态与生态系统健康的学科体系有不同的看法，但总的来说可概括如下：生态系统健康（学）是一门研究人类活动、社会组织、自然系统及人类健康的整合性学科；而生态系统健康是指生态系统没有病痛反应、稳定且可持续发展，即生态系统随着时间的进程有活力并且能维持其组织及自主性，在外界胁迫下容易恢复（Kristin，1994；Cech，1998；Rapport，1998）。

健康的生态系统具有恢复力（resilience），保持着内稳定性（homeostasis）。系统发生变化就可能意味着健康的下降。如果系统中任何一种指示者的变化超过正常的幅度，系统的健康就受到了损害。当然，并不是说所有变化都是有害的，它与系统多样性相联系，多样性是易于度量的。事实上，生态系统健康可能更多地表现于系统创造性地利用胁迫的能力，而不是完全抵制胁迫的能力。健康的生态系统对干扰具有弹性，有能力抵制疾病。

生态系统健康包括从短期到长期的时间尺度、从地方到区域的空间尺度的社会、生态、健康、政治、经济、法律的功能，从地方、区域到全球胁迫下的生态环境问题。其目的是保护和增强区域环境容量的恢复力，维持生产力并保持自然界为人类服务的功能。生态系统健康只是一种隐喻，它是评价生态系统最佳状态的一种方式。可通过全面研究生态系统在胁迫下的特征，根据生态系统条件进行系统诊断，找出生态系统退化或不健康的预警指标，进而防治其退化或生病（Kristin，1994；Cech，1998；Rapport，1998）。

10.1.2 生态系统健康的标准

生态系统健康的度量包括活力、恢复力、组织三个基本方面，在此基础上添加了生态系统服务功能的维持、管理选择、外部输入减少、对邻近系统的破坏、对人类健康的影响等标准。它们分属于生物物理范畴、社会经济范畴、人类健康范畴，以及一定的时间、空间范畴（Rapport，1998）。

（1）活力　即生态系统的能量输入和营养循环容量，具体指标为生态系统的初级生产力和物质循环。在一定范围内生态系统的能量输入越多，物质循环越快，活力就越高。但这并不意味着能量输入高和物质循环快，生态系统就更健康，尤其是对于水生生态系统来说，高输入可导致富营养化效应。

（2）恢复力　即胁迫消失时，系统克服压力及反弹恢复的容量。具体指标为自然干扰的恢复速率和生态系统对自然干扰的抵抗力。一般认为受胁迫生态系统比不受胁迫生态系统的恢复力更小。

（3）组织　即系统的复杂性，这一特征会随生态系统的次生演替而发生变化。具体指标为生态系统中 r-对策种与 K-对策种的比例、短命种与长命种的比例、外来种与乡土种的比例、共生程度、乡土种的消亡等。一般认为，生态系统的组织越复杂就越健康。

（4）生态系统服务功能的维持　这是人类评价生态系统健康的一条重要标准。一般是对人类有益的方面，如消解有毒化学物质、净化水、减少水土流失等，不健康的生态系统的上述服务功能的质和量均会减少。

（5）管理选择　健康生态系统可用于收获可更新资源、旅游、保护水源等各种用途和管理，退化的或不健康的生态系统不再具有多种用途和管理选择，仅能发挥某一方面的功能。

（6）外部输入减少　所有被管理的生态系统依赖于外部输入。健康生态系统的外部输入（如肥料、农药等）会大量减少。

（7）对邻近系统的破坏　健康的生态系统在运行过程中对邻近系统的破坏为零，而不健康的系统会对相连的系统产生破坏作用，如污染的河流会对受其灌溉的农田产生巨大的破坏作用。

（8）对人类健康的影响　生态系统的变化可通过多种途径影响人类健康，人类的健康本身可作为生态系统健康的反映。与人类相关又对人类影响小或者没有影响的生态系统为健康的系统。

10.1.3　生态系统健康管理的原则

（1）动态性原则　生态系统总是随着时间而变化，并与周围环境及生态过程相联系。生物与生物、生物与环境间联系，使系统输入、输出过程中，有支有收，维持需求的平衡。生态系统动态，在自然条件下，总是自动向物种多样性、结构复杂化和功能完善化的方向演替。只要有足够的时间和条件，系统迟早会进入成熟的稳定阶段。生态系统管理中要关注这种动态，不断调整管理体制和策略，以适应系统的动态发展。

（2）层次性原则　系统内部各个亚系统都是开放的，许多生态过程并不都是同等的，有高层次、低层次之别，也有包含型与非包含型之别。系统中的这种差别主要是系统形成时的时空范围差别所形成的，管理中时空背景应与层次相匹配。

（3）创造性原则　系统的自我调节过程以生物群落为核心，具有创造性。创造性的源泉是系统的多种功能流。创造性是生态系统的本质特性，必须得到高度的尊重，从而保证生态系统提供充足的资源和良好的系统服务。

（4）有限性原则　生态系统中的一切资源都是有限的，并不存在“取之不尽，用之不竭”。因此，对生态系统的开发利用必须维持其资源再生和恢复的功能。生态系统对污染物也有一定限量的承受能力。因此，污染物不允许超出该系统的承载力或容量极限。当超出限量时其功能就会受损，严重时系统就会衰败，甚至崩溃。为此，对生态系统各项功能指标（功能极限、环境容量等）都应加以认真分析和计算。

（5）多样性原则　生态系统结构的复杂性和生物多样性对生态系统是极为重要的，它是生态系统适应环境变化的基础，也是生态系统稳定和功能优化的基础。维护生物多样性是生态系统管理计划中不可少的部分。当多物种研究方法不能为生态系统管理提供所需完整信息时，单一物种或少数物种的研究有可能提供有价值的信息。

（6）双重性原则　人类在生态系统中的地位具有双重性，包括人对其他对象的管理和人接受管理。管理是靠人去推动和执行的。管理过程也是一种社会行为，是人们相互之间发生复杂作用的过程。管理的原理和过程各个环节的主体是人，人与人的行为是管理过程的核心。提高全人类的环境意识和可持续发展的意识是当前的、长远的重要任务。要加强规划人行为的法规、政策和制度，这是管理生态系统的重要内容。

10.1.4　生态系统健康、生态系统管理与生态系统可持续发展

生态系统健康、生态系统管理与生态系统可持续发展三者间的关系也很紧密：生态系统健康与可持续发展是生态系统的状态，生态系统管理则是维持这些状态的重要手段；在胁迫下，生态系统会不健康或不持续，就需要相应的管理来回到健康与可持续方向上来；在没有胁迫的情况下，一个生态系统在发育（生长）过程中，每一个时间段均有一个健康状态，这些均为健康的生态系统，仅仅处于发展中期（壮年期）的生态系统是可持续的，在早期和晚期均是不持续的；在生态系统壮年阶段，受到外界胁迫时，要先进行生态系统健康评价，再进行管理，以实现生态系统的可持续发展。

10.2　生态系统管理理论与方法

10.2.1　生态系统管理的概念

生态系统管理（ecosystem management）的思想萌芽可以追溯到 1864 年 Mash 所著的《人与自然》一书，作者提出如果英国合理管理森林资源，就可使土壤侵蚀和水土流失减少。1866 年以后，生态学开始兴起，合理利用自然资源与生态学的基本观点相符，更强调多用途和持续产量问题。Likens（1970）提出，现有森林管理方法可能影响生态系统的功能。Abrahamsen（1972）指出，人类活动导致生态系统的退化，人们已开始认识到一些传统的资源管理方法并没有起到预期的效果。20 世纪 80 年代以后，生态系统管理方面的研究大量出现，生态学也开始重视长期定位、大尺度和网络化研究。此时，生态系统管理与新兴的保护生物学、生态系统健康、生态完整性和恢复生态学相互促进和发展。在此期间，Agee 和 Johnson（1988）出版了生态系统管理的第一本专著，之后又有数本关于生态系统管理的专著问世（Slocombe，1993；Gordon，1994；Vogt 等，1997），生态系统管理的理论框架基本形成。

在生态系统管理理论和实践的发展过程中，由于不同生态学者从事的研究领域、研究目的或研究对象不同，提出的生态系统管理的定义也有所不同。许多的定义都指出“生态系统管理”是维持依赖于自然资源的社会经济系统之间的一种平衡。从根本上说，生态系统管理的目的是支持人类社会的可持续发展。从生态学意义的角度看，主要具有维持生物多样性的适度水平、维持生物的遗传特征、维持生态功能和生物地球化学循环以及保护美学价值等；从代际关系的角度看，具有为后人保持未来选择的机会等；从方法学的角度看，生态系统管理主要采取的是生态系统方法，该方法的最基本要素是它的整体性，即它明确地承认自然生态系统与经济、社会、政治和文化系统之间的关系（Maltby 等，1999）。

10.2.2 生态系统管理的基本原则

二维码 10-1 不同学者对于生态系统管理的定义

生态系统管理基本任务有两个方面。其一是提高生态系统的生产力，使生态系统的现有组成成分及要素得到合理的保护、开发与利用，从而产生良好的生产与生态效益，不断开发形成新的系统生产力。其二是维护并改善生态系统的生物与环境的相互关系，保护生物多样性同时改善大气与土壤环境，使生物与环境得到协同进化。因此，检验生态系统管理的成功与否，重要的指标之一是看其是否维持了生态系统的完整性，而不仅仅是维持了一个健康的生态系统，因为“健康”只是生态系统完整性的一个方面。要实现生态系统管理的上述目标，制定一个科学的生态系统管理方案是必需的。

正确选择生态系统管理的原则，是制定科学方案的基础，Maltby 等（1999）认为，以下十项原则是生态系统管理应该遵循的，前五项称为指导性原则，后五项为操作性原则。

（1）管理目标是社会的抉择　在实际工作中，由于生态系统的动态性和区域差异性，人们很难确定一个生态系统为参照点来作为生态系统管理目标的基础，而往往是社会的需求、价值和利益等因素的权衡，即社会抉择决定着哪些生态系统需要保护，以及如何管理和利用它们。因此，科学虽能对生态系统管理目标的内涵及其目标的实际与否做出判定，但却不能就目标的抉择做出决策。社会的选择既受经济发展状况的影响，也与文化价值取向等因素有关。所以，即使在生态条件基本相似的情况下，人们也可能选择不同的生态系统管理模式和方法。

（2）生态系统的管理必须考虑人的因素　生态系统管理的这一基本原则，首先是由人与自然生态系统间的基本关系决定的，人类的生存和发展离不开生态系统提供的产品和服务。因此，无论在理论上还是实践上，人类对生态系统的干扰都是无法避免的，对生态系统实施管理时，这是必须考虑的首要因素。其次是由人类的地位决定的，人类这一物种现在是处于完全支配的地位。最后是生态系统管理所采纳的策略必须反映人类的需要和能力。

（3）生态系统必须在自然的分界内管理　对于生态系统的保护实际上存在许多限制。理论上讲，通过操纵某些关键因素，一些极不可能持续的生态系统可以得到保护并能维持，但如此极端的行动在自然生境中是不大合适的。每一个系统需要在更大的范围内进行评价，从而使得为保护而付出的努力不会浪费在不可能成功的地方。有些实际研究例证表明，某些生态系统已经被破坏到即使通过广泛管理也不能维持其功能和特征的程度，在此情况下，生态系统的管理绝不可能恢复原来的植被和动物区系，而且，不合适的行动可能要比不采取行动更糟糕，因为这会浪费并不充足的资源。

（4）管理必须认识到变化是必然的　生态系统管理计划必须吸收生态学的新思维和对生物圈研究的新成果，接受生态系统不断变化的必然性这一事实，包括人类的行动已经使一些物种的生物地理屏障消失的事实。例如，把所有的“来种”都看作不可接受的“入侵者”的观点，应该被更为实用的判断所替代。要重视不同物种对环境变化响应方式的差异，这就可能发展成新的物种组合并形成新的生态系统类型。

（5）生态系统管理必须在适当的尺度内进行　生态系统管理必须在适当的尺度内进行才能有效和成功。由于对尺度的忽视，一些生态系统的管理很难区分一个部分（如一条河流流域的上游）的过程和管理活动与相邻区域的相互作用关系与相互影响。因此，确定以景观为单元（如河流流域）的管理受到了高度的重视。适当的管理范围主要取决于系统的结构、综合土地利用的目标、自然干扰的范围、相关的生物学过程以及构成种群的扩散特征和能力。

（6）生态系统管理需要从局部着手到全球考虑　地球系统的所有组分间都相互联系，因此，生态系统管理的最终尺度是全球的。当今许多生态环境问题，如二氧化碳浓度增加、平流层臭氧枯竭、物种灭绝等，都是全球性的。这些问题可以通过政府间的渠道或国家级的组织制定全球或海域等大尺度的生态系统管理政策。然而，对于地区当局、企业或个人，他们更关心的是就业、食物和健康等问题。只有他们在当地生活中自觉地关心和实施保护政策时，生态系统管理政策才能生效。生态系统必须在局地尺度上，并通常由当地的人们进行管理，其成功与否取决于当地的社会条件。因此，生态系统管理必须充分承认当地的社会环境和迫切需求，首先致力于解决当地由于人类压力所引发的问题，然后扩展到区域管理，最后到全球尺度。

（7）生态系统管理必须寻求在适当层次上维持或加强生态系统功能　由于全球生态系统受到各种不同程度的干扰和破坏，其结构和功能不同程度退化，系统的环境公益性减小。生态系统管理的有效途径，必须特别重视生态系统功能的维护。比如，生态系统可以在丢失某些特征种的情况下仍能维持其功能过程，但在所有主要的营养类别中，一定量的物种是生态系统成功发挥其功能所必需的。在实践中，许多生态系统的管理是建立在指示种的基础上的。所以，无论是评价管理实践的需要，还是度量管理实践的成功与否，都需要有生态系统状况或健康的指示性标准。

（8）决策者应当以源于科学的适当工具为指导　决策者的行动将在不同尺度上影响着生态系统的管理，而有效的工具同专家们的知识相结合既是生态系统管理工作的需要，也是高明决策者科学决策所必须依赖的力量。因为，有效的生态系统管理必须基于自然法则，而自然科学的任务和所面临的挑战，就是掌握自然环境的法则及其所引起的生物学动态变化，这正是指导生态系统管理者的最重要基础。科学应当承担起使政策制定者知道选择各种生态系统管理途径和后果的责任。科学知识也是决策者的管理工具。

（9）生态系统管理者必须谨慎行事　人类对高度复杂的自然界的认识还是有限的，对人类自身活动的生态学后果的认识也缺乏全面的、可预见的判定。人们还无法了解生物多样性丧失或生态功能丧失的全部含义，科学家必须如实且简明易懂地描述其存在的风险和不确定性，使决策者和公众能区分事实或做出判断。而作为政策制定者和决策者，在缺乏事实支持时，不应该要求严格的结论，或为迎合自己想要达到的政策目标而歪曲科学结论。

（10）多学科交叉的途径是必要的　生态系统在结构、功能以及要素组成、过程等方面的复杂性，决定了生态系统管理任务不可能由一个人或一个业务部门独立完成。尤其是对于复合生态系统的管理，需要通过生态、经济和社会因素的综合，以达到管理整个系统的目的。这就需要组建学科综合、交叉的专家队伍，如水文学、水力学、生物学、农学、林学、土壤学、生态学、规划学以及统计学、社会学和法学等方面的专家。除专家队伍组成的多学科特点外，有效的生态系统管理还需要不同部门、不同机构间建立起协作关系，需要社会各界和公众的参与。

10.2.3 生态系统管理不同尺度的数据基础

采用生态系统观点编制管理计划是生态系统管理必要的第一步，也是实施生态系统管理的核心。而要建立具体的管理目标和优先目标，就需要确定需要什么样的生态学信息作为基础。生态系统具有不同的尺度和层次，其存在的问题和生态系统管理也具有不同尺度层次，因此不同尺度上所需要的数据和信息类型是不同的。这些数据或知识可能是个体-种群、群落-生态系统、景观、生物圈等空间尺度的，同时这些空间尺度还与时间尺度问题相互交错。

（1）植物个体及种群水平　这一层次所收集的数据，都直接与植物个体及种群生存密切相关。个体水平上的研究主要是通过苗木试验研究树木生长和树木对干扰和胁迫的响应机制。但是人们逐渐认识到控制条件下的苗木试验可以用于确定植物对变化环境的反应机理，但是这些研究结果不能直接用于野外林地。这主要是因为苗木生长于非竞争条件下、生理和胁迫反应与树木不同、常常不带有菌根、生长速度受容器大小影响等。另外，小样方内测定的数据不能当大样方采用。

（2）群落及生态系统水平　数据的尺度是一年或几年。在收集这一层次的数据时，气候因素应被视为常量；样地尺度较小时要求较多的数据；要用较多的变量来研究生态系统的控制和反馈过程。需要指出的是，很难从本层次的样方数据来推测景观层次的数据。大型动物和鸟类因其活动范围较广，因此不能仅在生态系统尺度开展研究，需要更大尺度。

（3）景观水平　景观生态系统是若干类型的生态系统的组合，其数据的空间尺度要比生态系统大，数据的时间尺度是几年至几十年。景观分析要确定明晰的边界和空间异质性；在进行尺度推绎时，部分的叠加可当作整体的性质；主要研究方法包括遥感、GIS 和模型等；景观尺度是评价动物生境动态的最佳尺度。

（4）生物圈水平　生物圈是地球上最大的生态系统，由于空间尺度大，一些生态学过程的速度相对较慢。因此，数据主要是气候、地形和植被类型等方面。气候是植被分布的决定因子，时间尺度可以不考虑。海拔高度对植被分布有一定影响，但在这个尺度上也是可以忽略的。

个体-种群以及群落-生态系统层次的数据，是实施生态系统管理的最基础和最重要的资料。在数据收集的过程中，应根据实际情况和管理的需要，决定进行数据收集的主要层次，同时要适当收集其相邻上下层次的部分数据。这在进行生态系统管理时，针对性更强，效果更佳。

10.2.4 生态系统变化的度量

生态系统管理必须考虑生态系统的变化，以确定管理方式，促进生态系统稳定和可持续发展。生态系统状态可用抵抗力（resistance，系统维持稳定状态的程度或吸收干扰的能力）、恢复力（resilience，在干扰后系统返回干扰前状态的速度）和持续力（persistence，系统在某种状态下所延续的时间长度）进行测度。Westman（1985）将恢复力分为 4 个可测量成分：弹性（elasticity，系统恢复到干扰前状态的时间）、振幅（amplitude，系统受干扰前后状态差异程度）、滞后性（hysteresis，干扰移走后系统的恢复时间）、可塑性（malleability，系统恢复后的状态与干扰前状态的差异）。

研究生态系统变化的参数一般采用生物多样性、生态系统净初级生产力、土壤、非生物资源（营养库及其流动、水分吸收及利用等）和一些生理学指标。当生态系统退化时比较敏感的指标有：植物体内合成防御性次生物质减少（容易暴发疾病和虫害），植物根系微生物减少或增加太多，物种多样性降低或种类组成向耐逆境种或 r-对策种转变，净初级生产力和净生产力下降，分解者系统中的年输入物质增加较多，植物或群落呼吸量增加，生态系统中的营养损失增加并限制生态系统中植物的生长，在长期营养库中的最小限制因子。

从管理者和普通人的角度看，他们更关注的是生态系统产品和服务功能的变化，这些指标包括：可提供的食物、药物和材料，旅游价值，气候调节作用，水和空气的净化功能，为人类提供精神享受，废物的去毒和分解，传粉播种，土壤的形成、保护及更新等。生态学家与管理者的度量指标的结合可能是生态系统管理发展的方向之一。

10.2.5 生态系统评价方法

生态系统评价方法是生态系统管理的重要工具，它们为管理者提供了生态系统的相关信息，支持决策和政策制定，同时也有助于监测和改进生态系统管理实践，以实现可持续的生态系统管理和资源利用。生态系统评价方法包括生态系统能值分析、生态系统服务价值评估和生态系统调查等。在实际应用中，这些方法常常结合使用，以全面了解生态系统的状况和需求，为制定可持续的管理和保护策略提供有力支持。

（1）生态足迹　生态足迹是指生产一定人口所消费的所有资源和吸纳这些人口所产生的所有废弃物需要的生物生产土地的总面积和水资源量，即生态足迹就是指能够用于持续地为一定地域空间的人口提供资源和消纳废物的土地的总面积和水资源量，其本质就是某一区域人口消耗的资源和产出的废弃物所需要的生物生产土地的总面积和水资源量。生态足迹分析方法自从提出以来就在国内外得到了广泛的研究和应用，与其他评价方法相比，它使得生物资源的消耗与自然生态的承载能力具有可比性，生态足迹模型紧扣可持续发展理论，是涉及系统性、公平性和发展的一个综合指标。

（2）生态系统能值分析　能值分析是 20 世纪 80 年代由美国生态学家 H. T. Odum 提出的生态学理论，量化和研究生态系统中能量流动和物质循环的关系。该理论强调了不同生态组件之间的能值关系，即一种能量或物质在产生过程中所耗费的另一种能量的量。这种理论将太阳能作为衡量各种能量价值的基准，因为生态系统中的所有能量最终源自太阳能。

能值分析广泛应用于多个领域，包括区域资源环境系统、城市复合生态系统、农业生态系统和种植业生态系统等。它是一种定量分析方法，通过跟踪不同生物和非生物成分之间的能量交换，揭示了生态系统中能量流动的路径和效率。这有助于科学家和决策者更好地理解生态系统内各个组分之间的相互作用，为制定可持续的生态系统管理策略提供了基础。这种方法有助于评估人类活动对生态系统的影响，提供支持生态保护和可持续资源管理的重要信息。

（3）生态系统服务价值评估　生态系统服务的定义和分类有多种描述，尽管侧重点略有不同，但它们都共同强调生态系统是满足人类需求的物质基础。目前，公认的生态系统服务通常包括供给、调节、文化和支持四类。

生态系统服务的评估方法可以分为物质量评估和价值量评估两类。在生态系统服务功能价值评估方面，有多种方法可供选择。一般来说，这些方法可以分为两大类：直接计算法和基于土地利用/覆盖数据的间接分析计算。

直接计算法主要针对特定的生态系统服务功能，包括市场定价法、生产率法、旅行费用法、意愿调查法等。随着时间的推移，这些方法不断发展和完善，甚至出现了一些集成的生态系统服务功能计算模型，如 GUMBO 模型和 InVEST 模型。与直接计算法相比，基于土地利用/覆盖数据的间接分析计算方法因其相对容易获取数据和成本较低的特点而越来越受到关注和应用。这些方法通过分析土地利用和覆盖的变化以间接估计生态系统服务的变化。这种方法的优点在于数据相对容易获得，但有时可能需要进行模型化和估算，以确定生态系统服务的价值。

总之，生态系统服务的评估是一个多方面的领域，它有助于更好地理解人类与自然环境之间的相互作用，以便更好地管理和保护生态系统，并推动可持续发展的实现。不同的评估方法可以根据具体情境和目标选择，以更准确地估计生态系统服务的价值。

（4）生态系统调查　生态系统调查是一种系统性的研究方法，旨在了解特定区域内生态系统的结构、功能和动态变化。基本的生态调查能获得丰富的生物基础资料（包括物种的组成及丰富度、族群的大小变动、动植物的生物量及特殊生物栖息环境），进而了解影响生物现象的因子。了解生物在一定的自然环境下生存和发展的状态，并提供生态经营与管理的策略，作为环境保护与生物保育的努力方向。

生态系统调查的方法可以根据研究目标和研究区域的特点而变化，常用的方法有：物种清单和采样、植被调查、土壤和水质调查、气象数据收集、分子生态学技术、地理信息系统（GIS）应用、长期监测。生态系统调查的方法取决于研究的具体目标，因此研究者需要选择合适的技术和工具来获取所需的数据。这些数据对于生态学研究、生态系统管理和环境保护都具有重要价值，有助于更好地理解和保护自然界。

10.3 宏观尺度生态系统管理途径

宏观尺度的生态系统管理是一种针对大范围生态系统的管理和保护方法。生态系统是由生物和环境相互作用形成的复杂网络，包括各种生物群落、物种、自然资源和环境因素。宏观尺度的生态系统管理关注的是广泛面积的生态系统，例如全球生态系统、国家级生态系统或大型生态区域。宏观尺度的生态系统管理考虑到各种尺度上的生物多样性、生态功能和生态过程，以及与之相关的社会、经济和政治因素。它的目标是保护和恢复生态系统的健康、保持生物多样性、提供生态系统服务，并实现可持续发展。本节主要介绍几种经典宏观尺度生态系统管理途径以及相应的典型案例。

10.3.1 生态保护规划

二维码 10-2 生态保护规划典型案例：长江经济带规划

生态保护规划是一项制定具有宏观视野和长远目标的生态保护和恢复措施的规划，包括评估和划定生态敏感区域、设置保护区和自然公园、制定保护目标和管理措施等。这些规划的目标是通过科学规划和合理利用资源，最大限度地保护和提高生态环境质量。生态保护规划的一个典型案例是长江经济带规划。长江流域面临着经济发展和人口增长带来的压力，导致生态环境受到严重破坏。2016 年 9 月《长江经济带发展规划纲要》正式拉开长江经济带发展宏图以来，生态优先成为长江地区发展的首个要素。长江经济带生态保护规划以生态为中心，通过规划和措施提高水环境质量，保护和恢复湿地面积，修复生态环境，并成功保护了长江流域的生态环境，实现经济社会的可持续发展。

10.3.2 生态网络规划

生态网络的概念可以追溯到19世纪末，达尔文在《物种起源》中描述了一个生态系统，其中各种生物相互依存，形成复杂的交互关系。随后，生物学家Forbes提出了动植物相互联系，形成一个有机的复杂体系，它们之间的互动影响了整个生态系统的状态，这可以看作是生态网络概念的初步构想。目前，对于生态网络的定义在学术界尚未统一，不同专家学者对其理解存在差异。但不同的定义都强调以下共同特征：首先，生态网络具有结构上的连接性；其次，生态网络起源于生物保护领域，具有一定的生态功能，有助于维持生态系统的动态性；再次，生态网络主要由生态廊道组成，这些廊道在空间上呈线性结构，起到重要的连接作用；最后，生态网络具有整体性，包括节点、边和基质，构成系统的整体结构。总之，生态网络通过连接不同地区的线性生态廊道来保护生态系统的动态性、维护生物多样性和景观完整性，从而形成一个完整生态系统。构建生态网络是国土空间生态修复的重要任务，它对于维护区域生态安全、提高景观的连通性和保护生物多样性具有关键意义。

欧洲生态网络是欧洲联盟推动的一项重要倡议，也是研究生态网络的一个重要典型案例。该倡议旨在建立一个跨国界的、综合性的生态网络，以保护和恢复欧洲的自然资本，并促进生态系统的可持续利用和管理。1990年荷兰议会批准了《自然政策规划》，提出“国家生态网络”的概念，该规划从生物保护的角度出发，将自然和半自然区域与周边农用地通过生态廊道进行有效连接，由此开启了荷兰生态保护网络化管理模式时代。荷兰“国家生态网络”已经发展了30多年，政策实施推动过程中，国家的自然和生物多样性得到了改善。他们的经验对我国生态保护制度的构建具有重要参考价值。

二维码10-3 生态网络规划典型案例：荷兰国家生态网络

10.3.3 生态红线制度

生态红线制度是我国政府于2000年提出的一项重要生态保护政策，其主要目的是通过划定特定区域并限制人类活动，保护重要生态系统和维护生物多样性。这一制度根据我国的生态环境特征和保护需求，将特定区域划定为生态红线区，以确保生态系统的完整性和连通性。生态红线制度由空间红线、面积红线和管理红线三部分构成。空间红线确定了生态红线的范围，包括需要特别保护的关键区域。面积红线规定了不同类型生态红线区域的数量和分布，确保这些区域得到适当的保护和管理。管理红线则制定了严格的标准和规定，以管理生态红线区域内的人类活动和产业发展。2011年10月，国务院在《关于加强环境保护重点工作的意见》中首次提出“划定生态红线”这一表述，到2023年7月生态保护红线划定完成，这十多年的时间既是生态保护红线制度探索及完善的过程，也是我国生态文明建设不断走向深化的过程。可以说，生态保护红线范围的划定及制度的建立是我国生态文明建设的重大成果，也是全球生态环境保护中国智慧的集中体现。

大熊猫国家公园的辖区跨越四川、陕西和甘肃三个省份，总面积达到了$2.7\times10^4 km^2$。这片区域不仅是大熊猫的家园，还生活着8000多种野生动植物，其生物多样性极为丰富。荥经县发展村位于大熊猫国家公园南边的入口处。在过去，该县的经济主要依赖于资源开发，属于典型的“靠山吃山”模式。然而，随着生态保护红线政策的实施，这种模式不再可行。政府决定以生态保护为首要任务，推动县域经济向生态化和可持续化方向转型发展。在划定生态保护红线的过程中，荥经县取得了显著成功，这值得我们进行总结与借鉴。该县通过停产煤矿、关闭小水电厂等措施，坚持生态保护红线不可逾越，为保护当地生态环境作出了积极的努力。如今，荥经县发展村成为了一个生态旅游的亮点，吸引了大量游客前来参观体验。这也表明了生态保护与经济发展可以实现双赢，为其他地区提供了一个可借鉴的范例。善待自然、实现人与自然的和谐共生，可以为永续发展铺平道路。

二维码 10-4 生态红线制度典型案例：生态红线政策下的转型——四川省荥经县

10.3.4 生态补偿制度

生态补偿制度是指通过在环境保护和生态修复等方面对资源使用者或经济活动参与者进行经济或非经济的补偿，以达到修复、维护或改善生态系统功能的目的。它是一种环境政策工具，旨在纠正由于经济发展和人类活动对生态系统造成的负面影响，同时促进可持续发展。实施生态补偿机制可以采取多种方式，包括经济补偿、生态服务交易、生态工程和复制等。生态补偿机制的实施有助于激励各方对生态系统负责任，并促进可持续发展。它可以引导经济活动与生态环境的协同发展，保护重要的生态系统功能和生态服务，并降低环境破坏成本。此外，生态补偿机制还可以促进多方合作，形成政府、企业、社会组织和公众的共识，共同努力保护和修复生态系统。从国情及环境保护实际形势出发，目前我国建立生态补偿制度的重点领域有四个方面，分别为：自然保护区的生态补偿、重要生态功能区的生态补偿、矿产资源开发的生态补偿、流域水环境保护的生态补偿。

普达措国家公园是位于云南的一个重要自然保护地。在普达措国家公园的建设过程中，地方管理部门开展了多项工作，帮助当地社区进行转型发展。普达措国家公园允许原普达措自然保护区拿出一部分土地进行适度旅游开发，让普达措在发挥生态系统服务功能的同时产生经济效益，为当地经济社会发展注入了新动力。建立了可行的生态补偿制度，推动了普达措生态保护与建设和周边社区发展的协调、融合与持续发展。这一成功实践案例为其他国家公园提供了示范作用，同时凸显了生态补偿制度在促进可持续发展、改善生态环境和增进社会福祉方面的重要作用。

二维码 10-5 生态补偿制度典型案例：温州红双自然保护区

10.3.5 生态影响评价

生态影响评价是环境管理的关键工具之一，是一种综合性的调查和分析过程，旨在了解生态环境与开发建设活动之间的相互关系。评价的目的是根据国家政策和法规，提出保护受影响生态环境的有效方法。在进行评价时，需要遵循以下基本原则。

（1）综合性原则　综合考虑资源和生态环境，重视保护人类赖以生存和发展的自然资源，确保区域可持续发展所需的资源基础。

（2）科学性原则　依据生态学和生态保护基本原理，详细阐述生态环境影响的特点、途径、强度和可能的后果，并寻求保护、恢复、补偿、建设和改善生态环境的有效途径。

（3）针对性原则　针对具体的开发建设活动和受影响的生态环境特征，开展有针对性和成效显著的分析与评价。

（4）政策导向　以国家的资源环境政策和生态环境保护战略为基础，遵循法规，明确开发建设者的环境责任，实施有效的生态环境管理。

（5）协调性和可行性原则　协调经济、社会和环境之间的关系，平衡局部与整体、短期与长期、企业与社会的利益关系，以及协调区域与项目、生态系统与生态因子之间的内在关系。协调的目的是提高评价的有效性，并增加环保措施的可行性。

生态影响评价的具体内容和侧重点可能因项目的类型和规模而异，因此难以用单一的模型来总结。总之，生态影响评价的目标是确保开展的建设项目不会对生态平衡、生物多样性、水资源、土壤和大气质量等自然资源造成不可逆的破坏。通过在项目实施前进行全面评估，我们旨在预测并减轻潜在的负面生态影响，同时最大程度地提高社会和经济效益，实现可持续发展的目标。这是一个关键的实践，以确保我们的活动对环境和生态系统产生最小的不利影响。

二维码 10-6 生态影响评价典型案例：三峡工程

10.3.6　生态功能区划

生态功能区划是一项战略性规划方法，旨在维护生态系统平衡，评估人类活动对生态系统的影响，并提供多尺度的管理框架。这种规划将区域划分为不同的生态功能区，每个区域都有特定的生态目标和管理要求，以满足社会经济发展的需求，并最小化对环境的负面影响。

黄河源区是生态功能区划的经典案例，其位于青藏高原腹地，具有独特的地理和气候条件。由于多种原因，该区域的生态环境受到威胁，生态和经济功能面临退化。因此，进行生态功能区划，维护源区生态系统的可持续性，对区域和国家的生态安全至关重要。在分析自然环境、社会经济发展、生态系统服务和生态压力的基础上，黄河源区被划分为多个生态功能区。该规划的目标是维护水源涵养、生态系统完整性，保护生物和文化多样性，同时减少贫困。通过这种方法，实现了可持续管理，促进了区域的可持续发展和生态安全。

生态功能区划是一种有助于平衡社会经济发展和生态保护的重要规划工具，可应用于不同地区，以实现人与自然的和谐发展。

10.3.7　生态风险评价

生态风险评价是一个预测环境污染物对生态系统或其中一部分产生有害影响可能性的过程，是继早期人类健康风险评价之后发展起来的新的研究热点。它是指一个物种、种群、生态系统或整个景观的正常功能受外界胁迫从而在目前和将来影响该系统内部某些要素或其本身的健康、生产力、遗传结构、经济价值和美学价值的可能性。简单地说就是指生态系统受一个或多个胁迫因素影响后对不利的生态后果出现的可能性进行评估。生态风险是生态系统或其组成部分所承受的风险，因此评价受体可以是个体或整体。

当前，生态风险评价工作已经具备较为成熟的方法和数据库，并且做了大量的生态风险评价工作。一般评价过程分为几个步骤：首先是制订计划，根据评价内容的性质、生态现状和环境要求提出评价的目标和评价点；其次是风险的识别，判断分析可能存在的危害及其范围；再者是暴露评价和生态影响表征，分析影响因素的特征以及对生态环境中各个要素的影响程度和范围；最后是风险评价结果表征，对评价过程得出结论，作为环保部门或规划

二维码 10-7 生态风险评价典型案例：神树林项目

部门的参考，作为生态环境保护决策的依据。

生态风险评价是一个复杂的过程，需要综合考虑多个因素和数据，以确保评价的准确性和有效性。这一方法有助于帮助决策者更好地理解和管理潜在生态风险，从而维护和保护环境的健康。

课后复习

概念和术语：生态系统健康、活力、恢复力、组织、抵抗力、持续力

课后练习

1. 简述生态系统健康的标准。
2. Maltby 等人提出的生态系统管理指导性原则有哪些?
3. Maltby 等人提出的生态系统管理操作性原则有哪些?
4. 简述生态系统管理在植物个体和种群水平的尺度上所需要的数据信息。
5. 简述生态系统管理在景观水平上所需要的数据信息及研究方法。
6. 如何理解生态系统管理中要遵循“管理目标是社会的抉择”这一原则?

在线习题及课后练习答案

二维码 10-8　在线习题及课后练习答案

参考文献

[1] 任海，刘庆，李凌浩，等.恢复生态学导论［M］.2 版.北京：科学出版社，2008.

[2] 蔡晓明.生态系统生态学［M］.北京：科学出版社，2000.

[3] Maltby E.生态系统管理：科学与社会问题［M］.康乐，韩兴国，译.北京：科学出版社，2003.

[4] 杨京平.生态系统管理与技术［M］.北京：化学工业出版社，2004.

[5] 沃科特 K A，戈尔登 J C，瓦尔格 J P，等.生态系统：平衡与管理的科学［M］.欧阳华，译.北京：科学出版社，2002.

[6] 林文雄.生态学［M］.北京：科学出版社，2007.

[7] 倪玖斌，周小娟.生态保护与建设体制机制创新与经验借鉴：基于典型案例的分析［J］.农村经济，2016（05）：107-111.

[8] 金声甜，李小花.国家重点生态功能区设立对县域碳排放强度的影响：以长江经济带为例［J］.经济地理，2023，43（09）：1-9.

[9] 葛晓云，周伟，范黎.荷兰生态网络建设经验［J］.中国土地，2018（04）：35-37.

[10] 张一群，孙俊明，唐跃军，等.普达措国家公园社区生态补偿调查研究［J］.林业经济问题，2012，32（04）：301-307，332.

[11] 唐燕勤，梁晓鸣.全国生态保护红线面积划定［J］.生态经济，2023，39（10）：9-12.

[12] 田野.神农架国家公园生态保护补偿机制研究［D］.武汉：中国地质大学，2022.

[13] 雷炳莉，黄圣彪，王子健.生态风险评价理论和方法［J］.化学进展，2009，21（Z1）：350-358.

11 生物多样性与保育

引言

2021 年，《生物多样性公约》第十五次缔约方大会（COP15）在昆明举行，大会开幕式中一个《“象”往云南》的短片引起了人们的关注。一群来自云南西双版纳的野生亚洲象一路向北，最后在人类的悉心照料下平安回归原栖息地。人象和谐的画面完美诠释了大会的主题“生态文明：共建地球生命共同体”。这是生物多样性保护的一个小小的缩影，中国政府与民众携手保护亚洲象的故事温暖全球，中国持续保护亚洲象的努力也被世界点赞，中国智慧、中国方案也为全球保护生物多样性注入了活力和推动力。

生物多样性是人类赖以生存的物质基础，是全球生态安全的绿色基石，它具备多种价值和用途，深刻影响着人类的生存和发展。然而，由于全球气候、环境的变化特别是一系列人类干扰活动的影响，生物多样性丧失已成为全球性危机（UNEP，2021），生物多样性保护工作任重而道远。为减缓、阻止生物多样性加速丧失的现状，中国和国际社会近年来都采取了有力行动。自 1992 年签署《生物多样性公约》以来，我国便开启积极履约进程。党的十八大、十九大和二十大报告均高度重视生态文明建设和生物多样性保护，自 2017 年《建立国家公园体制总体方案》和 2019 年《关于建立以国家公园为主体的自然保护地体系的指导意见》等有关生物多样性保护的指导性文件发布以来，具有中国特色的国家公园体制和自然保护地体系得以稳步推进。截至 2020 年底，中国共建立各类自然保护地 1.18 万个，占陆域国土面积的 18%。时间回到 2023 年 5 月，国际生物多样性日全球主场活动再一次在“春城”昆明盛大举行，在大会期间，中国作为 COP15 主席国，努力向国际社会宣传习近平生态文明思想，展示我国生物多样性保护成效，呼吁社会各界积极参与生物多样性保护事业。此外，中国也积极开展生物多样性国际合作，与周边、欧洲国家等开展了形式多样的交流合作，在各个国家和地区相互合作和努力下，世界生物多样性保护工作正在如火如荼地展开。

二维码 11-1
世界生物
多样性日

学习意义

为什么要进行生物多样性保护？

生物多样性是地球生命的基础，是维持生态平衡、促进人与自然和谐发展的重要组成部分。它为人类生存和发展提供了必要的生态支撑和生态服务，例如供给服务、调节服务、文化服务和支持服务。据统计，在全球范围内，鱼类为近30亿人提供了20%的动物蛋白，超过80%的人类膳食来源于植物。而在发展中国家的农村地区，多达80%的人口依靠植物制成的传统草药来获取基本的医疗服务。生物多样性拥有多种不同的价值和用途，保护生物多样性对于人类经济和未来的发展都是极其有利的。因此，通过学习了解生物多样性保护的方式方法、检测手段和评估框架，能有效对生物多样性现状进行把控，在生物多样性保护过程中做到辨证施治、对症下药、有法可依，实现生物多样性保护工作的有序和健康发展。

学习目标

◇ 掌握生物多样性的概念，理解其价值和用途。

◇ 理解生物多样性保护的基本原理，把握生物多样性研究的动态和趋势。

◇ 掌握保护生物学的概念及就地保护、迁地保护的策略；了解保护生物学的形成和发展历史；熟悉自然保护区设计的基本原理和方法，了解景观尺度上的保护和管理。

◇ 了解生物多样性监测、管理和评估的目标和基本内容。

11.1 生物多样性概述

11.1.1 生物多样性的概念

根据联合国《生物多样性公约》，生物多样性（biodiversity）的定义是：所有来源的形形色色的生物体，这些来源包括陆地、海洋和其他水生生态系统及其构成的生态综合体；包括物种内部、物种之间和生态系统的多样性。一般来说，生物多样性包含四个层次的含义，即遗传多样性（genetic diversity）、物种多样性（species diversity）、生态系统多样性（ecosystem diversity）或生境多样性（habitat diversity）和景观多样性（landscape diversity）。生物多样性的四个层次的属性中，遗传多样性是基础，物种多样性、生态系统多样性是遗传多样性和环境复杂性的体现，景观多样性则是生态系统多样性在宏观尺度上的空间配置形式（图11.1）。

遗传多样性是指生物体内决定性状的遗传因子及其组合的多样性，生物遗传的物质基础是脱氧核糖核酸（DNA）或核糖核酸（RNA）。遗传多样性的表现形式是多层次的：在分子水平、细胞水平、个体水平都各有不同的表现形式。而遗传多样性的检测方法经历了与上述顺序相反的发展历程，从形态学水平、细胞学水平，逐渐发展到了分子水平。

物种多样性是指生命的有机体即动物、植物、微生物物种的多样性。目前已记录的生物物种数为140万～170万种。物种是遗传信息的载体，是生态系统中最主要的组成部分。因此，物种多样性在生物多样性研究中占有举足轻重的地位。一般来说，物种多样性的最常用测度方法有物种丰富度指数（species richness index）。

生态系统多样性是指生物圈内生境、生物群落和生态系统的多样性以及生态系统内部生境差异、生态过程变化的多样性。生态系统是由不同的生物物种、种群、群落经过有机的组合所构成的，具有其特定的水平和垂直结构。结构的不同，导致生态系统功能的千变万化。生态系统中还具有不同营养特点的生物组成，它们构成了生态系统复杂的食物链和食物网。

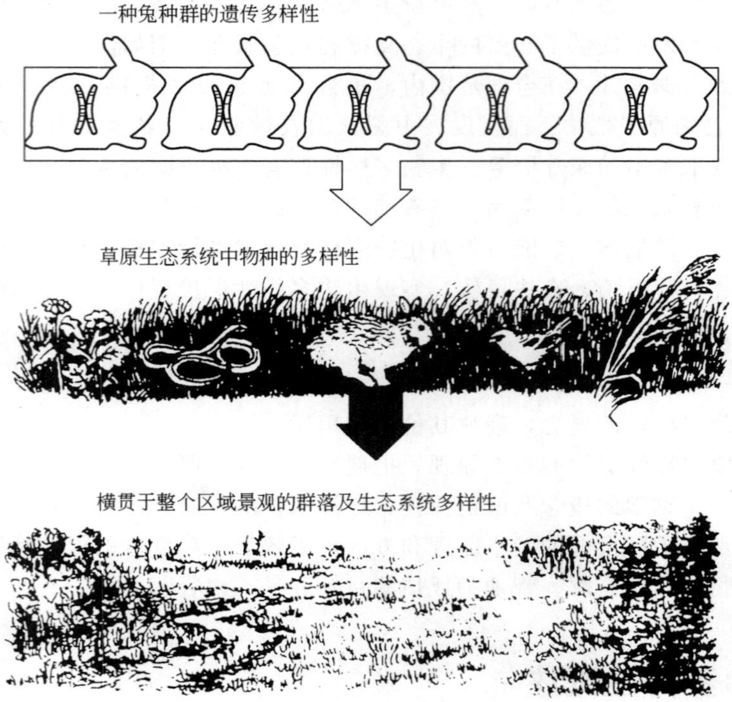

图 11.1　生物多样性的不同层次图解（Primack，1993）

不同物种复杂的生物活动，通过食物链、食物网进行物质流、能量流和信息流的转化或传递。

景观多样性是指不同类型的景观单元在空间结构、功能机制和时间动态方面的多样性和变异性，它反映了景观的复杂程度。景观多样性的测定指标主要包括景观中的斑块数目、面积大小、形状、破碎度、分维数、优势度、丰富度、聚集度、连接度和连通性等。景观多样性内容详见本书 9.3.5。

随着生物多样性研究的推进，人们已经越来越多地认识到多样性兼有区域和局域的组分。区域多样性（regional diversity，γ-多样性）指的是不存在生物传播障碍的一个地理区域的所有栖息地中观察到的物种总数。而局域多样性（local diversity，α-多样性）指的是同质栖息地的一个小面积内的物种数。区域多样性和局域多样性的概念对于栖息地的保护具有重要指导意义。

结合前文对生态位的讨论，生物多样性还可以理解为生态位关系。生态学家常用生态位的多维性质来说明物种与环境关系的复杂性。两个物种生态位重叠的程度取决于其相互竞争的强度。因此，物种的生态位关系提供了一种生物群落结构组织的测度信息，也为我们理解生物多样性提供了更为开阔的视野。

11.1.2　生物多样性的价值和用途

生物多样性是地球上经过几十亿年发展进化的生命总和，是生物圈不可缺少的组成部分，支撑着人类社会的生存与发展。不管对人类社会的物质价值如何，物种都具有其自身的价值。物种的进化历史、独特的生态作用以及存在本身赋予了它们这种固有的价值。据 1997 年 *Nature* 杂志估计，生物多样性每年给人类创造约 33 亿美元的巨大价值。探求给生物多样性定价的方法一直是环境经济学（或生态经济学）的一个主要研究热点也是难点。

生物多样性价值是“生态复合体以及与此相关的各种生态过程的总和”所提供的具有经济意义的价值，重点突出生物多样性的基因、物种、生态系统和景观各个层次的作用。生物多样性的价值按不同的分类依据可以进行不同的划分，从现有的学说和研究来看，生物多样性价值拥有二元价值论、三元价值论和多元价值论 3 种。尽管生物多样性价值学说呈现百家争鸣的局面，但随着学科的融合发展，多元价值论似乎逐渐成为研究者们所认可的价值论断。

生物多样性拥有多种不同的用途，据统计，全球有 50%的 GDP 产出都与生物多样性有关，全球近 40%的人口的生存发展依赖于海洋和沿海的生物多样性，70%用于治疗癌症的药物来自动植物。为此保护生物多样性有助于保护地球家园，促进人类的可持续发展。按照应用的领域可以分为食物资源、医药用途、生态旅游与景观、工农业发展和科学研究几大类。

二维码 11-2 生物多样性价值的种类

二维码 11-3 生物多样性价值评估方法

二维码 11-4 生物多样性用途的分类

二维码 11-5 世界和我国的生物多样性概况

二维码 11-6 生物多样性研究的形成和发展

11.2 生物多样性保护原理

11.2.1 保护生物学的产生

现代保护生物学可以追溯到 1978 年在圣地亚哥召开的第一届国际保护生物学大会。至 20 世纪 70 年代后期，有关科学团队针对生物多样性危机提出了生物和生态学的一个分支学科，即保护生物学，鉴于此，它曾被称为“危机学科”（Soulé，1985）。保护生物学仍是一门年轻的学科，仍在界定本学科的范围，也正在确立与其他学科的关系。

保护生物学（conservation biology）是解决人类干扰或其他因素引起的物种、群落、生态系统问题的学科，其目的是提供生物多样性保护的原理和工具，研究保存不同环境中的生物多样性、保存物种的进化潜力的方法和进行相关的实践。“保存（preservation）”意味着保护生物多样性免受各种类型的人类干扰，“保护”则是出于可持续利用的目的而对生物多样性加以保护，这是一种管理环境的哲学，即以一种不掠夺、不耗尽、不灭绝生物和它所蕴含的资源及价值的方式来管理环境。

保护生物学有两个目标：一是了解人类活动对物种、群落和生态系统的影响；二是发展实用的方法来阻止物种灭绝，并力图恢复濒危物种在生态系统中的正常功能。因此，种群生态学、分类学、生态学和遗传学等基础学科组成了保护生物学的核心。由于生物多样性危机主要是人类的压力所造成的，因而保护生物学也融入了生物学以外的各种思想和专业技能。

由于其研究领域的特殊性，保护生物学一般都以以下五个假定作为其学科的理论和思想基础。

① 有机体的多样性是好的。总的来说，人类乐于欣赏生物的多样性。

② 种群和物种在不恰当的时间内灭绝是不好的。不幸的是，人类活动使得物种灭绝的速度加快了近 1000 倍。

③ 生态复杂性是好的。生物和环境之间的相互关系的复杂性是保证其稳定性的基础。

④ 进化是好的。进化适应是最终导致新物种产生和生物多样性增加的过程。

⑤ 生物多样性具有内在价值。

11.2.2 种群和物种的保护

保护生物学中，对于生物多样性保护的主要途径包括就地保护（in-situ conservation）和迁地保护（ex-situ conservation）两类。

（1）就地保护　就地保护就是通过立法，以保护区或国家公园的形式，将有价值的自然生态系统和珍稀濒危动植物集中分布的天然栖息地保护起来，限制人类活动的影响，确保保护区内生态系统及其物种的演化和繁衍，维持系统内部的物质循环、能量和信息流动等生态过程。就地保护的主要形式一般为自然保护区（nature reserves）、资源保护区（resource reserves）、国家公园（national park）和国家历史遗迹和文物地（national monuments and landmarks）等。

（2）迁地保护　迁地保护是将濒危动植物迁移到人工环境或异地实施的保护。当物种在野生环境下丧失生存、繁衍能力，即将灭绝时，迁地保护无疑提供了一种最后的保护方案。一般来说，在下述情形下可对濒危物种实施迁地保护：①当物种原有生境破碎成斑块状，或原有生境不复存在时；②当物种的数量下降到极低的水平，个体难以找到配偶时；③当物种的生存条件突然发生没有预知的变化时。

迁地保护一般有如下类型：①种子的保存（seed preservation）；②花粉的保存（pollen preservation）；③组织的保存（tissue preservation）；④植物园（plantgarden）；⑤野外基因库；⑥DNA 库等。

关于就地保护和迁地保护孰优孰劣，保护学家们始终没有取得一致的意见。对这些分歧进行详细的分析之后不难看出，最安全有效的保护策略可能是将这两种方式结合在一起，取长补短。就地保护是最有效的保护，而迁地保护是对就地保护的补充，仅能使单一或有限的物种得到有限的保护，两者并非互相排斥的，而是相互补充的。

11.2.3 群落和生态系统的保护：自然保护区的设计与管理

就地保护中最重要的形式之一就是自然保护区。过去的自然保护区设计大多具有很强的随意性，即更多的是依靠机遇而不是设计。生物学家在设计自然保护区时，通常会遇到以下主要问题。①保护物种所需要的保护区面积至少应为多少？②建立一个大型保护区好还是建立多个小型保护区好（图 11.2）？③一个濒危物种的多少个体在保护区得到保护，才能使之免于灭绝？④保护区最适宜的形状是什么样的（图 11.3）？⑤如果建立多个保护区，它们的位置关系怎样才是最优的？

由岛屿生物地理学理论得出的生态学原理，可以指导设计人员获得最优的设计方案。自然保护区的设计有 3 条重要的指导原理：物种-面积关系、边缘效应原理和迁移原理。根据这些原理，可以形成一些基本的设计原则，如：自然保护区的最佳形状应该是圆形的，因为这种形状的边缘与面积的比值最小，因而可以使边缘区域和边缘效应最小；自然保护区的面

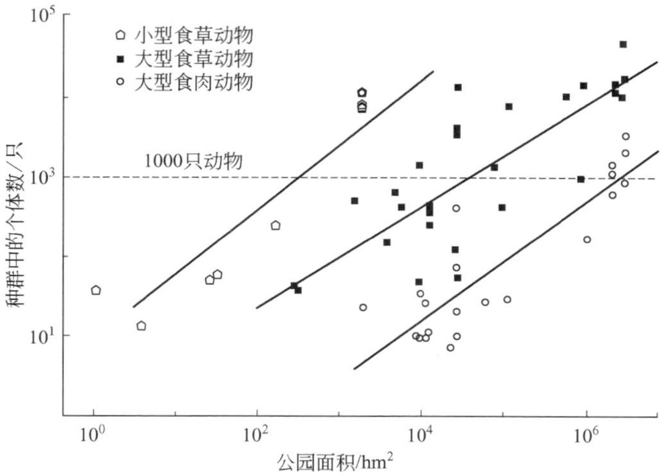

图 11.2 种群研究表明，非洲的大型公园和保护区拥有的每一物种的个体数大于小型公园，只有最大的公园才可以维持许多脊椎动物的可繁衍种群（仿 Shonewald-Cox，1983）

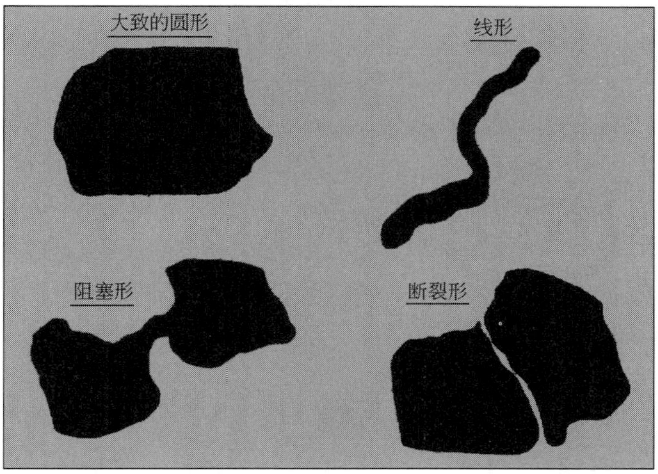

图 11.3 自然保护区的一些常见形状（仿 Andrew S. Pullin 著，贾竞波译，2005）

积应该足够大到能够容纳所有能代表该地区的生境成分，还要容得下该生态系统中的各种干扰；对于多数种群孤立的物种来说，设立单个的大型自然保护区是最优的；在某些情况下，位置分布得当的多个小型保护区效果要比单一的大型保护区要好；等等。依据这些基本的设计原则，在辽阔的热带森林单一栖息地中进行保护区规划时，可以推断：①较大面积的保护区优于较小的；②一个大面积的保护区优于同样面积的几个小保护区；③连接隔离地域的廊道十分有用；④圆形的保护区比长方形的边缘小，因而更有利。当然，不同类型的栖息地之间进行比较选择时，往往需要根据不同类型进行有针对性的考虑。

自然保护区内部功能区划的科学性和合理性关乎保护的成败和保护区的自身发展。一般而言，自然保护区应有 3 个功能分区（图 11.4），分别为：核心区、缓冲区（图 11.5）、实验区。

二维码 11-7
自然保护区
的 3 个功能分区

某个地区一旦被划定为自然保护区，为了维持其正常运作，保持或

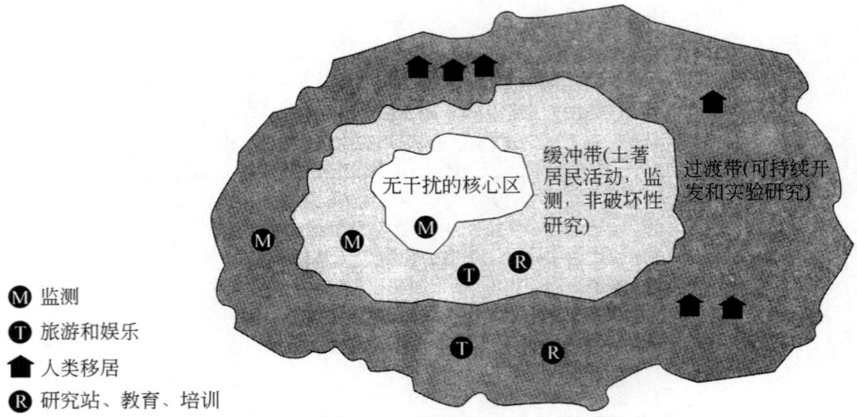

图 11.4 保护区的一般形式（Richard Primack 等，2000）

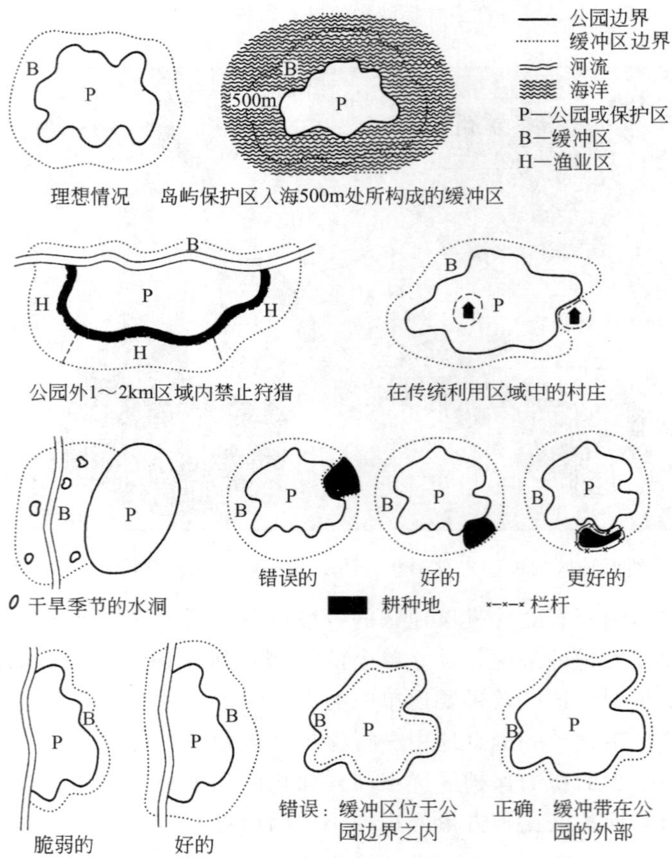

图 11.5 保护区不同类型的缓冲区（Mckinnon 等，1986）

提高物种多样性，积极的管理常常是十分必要的。一般来讲，自然保护区的管理可以从时间的远近分别设置不同的管理目标和计划，并从组织、社区和生物资源管理 3 个方面保证管理计划的实施。

11.2.4 景观尺度上的保护与管理

为了维持物种，我们需要在尺度和空间上安排生境中的各个斑块，使得异质种群动态与景观生态学结合起来，把对孤立自然保护区的传统管理，转变成对景观动态斑块的管理。它要求把“对特定单元的现状管理”转变为“对大而复杂单元的动态管理”，即把自然保护区融入更广阔的景观中来进行保护。这是一个巨大的进步，也是十分必要的进步。简单来说，这种景观尺度上的保护，可以包含以下的含义（图 11.6）。

二维码 11-8
自然保护区
管理的
3 个方面

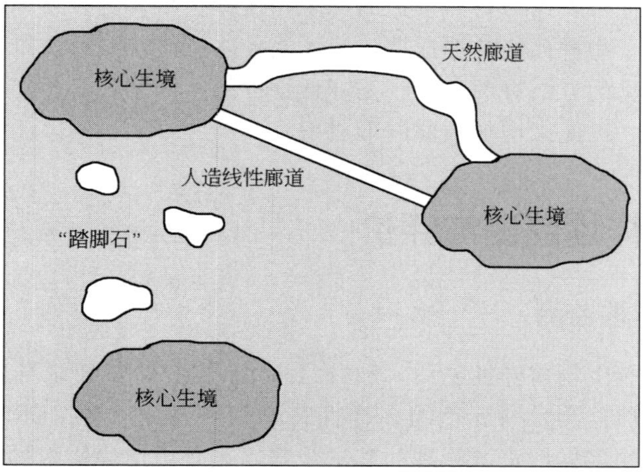

图 11.6　有助于（或无助于）物种扩散的核心生境之间的连接形式
（Andrew S. Pullin 著，贾竞波译，2005）

（1）生物圈自然保护区（MAB 保护区）　相当于景观生态学中斑块的概念。这个概念用等级管理弱化陆地单元（即景观生态学中的斑块）之间的边界，并在它们之间提供一个从纯自然环境向高度开发利用的人工环境的过渡。其具体区域的设计如上述的自然保护区功能分区。另外也有研究者提出了四分区方法，即：核心区、缓冲区、环境敏感区（environmental sensitive area）和人类高强度利用区（intensive human use area），其中后两个分区相当于上述实验区及其外围区域。在其外围区域，即为相当于景观生态学中的“基质”的区域。

（2）野生生物廊道（wildlife corridor）　相当于景观生态学中廊道的概念。这是尝试提高景观渗透性的最常见的方法。对于目标物种来说，廊道是一些渗透性较高的带状区域，它能把生境中原有的各个斑块连接在一起，减少生境中的斑块隔离程度，增加建群的概率；能增强基因在生境的各个斑块之间的流动，减少近交衰败和遗传变异的丧失；能增加因领域行为被驱逐出生境碎片的个体找到其他适宜生境的概率，减少个体的死亡。天然的廊道（如河岸的树林）本身就是具有保护价值的，因此也应受到与自然保护区无异的优先被保护权。而人造的廊道尽管被公认为是有用的保护管理工具，但其效果是否明显还需要更多的研究来论证。

（3）踏脚石（stepping stone）　异质种群理论中的“踏脚石”被认为是一种特殊的生境（相当于斑块）。自然状态下的踏脚石可以被个体转换性地使用，并能帮助个体向较远的地方扩散，同时也方便个体在生境各个斑块之间运动，其作用类似于人们过河时使用的踏脚石。在设计人工的踏脚石系统之前，需要深入调查和了解有关物种的习性。

在景观尺度上进行的自然保护区管理，目前的研究和实践均较少，还没有形成系统和成熟的理论。英国在自然保护区景观尺度上的管理方面做了不少的探索和尝试，英国自然保护协会对英格兰划定了总共包括 76 个陆地区域和 26 个海洋性区域的自然保护区域。

11. 2. 5 生物进化与生物地理学尺度上的保护

从遗传学角度来看，遗传学数据在性质上独立于物种的概念和传统分类学，这就对自然保护的策略提出了挑战。一般来讲，生物进化遵循一定的自然速率，这也是为何我们能够通过各种手段和方法来计算追溯生物进化的时间。然而在过去几百年的时间当中，生物进化并未按自然速率来持续进行，这与自然保护的初衷相违背。事实上，在如今人类干扰活动不断加剧的背景下，正处于物种灭绝的加速期，为此当务之急是找到解决维持物种进化自然速率平衡的方法，目前常见的方法有两种：一是降低物种的灭绝率；二是在物种形成上，可以创建种群间的地理屏障，以此来增加种群的形成率。

11. 3 生物多样性监测与评价

11. 3. 1 生物多样性监测

一些国际公约如《生物多样性公约》和《21 世纪议程》，都要求缔约国对其生物多样性进行监测。生物多样性监测是国际生物多样性科学研究计划（DIVERSITAS）项目的 5 个核心组分之一，是生物多样性资源管理的基本步骤，也是当前生物多样性研究的热点和需要加强的领域。2002 年，《生物多样性公约》确定了到 2010 年前显著降低生物多样性损失程度的目标，更凸显了在全球、国家和区域层次上对生物多样性进行监测的重要性和迫切性。

二维码 11-9 《生物多样性公约》

生物多样性监测（biodiversity monitoring）到底要回答什么样的问题呢？根据联合国可持续发展委员会（Committee of Sustainable Development，CSD）关于可持续发展指标的压力-状态-响应模式，生物多样性监测必须回答如下问题：

① 所监测的目标面临何种压力？这些压力处于何种程度？

② 哪些影响生物多样性的因素正在改变或已经改变？

③ 为管理某一监测目标（物种、种群、生态系统）的政策是否起作用？

二维码 11-10 《21 世纪议程》

生物多样性监测是为确定与预期标准相一致或相背离的程度，并对生物多样性进行定期或不定期的监测。从本质看，生物多样性监测是随着时间和空间的变化对生物多样性的反复编目，它所反映的是生物多样性在某一段时间内的变化过程，由此获得的信息可以为区域规划、可持续发展和生物多样性保护等宏观决策提供科学依据。

生物多样性监测按其监测的尺度可分为物种、生态系统和景观 3 个层面：①在物种水平上，主要选择濒危物种、经济物种和指示物种等，监测其种群动态和主要影响因素；②在生态系统水平上，通过选择重要的生态系统类型并在其典型地段建立一定面积的长期固定监测样地，实现对生态系统组成、结构、功能以及关键物种、濒危物种等的监测；③在景观水平上，主要通过遥感手段和地理信息系统对一定区域的景观格局和过程及其影响因素进行监测。

按其在不同生物学水平上的监测，可分为以下 4 个层面。①基因监测，包括遗传变异与濒危物种、遗传变异与家养动物的繁育、跟踪个体起源的遗传标记。②种群监测，包括种群大小与密度、种群结构、种群平衡、种群分析、影响种群的人口压力变化。③物种监测，包括对关键种、外来种、指示种、重点保护种、受威胁种、对人类有特殊价值的物种、典型的或有代表性的物种的监测。④生态系统与景观监测，包括生态系统过程、景观破碎化、生境破坏及其他干扰的影响，种群抵抗人类干扰的变化趋势，对全球气候变化的影响，某个关键种（或关键的分类单元）的灭绝而可能导致的生态系统变化，森林覆盖与土地利用对生物多样性的影响。

实施生物多样性监测的主体，除了科研人员和自然保护者以外，也可以是参与式自然资源监测系统。这是一种新理念下以保护区在地居民为主体的对在地社区所依赖资源进行监测的系统。它以掌握自然资源的丰富程度和利用及其变化情况，增强在地居民环境意识并改善他们和自然保护区之间关系为目的，具有简便易行、应用乡土知识、资源投入低、决策透明的优点，能够促进森林资源保护、监测和管理，进行意识教育、冲突管理、野生动物肇事管理和促进当地经济发展，已受到越来越多的重视。

11.3.2 生物多样性评价

《生物多样性公约》自问世以来，对指导区域生物多样性评估和保护工作起到了关键性作用，制定了一系列生物多样性保护目标，而实现评估目标首要举措是知晓生物多样性的状态和变化。因此，建立生物多样性指标体系，评估生物多样性现状，是生物多样性有效保护的基础，也可为政府保护管理与决策提供科学依据。

2001 年联合国启动千年生态系统评估计划，首次在全球范围内开展生态系统及其对人类福祉影响的多尺度综合评估工作，为后续他国和区域生物多样性评估起到了示范作用。我国政府高度重视生物多样性保护工作，作为《生物多样性公约》的缔约国之一，在有关生物多样性评价的框架修订、指标体系建立等方面开展了一系列卓有成效的工作。2011 年环境保护部发布了《区域生物多样性评价标准》，为区域生物多样性评估提供了方法引导。2019 年《规划环境影响评价技术导则　总纲》（HJ 130—2019）将生物多样性评估纳入规划环境影响评价，2022 年由中国生物多样性保护与绿色发展基金会标准工作委员会制定的《生物多样性规划标准》（T/CGDF 00029—2022）正式发布，这些标准和技术规范都为政府部门和环境影响评估机构开展生物多样性评估和规划建设提供了参考，也为我国生物多样性保护工作提供了技术支撑。

二维码 11-11 生物多样性评价标准

作为生物多样性保护的管理工具，生物多样性评价通常指利用多种技术手段和方法系统搜集生物多样性现状、压力和保护措施信息，并通过定性或定量的描述和判断，最终提出有关生物多样性保护建议的过程，为此，生物多样性保护评价包含以下三个基本步骤，如图 11.7 所示。

二维码 11-12 生物多样性的评价方法

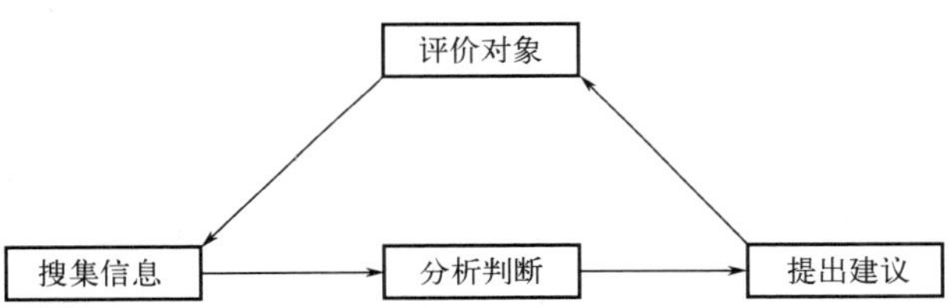

图 11.7　生物多样性评价流程（仿丁晖等，2009）

11.4 生物多样性保护与管理

11.4.1 生物多样性保护措施

（1）生物多样性立法与国际公约　从根本上说，生物多样性面临的威胁主要是人类和环境之间的不协调，生物多样性危机的真正根源在于有关经济政策和法律法规或其执行管理机制的不完善。只有当社会组织、政策法规和管理制度有机结合起来，才能为生物多样性提供有效的立法保护。目前国际上已经制定了许多与生物多样性保护有关的公约和协定，其中《生物多样性公约》是当前国际公约中有关生物资源保护的最重要文件，从非常深刻和广泛意义上规定了生物多样性保护的总原则。除此之外，包括联合国在内的世界组织在拯救世界生物多样性上已经开展了一系列的努力工作。联合国环境规划署于 1988 年 11 月召开生物多样性特设专家工作组会议，探讨一项生物多样性公约的必要性；1992 年 5 月内罗毕会议通过了生物多样性公约的协议文本；同时国际社会相继签署了一系列公约，例如《濒危野生动植物国际贸易公约》(1973)、《保护野生动物迁徙物种公约》(1979)、《联合国气候变化框架公约》(1992)、《联合国防治荒漠化公约》(1994)、《粮食和农业植物遗传资源国际公约》(2001)、《京都议定书》(2005) 等。

中国政府也为生物多样性保护工作做了不懈的努力。1980 年 3 月 5 日中国宣布了由世界自然保护联盟（IUCN)、联合国环境规划署（UNEP）和世界自然基金会共同起草、发起的《世界自然资源保护大纲》（WCS)；1984 年颁布了《森林法》；1985 年，中国加入《保护世界文化和自然遗产公约》；1988 年颁布了中国野生生物的第一部专门法律《野生动物保护法》；1992 年，中国加入《关于特别是作为水禽栖息地的国际重要湿地公约》；1994 年，国务院颁布了《自然保护区条例》，规定了自然保护区建立、建设和管理的具体细则；2010 年审议通过了《中国生物多样性保护战略与行动计划（2011—2030 年)》，明确了中国生物多样性保护工作的指导思想、基本原则、目标任务和保障措施等；2016 年，修订了《中华人民共和国野生动物保护法》和修正了《中华人民共和国海洋环境保护法》，完善了相关的法律实施途径；2020 年颁布了《生物安全法》，为防范和应对生物安全风险，维护国家安全提供了有力支撑；2021 年为介绍中国生物多样性保护理念和实践，增进国际社会对中国生物多样性保护的了解，颁布了《中国的生物多样性保护》白皮书；2024 年制定了《中国生物多样性保护战略与行动计划（2023—2030 年)》，在国家政策支持和法治保障下，我国生物多样性保护工作成效显著。

（2）自然保护区和国家公园体系建设　全球已建超过 10 万个保护区，占世界土地面积的 12%，这与 1980 年保护区面积仅占地球表面的 3%相比明显是一个突破性的增长。中国政府高度重视保护区建设，并不断健全以自然保护区为主体的野生动植物栖息地及生境保护体系，有力地促进了中国野生动植物栖息地的恢复扩大，为保护生物多样性和自然资源、维护国家生态安全发挥了重要作用。截至 2019 年 11 月，中国共建立各级自然保护地 1.18 万处，占国土陆域面积的 18%、邻海面积的 4.6%。其中，国家公园体制试点 10 处、国家自然保护区 474 处、国家级风景名胜区 244 处。拥有世界自然遗产 14 项、世界自然与文化双遗产 4 项、世界地质公园 39 处，数量均居世界第一位。

国家公园的概念自 1832 年首次出现后，逐渐发展为世界主流的保护地模式。目前世界有200多个国家和地区建立了独具地方特色的国家公园保护地体系，覆盖面积超过400万平方千米。我国已正式设立了三江源国家公园、大熊猫国家公园、东北虎豹国家公园、海南热带雨林国家公园和武夷山国家公园等五个国家公园，这是我国成立的首批国家公园，总面积达23万平方千米，约占国土面积的2.4%。2021年10月，中国政府发布了《关于进一步加强生物多样性保护的意见》，目标到2025年实现国家公园占全国陆地面积的18%，森林覆盖率达到24.1%，草地综合植被覆盖率达到57%。2024年，制定了《中国生物多样性保护战略与行动计划（2023—2030年）》，强调引入“绿水青山就是金山银山”的理念，推动建立以国家公园为主体的自然保护地体系，并探索多元化的投融资机制来支持生物多样性保护。

（3）宣传教育与科普　在生物多样性保护的现实过程中，国家的相关政策法规和政府的保护区建设是进行生物多样性保护的关键举措，而普通个人作为实行保护的主体，需要从社会观、价值观上对生物资源的宝贵性和保护性熟稔于心。这就要求具备专业素养的大学和教育机构以及研究机构发挥生物多样性保护工作的科普宣传和教育作用，在生物多样性保护教育中，可以开展一些生物多样性公众教育项目，例如科普讲座或是宣传教育活动。此外，在科技发达的今天，需要有效利用大众传媒的传播性和便捷性，通过图书、杂志、报纸等传统媒介，以及广播、电视和互联网等大众主流新兴传播媒介进行普及传播。

二维码 11-13 生物多样性保护的种类和方法

11.4.2 生物多样性管理

人们对生物资源的需求一直处于不断增长之中，人们已经充分认识到，这种需求的增长不可能通过挖掘尚未开发的生物资源或者通过权衡产品和服务来满足。考虑到地球生态系统的生态承载力并非无限大，对有限生态资源的多方位有效管理显得尤其必要和有意义。1982年联合国大会正式通过了《世界自然宪章》，是人们对自然（生物多样性）保护和管理的承诺。这个宪章展现了人们对于生物多样性管理所达成的共识：生物多样性管理就是要在生物多样性保护、提高人类的生活水平和在利益分配之间获得最佳的平衡。

一个综合性的、有预见性的、可采用的生物多样性管理方法应该包含以下三方面的信息：①针对特定地点的生物多样性所有方面的可靠的基础信息；②特殊生态系统的价值生成如何适应环境改变；③生物、物理、经济和技术等多方面信息。《生物多样性公约》在信息的沟通和共享方面也作了相关的阐述。

对生物多样性的有效管理而言，有两类组织发挥了不可忽视的作用。第一类组织是指那些提供数据源并且参与制定执行策略及方法的组织。如：世界自然保护联盟（IUCN）、联合国环境规划署（UNEP）、联合国教科文组织（UNESCO）、世界自然基金会（WWF）、国际科学理事会（ICSU）、联合国粮农组织（FAO）、国际应用生物科学中心（CABI）、世界保护监测中心（WCMC）等。第二类是指资助生物多样性保护的相关项目、研讨会及其他活动的组织。如：全球环境基金（GEF）、世界遗产基金（WHF）等。有一些组织（如IUCN、UNESCO和UNEP）具有上述两类组织的属性。

课后复习

概念和术语：生物多样性、遗传多样性、物种多样性、生态系统多样性、区域多样性、局域多样性、保护生物学、就地保护、迁地保护、生物圈自然保护区、野生生物廊道、踏脚石、生物多样性监测

课后练习

1. 生物多样性保护评价的方法有哪些？
2. 在什么情况下物种应采取迁地保护？迁地保护的类型有哪些？
3. 生物多样性监测按照监测的尺度和水平可分为几个方面？

在线习题及课后练习答案

二维码 11-14　在线习题及
课后练习答案

参考文献

[1] Krishnamurthy K V. 生物多样性教程［M］.张正旺，译.北京：化学工业出版社，2006.
[2] Pullin A S.保护生物学：中文版［M］.贾竞波，译.北京：高等教育出版社，2005.
[3] Primack R，季维智.保护生物学基础［M］.北京：中国林业出版社，2000.
[4] 丁晖，秦卫华.生物多样性评估指标及其案例研究［M］.北京：中国环境科学出版社，2009.
[5] Primack R B，马克平.保护生物学简明教程［M］.北京：高等教育出版社，2009.
[6] Ricklefs R E. 生态学［M］.孙儒泳，尚玉昌，李庆芬，等译.5 版.北京：高等教育出版社，2004.
[7] 贾竞波.保护生物学［M］.北京：高等教育出版社，2011.
[8] 王慷林，李莲芳.生物多样性导论［M］.北京：科学出版社，2019.
[9] Primack R B，马克平，蒋志刚.保护生物学［M］.北京：科学出版社，2014.
[10] 陈灵芝，马克平.生物多样性科学：原理与实践［M］.上海：上海科学技术出版社，2001.
[11] Glowka L，Burhenne-Guilmin F，Synge H，等.生物多样性公约指南［M］.中华人民共和国濒危物种科学委员会，中国科学院生物多样性委员会，译.北京：科学出版社，2019.
[12] 张恒庆，张文辉．保护生物学［M］.北京：科学出版社，2017.
[13] 张风春，李俊生，刘文慧，等.生物多样性基础知识［M］.北京：中国环境出版社，2015.

12 退化生态系统恢复

引言

从北京向北行驶400多公里，有一弯“深绿”，像一只展开双翅的雄鹰，紧紧扼守内蒙古浑善达克沙地南缘。它与河北承德、张家口等地的茂密森林连成一体，筑起一道绿色长城，成为京津冀和华北地区的风沙屏障、水源卫士。这里，就是塞罕坝机械林场。从茫茫荒原到莽莽林海，塞罕坝的绿水青山见证着半个多世纪的沧桑巨变。塞罕坝机械林场先后荣获联合国环保最高荣誉“地球卫士奖”和防治荒漠化领域最高荣誉“土地生命奖”，成为全球环境治理的“中国榜样”。

20世纪50年代的塞罕坝，草木不见，黄沙弥漫，风起沙涌。自1962年建场以来，三代塞罕坝人通过培育优质壮苗、攻克技术难关、加强森林抚育、严格资源保护等措施，为京津冀筑起了93333公顷阻沙源、保水源、拓财源的绿色生态屏障。与建场初期相比，林场有林地面积增加了3.8倍，林木蓄积量增加了30.4倍，森林覆盖率由11.4%提高到82%。年均大风日数由83天减少到53天，年均降水量由不足410毫米增加到479毫米。每年可涵养水源、净化水质2.84亿立方米，固碳86.03万吨，释放氧气59.84万吨。每年带动当地实现社会总收入超过6亿元，带动1200余户贫困户、1万余贫困人口脱贫致富。“好风景”带来“好光景”，“绿水青山”真正成了脱贫致富的“绿色银行”。

在习近平生态文明思想的指引下，我国正在大力推动基于自然的生态保护修复工作。塞罕坝林场的恢复重建只是我们国家70年来生态文明建设的一个缩影，在祖国的大地上，有众多的河湖山川得到了治理和保护。我们必须树立和践行绿水青山就是金山银山的理念，充分尊重和顺应自然，推动经济发展和生态环境保护统一起来，促进人与自然和谐共生。

学习意义

为什么要学习退化生态系统的生态恢复？

由于过度开发等原因，许多生态系统已经严重退化，生物多样性下降，生态服务功能减弱。学习退化生态系统的成因以及如何采取科学合理的生态恢复措施，可以帮助我们更好地保护和修复这些生态系统，恢复其生物多样性和服务功能。掌握恢复生态学的技术体系，可以指导退化生态系统的治理，实现生态、经济、社会效益的统一。因此，学习退化生态系统的生态恢复，对于保护生物多样性、建设生态文明、实现人与自然和谐发展具有重要意义。

学习目标

◇ 掌握退化生态系统和生态恢复的概念和内涵。
◇ 理解干扰与生态系统退化之间的相互关系。
◇ 掌握生态恢复的主要原则、方法和技术体系。
◇ 了解典型退化生态系统（森林、草地、淡水生态系统等）生态恢复的措施与方法。
◇ 熟悉恢复生态学的主要研究对象、内容、原理和一般程序。

12.1 干扰与退化生态系统

12.1.1 退化生态系统及其成因

退化生态系统（degraded ecosystem）是指在自然或人为干扰下形成的偏离自然状态的生态系统。与自然系统相比，退化生态系统的种类组成、群落或系统结构发生改变，如生物多样性减少、生物生产力降低、土壤和微环境恶化、生物间相互关系改变等（图 12.1）。不同的生态系统，其退变的表现形式也各不相同。

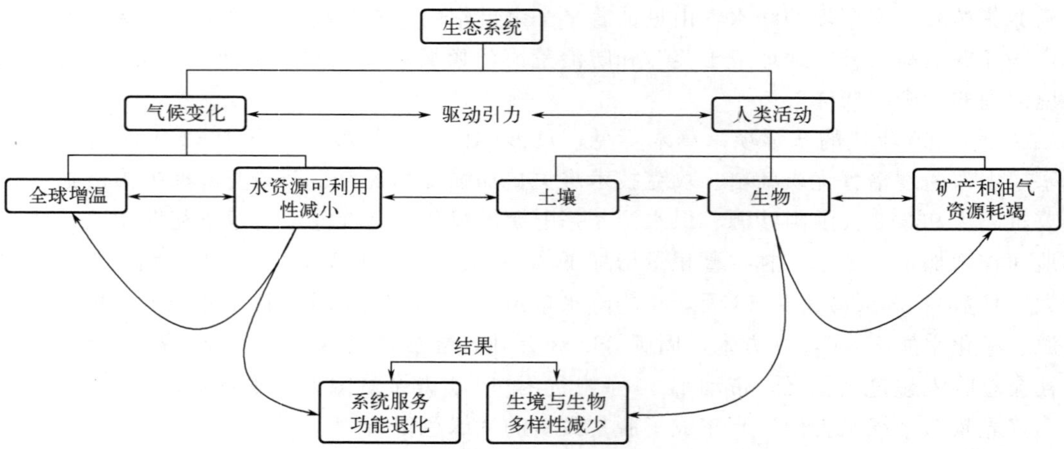

图 12.1 退化生态系统驱动力与演变过程示意图（仿赵哈林等，2009）

引起生态系统退化的原因是多方面的，但其基本机理是在干扰的压力下，生态系统的结构与功能发生变化，干扰是生态系统退化的驱动力（彭少麟，2020）。

干扰是群落外部不连续存在、间断发生的因子的突然作用或连续存在的因子超“正常”范围的波动，这种作用或波动能引起有机体、种群或群落发生全部或部分明显的变化，使其结构和功能发生改变或受到损害，是自然界中很普遍的一种现象。干扰是生命系统（包括个体、种群和群落等各个水平）的结构、动态、景观格局和功能的基本塑造力，它不但影响了生命系统本身，也改变了生命系统所处的环境系统。按其动因，干扰可以划分为自然干扰和人为干扰。自然干扰是指无人为活动介入的自然环境条件下发生的干扰（如外来种入侵、火灾及水灾），而人为干扰是指由于人类生产、生活和其他社会活动所形成的对自然环境和生态系统的各种影响（表 12.1）。

表 12.1 人类对生态系统干扰的方式与效应

人为干扰方式		效应
传统劳作方式	对森林和对草原植被的砍伐与开垦	植被退化，水土流失加剧，区域环境恶化；生物生境遭破坏，生物多样性丧失
	采集	生物资源被破坏，一些物种灭绝
	采樵	生态系统能量和养分减少，生物生存活动受破坏；草原遭破坏
	狩猎和捕捞	种群生殖和繁衍遭破坏，一些物种灭绝；生物性状和数量发生变化
工农业污染		水质污染，空气污染，酸雨
新干扰形式（旅游、探险活动等）		污染，旅游资源退化

退化生态系统形成的直接原因是人类活动，部分来自自然灾害，有时两者叠加发生作用（图 12.2）。因此干扰是退化生态系统的最主要成因，其主要机理是在干扰的压力下系统的结构和功能发生变化。干扰的强度和频度是决定生态系统退化程度的根本原因。过大的干扰强度和频度，会使生态系统退化为不毛之地。退化的生态系统需要尽快恢复，否则可能会导致特有种的丧失、广布种的定居、入侵种的定居、群落结构简化、小气候被破坏、有益的土壤性质的丧失、养分持留能力的缩减、水分状况的改变、营养级的失序、荒漠化和盐碱化等（Clewell 等，2013）。

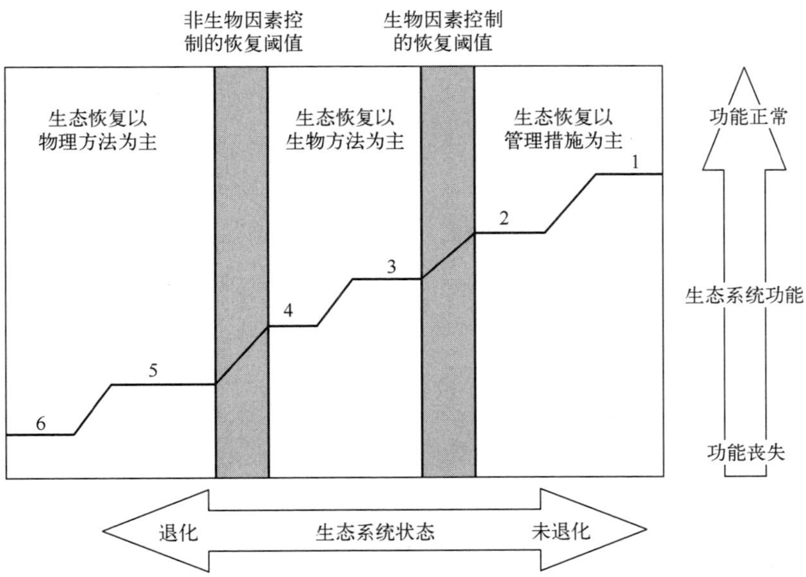

图 12.2 生态系统退化原因及退化状态与生态系统功能的关系模型（改自 Hobbs 等，2001）
1—健康状态；2～5—不同退化状态；6—完全退化

近百年来，随着全球人口的增加和对生活用品需求量的不断增大，人类对生态系统的干扰越来越强烈。分析导致生态系统退化的人为因素，对于生态保护和退化生态系统的恢复重建是有益的。目前引起生态系统退化的人为原因主要包括以下几个方面。

（1）生物资源过度利用　生物作为一种资源，不仅具有一定的生物特点，还具有特殊的资源属性。生物资源属于可再生资源，但过度利用，不仅会导致生物多样性和生物生产力的降低，甚至完全丧失，而且会导致其再生能力的下降，引起生态系统无法正常运转。人类对生物资源的过度利用形式主要包括草原过度放牧、森林过度采伐、动物过度捕杀、渔业过度捕捞等。例如，围湖造田可导致湖面减小、蓄洪能力减弱，农田污染还会危害湖中水生生物的生存和繁衍；在风沙区大规模滥垦草原，可引起土壤的严重风蚀，导致沙尘暴或扬沙天气的形成；对鱼、虾、贝等水产品进行大规模捕捞，造成众多水生动物种类减少，甚至濒危。

（2）水资源利用不合理　水是与植物分布、生长、发育和繁衍关系最密切的环境因素。在所有环境因素中，植物对环境中水的变化也最为敏感。当环境中水资源条件出现恶化时，植物的生长就会受到抑制，导致植被的退化。随着世界人口增加和工农业的快速发展，对水资源的利用强度越来越大，对水资源不合理利用的现象越来越严重，已经引起了一些地区植被的退化。对水资源利用的不合理方式及其对生态系统的危害主要为：①上游用水过量，导致下游生态系统退化；②滥建水库塘坝，引起生态系统退化；③大量抽取地下水，引起地下水位明显下降。

（3）生态系统管理不善　目前，随着人口的增加和科学技术的发展，地球上没有受到人类活动干扰的地区已经很少了。大多数地区的生态系统已经成为人工、半人工生态系统或人工管理下的自然、半自然生态系统。对于这些生态系统，不合理的农业土地翻耕制度、过度放牧的养殖方式、粗放的工厂生产和矿山开发管理制度等，都是导致生态系统退化的另一类人为因素。

（4）环境污染　人类在不断发展工农业的同时，也向自然环境排放了大量的生活垃圾、工业垃圾、农药以及各种对环境有毒害性的污染物，这是人类社会不断发展后，对自然生态系统的另一种最主要的直接干扰方式。工业废水的直接排放使许多水域被污染，水质下降甚至饮用水的价值丧失；大量化石燃料的使用以及向大气排放的各种污染物，不仅使空气受到污染，而且进入大气的硫氧化物、氮氧化物与水蒸气结合后形成极易电离的硫酸和硝酸，导致大气酸度增加。有些地区甚至酸雨成灾，给生态系统和土壤等带来了灾难性的影响。

12.1.2　退化生态系统的类型和特征

赵哈林等（2009）根据生态系统类型将退化生态系统分为自然、半自然生态系统（包括森林退化生态系统、草原退化生态系统、荒漠退化生态系统、湿地退化生态系统、水体退化生态系统、苔原退化生态系统、高山退化生态系统）和人工生态系统（包括农田退化生态系统、城市退化生态系统、矿山退化生态系统及其他退化生态系统）。根据生态系统关键退化特征将其分为荒漠化生态系统（包括沙漠化生态系统、水土流失生态系统、盐渍化生态系统）和人工退化生态系统（包括污染生态系统、植被退化生态系统、资源衰竭型生态系统）。

此外，根据生态系统的层次和尺度，退化生态系统可划分为局部退化生态系统、中尺度的区域退化生态系统和全球退化生态系统。根据退化过程和生态学特征，退化生态系统可以划分为不同的类型：陆域生态系统的退化、水生生态系统的退化和大气生态系统的退化。其中陆域退化生态系统的研究较多，包括以下几种。

（1）裸地（barren）或称为光板地　又可分为原生裸地（primary barren）和次生裸地（secondary barren），通常因极端的环境条件而形成，具有环境条件较为潮湿、干燥或盐渍化程度较深、缺乏甚至没有有机质、基质性移动较强等特点。

（2）森林采伐迹地（logging slash）　是人为干扰形成的退化类型，其退化的程度随采伐强度和频度而异。

（3）弃耕地（abandoned till，discard cultivated） 是另一人为干扰形成的退化类型，其退化状态随弃耕的时间而异。

（4）沙漠（desert） 可由自然干扰和人为干扰形成。荒漠化使得全球大量的耕地消失。

（5）废弃地 主要包括工业废弃地、采矿废弃地、垃圾堆放场等。

（6）受损水域 主要是指人为干扰（如生活和工业废水的直接排放）使得水域的功能降低。

生态系统退化后，原有的平衡状态被打破，系统的结构、组成和功能都会发生变化。退化生态系统与正常生态系统相比，具有以下特征（表 12.2）。

表 12.2 退化生态系统与正常生态系统特征比较（仿包维楷等，1999）

生态系统特征	退化生态系统	正常生态系统
总生产量/总呼吸量（P/R）	<1	1
生物量/单位能流值	低	高
食物链	直线状、简化	网状、以碎食链为主
矿质营养物质	开放或封闭	封闭
生态联系	单一	复杂
敏感性、脆弱性和稳定性	高	低
抗逆能力	弱	强
信息量	低	高
熵值	高	低
多样性（包括生态系统、物种、基因和生化物质的多样性）	低	高
景观异质性	低	高
层次结构	简单	复杂

① 生物多样性变化。常表现为生态系统的特征种类、优势种类消失，与之共生的种类也逐渐消失。物种多样性的数量可能并未有明显的变化，多样性指数可能并不下降，但多样性的性质发生变化，质量明显降低。

② 层次结构简单化。退化生态系统的种类组成发生变化，优质种群结构异常。在群落层次上常表现为群落结构的矮化，整体景观的破碎化等。

③ 食物网结构变化。生态系统结构受损、层次结构简单化，使得系统的食物链缩短、食物网简单化，部分链断裂和解环，单链营养关系增多，种间共生、附生关系减弱甚至消失。

④ 物质循环不良变化。退化生态系统的生物循环减弱而地球化学循环增强，同时生物多样性及其组成、结构也发生不良变化，其中最明显的是水循环、氮循环和磷循环的变化。

⑤ 能量流动出现危机和障碍。退化生态系统食物链和食物网的变化及物质循环的不良变化导致能量的转化和传递效率降低，能流规模降低，能流格局发生不良变化，能流损失也随之增多。

⑥ 系统生产力下降。光能利用率减弱、竞争、对资源的不充分利用等引起净初级生产力下降，从而也导致次级生产力的降低。

⑦ 生物利用和改造环境能力弱化和功能衰退。主要表现在固定、保护、改良土壤及养分能力弱化，调节气候能力削弱，水分维持能力减弱，防风固沙能力弱化，美化环境等文化

环境价值降低等。

⑧ 土壤物理、化学、生物特性退化。主要表现为质地粗化或黏性化，土壤层厚度、有机质和养分含量下降，酸性增强，微生物种类和数量趋于减少，土壤动物减少等。

⑨ 植被群落结构和功能特征退化。包括群落物种组成和多样性减少，群落层片结构和生活型发生改变，导致植被盖度、高度、密度等特征指标变化，初级生产力下降。

⑩ 动物种群发生退化。其中包括物种多样性减少、种群数量减少、个体变小、育龄个体比例及繁殖能力下降、生产能力（指人工养殖的动物种群）下降。

二维码 12-1
全球退化
生态系统现状

12.2 恢复生态学基本理论

12.2.1 生态恢复与恢复生态学

生态恢复（ecological restoration）是避免地球生物圈生态功能崩溃的重要挽救手段。按照国际生态恢复学会（Society for Ecological Restoration）的详细定义，生态恢复是指帮助研究恢复和管理原生生态系统的完整性的过程。这种生态整体包括生物多样性的临界变化范围、生态系统结构和过程、区域和历史内容以及可持续的社会实践等。生态恢复与重建的难度和所需的时间与生态系统的退化程度、自我恢复能力以及恢复方向密切相关，一般来说，退化程度较轻的和自我恢复能力较强的生态系统比较容易恢复，其所需的时间也较短。

恢复生态学研究起源于 100 年前的山地、草原、森林和野生生物等自然资源管理研究，其中 20 世纪初的水土保持、森林砍伐后再植的理论与方法在恢复生态学中沿用至今，例如 Phipps 于 1883 出版了有关森林再造的专著，其中有些理论至今可用。早在 20 世纪 30 年代就有干旱胁迫下农业生态系统恢复的实践。最早开展恢复生态学实验的是 Leopold，他与助手一起于 1935 年在威斯康星大学植物园恢复了一个 $24hm^2$ 的草场。随后他发现了火在维持及管理草场中的重要性（李洪远等，2016）。

恢复生态学（restoration ecology）是一门关于退化生态系统恢复的学科，由于恢复生态学具有理论性和实践性，从不同的角度看会有不同的理解，因此关于恢复生态学的定义有很多。与生态恢复相关的概念还有重建（rehabilitation）、改良（reclamation）、改进（enhancement）、修补（remedy）、更新（renewal）、再植（revegetation），这些与恢复相关的概念可看作广义的恢复概念。

我国学者余作岳、彭少麟认为恢复生态学是研究生态系统退化原因、退化生态系统恢复与重建的技术与方法、生态学过程和机理的学科。还有些学者认为恢复生态学是一种通过整合的方法研究在退化的迹地上如何组建结构和功能与原生生态系统相似的生态系统，并在此过程中如何检验已有的理论或生态假设的生态学分支学科。尽管对恢复生态学的定义多种多样，甚至还存在着一些争议，但总体上是以其功能来命名的（李洪远等，2016）。

尽管恢复生态学的许多理论都来源于群落和生态系统生态学，但恢复生态学并不是生态学的一个简单分支，其学科领域不仅超越了生态学的理论框架，而且要求整合生态学、环境科学、经济学、社会学和政治学的方法，以及农学、林学、草地学、湿地学、海洋学的方法。因此，恢复生态学的原理和方法是多学科交叉的主要体现。

12.2.2 恢复生态学研究对象和主要内容

恢复生态学的研究对象是那些在自然灾害和人类活动压力条件下受到损害的自然生态系统的恢复与重建问题，涉及自然资源的持续利用、社会经济的持续发展和生态环境、生物多样性保护等许多研究领域的问题。

恢复生态学主体研究内容致力于回答如下几个问题。为什么要进行生态恢复？什么样的生态系统需要生态恢复？生态恢复的对象和主体是什么？如何进行生态恢复？退化生态系统的恢复与重建的关键技术有哪些？生态恢复的时空尺度是什么？生态恢复的目标是什么，如何判定生态恢复的作用效果？

根据恢复生态学的定义和生态恢复实践的要求，恢复生态学主要包括基础理论和应用技术两大领域的研究工作（表 12.3）。

表 12.3 恢复生态学的主要研究内容（Bakker 等，1998）

学科属性	主要研究内容
基础理论研究	生态系统结构以及内在的生态学过程与相互作用机制； 生态系统的稳定性、多样性、抗逆性、生产力、恢复力与可持续性； 先锋与顶极生态系统发生、发展机理与演替规律； 不同干扰条件下生态系统的受损过程及其影响机制； 生态系统退化的景观诊断及其评价指标体系； 生态系统退化过程的动态监测、模拟、预警及预测； 生态系统健康的维育机理、保护对策及持续管理
应用技术研究	退化生态系统的恢复与重建的关键技术体系； 生态系统结构与功能的优化配置与重构及其调控技术； 物种、生态系统与景观多样性的恢复与维持技术； 生态工程设计与实施技术； 环境规划与景观生态规划技术； 典型退化生态系统恢复的优化模式试验示范与推广

恢复生态学的研究起点在生态系统层次上，而研究的内容十分综合，而且主要是由人工设计控制的。从研究内容来看，恢复生态学的研究内容有物种、种群、群落、生态系统、景观等多个层面的基础理论和应用技术，领域广泛而且相互综合。因此，加强恢复生态学研究，不仅能推动传统生态学和现代生态学的深入发展，而且能加强和促进边缘和交叉学科（如生物学、地理学、经济学等）的相互联系、渗透和协同发展。

12.2.3 恢复生态学的理论基础

恢复生态学运用了许多相关学科的理论，但最主要的还是生态学理论。这些理论主要有主导生态因子原理、限制性与耐受性定律，能量流动与物质循环原理、种群密度制约与物种相互作用原理、生态位与生物互补原理、边缘效应与干扰原理、生态演替原理、生物多样性原理、食物链与食物网原理、斑块-廊道-基质的景观格局原理、空间异质性原理、时空尺度与等级原理等。无论是基于自我设计还是人为设计的生态恢复实践，都依赖于许多其他的相关生态恢复和生态学基本理论的指导（图 12.3）。理解生态恢复的基础理论是进行退化生态系统恢复与重建的前提。

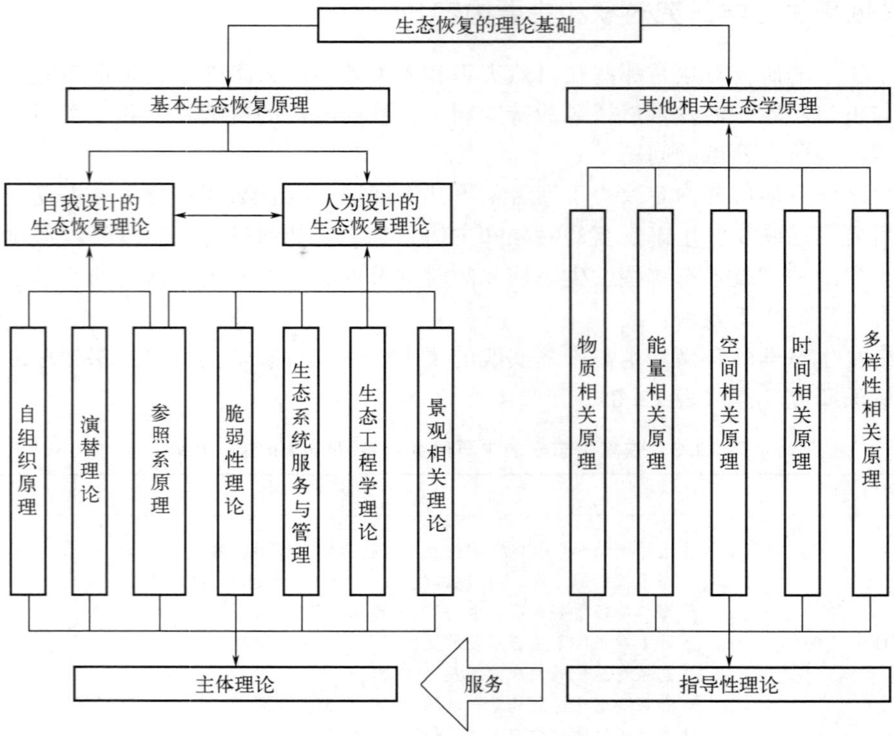

图 12.3 生态恢复的重要基础理论及理论间的相互关系（彭少麟，2020）

自我设计理论和人为设计理论是从恢复生态学中产生的主要理论，并且也在生态恢复实践中得到了广泛的应用。

（1）自我设计理论 该理论认为在足够的时间内，随着时间进程，退化生态系统将根据环境条件合理地组织并最终改变其组分。该理论的实质是强调生态系统的自然恢复过程。

（2）人为设计理论 该理论认为通过工程和其他措施可以恢复退化生态系统，但恢复类型可能是多样的（人为恢复演替）。这一理论把物种的生活史作为群落（尤其是植物群落）恢复的重要因子，并认为通过调整物种生活史的方法可以加快群落的恢复。

这两个理论的不同点在于：自我设计理论把恢复放在生态系统层次考虑，从生态系统层次考虑生态恢复的整体性，但是未考虑种子库的情况，其恢复的结果只能是环境决定的群落；而人为设计理论把恢复放在个体或种群的层次上考虑，恢复的结果可能有多种。这两种理论均未考虑人类干扰在整个恢复过程中的重要作用。

同时二者也存在着一些共同之处。对于有望自然恢复的受损生态系统而言，视其受损程度和预计恢复所需的时长，可以辅助不同程度的生态修复和生态工程技术，为其自然恢复创造有利条件。例如，对于植被受损而发生严重水土流失的地区，必须利用工程措施缓解水土流失现象，植被才能得到很好的自然恢复。而对于受到严重破坏的生态系统而言，虽然以人为设计的生态恢复为主，但人为设计的不同恢复阶段必须符合系统的自然属性和自然演替规律，不能违背自然属性和跨演替阶段强行恢复。例如，在我国西北部沙漠化严重的区域，其沙漠化是由复杂的自然因素和人为因素共同导致的，生态恢复主要的自然限制是物种库多样性低、降水少和土壤层厚度小。因此，在沙漠化地区的生态工程必须理解这些自然限制，因地制宜地开展人为设计和恢复。

由此可见，基于自我设计的生态恢复有时需要人为的生态修复和生态工程辅助，而基于人为设计的生态恢复必须遵循自然的属性和自然恢复规律。除了极个别的人为设计系统（如城市公园）外，绝大多数基于人为设计的生态恢复最终目的都是让系统重新获得自然恢复的能力，从而转变为基于自我设计的生态恢复阶段（彭少麟，2020）。

除此之外，还要参考生态系统理论、集合规则理论、适应性恢复、定居限制、护理植物理论、植物功能性状与恢复等理论（任海等，2019）。

12.3 退化生态系统恢复的原理与方法

12.3.1 生态恢复的目标、原则和机理

12.3.1.1 生态恢复的目标

Hobbs 和 Norton（1996）认为恢复退化生态系统的目标包括：第一，建立合理的内容组成（种类丰富度及多度）、结构（植被和土壤的垂直结构）、格局（生态系统成分的水平安排）、异质性（各组分由多个变量组成）、功能（诸如水、能量、物质流动等基本生态过程的表现），虽然恢复生态学强调对受损生态系统进行恢复，但恢复生态学的首要目标仍然是保护自然的生态系统，因为保护在生态系统恢复中具有重要的参考作用；第二，恢复现有的退化生态系统，尤其是与人类关系密切的生态系统；第三，对现有的生态系统进行合理管理，防治退化；第四，保护区域文化多样性并实现可持续发展。

总之，根据不同的社会、经济、文化与生活需要，人们往往会对不同的退化生态系统制定不同水平的恢复目标。但是无论对什么类型的退化生态系统，都应该存在一些基本的恢复目标或要求。主要包括以下六个方面：

① 实现生态系统的地表基底稳定性，因为地表基底（地质地貌）是生态系统发育与存在的载体，基底不稳定（如滑坡），就不可能保证生态系统的持续演替与发展。

② 恢复植被和土壤，保证一定的植被覆盖率和土壤肥力。

③ 增加种类组成和生物多样性。

④ 实现生物群落的恢复，提高生态系统的生产力和自我维持能力。

⑤ 减少或控制环境污染。

⑥ 增加视觉和美学享受。

12.3.1.2 生态恢复的原则

退化生态系统的恢复与重建要求在遵循自然规律的基础上，通过人类的作用，根据技术上适当、经济上可行、社会能够接受的原则，使受害或退化生态系统重新获得健康并有益于人类生存与生活的生态系统重构或再生过程。简言之，生态恢复与重建的原则一般包括自然法则、社会经济技术原则、美学原则三个方面。其中，自然法则是生态恢复与重建的基本原则，社会经济技术原则是生态恢复与重建的后盾和支柱，美学原则则强调生态恢复与重建应该给人以美的享受（图 12.4）。

12.3.1.3 生态恢复的机理

恢复生态学中占主导的思想是通过排除干扰、加速生物组分的变化和启动演替过程使退

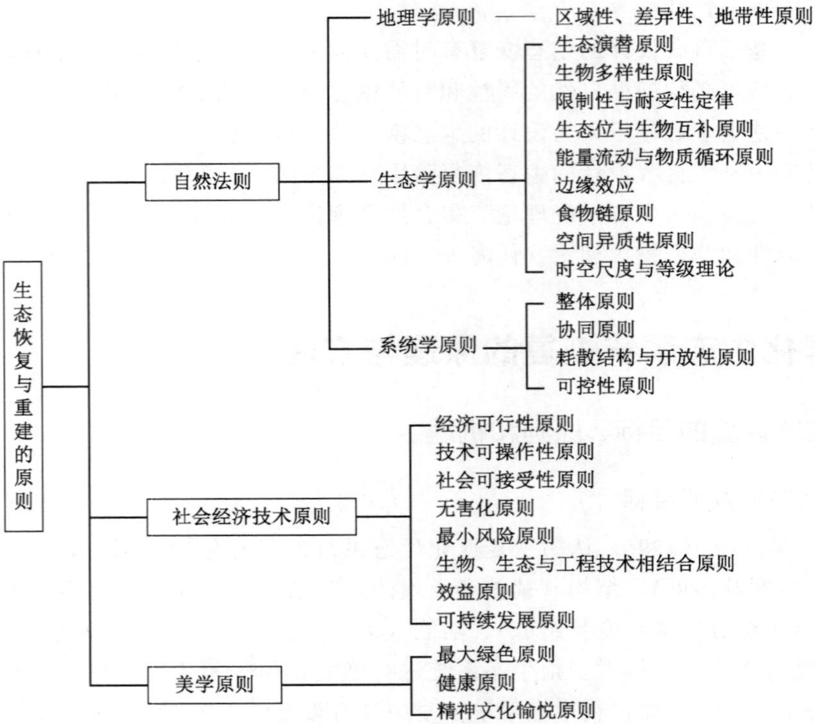

图 12.4　生态恢复的原则（任海等，2002）

化的生态系统恢复到某种理想的状态。一般情况下，首先是建立生产者系统（主要指植被），由生产者固定能量，并通过能量驱动水分循环，水分带动营养物质循环。在生产者系统建立的同时或稍后再建立消费者、分解者系统和微生境。

在退化植被恢复过程中，有利的气候条件是其自然恢复的动力与机制，因为大多数退化植被恢复演替的方向都是地带性植被，终点为顶极群落。不同时间尺度气候的变化对植被恢复的作用表现在空间尺度上也有很大差别。短期气候变化的作用空间应该主要体现在植物个体和种群上，中期气候变化的作用空间主要为植物群落，而长期气候变化的作用空间主要为地带性植被。而实际上，不同时间尺度的作用范围并不是可以截然分开的。特别是在湿润地区，或受隐域性气候条件，或其他环境条件影响的地区，不同时间尺度气候条件的交叉作用、重叠作用是显而易见的。

除此之外，生物在环境的长期自然选择下，本身具有对环境变化的自适应和自调节能力。当环境条件不利于其生存和发展时，大多数生物会调整自身的生存和繁衍方式，以降低受害程度或增加生存的概率；而当环境有利于其生存和发展时，生物会对所受伤害进行自我修复，并采取一些新的生存和繁衍策略以迅速扩大其种群数量和占据有效资源。

生产者系统建立后，植物能够改进退化土壤的物理、化学性状，改善植被区的小气候状况，对污染环境起到净化作用，对退化生态环境起到明显的修复作用，这主要源于如下机制。

① 植物是退化生态系统物质能量的输入者，对于退化生态系统，植物种类的增加、初级生产力的提高，可以为消费者提供更为多样和丰富的食物来源，对于退化消费种群的恢复具有重要作用，对于生态系统食物链的延续起到推动作用。

② 植物作为初级生产者，每天都在生产大量的凋落物，而这些凋落物为微生物提供了部分食物来源，可以有力促进生态系统的物质循环，对于生态系统运行的恢复起到积极推动作用。另外，植物根系还可以分泌各种有机物，这些分泌物可以促进土壤无机养分的矿化分解，增加土壤有效养分的含量。

③ 植物可以为其他生物生存提供适宜的生境，促进其他生物的繁衍。不同植物的枝叶在垂直与水平空间呈有规律的分布，对地表产生遮蔽作用，并形成了具有一定结构特征的内部环境。因此植物可以为其他动物提供栖息场所，特别是在植被内部从上向下存在一定梯度的微环境变化，从而为不同动物提供各自所需的栖息地，使植被区的生物多样性明显增加。另外，大尺度分布的植被，特别是森林植被，对于区域气候条件也有一定影响，从而可以从根本上改善各种生物生存条件（魏志刚等，2012）。

Hobbs 和 Mooney（1993）指出，退化生态系统恢复的可能发展方向包括：退化前状态、持续退化、保持原状、恢复到一定状态后退化、恢复到介于退化与人们可接受状态间的替代状态或恢复到理想状态。然而，也有人指出退化生态系统并不总是沿着一个方向恢复，也可能是在几个方向间进行转换并达到复合稳定状态（图12.5）。Hobbs 和 Norton（1996）提出了一个临界阈值理论（图 12.6）。该理论假设生态系统有 4 种可选择的

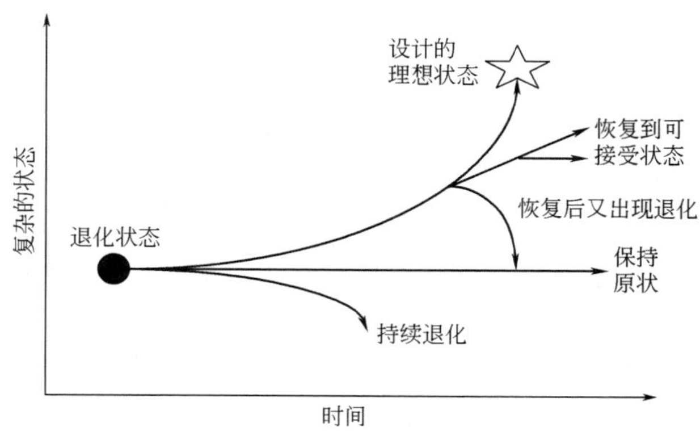

图 12.5 退化生态系统的恢复方向（Hobbs 等，1993）

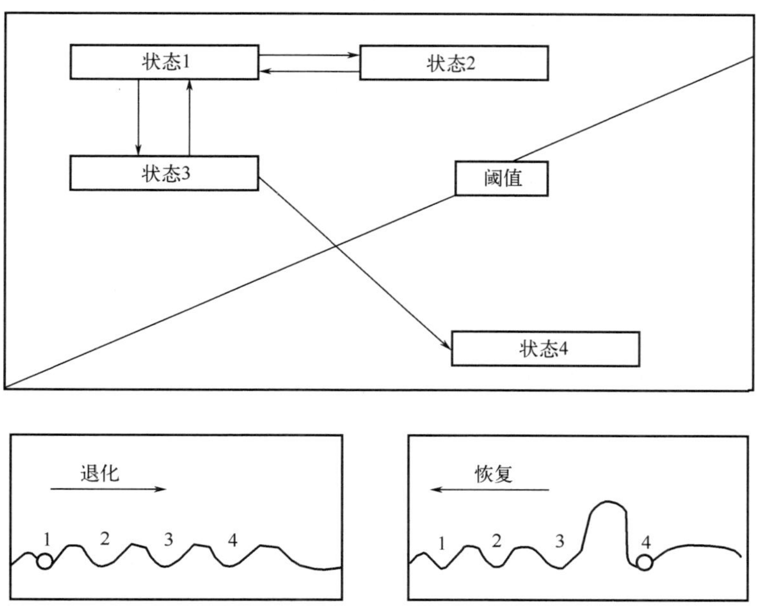

图 12.6 生态恢复阈值（任海等，2002）

稳定状态，状态 1 是未退化的，状态 2 和状态 3 是部分退化的，状态 4 是高度退化的。在不同胁迫或同种胁迫不同强度压力下，生态系统可从状态 1 退化到状态 2 或状态 3；当去除胁迫时，生态系统又可从状态 2 和状态 3 恢复到状态 1。但从状态 2 或状态 3 退化到状态 4 要越过一个临界阈值，反过来，要从状态 4 恢复到状态 2 或状态 3 时非常难，通常需要大量的投入。例如，草地常常由于过度放牧而退化，若控制放牧则可很快恢复，但当草地已被野草入侵且土壤成分已改变时，控制放牧已不能使草地恢复，而需要更多的恢复投入。同样，在亚热带区域，顶极植被常绿阔叶林在干扰下会逐渐退化为落叶阔叶林、针阔叶混交林、针叶林和灌草丛，每一个阶段就是一个阈值，每越过一个阈值，恢复投入就更大，尤其是从灌草丛开始恢复时投入就更大。

12.3.2 生态恢复的技术方法和程序

生态恢复工程需要应用生态学、景观生态学和生态工程原理，结合其他自然、社会学科的知识和现代生物、信息技术手段，对多时空尺度上具有特定自然或人类效益的生态因子与生物因子多样性、结构和功能过程进行整合、规划、设计和集成，以最大限度地再建特定的自然生态系统、人工生态系统和人类生态系统。由于不同退化生态系统（如森林、草地、农田、湿地、海洋等）存在地域差异性，加上外部干扰类型和强度的不同，因而生态系统表现出不同的退化类型、阶段和程度。在不同类型退化生态系统的恢复过程中，其恢复目标、侧重点和技术方法都会有所不同。对于一般的退化生态系统的生态恢复而言，大致需要涉及以下几类基本的恢复技术体系（表 12.4）：①非生物或环境要素（包括土壤、水体、大气等）的恢复技术；②生物因素（包括物种、种群和群落等）的恢复技术；③生态系统（包括结构和功能）的恢复技术。

表 12.4 生态恢复的技术体系（任海等，2002）

<table>
<tr><th>恢复类型</th><th>恢复对象</th><th>技术体系</th><th>技术类型</th></tr>
<tr><td rowspan="9">非生物环境因素</td><td rowspan="3">土壤</td><td>土壤肥力恢复技术</td><td>少耕、免耕技术；绿肥与有机肥施用技术；生物培肥技术（如EM技术）；化学改良技术；聚土改土技术；土壤结构熟化技术</td></tr>
<tr><td>水土流失控制与保持技术</td><td>坡面水土保持林、草技术；生物篱笆技术；土石工程技术（小水库、谷坊、鱼鳞坑等）；等高耕作技术；复合农林牧技术</td></tr>
<tr><td>土壤污染、恢复控制与恢复技术</td><td>土壤生物自净技术；施加抑制剂技术；增施有机肥技术；移土客土技术；深翻埋藏技术；废弃物的资源化利用技术</td></tr>
<tr><td rowspan="2">大气</td><td>大气污染控制与恢复技术</td><td>新兴能源替代技术；生物吸附技术；烟尘控制技术</td></tr>
<tr><td>全球变化控制技术</td><td>可再生能源技术；温室气候的固定转换技术（如利用细菌、藻类）；无公害产品开发与生产技术；土地优化利用与覆盖技术</td></tr>
<tr><td rowspan="2">水体</td><td>水体污染控制技术</td><td>物理处理技术（如过滤、加沉淀剂）；化学处理技术；生物处理技术；氧化塘技术；水体富营养化控制技术</td></tr>
<tr><td>节水技术</td><td>地膜覆盖技术；集水技术；节水灌溉（渗灌、滴灌）</td></tr>
</table>

续表

恢复类型	恢复对象	技术体系	技术类型
生物因素	物种	物种选育与繁殖技术	基因工程技术；种子库技术；野生生物种的驯化技术
		物种引入与恢复技术	先锋种引入技术；土壤种子库引入技术；乡土种种苗库重建技术；天敌引入技术；林草植被再生技术
	种群	物种保护技术	就地保护技术；迁地保护技术；自然保护区分类管理技术
		种群动态调控技术	种群规模、年龄结构、密度、性比例等调控技术
		种群行为控制技术	种群竞争、他感、捕食、寄生、共生、迁移等行为控制技术
	群落	群落结构优化配置与组建技术	林灌草搭配技术；群落组建技术；生态位优化配置技术；林分改造技术；择伐技术；透光抚育技术
		群落演替控制与恢复技术	原生与次生快速演替技术；封山育林技术；水生与旱生演替技术；内生与外生演替技术
生态系统	结构功能	生态评价与规划技术	土地资源评价与规划；环境评价与规划技术；景观生态评价与规划技术；4S(RS、GIS、GPS、ES)辅助技术
		生态系统组装与集成技术	生态工程设计技术；景观设计技术；生态系统构建与集成技术
景观	结构功能	生态系统间链接技术	生态保护区网格；城市农村规划技术；流域治理技术

退化生态系统恢复的基本过程按其恢复的对象层次可以简单地表示为：基本结构组分和单元的恢复→组分之间相互关系（生态功能）的恢复→整个生态系统的恢复→景观恢复。其中植被恢复是重建任何生物群落和生态系统的基础，其过程通常可以表示为：适应性物种的引入→土壤肥力的缓慢积累，结构的缓慢改善→新的适应性物种的进入→新的环境条件的变化→新的群落建立。因此，退化生态系统的恢复与重建一般分为下列几个步骤：

① 首先要明确被恢复对象，并确定系统边界；

② 退化生态系统的诊断分析，包括生态系统的物质和能量流动与转化分析，退化主导因子、退化过程、退化类型、退化阶段与强度的诊断与辨识；

③ 生态退化的综合评判，确定恢复目标；

④ 退化生态系统的恢复与重建的自然-经济-社会-技术可行性分析；

⑤ 恢复与重建的生态规划与风险评价，建立优化模型，提出决策与具体的实施方案；

⑥ 进行实地恢复与重建的优化模式试验与模拟研究，通过长期定位观测试验，获取在理论和实践中具可操作性的恢复重建模式；

⑦ 对一些成功的恢复与重建模式进行示范与推广，同时要加强后续的动态监测与评价。

上述程序如图 12.7 所示。

12.3.3 生态恢复的时间与评价标准

生态恢复中人们最关心的问题之一，就是被干扰生态系统恢复所需要的时间，即被干扰的自然生物体（个体、种群和群落甚至生态系统）目前的状态及其与原状的距离，以及恢复到或者接近其原来状态所需要的时间。生态恢复的时间不仅仅取决于被干扰对象本身的特性(如对干扰的抵抗力和恢复力)，而且取决于被干扰的尺度和强度。退化生态系统恢复时间的长短与生态系统的类型、退化程度、恢复的方向和人为干扰的程度等都有密切的关系。一般

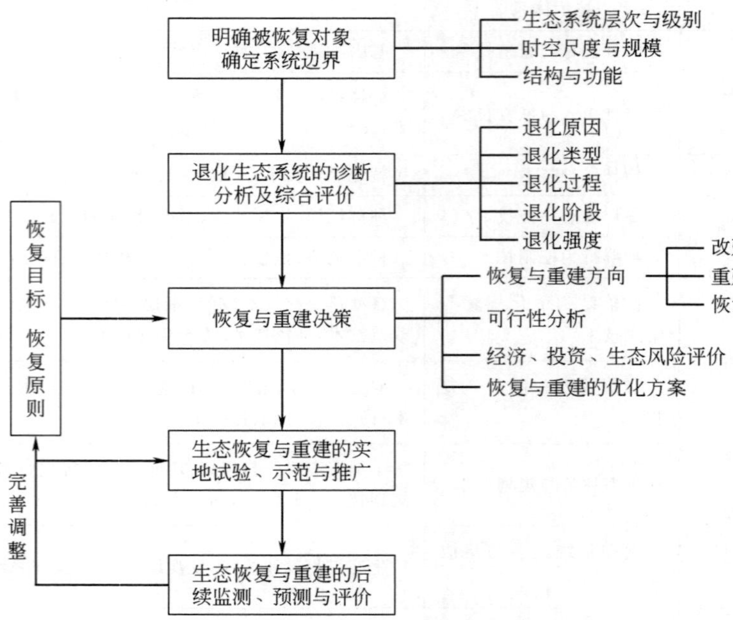

图 12.7　退化生态系统恢复与重建的一般操作程序与内容

来说，退化程度较轻的生态系统恢复时间要短些，湿热地带的恢复要快于干冷地带。土壤环境的恢复要比生物群落的恢复时间长得多。森林的恢复速度要比农田和草地的恢复速度慢一些。

相关研究通过计算退化生态系统潜在的直接实用价值后认为，火山爆发后的土壤要恢复成具有生产力的土地需要 3000～12000 年，湿热区耕作转换后其恢复需要 20 年左右，弃耕农田的恢复需要约 40 年，弃牧草地的恢复需要 4～8 年，而改良退化的土地需要 5～100 年。此外，还有学者提出，轻度退化的生态系统其恢复需要 3～10 年，中度退化的需要 10～20 年，严重退化的需要 50～100 年，极度退化的则需要 200 多年。关于生态恢复所需要的时间，在今后的研究中还需要进一步实验和求证。

生态恢复需要确定一个参照系统（reference ecosystem）用来作为恢复项目规划和评价的样板。参照系统只是生态系统变化历史轨迹中很多潜在状态里的一个，同样的，一个经过修复的生态系统可以发展成一系列潜在状态中的任何一种。参照系统的选择至少要包括两方面的因素：第一，参照系统通常选择那些生物多样性发育较好的地方；第二，恢复目标是自然生态系统，但基本上所有的参照系统都受到人类干扰，因此需要剔除这些人为干扰的因素。

生态恢复成功与否的判定标准，也是进行生态恢复过程中非常重要的一环。通常的做法是将恢复后的生态系统与未受干扰的生态系统进行比较，其内容包括关键种的多度及表现、重要生态过程的再建立、非生物特征（如水文过程等）的恢复等。Bradshaw 提出，恢复成功的标准应该包括以下五方面：①可持续性（可自然更新）；②不可入侵性（像自然群落一样能抵御入侵）；③生产力（与自然群落一样高）；④营养保持力（与自然群落相近）；⑤生物间具有相互作用。这些标准为判断生态恢复的效果提供了有力的支持。

12.4 典型退化生态系统的恢复

12.4.1 森林生态系统的恢复

在人类活动和自然因素的双重影响下，全球森林生态系统出现不同程度的退化，主要表现为森林面积减少、林分结构单一、林地土壤质量变差、初级生产力降低、生物多样性减少、生态服务功能下降等。农田占有是全球森林面积减少的主要原因，伐木搬运、采矿、道路扩展和基础设施建设也严重威胁着森林生态系统的可持续发展。

对森林生态系统进行恢复和重建，是防止其退化的主要措施，需要全面考虑技术、经济和社会等多方面因素。森林一般可分为次生林和天然林，因此对退化森林生态系统的恢复就这两方面分别考虑。结合现有的技术经济条件，确定规划、设计和管理各种参量，以最终确定合乎生态演替规律的有益于人类的林业生态工程建设方案，使受损的生态系统在自然和人类的共同作用下，得到真正的恢复、改建或重建（图 12.8）。

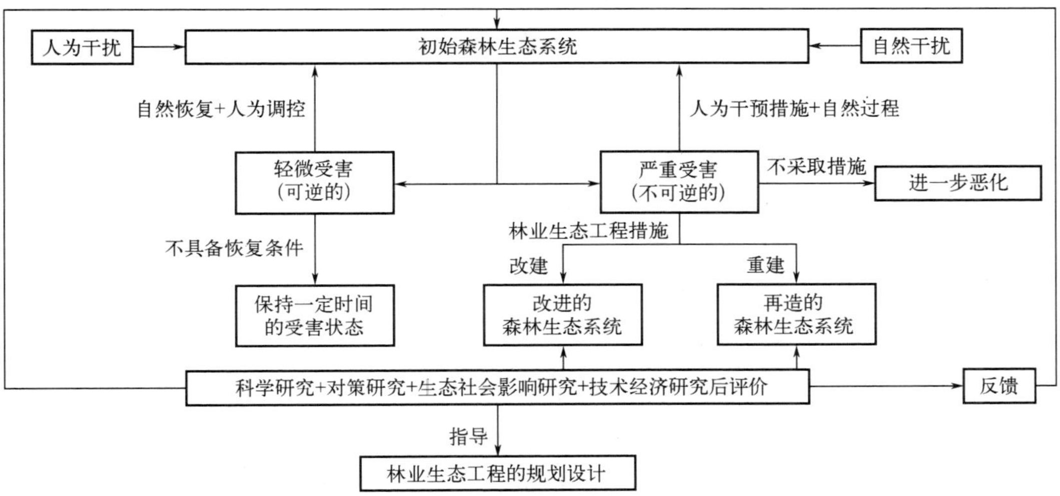

图 12.8 退化森林生态系统的恢复和重建（王治国等，2001）

12.4.1.1 次生林的生态恢复

次生林一般生境较好，或刚被破坏而森林土壤尚未形成，或次生裸地已有林木生长，因而其恢复的步骤按照演替规律进行，人为促进演替的发展。其主要方法包括以下几个方面。

（1）封山育林　对生境条件良好、种子库丰富的次生裸地，可以通过封山育林为乡土树种创造适宜的生态条件，促使其恢复。

（2）林分改造　对生境破坏严重、自然恢复困难的次生裸地，可通过人工改良立地条件、补种乡土树种来促进森林植被的恢复。人工造林要充分考虑树种选择、密度配置和种类组成三个方面的因素。

（3）抚育间伐　是指在幼林郁闭后到林分成熟前的一段时间内，在未成熟林分中按一定的指标采伐部分林木，为其他林木的生长创造良好的生存环境。抚育间伐的手段包括透光抚育、遮光抚育和生长抚育等。

12.4.1.2 天然林的保护

天然林的保护主要体现在以下几个方面。

（1）保护生态系统的生物多样性　保护基因、物种、种群和群落资源，避免森林生态系统丧失生物多样性维持和基因资源保存的基本功能。

（2）保护生态系统的结构和功能　保护生态系统的自然生态过程，实现较高的生产率和最大生产力，保持水源涵养量、土壤肥力增加量和水土保持效益。

（3）保持森林生态系统的健康和生命力　防止由于人类活动引起的生态系统破坏，减少环境污染，使之在森林生态系统承载力范围之内，保持并提高系统的稳定性、生命力和更新能力。

12.4.2 草地生态系统的恢复

二维码 12-2 尼泊尔以保护和发展为目标的人工辅助天然更新

二维码 12-3 日本大阪万博纪念公园近自然林的营造

草地是比较脆弱的生态系统，但却养育了全世界近1/3的人口，人们的食物结构中有11.5%来自草原。导致草地生态系统退化的原因有自然因素（长期干旱、风蚀、水蚀、沙尘暴、鼠害、虫害等）和人为因素（如过度放牧、滥垦、樵采、开矿等），而人为因素在草地生态系统退化中起主要作用。草地退化是指草地生态系统在演化过程中，其结构、能流和物质流等功能过程恶化，生态系统的生产和生态功能衰退，既包括“草”的退化，也包括“地”的退化。按其所在区域、成因及表现，草地生态系统的退化可分为以下几种：荒漠型退化、生境破坏型退化、杂草（灌木）入侵型退化、水土流失型退化、鼠害型退化、石漠型退化等。

退化草地生态系统的恢复有两类方法：一是改进现存的退化草地，二是建立新的草地。其具体措施如下：

① 建立人工草地，减轻天然草地的压力。

② 草地改良可以根据不同的退化草地类型而选用松耙和浅耕翻。

③ 草地补播，在不破坏和少破坏自然植被的前提下，播种一些适应性强、饲用价值高的牧草以加速植被恢复。

草地生态系统恢复的方式取决于其退化的程度。对不同类型的草地，其恢复方式也不尽相同。

① 石灰质草地的恢复。主要手段包括：改良立地条件，控制灌木入侵；加强草地封育管理，恢复草地生物多样性；建植人工种群，重建草地植被等。

② 热带稀树草地的恢复。主要手段包括：被动方法，即消除干扰，等待自然恢复；主动方法，即人工建植草地，利用外来物种组织侵蚀，改善土壤结构等。

③ 温带草地的恢复。主要手段包括：改善土壤结构，提高土壤肥力；使用除草剂，控制杂草和外来物种；补播牧草，更新土壤种子库；火烧管理，促进植被恢复演替；调控畜群结构，控制合理放牧等。

草地生态系统的恢复与重建，通常是采取自然恢复、人工促进自然恢复与生态系统重建相结合的方法，而不是只采取某一种技术措施。只有多种措施综合整治，才能达到良好的效果。

二维码 12-4 三江源草地生态恢复

12.4.3 湖泊生态系统的恢复

湖泊的退化是因为其在自然演替过程中受到自然干扰和人类干扰，结构和功能发生改变使得环境质量下降。其退化主要是点源污染和非点源污染引起的，来源包括：气候变化、地壳运动、过多的营养及有机质的输入、过度养殖（食草鱼类对水生植物的破坏导致植物群落种群的减少，以及人工养殖时使用的饲料对水体的污染）、水文及相关的物理条件的变化（筑坝等水利工程导致水体的水文过程中断，对湖滨带完整性的破坏导致的湖滨带拦截污染物功能减弱）、外来物种的入侵引起的水生植物群落的退化、生物多样性的减少，以及农业、采矿、林地破坏导致水土流失加剧引起湖泊的淤塞等。退化湖泊水生生态系统的恢复可针对上述问题展开，其中最重要的就是要控制富营养化问题。其恢复可以采取如下手段进行：

① 切断污染源，减少营养盐的输入，这是富营养化湖泊和水库生态恢复的关键。

② 污水深度处理，如采用沉淀剂净化水体、用活性炭吸附污染物质、用微生物降解水中的有机质等，终止各种水生植物吸附营养物质。

③ 面源截留净化，如采用暴雨存留池塘、自然湿地和内河磷的沉淀等手段。

④ 湖区生物调控技术，主要是优化养殖模式、生物操纵技术、新型生物净化剂的开发使用等。

二维码 12-5 中国生态修复典型案例——厦门市筼筜湖生态修复

12.4.4 湿地生态系统的恢复

湿地的退化主要是自然环境的变化或是人类对湿地自然资源的过度及不合理利用而造成的湿地生态系统结构破坏、功能衰退、生物多样性减少、生物生产力下降以及湿地生产潜力衰退、湿地资源逐渐丧失等一系列生态环境恶化的现象。由于湿地恢复的目标与策略不同，采用的关键技术也不同。根据目前国内外对各类湿地恢复项目研究的进展来看，可概括出以下几项技术：

① 废水处理技术，包括物理处理技术、化学处理技术、氧化塘技术；

② 点源、非点源控制技术，土地处理（包括湿地处理）技术；

③ 光化学处理技术；

④ 沉积物抽取技术；

⑤ 先锋物种引入技术；

⑥ 土壤种子库引入技术；

⑦ 生物技术，包括生物操纵（biomanipulation）、生物控制和生物收获等技术；

⑧ 种群动态调控与行为控制技术；

⑨ 物种保护技术等。

这些技术有的已经建立了一套比较完整的理论体系，有的正在发展。在许多湿地恢复的实践中，其中一些技术常常综合应用，并取得了显著效果（李洪远等，2016）。

二维码 12-6
退化湿地的生态
恢复——崇明岛东滩为例

二维码 12-7
西班牙西南部
瓜达尔基维河河口潮沼湿地恢复

二维码 12-8
欧洲湿地生态
恢复经验研究

12.4.5 红树林生态系统的恢复

红树林是生长在热带和亚热带海岸潮间带上部，以红树植物为主体的湿地木本植物群落，在生态与经济方面具有极高的价值。然而，近年来，全球红树林面积急剧减少，特别是中国大陆地区，损失严重。这对碳固定、渔业支持以及海岸保护等生态服务功能造成了巨大影响（黄凡非等，2023）。

研究表明，退化次生红树林若不加以改造，将长期保留其低质量和低功能林分组成结构。采用2m宽带状和6m×8m块状间伐后在空隙中栽植乔木幼苗，试验表明，引进的幼苗均能在次生灌丛中定居和可持续性更新。组成两层结构林分，块状比带状伐隙中的幼苗生长好。红海榄生长比木榄、海莲快，引进红海榄比引进木榄提早2～3年进入有效防护功能期。进一步的试验证明，选用无瓣海桑改造退化灌丛能在2～3年内进入有效防护期，而其他树种则需7～10年，总结出的优化技术为小块状间伐后引进无瓣海桑（李玫等，2003）。

目前的红树林保护与恢复措施需要有所调整和改进。应该建立一个系统的保护与恢复体系，明确地方政府和保护区的责任。此外，恢复工程需要有长期规划，确保生态系统的持久稳定发展。在恢复过程中，应该以科学为依据，注重生物多样性和系统功能的恢复，优先选择原生物种进行精准修复。同时，对于区域灭绝的物种，可以考虑引种来保障种质资源的丰富性。

此外，红树林的生态修复需要与经济发展和社会进步相协调。应该发展与红树林生态系统相关的绿色生态产业，让人们享受红树林带来的文化教育服务，实现生态修复、经济发展和社会进步的和谐统一（岳文等，2023）。

当前，红树林生态系统的恢复技术研究是一个重要而具有一定难度的领域。针对不同类型的退化红树林生态系统，仍需要制定实用有效的恢复技术方案，以实现生态系统的健康恢复与发展。

二维码 12-9
中国生态修复典型
案例——红树林变“金树林”
助推实现碳中和——
广东湛江红树林造林项目

二维码 12-10
美国佛罗里达红树林
和潮汐沼泽恢复计划

二维码 12-11
红树林的生态
恢复与管理

课后复习

1. 概念和术语：退化生态系统、干扰、裸地、森林采伐迹地、弃耕地、沙漠、参照系统、生态恢复、恢复生态学
2. 原理和定律：自我设计理论、人为设计理论

课后练习

1. 简述自我设计理论与人为设计理论的区别，并分析两种理论各自的优缺点。你认为在实际操作中，应该如何综合运用这两种理论指导生态系统的恢复？

2. 简述退化生态系统恢复与重建的一般流程。

3. 生态恢复的目标和原则有哪些。

在线习题及课后练习答案

二维码 12-12　在线习题及课后练习答案

参考文献

[1] Abhilash P C.Restoring the unrestored：strategies for restoring global land during the UN Decade on Ecosystem Restoration（UN-DER）[J].Land，2021，10（2）：201.

[2] Hobbs R，Harris J A.Restoration ecology：repairing the earth's ecosystems in the new millennium [J].Restoration Ecology，2001，9（2）：239-246.

[3] 赵哈林.恢复生态学通论 [M].北京：科学出版社，2009.

[4] Bakker J P，Londo G.Grazing for conservation management in historical perspective [M] //WallisDeVries M F，Wieren S E，Bakker J P.Grazing and conservation management.Amsterdam：Kluwer Academic Publishers，1998.

[5] Clewell A F，Aronson J.Ecological restoration：principles，values，and structure of an emerging profession [M].Washington DC：Island Press，2013.

[6] 魏志刚，李永峰，张百慧，等.恢复生态学原理与应用 [M].哈尔滨：哈尔滨工业大学出版社，2012.

[7] 王治国，张云龙，刘徐师，等.林业生态工程学：林草植被建设的理论与实践 [M].北京：中国林业出版社，2000.

[8] 陈彬，俞炜炜.海洋生态恢复理论与实践 [M].北京：海洋出版社，2012.

[9] 黄凡非，唐丽丽，李瑞利.近四十年来中国大陆红树林保护与恢复措施的生态效益分析 [J].北京大学学报（自然科学版），2023，59（5）：813-822.

[10] 岳文，李翠田，林阳阳，等.珠海淇澳岛红树林生态修复历程与展望 [J].广东海洋大学学报，2023，43（2）：135-140.

[11] 彭少麟.恢复生态学 [M].北京：科学出版社，2020.

[12] 任海，刘庆，刘占峰，等.恢复生态学导论 [M].3 版.北京：科学出版社，2019.

[13] 李洪远，莫训强，孟伟庆，等.生态恢复的原理与实践 [M].2 版.北京：化学工业出版社，2016.

[14] Perrow M R，Davy A J.Handbook of ecological restoration [M].The United Kingdom：Cambridge University Press，2002.

[15] 任海，彭少麟.恢复生态学导论 [M].北京：科学出版社，2002.

[16] 李洪远，鞠美庭.生态恢复的原理和与实践 [M].北京：化学工业出版社，2004.

[17] 董世魁，刘世梁，邵新庆，等.恢复生态学 [M].北京：高等教育出版社，2009.

13

受损生态系统修复

引言

2023年8月，重庆渝北铜锣山矿山公园迎来一波新的避暑和旅游热潮，一坑一景、一水一情，车行景中、人游画上，可赏可玩。重庆铜锣山矿山公园成为新晋"网红打卡地"，实力圈粉各地游客。多个标题为"国庆打卡重庆'小九寨'""渝北铜锣山矿山公园旅游攻略"的视频在网络平台收获众多点赞，有网友评论"如果不是高耸的崖壁，很难想象这里几年前还是废弃矿山"。渝北铜锣山曾是重庆中心城区最大的石灰岩矿区，山体满目疮痍，尘土弥漫，树木和庄稼都难以存活。2019年7月，重庆出台中心城区"四山"保护提升实施方案。铜锣山矿区生态修复工程项目紧扣"城市绿肺、市民花园"的总体定位，充分利用矿业遗迹，坚持多领域规划引领，推进铜锣山矿山生态修复与矿山公园建设协调同步。

良好的生态环境是人类生存与发展的基础，加强生态保护与生态修复对建设生态文明和美丽中国具有重要意义。从党的十八大报告提出"要实施重大生态修复工程，增强生态产品生产能力，推进荒漠化、石漠化、水土流失综合治理，扩大森林、湖泊、湿地面积，保护生物多样性"，到党的十九大报告"像对待生命一样对待生态环境，统筹山水林田湖草系统治理，实行最严格的生态环境保护制度，形成绿色发展方式和生活方式，坚定走生产发展、生活富裕、生态良好的文明发展道路，建设美丽中国，为人民创造良好生产生活环境，为全球生态安全作出贡献"，再到党的二十大报告强调"以国家重点生态功能区、生态保护红线、自然保护地等为重点，加快实施重要生态系统保护和修复重大工程。推进以国家公园为主体的自然保护地体系建设。实施生物多样性保护重大工程"，既体现出我国从单一的污染治理和生态建设向山水林田湖草沙一体化保护和系统治理的转变，也折射出我们党在不同时期对生态保护修复工作的要求。2016年以来，全国实施5批次44个山水林田湖草沙一体化保护和修复工程，整体提升了"三区四带"等重点生态地区和国家战略区域的生态系统质量。2020年，《全国重要生态系统保护和修复重大工程总体规划（2021—2035年）》正式印发实施，从全局角度统筹谋划生态系统保护与修复总体布局，实施全国重要生态系统保护和修复重大工程总体规划和9个专项规划，促进自然生态系统整体保护、系统修复和综合治理。

学习意义

为什么要学习受损生态系统的修复技术?

随着工农业的高度发展，人类开发利用自然资源能力的不断增强，引起的生态系统发生结构变化和功能障碍等受损情况越来越严重。对已退化、损害或破坏的生态系统进行生态修复，可发挥生态系统的固有价值，并提升生态系统的服务功能。因此，开展受损生态系统的修复是重要且迫切的任务。同时学习和掌握各类受损生态系统修复的基础知识与基本原理，也是未来指导实践应用的必备知识。

学习目标

◇ 掌握受损生态系统的基本概念和类型。
◇ 熟悉不同类型生态修复技术方法。
◇ 了解受损水域生态系统修复类型与技术。
◇ 了解污染土壤生态系统修复类型与技术。
◇ 理解各种类型废弃地受损的原因与修复方法。

13.1 受损生态系统修复技术

13.1.1 受损生态系统

13.1.1.1 受损生态系统的概念

受损生态系统是指在破坏性外因（自然灾害或人为因素）的干扰作用下，发生结构变化和功能障碍等受损症状而打破了原有平衡状态的生态系统。具体而言，当外来干扰因素强度较低时，停止干扰，生态系统可恢复到正常状态。而当外来干扰因素强度超过一定阈值时，生态系统的负反馈调控作用将丧失，生态平衡被打破，系统崩溃进入退化演替。

13.1.1.2 受损生态系统的分类

根据受损生态系统的直接表现可将其分为三种主要类型。

(1) 结构受损型　在干扰因素作用下生态系统的组成成分发生改变，即生态系统的结构首先表现出被破坏，而后才是过程受阻与能量流动、物质循环、服务等功能的减弱。

(2) 景观受损型　此种受损类型主要表现在生态系统面积的减少上，即生态系统由原本的连续大面积分布，被破坏成为空间上彼此隔离的不连续分布的斑块，但是其内部结构基本未受影响。

(3) 混合型　生态系统所受的损害在结构和景观上同时表现出来，是前面两种受损类型的复合，最为常见。

13.1.2 生态修复的内涵

从生态系统的角度出发，生态修复是指对已退化、损害或破坏的生态系统进行协助恢复的过程，以发挥生态系统的固有价值，并提升生态系统的服务功能。从生物的角度出发，生态修复是指利用生态工程学或生态平衡、物质循环的原理和技术方法或手段，对受污染或受破坏、受胁迫环境下的生物（生物群体）生存和发展状态的改善、改良，或修复、重现。决定生态修复措施、难易程度、时间周期等的重要依据是生态阈值，生态阈值为生态系统在一定时空条件下能承受的外界干扰压力的最大耐受值，通常为阈值带。

13.1.3 生态修复技术

13.1.3.1 植物修复技术

植物修复指利用植物-根际微生物整体系统来吸收、挥发、降解环境中的污染物，以消除或降低污染物毒性的一种修复治理技术。植物修复是适于现场操作的去除环境污染物的技术，可用于去除环境中的有机污染物、重金属和放射性元素等。包括植物提取、植物挥发和植物固定以及植物根际的降解作用等（图 13.1）。

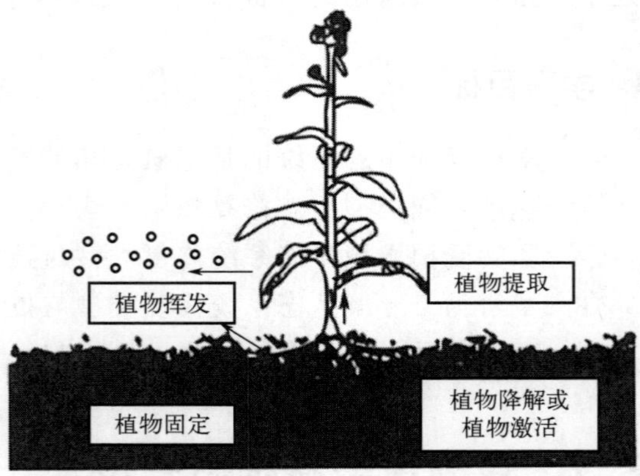

图 13.1 植物修复技术方式（盛连喜，2020）

（1）植物提取　植物提取即植物吸收，植物体的各部位均具有吸收营养物质和水分的能力，尤其是植物的根，相应地也具有吸收各种污染物的能力。不同种类的植物对污染物的吸收情况也不同，一部分植物可通过自身调节对污染物产生耐性，从而产生对污染物的被动吸收，但同时植物体的生长会受到抑制。还有的植物种类能耐受高浓度的污染物质，并大量吸收污染物质进入体内，而自身能正常生长，如重金属 Cd 超积累植物龙葵。

（2）植物固定　植物固定主要适用于土壤重金属污染的修复，是指利用植物以及一些添加物降低重金属的流动性，从而使其生物有效性和毒性下降。该方法只是暂时将重金属固定或钝化，而并未将其彻底从环境中去除，只是一种暂时的解决方案。

（3）植物挥发　植物挥发指植物将污染物吸收到体内后，利用自身功能又将其转化为可挥发的气态物质释放到大气中的过程。此种方法只适用于挥发性污染物，且会造成大气污染。

（4）植物降解和代谢　植物对污染物的降解主要发生在植物的根际微域。植物根系会产生大量根分泌物，包括有机酸、糖类、P-蛋白、苹果酸盐等有机物，这些根系分泌物会刺激大量微生物和动物的生长繁殖。因此，植物根际会对污染物产生较强的降解作用。不同植物根系分泌物的具体种类与量差异较大，因而不同植物根际的微生物与动物的种类与量差异也较大，进而使不同种类植物根际可降解的污染物的种类与降解程度产生较大差异。

吸收进入植物体内的一部分污染物，会随植物体的代谢过程通过挥发、分泌、排泄等途径排出体外。但大部分污染物会积累在植物体内，对植物产生毒害。

13.1.3.2 微生物修复技术

微生物修复所使用的微生物可以是经过筛选的土著微生物、需要大量接种的高效外来微生物或是具有高效降解污染物能力的基因工程菌（GEB）。影响微生物修复的因素主要有：

① 缺乏营养盐，可通过施加氮、磷等营养元素实现；

② 缺乏电子受体，可通过提供溶解氧或添加硝酸根、硫酸根、铁离子等作为电子受体

实现；

③ 缺乏共代谢基质，可通过添加共代谢基质实现；

④ 土壤性质，土壤的黏度、组成等性质对污染物和微生物的活性影响较大；

⑤ 污染物的物理化学性质对微生物的活性影响较大。

13.1.3.3 复合修复技术

生态修复工程体系需要多措并举，要注重各组分间的协同发展，从而达到整体修复效益的最优化。因此，完成一个生态修复工程往往需要多种修复方法与技术的复合，不同技术根据需要应用在生态修复工程的不同部分。

13.2 受损水域生态系统修复

13.2.1 河流生态系统修复

河流修复是指修复受损伤河流的生态过程，使其达到一种更健康、稳定、接近自然的状态，主要包括对河流生态系统的修复、对河岸带的修复和对河道的修复。

13.2.1.1 水文生态修复

水文过程对维持生态系统功能至关重要，决定了生态系统地球化学循环的特征，因而是生态修复工程的关键。应先对地下水位和水文周期进行修复，所采用的技术通常有生态补水技术、水文联通技术和蓄水防渗技术等。水文生态修复过程复杂而漫长，影响因素多，如河流形态蜿蜒性、河流以及横断面地貌单元多样性、岸线规则程度等。比较常见的水文修复为流域地下漏斗区地下水超采的治理与修复。例如，海河流域所采取的主要措施是补充地下水与限制、减少地下水的开采，河北省则采取多项种植与农艺修复措施。

13.2.1.2 水质生态修复

水质净化可采用生态拦截、生物膜净化、水生植物与动物净化、生态浮岛、人工湿地净化等。生物膜上的活性污泥含有丰富的细菌、原生动物等微生物，并与悬浮物质、胶体物质混杂在一起，具有非常强的吸附分解氧化有机物的能力。生态浮岛是使用轻质材料搭建成的人工浮岛，在其上种植生物量较大且具一定观赏性的植物（如美人蕉等），主要是利用植物体的吸附以及植物根系微生物的降解能力来净化水质。

13.2.1.3 生境生态修复

生境的生态修复是对受损的生境进行修复与重建，从而改善其恶化状态，使其更适宜生物多样性与服务功能的提升。在进行修复时，首先要确定生境修复的范围，然后对生境的受损特征与程度等情况进行调查，在明确生境修复的总体目标之后，选择适宜的修复技术展开修复，最后要对修复工程的实施进行监管评价。具体而言，可通过改善河道的微地形与局部的地貌特征来修复生境，包括采用木桩、石块等自然材料构建透水丁坝、溢流堰等构筑物。

13.2.1.4 生物生态修复

生物生态修复的核心是植被修复，首先要选择先锋物种，为生长快、繁殖力和扩散力强的植物，最早在群落演替中出现，一般选择生长快且根系发达的草本植物。然后再根据流域的土壤情况、群落情况等选择各种乡土植物进行植被群落的修复，一定要建立适宜地方自然与人文条件的本土植被群落，防止生物入侵。

13.2.1.5　河岸带修复

河岸带是从水边到第一个阶地的狭长地带，具有多种生态功能，如保护生物多样性、过滤污染物等。在很长一段时间内，用于防护河岸带的材料以混凝土和石头为主，这些材料的使用阻断了自然生态过程，对河流与流域生态系统产生了严重的破坏作用。随着人们对生态保护的重视，近自然修复理念逐渐兴起。

近自然修复理念重视恢复河流与流域自然环境原有的多样性以及正常的水文过程和景观。自然式的河岸带修复是利用各种植物的种植来防止水土流失，达到护坡的效果（图 13.2）。

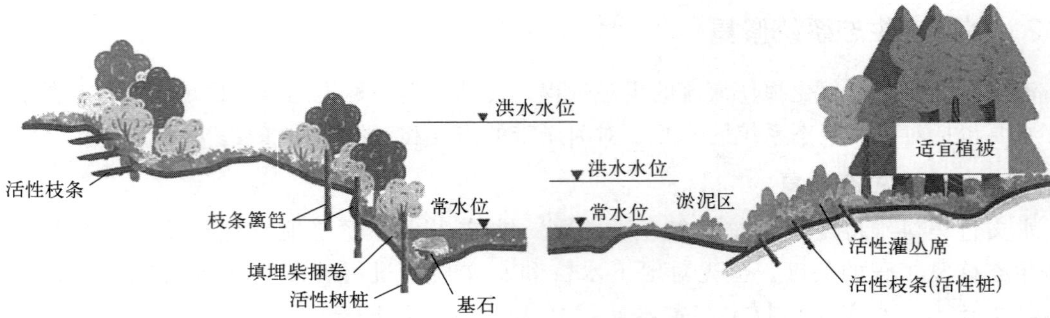

图 13.2　自然式河岸带修复（李锋，2023）

护坡植被带主要包括绿篱隔离区、乔木草本区、灌木草本区和透水植被区。其中，绿篱隔离区主要是为了防止人与其他生物的干扰破坏。乔木草本区的高大乔木根系发达可起到固定水土、防止水土流失的作用，相对低矮的草本植物也可起到固土和保水的作用。灌木草本区以低矮的灌木为主，辅以草本植物，此部分生物量大，主要起到对水体的净化作用。透水植被区以草本植物为主，灌木植物为辅，并采用多种透水技术，主要起到对水中污染物的截留与净化作用。如果河岸带破坏严重或防洪要求高，则可使用高透水性的亲水材料来护坡，如木桩等天然材料、植被网等。

13.2.1.6　河道修复

河道修复主要是修复河道的蜿蜒曲折性，河道的自然曲折可减少水土流失，也可为水生生物提供更多高质量的栖息地。

13.2.2　湖泊生态系统修复

二维码 13-1 内蒙古哈拉哈河（阿尔山段）生态修复项目

13.2.2.1　水质生态修复

（1）物理修复　削减浅水湖的沉积物，向深水湖沉积物充入氧或氮。机械过滤和清除或吸附藻类等，直接人工打捞藻类。促进水体循环，以降低湖泊营养负荷。

（2）化学修复　加入高岭土、蒙脱土等黏土类天然矿物絮凝剂，将氮、磷等营养物质与藻类等移除。

（3）生物操纵　藻类的捕食者为浮游动物，可通过调控食物链来增加浮游动物的生物量。如减少湖泊中鱼类的密度，会引发一系列效应，最终导致藻类生物量的减少，从而提高水体透明度。

（4）生物净化　水车前等沉水植物可以吸收、降解代谢湖水中的氮、磷及各种污染物。很多水生动物也对净化水质起到重要作用，如蚌类，可对湖泊水体进行有效过滤，因为蚌类是滤食者。

13.2.2.2　水流与水位生态调控修复

（1）水流生态调控修复　缩短水体滞留时间，当水体滞留时间足够短（10天之内），则藻类生物量能得到有效控制。在冬季，采用加快水体冲刷流速的控制方法，可有效减少藻类数量，以使次年早春大型植物成为优势种。

（2）水位生态调控修复　湖泊水位下降可减少草食鱼类的聚集与数量，从而使水质得到改善。再者水位的下降会使浮游动物对藻类的取食量增加，从而提高了水体的透明度。

13.2.2.3　生物多样性修复

（1）目标物种和群落的恢复　通过种植水生植物、水陆交错带植物，放养水生动物等方式实现。

（2）对特殊生物物种的保护　设置濒危、珍稀、特有生物物种的保护区，对其进行保护。

（3）底栖动物的修复　监测底栖动物群落及其分布，并对其进行修复。

（4）大型水生植物的修复　可采用大型水生植物及种子移植的方法使其种群数量升高，同时可用围栏结构对其进行保护，使水鸟不能对其进行取食。

二维码 13-2
云南省抚仙湖生态修复项目

13.2.3　小流域生态修复

流域是指江河水系中一个完整的自然集水区，大至江河的汇水区域，小到毛沟。而小流域是小河流或各级支流的地面径流集水区域，面积较小，通常集水区面积在3～50hm^2。对小流域的生态修复主要是针对水土流失进行。除修建拦沙蓄水工程、小型蓄水工程、梯田工程等水土保持工程外，还有生物技术与农业技术。

13.2.3.1　林草植被建设

（1）营造坡面林　坡面林位于梁顶或山脊以下、侵蚀沟以上的坡面上。对于梁峁坡而言，主要营造带状和块状的坡面林，以镶嵌方式排列水平梯田或坡度较缓的农田，主要种植林木有油松、侧柏、白榆、刺槐、杜梨、柽柳、沙棘等。对于南方山地丘陵坡地而言，则根据坡度不同，采取不同措施。坡度小于15°的缓坡，可通过挖种植壕，并营造经济林、果木林以及茶树林的方式进行修复；坡度在15°～25°的斜坡，可通过建设水平梯田、反坡梯田，并沿等高线布设林带的方式进行；坡度大于25°的陡坡，可通过修筑环山沟、水平沟以及鱼鳞坑，并在沟内和沟埂外坡种植不同树种的方式进行。主要种植林木有柏木、华山松、麻栎、化香、胡枝子等。

（2）营造分水岭林　分水岭为丘陵或山脉的顶部，是地表径流和泥沙的发源地。

① 山脊分水岭林。山脊分水岭林主要针对我国南方山地丘陵区，营造山脊分水岭林的目的为含蓄降水，以降低高寒、大风的影响。主要种植林木有：马尾松、刺槐、合欢、栎类、胡枝子等。

② 梁峁顶林。梁峁顶林主要针对我国黄土丘陵沟壑区，具体种植方案由梁峁顶状况而定，有农田时应在农田侧面栽植防护林，无农田时则可大面积栽植防护林。主要种植林木有：白榆、刺槐、柠条等。

（3）营造侵蚀沟林　侵蚀沟由沟头、沟坡和沟底三部分组成，需要分别进行造林。对沟头而言，需先在距其 3～6m 处修筑围堰，围堰内、外分别栽植林木，围堰内以乔木灌木混交林为主，围堰外以灌木林为主。对于沟坡而言，在整地后，选择根系发达、固土能力强的速生树种。沟底造林则应视情况而定，若沟底坡度较缓可块状、小片或全面造林；若沟底坡度大、水流急，则需先修筑拦水坝，再栽植抗冲击、耐积水的树种。

13.2.3.2　农业耕作管理

（1）等高坡耕　等高坡耕是指沿着等高线在坡耕地上耕种，对拦截径流与减少土壤冲刷有较好效果。通常会采用密生作物与疏生作物间作的方式进行种植。但当坡较陡时，采用此法作用相对较小。

（2）垄沟种植　在坡耕地上开沟起垄，并进行作物种植，具有较好的蓄水保土功能，此种方式较适用于川台坝地和梯地。

（3）残茬保留　将作物收割后的剩余残茬保留于地面，有机残茬的覆盖可减少蒸发、减少土壤侵蚀、增加土壤含水量以及土壤肥力等。

（4）多作种植　在坡耕地上种植多种作物，以起到增强农田植被覆盖度、延长覆盖时间的作用。

（5）免耕少耕　少耕法能改善土壤的通透性和渗水性；免耕法除改善土壤渗水性外，还可增加土壤有机质含量。

13.2.4　地下水生态修复

地下水中的无机污染物主要是各种重金属污染物，有机污染物则主要来源于化石燃料工业、化工工业以及各种制造工业。地下水的修复技术很多，其中生物修复技术发展潜力较大。地下水的生物修复可分为原位生物修复和异位生物处理两大类。

（1）原位生物修复　原位生物修复对地下水的自然环境损伤较小，在原位生物修复过程中，可使用受污染区域的土著微生物，在自然条件或通过添加营养盐强化微生物生长条件下，对地下水中的污染物进行降解。也可通过投加实验室培养的对污染物有较强降解能力的微生物，以达到对污染区域进行修复的目的。

（2）异位生物处理　异位生物处理是一种抽取处理技术，将受污染区域的地下水从地下水层中抽取出来，转移至地面后，再在地面上应用各种水处理系统去除其中的污染物，在将处理后的地下水回灌入地层中的过程中，加入营养盐和氧气以达到加速污染区生物降解的目的（图 13.3）。

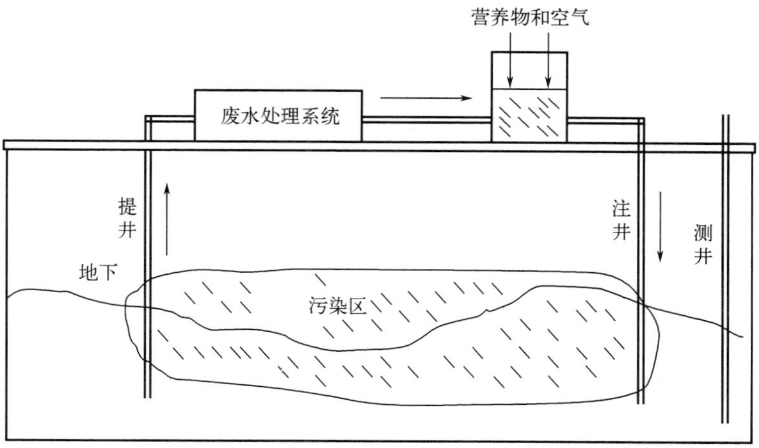

图 13.3 异位生物处理过程（孔繁祥，2000；刘冬梅，2020）

13.3 污染土壤生态系统修复

实际环境中的土壤污染均为多种污染物掺杂在一起的复合污染，尤其是工业污染物排放造成的土壤污染，污染物成分复杂，大体可分为重金属和有机污染物，其中有机污染物毒性强，对生物体的长期毒性效应难以预测，因此对有机污染物的修复更应重视。对污染土壤生态系统的修复工程技术主要有以下几种。

13.3.1 污染土壤生态系统物理修复

（1）真空吸引法　对于受污染的不饱和土壤，利用真空泵产生负压，让空气流过受污染土壤的孔隙，土壤中的污染物会在空气流的作用下解吸。对于受污染的饱和土壤，则是将空气注入地下水，在空气上升的过程中，土壤中的污染物发生解吸。

（2）加热法　主要针对半挥发性有机污染物，通过热传导等方式加热土壤，使污染物挥发。温度达到 150℃以上的高温加热技术可适用于大部分土壤，但高温也会对土壤产生破坏作用。

（3）玻璃化　以插入电极的方式，向污染土壤施加 1600～2000℃的超高温，使大部分污染物挥发或热解而从土壤中去除，剩余的重金属和放射性物质等污染物则被包覆于冷却后的坚硬玻璃体中。

（4）固化或稳定化　此技术主要针对土壤无机污染物，主要是将受污染的土壤与黏合剂混合在一起，从而达到对土壤污染物的物理固化封锁，但这种技术不能保证固化污染物的长期稳定。

13.3.2 污染土壤生态系统化学修复

（1）原位冲洗　将含有助溶剂的水溶液从污染区域的上游直接注入受污染土层，或是注入地下水并使地下水位上升到达受污染土层，从而将污染物分离去除，含有污染物的废水在下游由抽提井抽出。

（2）原位化学氧化-还原　在土壤渗透层和地下水中注入化学氧化剂或还原剂，以氧化土壤中的污染物，或还原污染物为难溶态，从而降低其生物可利用性。化学氧化技术可用于石油烃、多环芳烃等污染物的处理，而化学还原技术可用于铬酸盐、铀、锝、氯化溶剂等污染物的处理。二氧化硫、硫化氢和氧化亚铁是常用的还原剂。

（3）异位化学淋洗　将挖掘出的污染土壤，用淋洗液进行清洗，去除土壤中的污染物后，再对干净土壤进行回填或回用，同时对含有污染物的淋洗废液进行处理。此方法针对的目标污染物主要包括有机物、放射性污染物、重金属或其他无机污染物。

（4）加入化学改良剂　该方法主要针对重金属污染物，采用石灰、碳酸钙、沸石、磷酸盐、硅酸盐、有机物等作为改良剂投入土壤中，与重金属污染物发生吸附、氧化还原、沉淀等反应，从而使重金属的迁移性降低。

13.3.3　污染土壤生态系统生物修复

（1）微生物修复　微生物修复是一种高效修复方法，目前发展较为成熟的是土著微生物修复。

① 微生物加强。将土壤污染区的地下水通过抽水井抽出，补充营养盐以及氧气后再通过注水井回灌，渗透到污染土壤各个区域，通过此方式优化微生物降解污染物的条件，从而加强微生物的降解能力。

② 微生物通气。与微生物加强不同的是，微生物通气是将氧气与营养盐采用不同方式分开注入受污染土壤区域。营养盐是通过表面渗透或注水井的方式添加，氧气则是通过真空梯度井添加。

③ 直接投加。将降解能力强的微生物及其生长所需营养盐一起直接投加入受污染土壤区域，通过降解菌的高强度活动，达到对污染物的降解和去除。

（2）植物修复　植物修复可以构建受污染土壤区域的受损植物群落，并促进土壤理化性质及土壤生物结构的改善。植物对土壤重金属污染的修复主要是植物的吸收作用，表 13.1 列出了部分重金属超积累植物。

表 13.1　部分重金属超积累植物（赵哈林等，2009）

重金属种类	超积累植物	积累最高量/(mg/kg)
Pb	天蓝圆叶遏蓝菜	8200
Cd	天蓝遏蓝菜	1800(茎)
Zn	天蓝遏蓝菜	51600(茎)
Cu	高山甘薯	12300(茎)
Ni	九节木属	47500(地上部分)
As	蜈蚣草	5000(叶)

植物对土壤有机污染的修复则主要是靠植物与其根际环境的降解代谢作用。如美人蕉和黄菖蒲会对 5 种磺胺类抗生素产生 0.4%～23.8%的乙酰化代谢。在一项研究中，种植植物 95 天后根际土壤中有近 71%的多环芳烃（PAHs）被消解，而非根际土壤中仅有 59%的 PAHs 被去除。另一项研究显示，在 9 种不同植物的根际土壤中芘的降解率达 74%，远远高于非根际土壤中的 40%，同时在根际土壤中发现菲转化为苯酚。

（3）动物修复　目前，污染土壤的动物修复应用最为广泛且技术最为成熟的是蚯蚓修复。与植物根际相比，由于土壤动物自身的活动力，其在土壤中会不断的上下活动起到机械搅拌的作用，同时在其新陈代谢等生命活动过程中，土壤动物会将土壤中的复杂有机物转化为小分子化合物，其中一部分会以粪便的形式排入土壤，加之其体表体液的分泌以及老化组织的脱落等，从而使其周边微环境土壤的性质及微生物组成和活性等发生改变，进而直接或间接影响污染物的迁移、吸收等行为归趋。Wen 等研究了蚯蚓的活性在 9 种土壤中对钇、镧、铈、镨和钕 5 种稀土元素的影响，结果显示蚯蚓的存在能够显著提高水溶态稀土元素的量，从而大大提高了其迁移性，并促进了稀土元素在小麦体内的富集吸收。Shan 等研究了蚯蚓和活性炭存在的情况下，邻苯二酚在农业土壤中的归趋，结果显示蚯蚓的活性能够显著增强加入 5%生物炭修复的土壤中邻苯二酚的矿化。Butenschoen 等研究发现蚯蚓能够增强土壤的微生物活性，进而引起酚类化合物的矿化。同时土壤动物种类丰富、数量多，对污染物的降解和转化起到重要作用。

二维码 13-3
台州市路桥区
峰江地区
土壤污染
生态修复项目

13.4 废弃地生态修复

废弃地（waste land）指弃置不用的土地，广义来讲，废弃地包含了在工业、农业、城市建设等不同类型的土地利用形式中产生的种种没有进行利用的土地。

13.4.1 矿山废弃地

矿山废弃地是指因采矿等活动造成的对矿场及周围土地破坏而留下的一类废弃地。矿山废弃地的表土层被严重剥蚀和损害，生境条件十分恶劣；同时废弃地会含有多种污染物，且污染物的扩散会严重污染矿山环境，造成生态系统的严重破坏受损。

矿山废弃地主要包含以下 4 种类型。①采矿场。因矿物的开采而形成的采空区域及塌陷区。采矿活动破坏植被群落，引起水土流失，其对生态系统的破坏是根本性的。②排土场。剥离的表土、开采的废石以及低品位矿石堆积而成的废石堆废弃地。其堆积的废石废土会造成植被资源的破坏与浪费，且废石堆易发生滑坡事故，造成严重后果。③尾矿场。指在矿产资源的开采过程中，对矿石的某一元素组分或若干元素组分进行了分选与回收的剩余物形成的废弃地。尾矿体积小、质量轻、表面积大，遇水易流走，遇风易吹走，易污染水体和大气，造成公害。④建筑场。在矿山开采完后，开采时修建的采矿作业面、机械设施、矿山辅助建筑物和道路等形成的废弃地。

人类从事采矿业已经有数千年的历史，开采矿藏给人类留下了巨大的财富，但是采矿所造成的环境污染及废弃地遗留等问题严重影响了生态系统的正常功能与结构。

13.4.1.1 矿山废弃地的受损退化特征和成因

（1）受损退化特征

① 生态景观被破坏：采矿活动会彻底改变原本的森林、草地或植被覆盖的山地，形成一个与周围环境极不协调的外观。

② 土壤被污染、破坏：矿山通常存在重金属污染，同时矿山的表土被剥离，暴露出坚硬板结的基质，极不利于植物生长与动物定居。

③ 水体被污染：采矿会导致部分重金属暴露，再通过雨水的淋溶作用，使得重金属渗透至地下，污染饮用水源。

④ 生物多样性锐减：采矿需要提前清除植被，挖走表土，这会导致土壤退化，进而导致生物多样性的锐减。

（2）矿山废弃地的成因

① 矿产资源开发规模大。我国先后建立了大庆、胜利等大型石油基地，大同、平顶山等煤炭基地，上海、鞍山等大型钢铁基地，白银、金川等大型有色金属基地，开阳、昆明等大型化工矿山基地，形成了能源与原材料矿产品的强大供应系统。但矿产资源的快速开发导致了矿山环境的破坏。

② 法律法规有待完善，乱采滥挖行为多。矿产开发初期，国家缺少相应立法，无证采矿、无序开发的行为既使得我国铁矿石的自给率逐年下降，又造成了环境的严重破坏。

③ 采矿技术落后。过去多年我国生产条件和科学技术水平落后，矿产资源的回收率和综合利用水平较低，废弃物比例较高。

④ 资源结构不合理。煤炭在资源消费结构中占比较高。

13.4.1.2 矿山废弃地生态修复

（1）生态修复的原则　进行矿山废弃地的生态修复应遵循以下原则。

① 生态系统原则：生态修复必须遵循生态系统的规律、原则和方法，考虑子系统的构成要素、结构特点及彼此间的关系。

② 因地制宜原则：针对不同的景观类型，采取不同的治理措施。

③ 经济效益与生态效益统一原则：修复工作既要符合生态要求，又要适应经济发展与消费需要，逐步向商品过渡，接受市场机制的调节。

④ 无害化原则：对矿山废弃物进行无害化处理。

⑤ 技术可行原则：各地经济发展水平不同，财政承受能力不同，治理技术方案的选择也需要和实际经济承受能力相适应。

⑥ 整体规划，协调发展原则。

（2）生态修复的基本原理　矿山废弃地的生态修复所依据的生态学原理主要包括以下几点。

① 限制因子原理。生物的生存、繁殖依赖于各种生态因子的综合作用，任何接近或超过生物耐受范围的因子均是限制因子。

② 生态位原理。生态系统中各种生态因子均有明显的变化梯度，这种变化梯度能被某种生物占据利用或适应的部分称为该生物的生态位。在矿山废弃地中，既要考虑植物多层次布局的合理性，又要兼顾动物、低等生物生存和生活的适宜生态位，形成一个完整稳定的复合生态系统。

③ 群落演替原理。生物群落随着环境变迁、时间推移发生规律性的变化。矿山废弃地的修复应遵循该原理，从演替的角度出发，在物种选择、引种和群落结构、植物分布格局方面应该充分考虑天然林的特点，进而发挥修复生境的最大功效。

④ 协同进化原理。生态系统是生物和环境的统一体，既要求生物要适应环境，又伴有生物对生存环境的改造作用。矿山废弃地的修复应当遵循这一原理，因地制宜，选择适宜的物种和模式，寻求生物与环境的协调与可持续发展。

⑤ 生物多样性原理。生态系统多样性越高，营养的相互关系多样性越高，能量流动的途径越多，系统对资源的利用效率就越高。在矿山废弃地的修复过程中，应采取多种技术措施，科学合理地构建多物种的混交林，以提高生物多样性。

⑥ 生态系统结构原理。生态系统是由生物组分和环境组分组合而成的结构有序的系统，结构直接决定与制约各组成要素间的物质迁移、交换、转化等过程及能流的方向、方式与数量。在矿山废弃地的修复中，在时空结构上应充分利用光、热等资源，在营养结构上实现生物物质和能量的多级利用与转化。

⑦ 环境因子的综合性原理。环境中的生态因子彼此联系、相互促进、相互制约，在矿山废弃地的修复中，要重视多因子对生物的综合影响。

（3）生态修复的目标　对矿山废弃地进行修复，要体现在环境污染控制、社会经济利用、自维持系统建立三个方面的有机结合，主要目标体现在以下几个方面。

① 通过工程措施，实现生态系统的地表基底稳定性。

② 恢复植被和土壤。土壤基质的固定、改良与植被的恢复重建是废弃地生态修复的第一步，为后期的植物群落形成、系统稳定提供基础。

③ 增加生物多样性。物种多样性可以驱动植被的恢复和演替，有利于生态系统的稳定和群落生态功能的恢复。

④ 减少或控制环境污染。矿产开采过程中废气、废渣和废水的排放对矿区环境造成了严重污染。因此，减少或控制环境污染，有利于生产性能及服务功能的恢复。

⑤ 增加视觉享受。针对极不协调的景观，依据美学原则，进行绿化景观设计，实现生态修复，给人以视觉享受。

（4）生态修复的措施与方法　因为矿山废弃地的自然恢复过程极其缓慢，所以开展人工修复对矿山废弃地的恢复而言是十分必要的。为修复高水平、可持续的生态系统，可采取以下措施。

① 地形地貌恢复。利用矿区、城市工业生产的固体废物，对矿业开采留下的采空区或塌陷区进行填充平整。

② 土壤修复。废弃地土壤修复技术主要分为物理修复、化学修复和生物修复三大类。物理修复方法主要有：粉碎、压实、剥离；客土法/换土法，在被污染的土壤表面覆盖非污染土壤；污染土壤的物理分离修复、蒸汽浸提修复、电动力学修复等。化学修复方法主要有：施用土壤改良剂；污染土壤的化学淋洗，采用化学方法将重金属从土壤中去除；污染土壤的固化和稳定化。生物修复方法则是利用生物的生命代谢活动，如采用微生物修复、植物修复等手段，减少环境中有毒有害物质的浓度或使其完全无害化，其中植物修复是以人工手段促进植被在短期内恢复，这是重建生物群落的第一步，也是矿产废弃地污染控制的有效手段。

二维码 13-4 江西省寻乌县废弃矿山生态修复项目

13.4.2 采石场废弃地

社会建设需要大量的建筑石料，传统采石场为减少投入，未修建挡土墙，未进行复垦绿化，未考虑位置坡向，也未考虑废石的保留和去向，因此在这些采石场废弃之后，便对当地的生态环境造成了极大的破坏。

废弃采石场带来的生态问题如下。①水土流失严重：废石随意堆放，未设置挡土墙，降雨时易造成水土流失与滑坡。②生态破坏日益严重：采石活动需要剥离土皮、砍伐树木、炸开山石，严重破坏生境，降低生物多样性，严重破坏周围景观，遗留下残缺的山体缺口，甚至会危害人类的生命财产安全。

13.4.2.1 采石场废弃地的组成与结构特征

（1）废石堆放场 由剥离的表土和开采或加工产生的废石堆积而成。

（2）余留边坡 采石后会余留坡度较大的边坡，通常都是坚硬的碎石和石块结构。

（3）平台或坑口迹地 建筑石料挖开后，通常会留下由坚硬岩石构成的平台或坑口迹地，几乎没有松散基质。

（4）石壁 石壁坡面光滑，无任何基质，且坡度大多超过 30°，甚至达到 90°。

13.4.2.2 采石场废弃地生态修复

具体修复技术如下。

（1）爆破燕窝复绿法 采用爆破、开凿等方法在石壁上定点开挖一定规格的巢穴后，往巢穴中加入土肥，最后种植合适的速生植物。

（2）阶梯整形覆土绿化法 将开采面设计为阶梯形，在每一级阶梯平台上覆土并植树，当树木枝繁叶茂时，将覆盖整个开采面，治理水土流失，改善自然景观。

（3）挂网喷草技术 利用特制喷混机将土壤、有机质、保水剂、黏合剂、种子等混合后喷射到岩面上，形成喷播层，营造稳定的结构，保证草种迅速萌芽和生长。

（4）喷混植生技术 在底层喷种植土，形成植被发芽空间。

13.4.3 城市工业废弃地

城市工业废弃地是指在城市中因城市工业迁移而遗留下来的废弃土地，如废弃的工厂、铁路、码头等。城市的职能在人类发展的进程中产生了很大变化，在这个变革中，发达国家城市传统制造业开始衰落，发展中国家的传统产业也正在从城市中心向外迁移，这都在城市中留下了大量的工业废弃地，带来了一系列的环境和社会问题。

13.4.3.1 城市工业废弃地成因和影响

（1）成因 城市工业废弃地产生的原因如下。①城市规划、空间布局和城市职能定位改变：随着城市环境问题、社会问题的加剧以及人类需求的多样化，越来越多的国家更偏重人的需求，城市规划也随之发生变动，之前的城市工业被拆除，土地也随之弃置。②新技术的发展：由于电子、通信和计算机技术的发展，城市进入了崭新的信息时代，以往的城市设施渐渐不能适应新的需要，部分城市交通系统和城市居住地的改造形成了一些新的废弃地。

（2）影响 城市人口密集，城市工业废弃地的出现对城市景观造成了严重影响，破坏了城市景观的协调性，影响了城市的生态环境，甚至影响到城市的经济发展。

13.4.3.2 城市工业废弃地生态修复

对城市工业废弃地进行生态修复在一定程度上不需要利用先进的技术方法，用简单的工程方法和植物恢复技术就可以达到生态修复的目的。这里从城市工业废弃地的景观再利用、废弃物再利用、生态技术和自然地保留几个方面介绍城市工业废弃地的修复方法。

（1）景观再利用方法 城市工业废弃地往往具有独特的景观，在改造修复过程中，可根据实际情况进行整体保留或部分保留，保留下具有典型意义的片段，使其成为生态修复后景观的标志。

（2）废弃物再利用方法 针对废弃物品，尤其是工业厂址中的废弃构件进行一些简单的生态设计，将其改造为亮点，尽可能做到就地取材和就地消化。

（3）生态技术方法 利用植物、动物、微生物的活动来进行废弃地的土壤系统、水体系统甚至大气微环境的改造，利用地面生态景观对生态环境进行修复等。

（4）作为城市自然保留地　如果废弃地不存在环境负面影响因素或这种影响很小，或废弃地上已经开始了自然生态系统的自我恢复，这种废弃地就可以在城市中继续自然保留。

13.4.4 农业弃耕地

随着世界人口的增加，为了养活更多的人口，各国农业均以追求高产量、高利润为目的，耕作强度不断增加。单一种植、高强度灌溉现象的增加，农药、化肥和除草剂的推广使用，高产品种的扩大引种——人类的过度干扰和对土地的过度索取导致了农田生态系统的受损与退化，形成大量的弃耕地。近年来，全球平均每年约有 $5\times10^6\mathrm{hm}^2$ 土地由于极度破坏、侵蚀、盐渍化、污染等原因，已经不能再生产粮食。弃耕地的修复已迫在眉睫。

二维码 13-5 天津滨海紫云碱渣山生态修复项目

（1）修复程序　农业弃耕地的修复程序如下：

① 研究当地的土地使用历史、适合于当地的乡土作物以及种植习惯、人类活动对农业生态系统的影响、健康农田土地特征和受损退化农田土地特征，特别是研究农业生态系统的组分关系，分析受损退化原因。

② 在小范围内进行针对受损退化症状的样方试验，研究农田生态系统的修复机理，控制污染并合理用水，进行土壤改良和作物品种更新换代，选用高产、高质的优良品种。

③ 小范围试验成功后在大范围内推行，并及时进行修复后的评估及改进。

（2）弃耕地的修复措施　弃耕地的修复措施大致包括：模仿自然生态系统，降低化肥输入；混种、间作，增加固氮作物品种；深耕，施用农家肥，种植绿肥，改良土壤质地；建立合理的轮作制度与休耕制度，利用生物防治病虫害；建立农田防护林系统，利用廊道、梯田等控制水土流失；秸秆还田，农、林、牧相结合。此外，在恢复干旱及贫瘠农田时可采用渗透技术。

13.4.5 垃圾处理场废弃地

垃圾处理场废弃地是指废弃物大量堆积，造成生态环境破坏，土地使用功能丧失的地块。随着生活质量的提高和物质的极大丰富，人类正在产生越来越多的废弃物，它们的堆积往往占用大量土地，并且会对生态环境造成极大的破坏。

13.4.5.1 垃圾处理场废弃地的危害

① 废弃物的堆积占用大量土地资源，影响土地利用，影响自然景观。

② 如果废弃物露天存放，极易在风、水的搬运作用下迁移、流失，从而影响当地环境。并且，如果废弃物长期堆放，会因为自然的风化和微生物的作用而发生降解，产生有毒有害物质，污染周围环境，对环境产生极大的毒害作用。

③ 在工业废渣堆积地内，由于风力、水力的搬运作用，废渣中的有害成分被扩散到大气环境和周围水体，造成严重的毒害作用。

④ 垃圾处理场废弃地还可能发生填埋面沉降或者火灾等事故。

13.4.5.2 垃圾处理场废弃地生态修复

目前国内外对垃圾处理场废弃地修复的研究主要集中于垃圾处置场地的植物建群。但是对垃圾处理场废弃地的生态修复还有一些问题需要注意，尤其是废弃物在生态修复过程中可能会发生各种变化，这些对生态修复都可能产生致命的影响。

垃圾处理场废弃地的修复需要注意以下两个方面。

（1）填埋气体　土壤中填埋气体的存在，会导致植物生长不良、死亡率高、植株矮化、生理失调等种种问题，因此在生态修复中，应建立填埋场导排气系统，选择耐性植物。

（2）垃圾渗滤液　垃圾渗滤液是垃圾经过长期的微生物降解而产生的一种高浓度难降解有机污水，含有大量的氨氮，对许多生物均有致畸的毒性效应。目前对垃圾渗滤液的处理方法主要有两大类，一类是包括好氧和厌氧过程的生物学处理方法，另一类是物理和化学处理方法。垃圾渗滤液的组成和结构变动很大，它和填埋的垃圾种类、当地的气候条件、垃圾填埋的方式方法和时间都有很大的关系。

课后复习

概念和术语：受损生态系统、生态修复、植物修复、矿山废弃地、城市工业废弃地、垃圾处理场废弃地

课后练习

1. 什么是植物修复，植物修复技术都有哪些？
2. 河流生态系统修复主要包括哪些方面？
3. 污染土壤生态修复工程技术包括哪几种？
4. 城市工业废弃地生态修复方法有哪些？

在线习题及课后练习答案

二维码 13-6　在线习题及课后练习答案

参考文献

［1］ 赵哈林，赵学勇，张铜会，等.恢复生态学通论［M］.北京：科学出版社，2009.
［2］ 盛连喜，李振新，王娓.环境生态学导论［M］.3版.北京：高等教育出版社，2020.
［3］ 吴次芳，肖武，曹宇，等.国土空间生态修复［M］.北京：地质出版社，2019.
［4］ 李锋.生态修复理论与实践［M］.北京：中国建筑工业出版社，2023.
［5］ 李洪远，鞠美庭.生态恢复的原理与实践［M］.北京：化学工业出版社，2005.
［6］ 彭少麟.恢复生态学［M］.北京：气象出版社，2007.
［7］ 孔繁祥，尹大强，严国安.环境生物学［M］.北京：高等教育出版社，2000.
［8］ 杨持.生态学［M］.4版.北京：高等教育出版社，2023.
［9］ 黄铭洪.环境污染与生态恢复［M］.北京：科学出版社，2003.
［10］ 刘冬梅，高大文.生态修复理论与技术［M］.2版.哈尔滨：哈尔滨工业大学出版社，2020.
［11］ 李金海.生态修复理论与实践：以北京山区关停废弃矿山生态修复工程为例［M］.北京：中国林业出版社，2008.

[12] Liste H H, Feigentreu D.Cropgowth, culturable bacteria, and degradation of petrol hydrocarbons (PHCs) in a long-term contaminated field soil [J] .Appl Soil Ecol, 2006, 31: 43-52.

[13] Liste H H, Alexander M.Accumulation of phenanthrene and pyrene in rhizosphere soil [J] .Chemosphere, 2000, 40: 11-14.

[14] Zhao S, Zhu L, Liu L, et al.Bioaccumulation of perfluoroalkyl carboxylates (PFCAs) and perfluoroalkane sulfonates (PFSAs) by earthworms (*Eisenia fetida*) in soil [J] .Environmebtal Pollution, 2013, 179: 45-52.

[15] Kelsey J W, Slizovskiy I B, Petriello M C, et al .Influence of plante earthworm interactions on SOM chemistry and p, p'-DDE bioaccumulation [J] .Chemosphere, 2011, 83: 897-902.

[16] Wen B, Liu Y, Hu X Y, et al.Effect of earthworms (*Eisenia fetida*) on the fractionation and bioavailability of rare earth elements in nine Chinese soils [J] .Chemosphere, 2006, 63: 1179-1186.

[17] Shan J, Wang Y, Gu J, et al.Effects of biochar and the geophagous earthworm *Metaphire guillelmi* on fate of ^{14}C-catechol in an agricultural soil [J] .Chemosphere, 2014, 107: 109-114.

[18] Butenschoen O, Ji R, Schaffer A, et al.The fate of catechol in soil as affected by earthworms and clay [J] .Soil Biology & Biochemistry, 2009, 41: 330-339.

[19] Martin D M.Ecological restoration should be redefined for the twenty-first century [J] .Restoration Ecology, 2017, 25 (5): 668-673.

[20] Selvam A, Zhao Z, Wong J W.Composting of swine manure spiked with sulfadiazine, chlortetracycline and ciprofloxacin [J] . Bioresour Technol, 2012, 126: 412-417.

[21] Tai Y, Fung-Yee Tam N, Ruan W, et al.Specific metabolism related to sulfonamide tolerance and uptake in wetland plants [J] .Chemosphere, 2019, 227: 496-504.

[22] 陈小勇，宋永昌.受损生态系统类型及影响其退化的关键因素 [J] .长江流域资源与环境，2004，13 (1)：78-83.

[23] 仇洁，邹长新.科学实施生态保护修复，提升生态系统多样性稳定性持续性 [N] .中国环境报，2023-6-20 (3).

14

人工生态系统重建

引言

上海永嘉路309号的口袋广场是一个形式特别的口袋公园。这里三面合围，独留一面开敞，低矮的灌木丛隔离喧闹人声，既能看见来往行人，又可享受自然风趣，闹中取静，别有趣味。背靠竹丛，连廊休憩，坐看云卷云舒，笑观花开花落。对于微型公园而言，设计不是主角，城市以及城市里那些真正值得沉淀下来的东西——人的情感、记忆、故事，才是主角。口袋公园地处区域核心、景观尺度宜人，弥补城市中缺少的绿意，增添了市民们的游憩乐趣。

人工生态系统是按照人类理想要求建立的生态系统，易受各种环境因素的影响，自我调节能力差。一旦受到自然因素和人为作用的过度影响，生态系统就会退化甚至崩溃。因此，及时、合理、有效的修复与重建对退化的生态系统至关重要，尤其在“十四五”之后，我国国土空间生态修复思路更加注重整体规划、统一部署、系统治理和精准施策，更加牢固树立绿水青山就是金山银山理念，争取还青山以葱茏、复绿水以澄澈。

学习意义

为什么要了解人工生态系统特征及其生态重建方法？

人工生态系统是指以人类活动为生态环境中心，按照人类理想要求建立的生态系统。为了维持人类社会的可持续发展，满足人类需要，同时也为了减少自然生态系统的压力，发展人工生态系统是必做之事。但人工生态系统的社会性、易变性与开放性的特点使其易在干扰的作用下崩溃、退化，因此如何使退化生态系统重新获得健康并有益于人类生存与生活成为了亟待解决的问题。因此生态重建的理论与实践符合自然，符合农业可持续发展，符合人类健康需求，符合国家长远战略，符合全球生态文明建设。

学习目标

◇ 理解生态重建的概念和内涵。

◇ 掌握退化人工生态系统（农业、城市、道路）生态重建的措施和方法。

14.1 生态重建的概念

当生态系统被外来种侵扰或无法自然恢复到早先的状态时，就应以历史的或原有的生态系统作为参照系，进行人为干预（如：再植或生态管理），重建基于种类组成和群落结构的原有生物群落的整体性，以上过程即为生态重建（ecological restoration）（张新时，2010）。

国际生态重建学会提出的重建生态系统的特征归纳如下。①重建的生态系统需有适当的群落结构，应包含生态系统继续发展和稳定所必需的全部功能群。其主体应由本地种构成，同时也允许外来的驯化种。②重建的生态系统需有正常的自我维持能力及其他所需功能。③重建的生态系统应整合于适宜的环境、生态体或景观。④重建的生态系统需有适应力与耐受力。

14.2 农业生态系统重建

14.2.1 农业生态系统的退化

农业生态系统退化是指土壤理化结构的变化导致土壤生态系统和作物系统功能的退化。农业生态系统受到干扰发生变化，就会破坏原有的平衡状态，使得系统的结构和功能发生变化，形成障碍，最终形成破坏性波动或恶性循环。

农业生态系统的退化成因千差万别，退化类型也是各有不同。了解农业生态系统的退化类型和成因，对因地制宜地开展退化农田的生态重建意义重大。

14.2.1.1 农业生态系统的退化类型

农业生态系统退化的主要类型有以下几种。

（1）水土流失　水土资源是人类赖以生存的自然资源，南京土壤研究所报道，每年约有250亿～400亿吨表土流失，全球约80%的宜耕土地均遭受过不同程度的侵蚀。截至2022年，全国水土流失面积为$265.34\times10^4\mathrm{km}^2$，受水力侵蚀面积$109.06\times10^4\mathrm{km}^2$，受风力侵蚀面积$156.28\times10^4\mathrm{km}^2$，大江大河流域的水土流失面积$94.75\times10^4\mathrm{km}^2$。我国水土流失的特点如下（何平，2008）。①水土流失面积大，分布范围广，几乎遍布每个省份。②流失强度大，侵蚀严重区占比高。③流失成因复杂，区域差异明显：西北黄土高原区、东北黑土漫岗区、南方红壤丘陵区、北方土石山区、南方石质区以水力侵蚀为主，伴随大量的重力侵蚀；青藏高原区以冻融侵蚀为主；西部干旱区风蚀严重；北方半干旱农牧交错带以风蚀和水蚀为主（熊晓姣等，2006）。

（2）沙漠化　沙漠化是在人类活动和自然双重因素作用下导致的土地质量全面退化和有效经济用地数量减少的过程。不当的土地利用方式，如过度开垦放牧、乱砍滥伐等都会导致农田的荒漠化，进而使得耕地的理化性质改变、生物量减少、生产力衰退、生物多样性减少及地表出现不利于生产的地貌形态（沙丘、侵蚀沟等）。我国土地沙漠化严重的地区基本分布在我国的北部和西北部，特别是农牧交错带。截至2021年，全国沙漠化土地总面积$261.16\times10^4\mathrm{km}^2$，岩溶地区石漠化土地面积为$10.07\times10^4\mathrm{km}^2$。据报道，我国每年因荒漠化问题造成的直接经济损失超640亿元，将近4亿人直接或间接受到荒漠化问题的困扰（余璐等，2020）。

(3) 贫瘠化　由于过度垦殖，土壤因有机质匮乏而导致养分状况失衡；加之，为缓解人口增长和土地减少的矛盾，一些地方的农业生产均以高产量和高利润为目标，耕作强度高，种植种单一，土壤养分投入低、产出高，养分回归土壤的路径被破坏，致使土壤肥力不断衰退，甚至丧失。1980～2010 年间（表 14.1），东北区黑土平均土壤有机质含量减少了 17.3g/kg；西南区黄壤和水稻土耕层土壤有机质含量分别减少了 5.2g/kg 和 4.1g/kg；华南区赤红壤耕层土壤有机质含量减少了 4.0g/kg；黄淮海区的潮土和褐土、长江中下游区的水稻土和红壤耕层、黄土高原区褐土和黄绵土耕层、华南区砖红壤和水稻土耕层的土壤有机质含量相对稳定（胡莹洁等，2018）。

表 14.1　各区土壤有机质含量（胡莹洁等，2018）

区域	土壤类型	平均有机质含量/(g/kg)			养分标准级别		
		1980 年	2010 年	变化量	1980 年	2010 年	变化量
东北区	黑土	41.7	24.4	−17.3	1	3	−2
	黑钙土	36.5	19.9	−16.6	2	4	−2
	白浆土	29.5	16.3	−13.2	3	4	−1
	草甸土	32.5	31.6	−0.9	2	2	0
黄淮海区	潮土	13.7	15.7	2.0	4	4	0
	褐土	24.3	23.1	−1.2	3	3	0
长江中下游区	水稻土	27.8	23.4	−4.4	3	3	0
	红壤	22.1	27.3	5.2	3	3	0
西南区	黄壤	32.6	27.4	−5.2	2	3	−1
	水稻土	31.2	27.1	−4.1	2	3	−1
	紫色土	28.1	25.0	−3.1	3	3	0
华南区	赤红壤	32.4	28.4	−4.0	2	3	−1
	水稻土	27.0	27.2	0.2	3	3	0
	砖红壤	26.3	23.5	−2.8	3	3	0
黄土高原区	褐土	25.6	23.4	−2.2	3	3	0
	黄绵土	15.5	17.7	2.2	4	4	0
	灰钙土	13.7	20.3	6.6	4	3	1

(4) 盐渍化　不合理的人为灌溉造成了土壤的次生盐渍化。第二次全国土壤普查资料统计，我国的盐渍土地总面积为 348700km^2（不包括滨海滩涂）。其中，盐土为 160000km^2，碱土为 8700km^2，而其他各类盐渍化土壤的面积也高达 180000km^2。

(5) 潜育化　对稻田灌排不当，排灌不分开，渠系不配套，串灌、漫灌、深水久灌，使水稻土耕作层下部和作物长期遭受渍害，加上不合理的耕作制度和耕作技术，促使土壤经常处于还原状态，导致次生潜育化发展，土地生产能力降低，产量降低。

(6) 农田污染　主要表现在 4 个方面。①工业污染。工业排放的重金属污染耕地；SO_2、NO_2 等形成的酸雨使得土壤酸化；工业废水灌溉农田或被雨水冲刷进入耕地，造成了农产品的污染。②化肥、农药超标使用。当化肥使用量超过土壤的保持能力时，就会流入周围的水中，形成农业面源污染；农药的大量使用会同时杀死害虫和害虫的天敌，降低了农业生态系统的生物多样性。③有害微生物。生活污水、粪便、垃圾、动植物尸体不断进入农田，加速了某些病原菌的传播，造成了农田污染。④放射性物质。人类活动排放出的放射性污染物，如^{90}Sr和^{37}Cs，使土壤的放射性水平高出本底值，造成土壤生物区系贫化。

14.2.1.2 农业生态系统的退化原因

大量研究结果表明，自然因素和人为作用共同导致了生态系统的退化（熊晓姣等，2006；苏正安等，2007），且不合理的人为作用更是推动退化的主要原因（赵哈林等，2000）。

（1）自然因素

① 气候变化。气候变化（温度和降水）通过影响土地的结构、功能进而造成土地的退化，降低农业生态系统的生产力（陈睿山等，2021）。高温可加快土壤的有机质消耗，降低土壤肥力。伴随全球变暖的趋势，极端复合事件发生的概率增加，如降雨过多会导致泥石流频发，进而破坏耕地；降雨过少则会引起作物产量降低，引起土壤结构的退化和孔隙度的降低。

② 病虫害。农田有害生物主要包括危害农作物的害虫、微生物、杂草及害鼠等。由这些有害生物群体所形成的虫害、病害、草害和鼠害等生物灾害，对农作物的产量和质量造成很大影响。另外，人为的不断干扰则使农业生态系统内部的自我调节功能逐步降低，特别是农药取代生态控制，结果导致害虫产生抗药性等一系列严重问题（尤民生等，2004）。

③ 风蚀水蚀。风蚀是指沉积物被风分离、搬运、沉积，它是松散、干旱和裸露土壤被强风传输的一个动力学和物理学过程，会使得土壤耕作层中的细土、养分含量减少，保水保肥性能降低，生产力下降。水蚀是指土壤粒子被水流剥离，使得土壤失去蓄水能力和养分保持力。

（2）人为因素

① 滥垦草原。我国的沙漠化农田主要分布在半干旱农牧交错区和干旱荒漠绿洲过渡区。随着粮食需求量的上升，长城以北的草原被不断开垦，农牧交错带不断地向多风的沙土地移动，农田风蚀不断发生，更是进一步降低了农田生产力，也就意味着该地区始终存在被滥垦的风险。

② 滥施化肥。过量施用化肥、施肥单一和肥料使用比例失调使得农业生态系统内部结构受到破坏，土壤有机质含量降低，保水保肥能力下降，土壤化学性质发生畸变。

③ 不合理的耕作制度。传统耕作法是每季作物收获后先翻耕土地再种植下季作物，耕作过程中，又会把表土翻开埋在底下，让深层土壤翻到表面，这无疑促进了二氧化碳的大量释放，加剧温室效应，还会破坏土壤的耕作层；顺坡耕种是指垄的方向和坡向平行的种植方式，是最落后的耕作方式，极容易加剧水土流失；横坡耕作是指沿等高线进行耕作，能在一定程度上减缓水土流失，但一旦遭遇特大降雨，该种植方式也会对植被产生毁灭性的打击。

14.2.2 农业生态系统的生态重建

农业生态系统必须采取分区治理、因地制宜的原则，农田重建既要根据自身的演替规律分阶段分步骤地进行，又要有整体系统思想，根据土壤、生物与环境间的相互作用关系来构建生态系统结构，使得物质循环与能量流动处于最优状态。

14.2.2.1 农业生态系统生态重建的原则、基本原理和目标

（1）基本原则　生态恢复与重建应把握下列原则：①首先要明确被恢复对象，并确定系统边界；②系统的退化诊断分析，包括描述生态系统退化程度的概念模型，归纳生态系统退

化程度诊断的生物途径、生境途径、生态过程途径、生态系统功能/服务途径、景观途径，分析生态系统退化程度诊断的可能指标（杜晓军等，2003）；③综合评判生态退化；④退化生态系统重建的可行性分析；⑤生态重建的生态规划与风险评价，建立优化模型，提出具体实施方案；⑥退化土壤重建试验与示范，获取在理论与实践中具可操作性的重建模式；⑦土壤重建的推广与后续监测、评价。

（2）基本原理　主要包括生态学原理、社会经济技术原理和物理化学原理。

生态学原理。①限制因子原理：生物的生存、繁殖依赖于各种生态因子的综合作用，任何接近或超过生物耐受范围的因子均是限制因子。②主导因子原理：虽然影响作物生长发育、生物产量及产品品质的因子很多，但在众多生态因子中，总有一种或少数几种因子起着主导作用。③生态适宜性原理：作物只有在适宜环境中才能得到良好发育，获得高产稳产。在农田的生态重建过程中，应先寻找决定生态系统的主导因子，摸清限制因子，创造适宜的农田条件，提高生态系统的稳定性。

社会经济技术原理。①效益最大化原理：以最小的投入，获得最大的效益。②市场经济原理：农业生产属于商品生产，受商品经济的制约。在生态重建中，需要依据市场经济的需要，合理制定恢复目标，提高产品质量和竞争力。

物理化学原理。任何物质或物体都具有一定的物理化学结构与特性，且不同物体都有着不同的理化性质。在农田修复过程中，应根据生物与环境之间理化性质的差异，采取不同的方法进行重建。

（3）目标　主要包括清洁健康目标、稳产高产目标和可持续发展目标。

清洁健康目标。清洁与健康是社会对农产品的基本要求，因此，追求生态系统的清洁与健康是农业生态系统重建必须考虑的目标之一。

稳产高产目标。稳产、高产、优质、高效是农业生产追求的目标。稳产要求在一定时间内，农业产量的变化幅度较小，它体现了生态系统的健康水平，反映了管理水平；高产要求单位面积的农田有较高的产量，并希望存在不断增长的趋势，各地区应因地制宜地制定合理的高产目标；优质要求农产品的品质好、质量优，各地也应因地制宜地制定优质目标；高效是指农业生态系统应具有较高的生产效率，在农田的恢复重建过程中，应依据实际情况来制定合理的生产效率。

可持续发展目标。实现农田土壤可持续利用，实现农业生态系统可持续发展。随着我国人口的增加、膳食结构的改善，国民对粮食的需求量大大增加，为确保农业的稳定增长和粮食供应，必须保证农田的永续利用。

14.2.2.2　农业生态系统生态重建的措施与方法

（1）沙漠化农田的重建　世界上沙漠化的农田主要分布在干旱半干旱地区，而我国的沙漠化农田主要分布在北方半干旱农牧交错区和西北荒漠绿洲的过渡区或内陆河下游地区。为重建沙漠化农田，可以采取的措施如下：①建立防风林，农田易受风蚀和流沙的危害，应在农田周围种植农田防护林以抵御寒风；②改变耕作制度，摒弃落后的轮闲耕作制，采用集约化的精细耕作方式；③发展灌溉农业，我国的沙漠化农田大多是旱作农田，发展灌溉农业可在一定程度上缓解土壤的干燥条件；④引进优良品质和丰产栽培技术，在生产中大力推广最新的优良品种，加快品种的更新换代，引进和应用地膜覆盖、粮草轮作等农业丰产栽培技术。

无论是持续用力、久久为功的毛乌素沙地（杨乔等，2020），亦或是尊重自然、科学治理的库布齐沙漠，又或是系统治理、综合施治的浑善达克沙地，均是片片松柳绿意盎然，牢牢拴住脚底黄沙，天地换新颜。治沙造林、造绿固沙、治沙治穷、点沙成金，绿色传奇频频上演，中国高度重视生态文明建设，荒漠化防治取得显著成效。

（2）盐碱化农田的重建　盐碱化土地主要发生于地下水位较浅，土壤毛管作用强，降水量明显低于蒸发量的地区。在我国，盐碱化土壤主要分布在西北内陆、北方黄河河套、东北平原以及黄河下游及其入海口地区。针对盐碱化农田的治理，应该采取以下措施：①改变大水漫灌的灌溉制度，采用少量多次的灌溉方式；②在盐碱化农田中使用有机肥，并将作物秸秆切断或打碎在土壤上；③种植耐盐聚盐的牧草或作物（碱茅、短芒大麦草），利用植物的吸收作用，减少土壤含盐量。

二维码 14-1 巴彦淖尔的生态重建

开展盐碱地综合利用对保障国家粮食安全、端牢中国饭碗具有重要战略意义。多年来，我国的盐碱地治理已经走出了一条以工程改良、化学改良、生物改良为主的路子，各盐碱区都探索出了区域特色明显的关键技术。例如，东北盐碱地区的种稻洗盐改碱技术、西北盐碱区的膜下滴灌技术、滨海盐碱区的“上覆下改”控盐培肥技术、中北部盐碱区的生物节水农艺技术、华北盐碱区的有机培肥盐斑改良技术等。

（3）风蚀农田的重建　风蚀主要发生在年降水量小于400mm的干旱、半干旱以及部分半湿润地区（张春来等，2018）。为改造重建风蚀沙化农田，应采取以下措施。①在农田上风向具有流沙活动的地段营造农田防护林与农田防风林网。林带的结构、宽度、走向、高度与带间距离是影响林带防风效果的参数。林带建设应因害设防，在风沙活动强烈的重风灾区应建设窄林带、小网格的护田林网。②采取免耕、少耕等保护性耕作措施。最大限度地减少土壤耕作，同时优先采取将作物残茬留于地表的耕作方法，既避免了土壤结构的破坏，又减少了土粒运动，增加了团粒结构。③采取种植牧草、留茬越冬、覆盖作物秸秆与种植覆盖物等农艺措施。农田有植物覆盖，土壤得到了一定的保护，一定程度上减少了泛风地的危害。

（4）水蚀农田的重建　水蚀主要发生于降水量高于400～500mm的湿润半湿润山区或丘陵地区。在我国，水土流失主要发生在北方的黄土高原沟壑区、西南地区的长江中上游地区和东南的丘陵地区。水蚀农田的治理措施如下：①陡坡应实施退耕还田；②改造田面较宽、坡度较低的坡地，如修剪水平梯田或反坡梯田，降低梯田边坡坡度；③等高耕作；④培肥改土，精耕细作，提高土壤生产力；⑤引进优良作物和丰产栽培技术。

（5）污染农田的重建　农田污染分为外源性污染和内源性污染两种类型。前者主要是由工业废弃物及城市废弃物引起的，后者主要是由于农田生产过程中化肥、农药、地膜的过量施用或不正确施用。对于农田污染可以采取以下措施进行治理：①生物恢复，引入土壤动物、种植植物、投放可分解污染物的微生物等，通过这些生物对污染物的吸收、降解等作用，减少污染物的浓度；②化学修复，通过化学方法（如化学淋洗、化学固定等），使土壤中的污染物被淋洗、固定，从而降低土壤中污染物的浓度和毒性；③物理恢复，通过物理固化、热动力学等物理方法降低土壤中污染物的浓度，也可采取人力的方法清除固体废物。

14.3 城市生态系统重建

14.3.1 城市生态系统的退化

城市空间被大规模的开发活动侵占，导致农田、林地不断减少，物种消失，空气污染加剧，水污染严重，生活垃圾产生量加大，处理压力增加，生态系统的自我调节能力日益减弱，由此带来大量的环境问题，城市生态环境急剧恶化，城市自然生态系统退化严重。城市生态系统的退化原因主要包括以下几方面。

（1）土壤贫瘠　城市土壤干旱、贫瘠、土质密实的特点使得植物生长受阻；加之城市建筑或地下设施的施工多使植物根系受损，或最终导致植物的死亡。

（2）空气污染　空气污染物多积聚在交通拥挤路段、密集住宅区、工业区或城市商业中心区，导致烟雾、氮硫化物、臭氧等浓度增加，造成植物的损害。

（3）水危机　城市化进程加速、城市不断拓展，加之我国的水资源分布不均，使得一部分城市面临水危机。城市中湿地的消退、水环境的恶化及绿地灌溉等事件对水资源构成了更大的压力。在干旱地区，城市水资源更是成为城市生态文明建设的限制性因素。

（4）人的影响　首先，通达的交通网络将城市切割成大小不一的斑块，破碎化成为城市景观的主要特征；其次，由于城市景观功能的多样性和人为活动的复杂性，城市自然生态受阻，破碎化的景观和分散的绿地进一步影响了绿地生态效益的发挥。

（5）城市扩展　在发展中国家，大规模的城市建设在创造财富和就业机会的同时，也带来了许多生态损失，这种由城市建设带来的生态破坏有时比灾害和灾难给城市生态系统带来的破坏更严重。

14.3.2　城市生态系统的生态重建

城市生态重建是指对城市发展变化中的环境生态要素进行重新整合，以维持城市生存和发展的城市建设和规划手段。

14.3.2.1　城市生态系统生态重建的目标

建设低负荷型城市，减少对资源的依赖，多适用于科技、商业型城市。该城市的主要输入流和输出流均为信息和商品，不需依赖于大量的资源，只需进行物质的转运。这类城市生态重建的主要方向侧重于对城市小气候的改善、降低城市设施的损耗、降低能源使用。

建设循环型城市，减少城市污染物的释放，多适用于工业城市。该城市的主要职能是物质生产、能量转换以及降解转化自身排放的大量污染物。这类城市生态重建的主要方向侧重于生物污染去除系统的建立，需要充分利用生态系统原则，建立城市工业链，从源头控制污染和废弃物。

建设环境共生型生态城市，调节人与自然的关系、丰富城市生态系统的多样性，多适用于以居住和服务业为主的城市。这类城市生态重建的主要方向侧重于城市景观系统的重建和恢复以及城市自然系统的多样化设计建设。

14.3.2.2　城市生态系统生态重建的措施与方法

城市生态系统生态重建的方法可分为城市公园绿地建设、城市绿色廊道建设、城市绿化带建设和特殊空间绿化建设等。

（1）城市公园绿地建设　城市公园属于景观斑块，分布零散、景观单一、运行维护状态不佳。因而，在建设过程中应注重公园的开发建设。①市内公园绿地建设。调查城市的地理地貌和人文特征，以城市中大片预留水域、不适合城建的地区或方便的小型区域为中心开发建设各种类型、规模的城市公园。如建设普通公园或城市自然保留地，以增加城市绿地斑块的数量。②市区周围公园绿地建设。建设郊野公园或开发城市附近废弃地，变废为宝，为城市居民提供更多的自然活动空间。

（2）城市绿色廊道建设　城市绿色廊道建设是指对城市中以交通为目的的公路、铁路、街道等和以自然廊道为主的河渠、山脉、植物带等带状景观为主的绿化建设。廊道绿化建设的方法如下。①道路绿化，在道路两侧进行绿化建设。在城市主要交通干线的两侧预留绿化空间，栽培抗污染能力强的乔木树种；主干道路的绿化则要注意树种的搭配及乔灌草的结合，营造错落有致的景观效果；路面较窄的道路绿化则多栽植低矮灌木和花草；同时充分利用分车带、隔离带、桥头绿地等扩大绿地面积。②水体廊道绿化。对水体廊道的绿化，应注意首先保护河流两岸原有植被、人文景观，以维持生物多样性，为野生动植物的迁移提供保障；也应建立防护林带，避免周围出现高大建筑，以充分发挥水体廊道的景观生态作用；还应多考虑景观布局，促进廊道游憩功能的发挥。

（3）城市绿化带建设　城市绿化控制带是指在城市周围建设的绿色植被带，是国际上一些大城市为了控制城市无序扩展蔓延，疏散市中心的人口与工业，改善城市生态环境而规划的一类城市公共绿地系统，对引导城市格局形成和建成区的有序发展有重要意义。

绿化控制带既保留了原生的生态景观，同时又能与城市道路、城市水体等结合，并将部分山体、农田、公园纳入其中，还利用了不同树种、花型及植物的空间布局结构来表征文化现象。

（4）特殊空间绿化建设　城市特殊空间绿化是指广泛利用建筑物墙体或顶面等城市特殊空间开展绿化，其对于缓解城市中用地不足，解决城市建筑和园林绿化用地的尖锐矛盾，具有极其明显的优越性（孟伟庆等，2005）。主要包括屋顶绿化、垂直绿化、盆栽花木、立体绿化等。

（5）“近自然森林”法　“近自然森林”法是以潜在自然植被理论和生态学群落演替为基础，选择乡土树种，应用“模拟自然”的技术手法，通过人工营造与植被自然生长的完美结合，超常速、低造价地建造以地带性森林类型为目标，群落结构完整、物种多样性丰富、生物量高、区域状态稳定、后期完全遵循自然循环规律的“少人工管理型”森林。该法选择各群落的建群种和灌木层优势种作为种源，在适当改造地形和改良土壤的基础上，采用建“复层林”、短期与长期效果结合互补的模式。

二维码 14-2 城市生态系统的生态重建——以沈阳、唐山为例

二维码 14-3 生态城市建设

14.4 道路生态系统重建

随着国民经济的快速发展，道路建设成为中国城乡基础设施建设的热点。一方面，道路系统将社会的每一块土地都维系在了一起，但另一方面，道路的建设不可避免地加剧了对道路生态系统的破坏，使得道路周边地区的生境恶化、环境质量下降。路网也会让自然出现片断化，路网的筛格也将自然围出了一个个小的多边形，给景观带来了重大的生态影响，影响了沿线地区的环境质量。因此，协调道路建设与经济发展的关系对道路生态系统进行恢复与重建是新世纪环境保护的一项重要内容。

14.4.1 道路建设对道路生态系统的影响

道路生态系统的范围是道路用地界之内，宽度 50～70m、长数十至数百米的地带。其中的生命系统包含中央分隔带的植被、边坡植物等，还包含诸多小型哺乳动物、爬行动物、鸟类等，它的组分、结构等较农田更复杂。其代表性的特点是外来种属的引进。

道路建设占用土地，会对附近生态系统产生一定的负面影响，主要表现为非污染型生态环境影响。

14.4.1.1 对动植物及生境的影响

在景观生态学的“斑块-廊道-基质”理念中，道路作为一种人工干扰廊道，一定程度上影响了景观的连通性，阻碍了生态系统间的物质和能量的交换以及相邻景观间物种的迁移。

其对周围区域的影响主要表现在以下几个方面：①生境的破坏，道路建设会使得动植物的生境被破坏，从而导致群落消失；②交通对道路周边区域产生的噪声污染、光污染、道路排水及自然植被分割所产生的边缘效应等均会对生物群落产生定量或定性影响；③道路建设中对森林的砍伐，破坏了原来密闭的林冠，导致树木的枯损和林下植被的变化，引起动物生境的变化；④“屏障效应”造成了生境的破碎化、动物迁移的障碍、移动线路的分割以及道路两侧种群的分隔，减少了生物种群内部以及生物种群之间的交流，缩小了种群规模，减弱了种群的遗传性；⑤交通事故造成多起野生动物死亡事故；⑥道路上机动车丢弃的食物被野生动物取食，导致了野生动物的“家畜化”，如分布在日本各地的日本猿。

14.4.1.2 对区域环境和地表景观的影响

道路建设对自然资源的过量开发和不合理利用导致的环境地质灾害问题较为严重。一方面，道路建设会改变土地利用方式，建设过程中的地形变化、土壤填挖、植被破坏等均会造成区域性的土壤侵蚀、水土流失、山体滑坡等问题，为区域生态环境的恢复带来困难，造成巨大的经济损失；另一方面，道路延伸穿越不同的行政区域，分割原有的城镇布局与工农业用地，甚至还会破坏部分自然保护区、风景名胜区及文化古迹保护区的完整性，造成原有地表景观的破碎化。

14.4.2 道路生态系统的生态重建

14.4.2.1 道路生态重建技术

对于道路建设过程中及完成后具体的生态重建措施，一般要遵循植被自然演替规律，采用植物措施与工程措施相结合的方法，通过一系列方式使植物有机地融合到多种工程结构中，同时考虑生态效应与景观效应相结合，将植物物种的自然生态习性与其对景观的绿化美化功能结合起来。

目前，有关道路生态重建的技术有以下几种。

（1）土地复垦技术　将修路中被破坏的土地因地制宜，采取综合整治措施，使其按预定的目标恢复到可供利用的状态。例如，生态农业、生物（植物、微生物）、施用有机肥以及复垦土壤侵蚀控制等。对已具备恢复植被的土地，可因地制宜确定复垦目标，宜林则林、宜草则草，或发展生态农业，建立多层次、多结构、多功能的复合农业系统，达到既能恢复生态，又能获得经济和社会效益的目的。

（2）生物环境工程技术　将生物措施与传统的工程措施有机结合，其主要包含三部分的技术体系：一是环境基础工程，利用工程措施或土壤侵蚀控制技术等为植物恢复或生长创造环境条件；二是植被营建工程，根据当地条件，正确选择多年生、根系发达、茎叶低矮、水源涵养能力强、抗旱、耐贫瘠和可粗放管理的植物品种；三是植被养护工程，对营造的植被实行相应的后续管理，确保植物的生长。

（3）道路景观恢复工程技术　运用景观生态学原理，预测道路景观组成元素及受其影响的土地变化特点，结合公路建设与营运的特点，设计恢复型植被景观。

14.4.2.2　生态道路建设

为了减少道路建设对生态系统的影响，为了实现与其他生物的和谐相处，道路系统的修建应以生态道路为主，而生态道路的出现更是标志着人类道路建设的生态意识走向自觉。截至目前，关于“生态道路”的概念仍存在很多争议，但对该概念的理解关键在于在道路建设中要充分体现生态的发展标准，坚持人与自然相和谐的思想，树立可持续发展的战略意识，使道路既能高效、快捷、安全、舒适地提供良好的行车环境又能与自然生态系统和谐相容。

生态道路的类型可分为两种：一是保护型、保全型生态道路，多应用于残存有丰富自然资源的地域；二是重建型生态道路，多应用于城市及城市周边自然资源较少的区域，多采取积极、有效的措施创造动植物的生态环境。

生态道路的特征如下：①整体协调性，生态道路应实现经济效益、社会效益和环境效益的统一和综合最大化，应把生态环境系统与道路经济系统研究有机结合起来。②对生态环境最小破坏和最大恢复，生态道路应在现存条件下综合运用各种措施将道路建设的破坏性限制在最小范围内。当前中国对建设项目引起的自然资源的破坏通常采用经济补偿措施，而欧洲国家普遍使用生态补偿措施，该方法值得中国在建设生态道路中学习借鉴。③良好的景观生态效应，生态道路应该营造“脚下是路、周围是景”的行车环境，既能给行者带来美的感受，又能维护自然生态系统的平衡。④安全高效性，生态道路要求行车安全舒适、运输高效便利。

生态道路的生态学规则包括：①生物的生存权，爱护生物，谋求生物的生存权；②环境的多样性，对于生态系统保护而言，环境的多样性是非常重要的；③生物与时间，与环境的多样性一样，生物有各种不同的时间规律，在不同的时间有不同的生活和生命现象，因此，环境的多样性和时间的对应相互和谐也很重要。

生态道路的设计理念为：①以人为本，实现道路建设与旅客运输安全性、舒适性、愉悦性的和谐统一，为旅客提供更舒适的行车环境；②可持续发展，实现道路建设与环境保护协调发展，使道路建设与环境保护同步；③道路文化，实现道路建设与当地自然景观和人文景观的完美结合；④开拓创新，实现道路建设与时俱进。

生态道路的建设应该按照最小程度地破坏和最大程度地恢复原则，在道路建设中应遵循以下四个方针：①回避，回避生物栖息地；②最小化，将道路建设对栖息地分割的影响控制到最小限度；③替代，选择附近具有同样生态功能的空间替代补偿消失的栖息地；④最适化，路旁的管理应保持野生动物的生存与繁殖的最适状态。

二维码 14-4　道路绿化工程与道路景观生态工程

二维码 14-5　国际上的生态道路建设

课后复习

概念和术语：生态重建、农业生态系统退化、城市生态重建

课后练习

1. 退化农业生态系统生态重建有哪些措施与方法？
2. 道路生态系统生态重建的技术有哪些？
3. 城市生态系统生态重建的措施与方法有哪些？

在线习题及课后练习答案

二维码 14-6　在线习题及
课后练习答案

参考文献

［1］ 陈睿山，郭晓娜，熊波，等.气候变化、土地退化和粮食安全问题：关联机制与解决途径［J］.生态学报，2021，41（7）：2918-2929.

［2］ 杜晓军，高贤明，马克平.生态系统退化程度诊断：生态恢复的基础与前提［J］.植物生态学报，2003（5）：700-708.

［3］ 何平.我国水土流失呈现三大特点［N］.光明日报，2008-11-21（4）.

［4］ 胡莹洁，孔祥斌，张玉臻.中国耕地土壤肥力提升战略研究［J］.中国工程科学，2018，20（5）：84-89.

［5］ 李洪远，鞠美庭.生态恢复的原理与实践［M］.北京：化学工业出版社，2005.

［6］ 孟伟庆，李洪远，朱琳，等.城市绿化的发展思路：绿色空间建设［J］.城市环境与城市生态，2005，18（2）：8-10.

［7］ 欧阳志云，李伟峰，Juergen P，等.大城市绿化控制带的结构与功能［J］.城市规划，2004，28（4）：41-45.

［8］ 欧阳志云，王如松，李伟峰，等.北京市环城绿化隔离带生态规划［J］.生态学报，2005，25（5）：965-971.

［9］ 彭少麟.恢复生态学［M］.北京：气象出版社，2007.

［10］ 余璐，李昉.中国治沙 70 年：为全球荒漠化治理贡献智慧［Z］.人民网，2020-06-18.

［11］ 杨乔，黄钰，席莉莉，等."两山论"提出 15 周年特别报道：毛乌素，中国沙地的绿色逆袭［Z］.人民网，2020-08-14.

［12］ 赵哈林，赵学勇，张铜会，等.恢复生态学通论［M］.北京：科学出版社，2009.

［13］ 张春来，宋长青，王振亭，等.土壤风蚀过程研究回顾与展望［J］.地球科学进展，2018，33（1）：27-41.

［14］ 张新时.关于生态重建和生态恢复的思辨及其科学涵义与发展途径［J］.植物生态学报，2010，34（1）：112-118.

15

全球生态系统危机与治理策略

引言

在这个蔚蓝星球上，自然的乐章曾经和谐地奏响。林间的绿叶低语，海洋的波涛轻拍，每一个生命都在其旋律中舞动。然而，这个蓝色星球正在经历一场前所未有的危机。从广袤的海洋到遥远的极地，从热带雨林到城市周边的草地，我们的环境正在发生着深刻的变化。地球的温度正在升高，这不仅仅意味着更热的夏天或更暖和的冬天。它关乎冰川的消融、海平面的上升、极端天气事件的增多。这些变化给我们的生活带来了直接的影响，从农作物的生长到我们所依赖的水资源。全球生态环境面临的问题不仅是一个单一的危机，而是一系列相互关联的挑战。生物多样性的消逝如同一段段沉默的乐章，物种一次又一次地在无声中谢幕。这是大自然多彩画卷上的颜色正在逐渐褪去，是地球生命交响乐中的音符逐渐稀缺。污染的蔓延则如同不和谐的音符，干扰着生态的和谐旋律。空气、水和土壤，这些孕育生命之源的元素，如今却被笼罩在人类活动留下的阴影之下。

面对这场生态的变奏，我们不能仅仅做一个旁观者。这是一场关乎我们共同家园的协奏曲，需要我们每一个人的参与和努力。这些问题的解决并非是各国单独行动能够完成的，需要全球各个国家共同努力。党的十八大以来，在习近平生态文明思想指引下，中国贯彻新发展理念，将应对气候变化摆在国家治理更加突出的位置，不断提高碳排放强度削减幅度，不断强化自主贡献目标，以最大努力加大应对气候变化力度，推动经济社会发展全面绿色转型，建设人与自然和谐共生的现代化。2020 年 9 月 22 日，国家主席习近平在第七十五届联合国大会一般性辩论上宣布：中国将提高国家自主贡献力度，采取更加有力的政策和措施，二氧化碳排放力争于 2030 年前达到峰值，努力争取 2060 年前实现碳中和。当前，中国正在积极推动全球环境保护，人与自然和谐共生的美丽中国正在逐渐成为现实。基于自然的解决方案这一理念随之诞生。习近平总书记在党的二十大报告中强调："大自然是人类赖以生存发展的基本条件。尊重自然、顺应自然、保护自然，是全面建设社会主义现代化国家的内在要求。必须牢固树立和践行绿水青山就是金山银山的理念，站在人与自然和谐共生的高度谋划发展。""山水林田湖草沙生命共同体"理念已经成为中国建设生态文明的基本遵循。"尊重自然、顺应自然、保护自然"等理念与基于自然的解决方案理念一脉相承，这标志着人类对自然环境保护的新认识。

学习意义

为什么要了解全球生态环境问题与生态系统危机？

随着全球经济快速发展，地球正面临着各种各样的环境问题。其中全球变化的影响是复杂而广泛的，对生态系统产生了多方面的压力。了解和管理这些影响是保护生态系统、维护生物多样性、提高环境质量和实现可持续发展的重要一步。同时，氮沉降、微塑料、生物入侵以及生境破坏等环境问题也对生态系统产生了巨大的影响，洞悉原理、分析危害才能使我们更好地对这些环境问题进行治理。生态文明建设关乎中华民族永续发展，而科学地认识自然生态系统内在组成要素的相互关系是生态文明建设的重要前提。我国生态文明建设中提出的“山水林田湖草沙是一个生命共同体”“坚持保护优先，自然恢复为主”等理念与基于自然的解决方案理念高度契合。因此，学习全球生态环境问题及其对生态系统的影响，对于更好应用基于自然的解决方案实现生态系统的管理修复具有重要价值。

学习目标

◇ 掌握全球变化的定义以及其对生态系统的影响。

◇ 熟悉大气氮沉降、生物入侵对生态系统的影响。

◇ 了解微塑料对海洋、陆地生态系统的危害。

◇ 掌握生物入侵影响生态系统的机制。

◇ 掌握基于自然的解决方案概念与特征。

15.1 全球变化对生态系统的影响

全球变化（global change）是指由自然和人为因素引起的地球系统结构和功能的变化，以及这些变化所产生的影响，主要包括大气成分变化（CO_2 浓度增加、臭氧层破坏等）、气候变化（全球变暖和降水变化）、土地利用和土地覆盖变化、生物多样性变化（物种灭绝、生物入侵等）、人口增加等。这里主要就全球变暖、臭氧层破坏以及土地退化进行详细介绍。

15.1.1 全球变暖对生态系统的影响

世界气象组织（WMO）专家认为，2010 年发生在中国、俄罗斯、巴基斯坦及德国等国的反常气候带来的灾难与全球气候变暖的关联密不可分。2023 年 3 月联合国政府间气候变化专门委员会（IPCC）发布第六次评估报告《综合报告》，报告中提出一个多世纪以来全球温升比工业化前高出 1.1℃。随着温度的上升，不仅造成了频繁和强烈的极端天气事件，也给全球各个地区的自然和人类带来了越来越危险的影响。

气候变暖指的是在一段时间中，地球的大气和海洋温度上升的现象。当前气候变暖问题，不仅是科学问题、环境问题，而且是能源问题、经济问题和政治问题。全球气候变暖主要是人为的和自然的两方面原因引起的，自然原因如全球正处于温暖期、地球周期性公转轨迹变动等，人为原因如人口剧增、环境污染、温室气体排放等。

二维码 15-1 厄尔尼诺现象

15.1.1.1 全球变暖对森林生态系统的影响

全球变暖是当前面临的一项重大环境挑战，它对森林生态系统的影响是深远且复杂的，主要体现在以下几个方面。①全球变暖导致的温度升高对森林生态系统构成了直接威胁。随着气温的升高，许多树种开始经历生长速度的下降和生存能力的降低，尤其是那些生长在气候边缘地带的树种。这种情况不仅减缓了森林的生长，还使森林更容易受到病虫害的侵袭。②降水模式发生改变。在某些地区，干旱频繁发生，导致水分匮乏，严重限制了树木的生长和存活。相反，其他地区可能会经历过量的降雨，引发洪水和树木疾病，这些因素同样威胁到森林的健康和稳定。③可能导致生长季节的延长。在初期，这可能促进某些森林的生长，但长期来看，可能导致养分耗尽和森林生态平衡的破坏。④温暖的气候也促进了害虫的繁殖和扩散，如树皮甲虫的暴发，进一步破坏了森林的健康。⑤树种分布的改变。随着温度和湿度的变化，某些树种的适宜生长区域发生了移动，导致原有的森林组成和生物多样性发生改变。某些物种可能在新的气候条件下繁荣，而其他物种可能面临灭绝的风险。⑥CO_2 水平的升高。虽然理论上更高的 CO_2 浓度可以促进植物生长，但实际上这种“CO_2 肥料效应”受到许多其他因素的限制，如养分和水分的可用性。⑦全球变暖增加了森林火灾的风险。温度升高和干旱条件使得森林火灾更加频繁和剧烈，这不仅导致了大量树木的损失，还改变了整个森林生态系统的结构和功能。

二维码 15-2 气候变化对森林的影响

15.1.1.2 全球变暖对草地生态系统的影响

根据政府间气候变化专门委员会（IPCC）的研究，草原的结构和功能使其成为全球气候变化中最为脆弱的陆地生态系统之一。气候变化对草地生态系统的影响主要体现在以下几个方面。①物种组成变化。温度和降水量的变化会影响草地生态系统中植物种类的分布和生长。一些物种可能无法适应这些变化，而其他物种可能扩散，导致物种多样性和生态结构的变化。②生产力变化。在某些情况下，温度升高、CO_2 浓度增加可能促进植物生长，而在其他情况下，极端天气事件（如干旱）可能降低生产力。③水分胁迫。降水模式的变化（例如降水量减少或时序变化）可能导致草地水分胁迫，影响植物生长和生态系统功能。④土壤退化。气候变化可能加剧土壤侵蚀和退化问题，影响土壤质量和生态系统的健康。⑤植物现象学改变。全球变暖可能导致草地植物物候（例如开花和结果）的改变，这可能影响与植物相互作用的动物物种（如传粉者和食草动物）。⑥生态系统服务的变化。草地生态系统提供的服务，如碳储存、水源涵养和生物多样性支持，可能因全球变暖而受到影响。⑦害虫和病害的变化。气候变化可能导致害虫和病害的分布和严重程度发生变化，影响草地植物的健康和生产力。

15.1.1.3 全球变暖对极地生态系统的影响

全球变暖的影响在地球两极最强烈。在过去的一个世纪（20 世纪），两极的一些区域气温已上升了 2.4℃，而全球气温同期平均上升幅度仅为 0.6℃。气候变暖造成的冰川融化导致海平面上升，可能淹没低洼地区，影响沿海生态系统和人类居住区。永久冻土层的融化可能导致大量之前被冻结的温室气体（如甲烷）释放到大气中，加剧全球变暖。极地生态系统中的物种面临栖息地丧失和气候条件变化的双重威胁，这可能导致一些物种数量减少或灭绝。依附海冰生存的北极熊已被列为濒危动物法案中的受胁物种。随着气温升高和冰盖退缩，极地生态系统中的食物链和生物间的相互作用关系也在发生变化，这可能导致生态系统结构和功能的根本变化。同时，全球变暖伴随着海洋酸化，这对极地海洋生态系统中的许多生物，尤其是那些依赖碳酸钙壳或骨骼的生物（如珊瑚和某些浮游生物）产生负面影响。在一些极地地区，随着温度升高，植被覆盖正在发生变化，例如在北极地区，灌木带的扩张可能影响当地的生态平衡和生物多样性。

二维码 15-3 全球变暖对北极野生动物的影响

15.1.1.4 全球变暖对荒漠生态系统的影响

荒漠生态系统气候干燥、温差大。全球变暖导致的温度升高可能加剧这些地区的极端气候条件，使得白天更热、夜晚更冷。尽管荒漠本身降水量稀少，但全球变暖可能进一步改变这些地区的降水模式，导致降水更加稀少、不规律。这会影响荒漠地区的植被生长和生态平衡。随着温度升高和降水减少会加剧荒漠地区的水分胁迫，影响植物的生长和生存。这可能导致植被覆盖度下降，进而影响荒漠生态系统中的动物种群，造成生物多样性减少。一些原本适应荒漠环境的物种可能会迁移到更适宜的生境，而一些其他物种可能会开始进入荒漠地区。此外，随着降水模式的改变，加速了荒漠的沙漠化过程，使得原本非荒漠地区的生态环境退化成荒漠。这不仅会影响当地生态平衡，还可能影响人类的生活和农业活动。荒漠土壤和植被在全球碳循环中扮演着重要角色。全球变暖可能改变荒漠生态系统在碳储存和释放方面的功能。

15.1.1.5 全球变暖对山地生态系统的影响

山地生态系统的特点之一是随着海拔的升高气温降低。但全球变暖导致的整体气温升高，可能使得山地生态系统的这一特征发生改变，影响山地生物的生活习性和分布。这不仅对山区的水资源供给构成威胁，还可能触发自然灾害（如泥石流），并对全球海平面上升产生影响。此外，冰川退缩和降水模式的改变可能影响山区的水文循环，对下游地区的河流流量和水质产生重要影响。同时，气温升高导致的植被带上移，正在改变山地的生物多样性。一些低海拔物种向高海拔地区迁移，可能会压迫或取代原有的山地物种，这不仅威胁到特有物种的生存，也破坏了山地生态系统的平衡。此外，全球变暖还可能导致极端天气事件的增加，如暴雨和干旱，进一步影响山地生态系统的稳定性及其为人类提供的重要生态系统服务，如水源供给、碳储存和休闲旅游等。

15.1.1.6 全球变暖对海洋生态系统的影响

全球变暖导致海水温度上升，这对海洋生物的生存环境产生重大影响。温度升高会改变海洋物种的分布，导致一些物种迁移到较冷的水域，同时可能增加疾病和害虫的发生。海洋吸收了大量由于人类活动产生的 CO_2，导致海水酸化。这对珊瑚礁和贝类等依赖碳酸钙外壳或骨骼的海洋生物产生负面影响，威胁到整个海洋生态系统的健康。海平面的上升也是一个不容忽视的问题，冰川和极地冰盖的融化不仅威胁着沿海生态系统，还可能导致生境丧失和沿海社区的破坏。全球变暖可能导致更频繁和强烈的极端天气事件，如飓风和热带风暴，这些天气事件会对海洋生物产生压力，破坏海洋生态系统，特别是在极地和珊瑚礁等敏感区域，生物种类可能面临灭绝的风险，造成生物多样性减少，进而导致捕食者和猎物之间的关系可能发生改变，影响整个生态系统的平衡。

二维码 15-4 全球变暖对珊瑚礁的影响

15.1.2 臭氧层破坏对生态系统的影响

臭氧层（ozone layer）是指大气层的平流层中臭氧浓度相对较高的部分，大气层的臭氧主要由紫外线打击双原子的氧气，把它分为两个原子，然后每个原子和没有分裂的氧合并而成。臭氧分子不稳定，紫外线照射之后又分为氧气分子和氧原子，形成一个臭氧氧气循环，如此产生臭氧层。自然界中的臭氧层大多分布在离地 20～50km 的高空。臭氧层好像一个巨大的过滤网，可以吸收和滤掉太阳光中有害的紫外线，有效地保护地球生物的生存。高空臭氧层是保护层，但近地低空中的臭氧却是一种污染物，可能引起光化学烟雾，危害森林、作物、建筑物等，臭氧还会直接引起人的机体失调和中毒。臭氧层被大量耗损后，吸收紫外线的能力大大减弱，导致到达地球表面的紫外线 UV-B 明显增加，给人类健康和生态环境带来多方面的危害。

（1）对人体健康的影响　阳光紫外线中，臭氧层破坏引起 UV-B 的增加对人类健康有严重的危害作用，它能诱发和加剧眼部疾病、皮肤癌和传染性疾病。长期暴露于紫外线的辐射下，会导致细胞内的 DNA 改变，人体免疫系统的机能减退，人体抵抗疾病的能力下降。

（2）对陆生植物的影响　一般说来，紫外线辐射增加，使植物的叶片变小，因而减少俘获阳光的有效面积，对光合作用产生影响。

（3）对水生生态系统的影响　阳光中的 UV-B 辐射对鱼、虾、蟹、两栖类动物和其他动物的早期发育阶段都有危害作用，还会危及水中生物的食物链和自由氧的来源，影响生态平衡和水体的自净能力。

（4）对生物化学循环的影响　阳光紫外线的增加会影响陆地和水体的生物地球化学循环，从而改变地球-大气这一巨大系统中一些主要物质在地球各圈层中的循环。对陆生生态系统，增加的紫外线会改变植物的生成和分解，进而改变大气中重要气体的吸收和释放。在水生生态系统中，阳光紫外线也有显著作用，这些作用直接造成 UV-B 对水生生态系统中碳循环、氮循环和硫循环的影响。

（5）对材料的影响　因平流层臭氧耗损导致阳光紫外辐射的增加会加速建筑、喷涂、包装及电线电缆等所用材料，尤其是高分子材料的降解和老化变质。

（6）对对流层大气组成及空气质量的影响　平流层臭氧的减少使到达低层大气的 UV-B 辐射增加，由于 UV-B 的高能量，这一变化将导致对流层的大气化学反应更加活跃。首先，在污染地区如工业和人口稠密的城市，即氮氧化物浓度较高的地区，光化学烟雾污染会加重。其次，对流层中一些控制着大气化学反应活性的重要微量气体的光解速率将提高，会直接导致大气中重要自由基浓度增加，整个大气的氧化能力增加，从而对温室气体的气候效应产生影响。同时，对流层反应活性的增加还会导致颗粒物生成的变化。

15.1.3 土地退化对生态系统的影响

土地退化（soil degradation）是指由于环境因素或人为因素干扰，土地生态系统的结构和功能失调，表现为土地生物生产能力逐渐下降的过程。目前，土地退化的形式主要有土壤侵蚀、土地沙化、土壤次生盐碱化、土壤污染以及土壤肥力退化等（图 15.1）

土壤侵蚀（soil erosion）是指在风或水的作用下，土壤物质被破坏、带走的作用过程。以风为动力使土粒飞散，造成的土壤侵蚀叫风蚀。在地表缺乏植被覆盖，土质松软干燥的情况下，4～5m/s 的风就会造成风沙。由于水的作用把土壤冲刷到别处的现象叫作水蚀，即

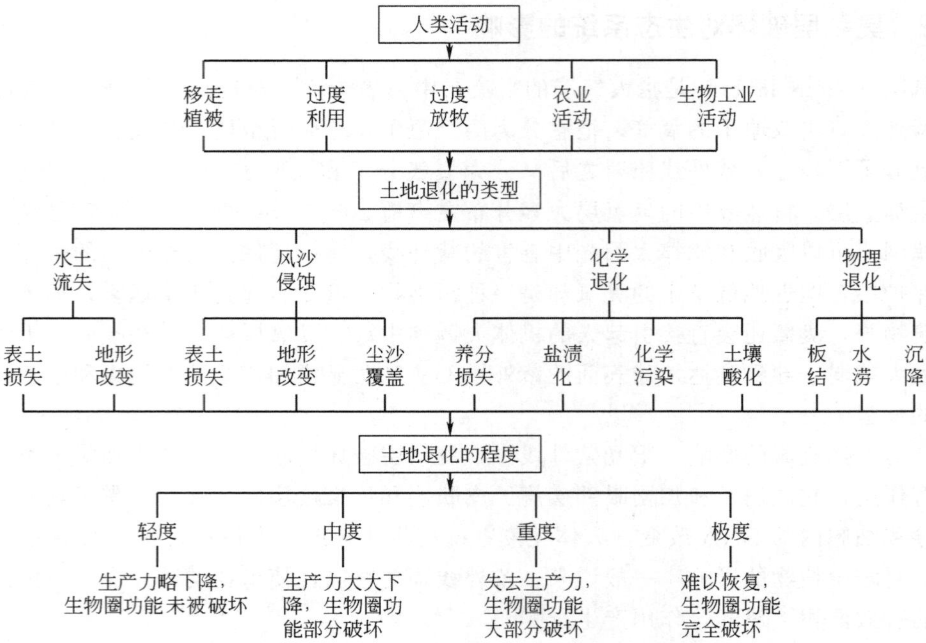

图 15.1　人类活动引起的土地退化（曹志平，2001）

通常所说的水土流失。土壤侵蚀使土壤肥力和保水性下降，从而降低土壤的生物生产力及保持生产力的能力；还会使江河、湖泊的泥沙淤积、河床抬高，湖泊变浅、面积缩小，影响交通运输和经济发展；可能造成大范围洪涝灾害和沙尘暴，给社会造成重大经济损失，并恶化生态环境。减少土壤侵蚀的根本办法是修梯田、筑拦沙坝、种草种树，增加植被覆盖。此外，以适当的角度来耕种梯田，顺着等高线而不是顺着斜坡挖水渠，这种等高耕作的方法可以减少水土流失。同时，在裸露的土地上种植作物有助于减少土壤侵蚀。如果用豆科植物做覆盖植物，可以固定氮，增加土壤氮含量。免耕农业种植系统是通过挖下窄裂沟而不对土壤操作，减少对土壤的干扰，从而减少了侵蚀。

土地沙化（soil desertification）是指因气候变化和人类活动导致的天然沙漠扩张和沙质土壤上植被破坏、沙土裸露的过程。当土壤中的水分不足以使大量植物生长，即使有植物生长也十分稀疏，不能给土壤提供足够水分。土地是否会发生沙化，决定因素在于土壤中含有多少水分可供植物吸收、利用，并通过植物叶面蒸发。任何破坏土壤水分的因素最终都会导致土壤沙化。土地沙化的大面积蔓延就是荒漠化，是最严重的全球环境问题之一。目前地球上有20%的陆地正在受到荒漠化威胁。造成土地沙化的主要原因有气候变化、农垦开荒、过度放牧、乱挖滥伐及水资源的不合理利用。土地沙化对经济建设和生态环境危害极大。首先，土壤沙化使大面积土壤失去农、牧生产能力，使有限的土壤资源面临更为严重的挑战。其次，使大气环境恶化。由于土壤大面积沙化，风挟带大量沙尘在近地面大气中运移，极易形成沙尘暴，甚至黑风暴。土壤沙化主要防治途径有：营造防沙林带；控制农垦；合理开发水资源；完善法制，严格控制破坏草地；实施生态工程；建立生态复合经营模式。

土壤次生盐碱化（soil secondary salinization）是指分布在干旱、半干旱地区的土壤，因灌溉不合理，导致地下水位上升，引起可溶性盐类在土壤表层或土壤中逐渐积累的过程。其形成必须具备两个条件：①气候干旱，排水不畅和地下水位过高，是引起土壤积盐的重要原因，一般是地下水埋深（埋藏深度）比地下水临界深度浅，则将发生盐化；②地下水矿化度高。其积盐过程同土壤盐碱化。在华北地区经常大水漫灌农田会导致土壤次生盐碱化。防治的关键在于控制地下水位，故应健全灌排系统，采取合理灌溉等农业技术措施，防止地下水位抬升和土壤返盐。

土壤肥力退化（soil fertility degradation）主要是指土壤养分贫瘠化，为了维持绿色植物生产，土地就必须年复一年地消耗它有限的物质贮库，特别是作物所需的那些必要的营养元素，一旦土壤中营养元素被耗竭，土壤就不能满足作物生长。

15.2 全球生态系统面临新的危机

15.2.1 大气氮沉降对生态系统的影响

氮沉降（nitrogen deposition）是指含氮化合物由地表排放源排放至大气中，再在大气中经混合、扩散、转化、飘移，直至从大气中移除并降落回地表（或植物冠层），构成了大气氮沉降的复杂耦合过程。

大气沉降的氮化合物有干、湿两种。湿沉降的氮主要是 NH_4^+ 和 NO_3^-，以及少量的可溶性有机氮。干沉降的氮主要有气态 NO、N_2O、NO_3，以及 $(NH_4)_2SO_4$ 和 NH_4NO_3 粒子，还有吸附在其他粒子上的氮。除了自然来源之外，大气中的氮化合物主要来源于工业、化石燃料的燃烧、农田施肥和集约畜牧业。

15.2.1.1 氮沉降对生物地球化学循环的影响

氮循环（nitrogen cycle）是描述自然界中氮单质和含氮化合物之间相互转换过程的生态系统的物质循环。氮循环是全球生物地球化学循环的重要组成部分。构成陆地生态系统氮循环的主要环节是：生物体内有机氮的合成、氨化作用、硝化作用、反硝化作用和固氮作用。而氮沉降会显著影响氮循环的每一过程。除此之外，氮沉降还会对生态系统的碳循环、养分循环和水循环等物质循环过程产生影响，从而对生态系统结构和生物多样性产生影响。

15.2.1.2 氮沉降对土壤性质的影响

氮沉降直接增加土壤中氮的含量，从而使土壤 pH 下降，出现酸化现象；氮沉降还会影响土壤中磷的含量；氮沉降会促进土壤中水解酶的活性，而抑制氧化酶的活性。

15.2.1.3 氮沉降对土壤微生物的影响

氮沉降会使土壤中的 C/N 比值发生变化，从而影响微生物对土壤有机质的分解和利用。适当的氮沉降会使土壤微生物量增加，而过量的氮沉降会导致微生物量减少。大气氮沉降会对土壤中微生物的生长繁殖和活动能力产生影响，进而影响土壤微生物的群落结构和功能。

15.2.1.4 氮沉降对植物生理生态的影响

氮沉降会对植物的光合作用产生影响。适量的氮沉降可提高植物光合作用能力，但是当氮沉降过量时，反而会抑制植物的光合作用能力；氮沉降会影响植物的生长过程，适量的氮沉降可以促进植物生长，过量的氮沉降会对植物生长产生负面效果；氮沉降增加还会对植物产生一系列的影响，例如削弱植物的抗逆性、使森林草原等生态系统发生营养失调等。

15.2.2 微塑料对生态系统的影响

微塑料一词来源于英文“microplastic”，由英国普利茅斯大学的汤普森等人于 2004 年在《科学》杂志上发表的论文提出，同时在第一个微塑料国际会议中被明确。微塑料就是指直径小于5毫米的塑料颗粒，是环境中不同形态和类型微小塑料的总称。微塑料的形成要追溯到1901年，Beakeland Leo Hendrik 第一次制出了完全人工合成的塑料。从那时起，人类进入塑料时代，全球塑料总量产量从20世纪50年代的百万吨增加到2021年3.94亿吨和2022年4.00亿吨。据统计，我国塑料产量较高，2022年占全球总量的32%，紧随其后的是北美洲和欧洲。

根据塑料聚合物类型进行分类，微塑料可以分为聚乙烯（PE）、聚丙烯（PP）、聚氯乙烯（PVC）、聚苯乙烯（PS）和聚对苯二甲酸乙二酯（PET）等。在形状上分为碎片、泡沫、颗粒、纤维和薄膜状等。

二维码 15-5 关于微塑料的研究

根据来源可以将微塑料分为初生微塑料和次生微塑料两大类。初生微塑料的来源主要包括塑料/树脂颗粒的工业原料、含有微塑料颗粒或清洁微珠的工业化产品，例如药物、化妆品等。次生微塑料则是由大型塑料垃圾经过物理、化学和生物过程造成分裂和体积减小而成的塑料颗粒。

15.2.2.1 微塑料对海洋生态系统的影响

① 微塑料会影响海洋中藻类的光合作用。海洋表面的微塑料会遮挡与反射太阳光，从而阻碍藻类的光合作用，纳米级塑料颗粒可以降低藻细胞叶绿素 a 含量，同时还会增加藻细胞内活性氧的产生。

② 微塑料会对海洋生物的产卵量和繁殖能力造成影响。

③ 微塑料容易在海底沉积物中富集，因此，微塑料会极大地影响具有沉积物滤食特征的底栖生物。

④ 微塑料也是一些有毒物质的载体，例如重金属和持久性有机物，其吸附污染后通过水产品和食盐等食物链富集、传递，影响人体健康。

15.2.2.2 微塑料对土壤生态系统的影响

① 微塑料对土壤理化性质的影响与诸多因素有关。首先，微塑料的结构特性使微塑料可以在土壤中长期留存。微塑料具有比表面积大、表面粗糙的特点，可被土壤有机质（SOM）或微粒吸附，成为土壤团聚体的一部分，长期留存于土壤中。其次，微塑料具有吸附作用，可以吸附土壤溶液中的污染物，改变土壤物理性质，增加土壤孔隙度，改变团粒结构或成为土壤团聚体的一部分。

② 微塑料的存在会影响土壤微生物群落结构和代谢功能。土壤中的微塑料对特定菌群也有选择性和富集作用，例如棉田中的微塑料主要来源是地膜残留物，这些残留物经过环境作用，粒径变小、比表面积增大、吸附位点增加、表面官能团增多，对微生物有一定吸附作用，为微生物提供了更加适宜的栖息地。

③ 土壤酶主要来自土壤微生物，与微生物的多样性和活性密切相关。研究表明，高浓度（28%）和低浓度（14%）PP 微塑料可以显著提高土壤荧光素二乙酸酯（FDA）水解酶活性，随着微塑料浓度的增加，FDA 水解酶活性显著增加。

④ 微塑料可以直接或间接影响植物生长。直接作用指微塑料通过干扰植物根系生长和养分吸收从而影响植物生长，或是改变植物群落的竞争关系；间接作用指通过改变土壤物理化学性质或生物条件（如微生物群落结构）影响植物生长，而植物作为生产者，位于食物链的基础部分，还会对食物链顶端造成更多的影响。

⑤ 微塑料的特点就是体积小，所以很容易被动物摄入体内，参与其体内的生理生化反应，产生生物累积，并可以通过食物链产生污染物的迁移，从而在各营养级的土壤生物体内富集。

15.2.3 生物入侵对生态系统的影响

生物入侵是指生物从自然分布区经自然的或人为的途径侵入另一个新的环境，其后代可以在新环境中繁殖、扩散，并影响和威胁到本地生物多样性的过程。外来入侵物种（invasive alien species，IAS）是指对生态系统、栖息地、物种、人类健康带来威胁的外来物种。

15.2.3.1 生物入侵的生态过程

长期以来，人类的工农业发展，已经造就了大面积的次生环境，这些环境中的原生性种类已经丧失殆尽，因此为外来物种成为入侵物种营造了良好的环境。

二维码 15-6 生物入侵案例

一般认为，生物入侵的生态过程分为传入、定殖和扩散三个阶段。①外来物种的传入。传入是指物种从原产地到达新栖息地的过程，它是外来物种成功入侵的第一步。②初始定殖和种群的成功建立。外来物种在新的栖息地定殖，建立一个具有自我繁衍能力的种群。③扩散和再次传入新的栖息地。一旦完成初始定殖和种群建立，外来物种可以通过外部因素而长距离地扩散，或者通过建立种群边缘扩张而进行短距离的扩散。

15.2.3.2 生物入侵的危害

（1）生物多样性丧失　外来入侵生物通过压制或排挤本地生物，形成单优势种群，不仅危及本地生物的生存，还会导致本地生物的彻底灭绝。近年来，紫茎泽兰、豚草、大米草、喜旱莲子草、微甘菊、加拿大一枝黄花等在我国不同生态系统中入侵与疯狂蔓延，很快形成了单优势群落，排挤其他生物的生存，导致原有生物群落的衰退和生物多样性的丧失。

（2）对生态系统造成潜在的威胁　外来生物在适宜的生态和气候条件下疯狂生长，不仅对农林业造成直接损害，还会破坏整个生态系统的结构和功能。随着外来生物入侵，一个地区的本土生物常被入侵生物所包围和渗透，造成一些植被的近亲繁殖及遗传变异，有些入侵生物甚至可与不同属的种杂交。例如，加拿大一枝黄花不但可与同属植物杂交，还可与假蓍紫菀杂交，这不仅会造成严重的物种基因的遗传侵蚀，更会导致原有生态系统的紊乱。

（3）经济损失严重　一旦引入外来入侵生物，经济上的损失是很难避免的。经济损失包括两大部分：一部分是生态受到破坏引起的经济损失，在我国外来入侵造成的经济损失平均每年达574亿元，印度每年的损失为1300亿美元，南非为800亿美元；另一部分是防治外来生物的损失，在美国，每年用于外来物种防治的直接费用达到1200亿美元。

（4）危害人畜健康　外来入侵生物不仅直接造成经济损失，而且间接污染环境，对人畜的健康形成威胁。例如，为了保护环境，防止外来植物和虫害对农作物和林木造成损害，人们不得不喷洒大量的农药以消灭外来生物。农药的大量使用使得环境遭到相当程度的污染，直接威胁到人畜的健康，而农药在农作物中的残留对人畜健康又构成了间接损害。

15.2.4 生境破坏对生态系统的影响

生境破坏（habitat destruction）又称栖息地破坏，主要包括生境丧失和生境破碎化两个方面。生境丧失包括生境彻底破坏和与污染有关的生境退化；而生境破碎化是指大片、连续面积的生境不仅面积减小，而且被分割为两个或更多的片段。生境丧失严重破坏了生物多样性。例如，森林的砍伐和城市的扩张直接使许多物种的栖息地发生变化，植物、动物等在丧失栖息地后走向灭亡。生境破碎化则改变了栖息地的空间结构和碎片内或碎片间的生态过程。

15.3 全球性生态系统治理策略

全球性生态系统治理策略是指协调和管理全球范围内的生态系统和环境问题的方法和计划。从最初将人与环境割裂视为主体与客体的关系，到将环境保护与经济发展视为矛盾，再到可持续发展的概念，全球性生态系统治理策略将环境保护、社会发展和经济发展统一在发展的旗帜下，提供了更平衡的发展路径，尤其为发展中国家提供了框架。其核心目标是在全球范围内推动这些思想演进的理念，通过国际环境谈判和合作，协调各国之间的环境保护、社会发展和经济发展，从而适应不断演变的全球环境挑战，以实现生态平衡、可持续发展和生态文明的愿景。

15.3.1 基于自然的解决方案

15.3.1.1 核心概念与特征

自然的力量在我们解决全球性挑战时拥有着不可估量的价值，基于自然的解决方案（Nature-based Solutions，NbS）代表了一种融合生态学、社会学和可持续发展理念的独特方法。它在面对当今环境挑战时强调了依赖自然的力量，实现生态系统的保护、恢复和管理，同时提供社会和经济福祉（图15.2）。NbS的概念在2008年首次提出，其主要目标是减缓和适应气候变化，并强调了对人与自然关系的更系统性理解，要求人们更为系统地理解人与自然的关系。除了作为一种实际的应用方法，还具有深刻的思想意义。它反映了对人与自然关系的更深刻认识，提出了将自然作为合作伙伴而非仅仅是资源的概念。由于NbS具有自身独特的定位和综合优势，国际上十分认可其应对环境问题以及社会经济挑战的潜力，不同组织机构在近十几年来多次发布并更新了NbS全球框架（图15.3）。

图15.2 NbS涵盖多种生态系统保护方法
（改绘自Cohen-Shacham等，2021）

NbS一词有多种不同的定义和用法，大致相似又各有侧重点，总体目标都是通过有效利用生态系统和生态系统服务来应对重大社会挑战。自诞生以来，NbS概念的发展已牢牢扎根于全球实践，区别于以往针对某一类具体解决方案的相关概念，NbS涵盖了“生态系统修复”“生态系统保护”“生态系统管理”“解决特定问题”“基础设施建设”五大范畴。这一理念具有以下特征。

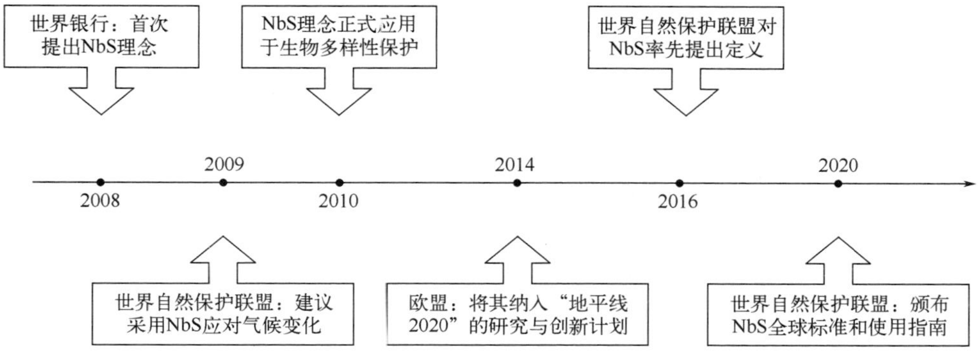

图 15.3　NbS 发展历史

（1）依托自然力量　NbS 强调了依赖自然系统的力量来解决环境和社会挑战。与传统的工程技术解决方案不同，其核心思想在于了解自然并运用自然力量，以自然作为解决问题的主要动力，强调利用自然力量替代传统技术力量，鼓励利用生态系统的自然过程和生物多样性来改善人类社会的可持续性。

二维码 15-7 不同机构组织对 NbS 的定义

（2）生态系统保护和修复　NbS 的关键是保护和恢复生态系统，包括森林、湿地、草地、河流和海洋等，以维护其功能、生物多样性和生态服务，并在需要时进行生态系统的修复和改良。

（3）多功能性　NbS 追求解决多重问题的方法，不仅解决单一问题，还可以满足多重需求，包括气候变化适应、生物多样性保护、水资源管理、粮食安全、碳储存等。它将生态系统的服务与社会、经济和环境需求相结合，实现多方面的利益。

（4）可持续性　NbS 强调因地制宜的可持续发展原则，考虑长期影响和未来代际的需求。它追求解决方案既能满足当前需求，又能保护未来的生态环境，以确保长期效益，同时减少不利影响。

（5）全球合作　由于生态系统和环境挑战通常跨越国界，NbS 鼓励国际合作，以协调和实施全球性解决方案。全球合作强调技术和知识的分享，通过研究、倡导和政策制定来提高 NbS 的重要性，鼓励各国采取行动。各国可以从彼此的经验中学习，共同开发 NbS 最佳实践，国际组织和国际倡导团体在全球范围内推动 NbS 政策的制定和实施。

15.3.1.2　NbS 在全球性生态系统治理中的应用

自提出以来，NbS 就得到国际社区的广泛认可，包括联合国、国际非政府组织和各国政府，目前已被列为应对气候变化和生态系统保护的重要战略之一。全球范围内，各国和国际组织积极开展 NbS 项目，涵盖多个领域，具体应用分类可分为三个类型（图 15.4）。

① 更好地利用现有自然或受保护生态系统的解决方案，直接利用未经干预或干预程度最小化的生态系统。例如，利用自然通风净化空气，利用城市绿地管理雨洪，在完整的湿地增加鱼类种群以加强粮食安全，等等。

② 基于为管理或恢复生态系统制定的可持续管理协议和程序的解决方案。例如，重建基于商业树种的传统农林系统以支持减贫，棕地治理以恢复生态系统功能，等等。

③ 模仿自然规律创造生态系统，创建新生态系统的解决方案。例如，新建绿色屋顶、外立面等基础设施以调节微气候等。

NbS 全球合作是为了应对全球性挑战，包括气候变化、生物多样性丧失和可持续发展，

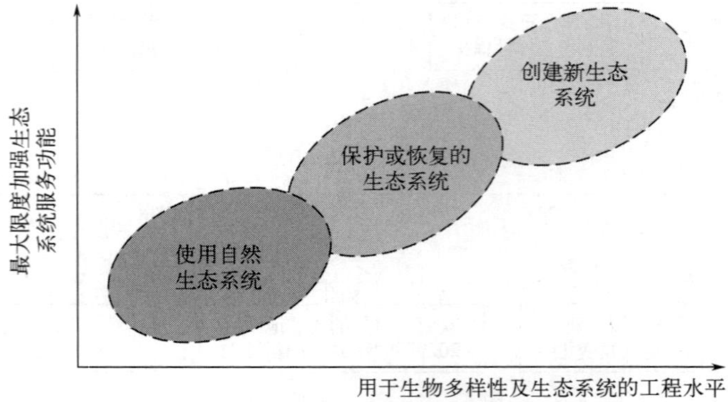

图 15.4　NbS 分类图：基于自然生态系统、恢复的生态系统和新生态系统的三大类解决方案（改绘自 Cohen-Shacham 等，2021）

以依赖自然力量来解决问题。为确保 NbS 的有效应用，世界自然保护联盟于 2020 年审批通过了《IUCN 基于自然的解决方案全球标准》，应用和标准之间存在以下密切的联系。

（1）指导应用　NbS 标准提供了一个框架，定义了 NbS 的核心概念、原则和指南。这有助于决策者、规划者和执行者更好地理解如何设计、实施和验证 NbS 项目，以解决社会和环境挑战。标准指导应用，确保应用符合一定的质量标准。

（2）提高可信度　应用 NbS 标准可以提高项目的可信度。这对于吸引投资、支持和合作伙伴非常重要。标准可以帮助证明项目的有效性和可持续性，使其更具吸引力，从而增加成功机会。

二维码 15-8 NbS 应用的标准

（3）改进实施效果　标准为应用者提供了一个框架，可以用来设计和验证 NbS 项目，以确保其达到预期的成效。通过使用标准，应用者可以不断改进和增强他们的 NbS 干预措施，以更好地解决社会挑战。

（4）支持知识共享　标准有助于知识和经验的共享。应用 NbS 标准可以促进不同国家、组织和个人之间的互相学习，以更好地应对各自的挑战。这有助于推动 NbS 的应用和改进，并提高全球可持续发展的速度。

（5）推动政策制定　NbS 标准可以为政策制定者提供一个参考框架，以支持 NbS 的发展和推广。政府可以使用这些标准来制定政策和法规，以促进 NbS 项目的实施，并确保其在国家和国际层面的合规性。

二维码 15-9 NbS 的中国实践——深圳湾红树林湿地修复项目

15.3.2　山水林田湖草沙生命共同体

15.3.2.1　基本原理

作为国际前沿发展理念，NbS 强调尊重并运用自然规律解决生态系统开发与保护之间的矛盾，与我国习近平生态文明思想不谋而合并产生共鸣，强调了自然要素之间的相互依存关系，将山、水、森林、田野、湖泊、草地等要素视为生态共同体的组成部分。这体现了我国在生态保护与修复方面的愿景与承诺。

中国不仅在国内推动 NbS 理念，还将其与“山水林田湖草沙生命共同体”理念相融合。习近平总书记曾在关于《中共中央关于全面深化改革若干重大问题的决定》中强调了自然界内在的紧密关系，将山、水、林、田、湖、草视为一个生命共同体，互相依存，其中土地、水资源、植被等要素被视为整体生态系统的核心组成部分，强调了对这一生命共同体统一保护与修复的紧迫性。

中国的政策文件也反映了这一理念。十八届五中全会强调“筑牢生态安全屏障，坚持保护优先、自然恢复为主，实施山水林田湖生态保护和修复工程”，中央全面深化改革领导小组第三十七次会议也明确“坚持山水林田湖草是一个生命共同体”。这些政策中集成了“基于自然的解决方案”，通过保护和修复自然生态系统来实现生态文明建设目标。

此外，党的二十大报告进一步将“山水林田湖草沙生命共同体”理念融入国家发展战略，提出了“坚持山水林田湖草沙一体化保护和系统治理”，着眼于建设美丽中国，为人民提供更好的生产和生活环境，同时为全球生态安全作出贡献。

山水林田湖草沙生命共同体具有以下特征。①整体性。山、水、林、田、湖、草、沙自然资源和生态环境要素之间相互关联、相互影响，形成一个不可分割的整体。因此，对某一要素的过度开发或破坏可能对其他要素和整个生态系统产生连锁反应。②系统性。不同资源环境要素通过物质循环和能量流动相互联系，共同构成了复杂的生态系统。生态系统一旦遭受破坏，将对整个系统的功能产生不可逆的影响。因此，维护生态系统的完整性至关重要。③层次性。不同要素在生态系统中具有不同的地位和功能，而不同类型的生态系统在结构和功能上也存在差异。因此，管理和保护策略需要因地制宜。④尺度性。不同尺度的生态系统在结构和功能上存在差异，并表现出尺度效应。这意味着我们需要根据不同尺度的生态系统特征来采取适当的管理措施。⑤功能多样性。生态系统提供多种服务功能，如水资源供应、土壤保持、风沙防治、生物多样性维护等。我们需要在供给与需求之间实现协调和权衡，以满足各种功能的需求。

15.3.2.2 主要内容

“山水林田湖草沙生命共同体”系统保护与修复是我国生态文明建设的重要内容，我国在“生命共同体”理念的指导下，积极开展了一系列山水林田湖草沙一体化保护修复工程（简称“中国山水工程”）。“中国山水工程”的实施对贯彻落实习近平生态文明思想、保障国家生态安全与绿色发展起到了重要作用，并于 2022 年 12 月入选联合国首批十大“世界生态恢复旗舰项目”，产生了积极的国际影响。截至 2021 年，共部署了 35 个山水工程。其中，2016～2018 年，分三批次在全国 24 个省（自治区、直辖市）共部署了 25 个山水工程试点；2021 年部署了第一批 10 个山水工程。

“山水林田湖草沙生命共同体”可以看作是在一定地理空间上各个生态系统之间相互联系、相互作用、相互影响而形成的复合生态系统，具有要素多元性、尺度嵌套性和非线性变化等特征，生命共同体内部各组分的生态过程及复合生态系统的耦合机制是“中国山水工程”实施的科学基础。“中国山水工程”用基于自然的解决方案，综合运用科学、法律、政策、经济和公众参与等手段，统筹整合项目和资金，采取工程、技术、生物等多种措施，对山水林田湖草沙等各类自然生态要素进行保护和修复。保护修复原则包括以下几个方面。

（1）生态优先，绿色发展　牢固树立绿水青山就是金山银山理念，按照生态良好的要求，统筹考虑人与自然的关系。

（2）自然恢复为主，人工修复为辅　保护生物多样性与生态空间多样性，根据生态系统退化、受损程度和恢复力，合理选择保育保护、自然恢复、辅助再生和生态重建等措施，恢复生态系统结构和功能，增强生态系统稳定性和生态产品供给能力。

（3）统筹规划，综合治理　按照整体规划、总体设计、分期部署、分段实施的思路，科学确定生态保护修复目标、合理布局项目工程、统筹实施各类工程，协同推进山水林田湖草沙一体化保护和修复。

（4）问题导向，科学修复　对自然生态系统进行全方位生态问题诊断，提高问题识别和诊断精度。按照国土空间开发保护格局和管制要求，针对生态问题及风险，充分考虑区域自然禀赋，因地制宜开展保护修复，提高修复措施的科学性和针对性。

（5）经济合理，效益综合　根据可用财力和技术条件，优化工程的设计和时间计划，进行适宜性评估和优选，以提高工程效率。有助于避免不必要的专项资金投入，采取低成本的修复和管理方法，推动生态系统的健康、稳定、可持续利用以及价值的实现，从而综合考虑生态、社会和经济层面，实现最佳效益。

二维码 15-10
山水工程首批 15 个优秀案例之一——浙江千岛湖流域水环境系统生态修复项目

课后复习

1. 概念和术语：全球变化、气候变暖、臭氧层破坏、土地退化、土地沙化、土壤次生盐碱化、土壤肥力退化、氮沉降、氮循环、微塑料、生物入侵、生境破坏、基于自然的解决方案（NbS）

2. 原理和定律：山水林田湖草沙生命共同体治理原理

课后练习

1. 生物入侵对生态系统产生的危害是什么？
2. 基于山水林田湖草沙生命共同体理念的保护修复原则是什么？

在线习题及课后练习答案

二维码 15-11　在线习题及课后练习答案

参考文献

［1］ Bush M B.生态学：关于变化中的地球［M］.刘雪华，译.北京：清华大学出版社，2007.

［2］ Primack R B.保护生物学［M］.马克平，蒋志刚，译.北京：科学出版社，2014.

［3］ 孙承君，蒋凤华，李景喜，等.海洋中微塑料的来源、分布及生态环境影响研究进展［J］.海洋科学进展，2016，34（04）：449-461.

［4］ 李训贵.环境与可持续发展［M］.北京：高等教育出版社，2004.

［5］ 高吉喜，张林波，潘英姿.21 世纪生态发展战略［M］.贵阳：贵州科技出版社，2001.

［6］ Cohen-Shacham E，Janzen C，Maginnis S，等.全球社会挑战应对之道：基于自然的解决方案［R］.瑞士：IUCN，2021.

［7］ 萨娜，赵金羽，寇旭阳，等.“山水林田湖草沙生命共同体”耦合框架、模型与展望［J］.生态学报，2023，43（11）：4333-4343.

［8］ 周妍，苏香燕，应凌霄，等.“双碳”目标下山水林田湖草沙一体化保护和修复工程优先区与技术策略研究［J］.生态学报，2023，43（9）：3371-3383.

［9］ 中华人民共和国自然资源部.《山水林田湖草生态保护修复工程指南（试行）》印发：推动山水林田湖草一体化保护和修复［EB/OL］.（2020-09-11）［2024-08-10］.

［10］ Casper J K.变化中的生态系统：全球变暖的影响［M］.赵斌，郭海强，译.北京：高等教育出版社，2012.